Fokus Mathematik

Einführungsphase gymnasiale Oberstufe

Nordrhein-Westfalen

Herausgegeben durch:
Renatus Lütticken
Dietmar Scholz
Claudia Uhl

Unter Mitarbeit von:
Friedhart Belthle (Meerbusch)
Wolfgang Göbels (Köln)
Gaby Heintz (Neuss)
Katrin Höffken (Duisburg)
Markus Krysmalski (Mülheim an der Ruhr)
Jochen Leßmann (Detmold)
Renatus Lütticken (Meerbusch)
Reinhard Oselies (Mülheim an der Ruhr)

Unter Beratung von:
Marco Hesse (Düsseldorf)
Dr. Elisabeth Sahre (Bielefeld)
Barbara Weigelt (Bielefeld)
Dr. Michael Wildt (Münster)

Cornelsen

Autoren: Friedhart Belthle, Ina Bischof, Dr. Gerd Birner, Jan Block, Carola Buddensiek, Jochen Dörr, Carina Freytag, Wolfgang Göbels, Silke Göttge, Gaby Heintz, Katrin Höffken, Christof Höger, Markus Krysmalski, Gabriele Lapport, Jochen Leßmann, Renatus Lütticken, Bernhard Nollenberger, Reinhard Oselies, Dr. Reiner Schmähling, Siegfried Schwehr, PD Dr. Dr. Udo Schwingenschlögl, Renate Seibold, Dr. Michael Sinzinger, Sebastian Tyczewski, Claudia Uhl

Berater: Gerhard Bauer, Marco Hesse, Monica Hettrich, Dr. Elisabeth Sahre, Rainer Schajor, Johannes Schornstein, Barbara Weigelt, Dr. Michael Wildt

Herausgeber: Renatus Lütticken, Dietmar Scholz, Claudia Uhl

Redaktion: Robert Hildebrandt, Uwe Schönefeld
Layoutkonzept: Jürgen Brinckmann
Herstellung: Hans Herschelmann
Bildrecherche: Peter Hartmann
Grafik: Christian Görke, Martin Frech, Wolfgang Mattern
Illustration: Peter Menne
Umschlaggestaltung: Anna Bakalovic für Buchgestaltung +
Technische Umsetzung: medienfrech.de

Multimediales Zusatzangebot

Zum Buch existiert ein spezielles Online-Portal. Inhalte, zu denen dort Zusatzangebote verfügbar sind, werden im Buch durch einen Mediencode gekennzeichnet z. B. 061-1

1. Webseite **www.cornelsen.de/fokus-mathematik** aufrufen
2. Buchkennung eingeben **MFK54010**
3. Mediencode eingeben, z. B. 061-1

Erklärung der Abkürzungen

LÖ ausgewählte Lösungen
DE didaktische Erläuterungen

Exklusive Lehrerangebote

Im Online-Portal finden Sie einen passwort-geschützten Lehrerbereich. Dort finden Sie u. a. Lösungen zu den angebotenen Arbeitsblättern: Einfach „Lehrer-Inhalte einblenden" anklicken und dann per Kundennummer als Lehrer identifizieren.

www.cornelsen.de

1. Auflage, 1. Druck 2010

Alle Drucke dieser Auflage sind inhaltlich unverändert und können im Unterricht nebeneinander verwendet werden.

Druck: CS-Druck CornelsenStürtz, Berlin

ISBN 978-3-464-54010-7 (Schülerbuch)
ISBN 978-3-464-54218-7 (Lehrerfassung)

Inhalt gedruckt auf säurefreiem Papier aus nachhaltiger Forstwirtschaft.

Inhalt

Liebe Schülerin, lieber Schüler,

dieses Buch will Sie einladen, Mathematik anhand von interessanten Situationen zu lernen, denen Sie jeden Tag begegnen können. Wenn Sie genau hinschauen, können Sie darin selbst viele Fragen aufwerfen und Zusammenhänge entdecken, die letztlich auf wichtige mathematische Begriffe und Sätze führen.

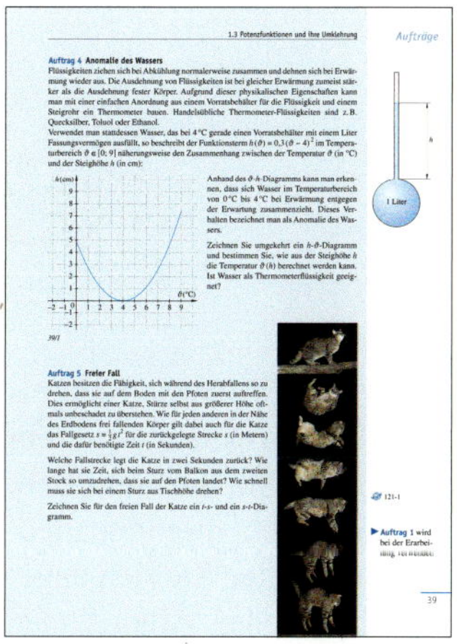

Die **Aufträge** sollen Sie anregen, etwas auszuprobieren und herauszufinden.
In Ihrer Klasse können Sie entweder nur einen Auftrag oder mehrere in Gruppen-, Partner- oder Einzelarbeit gleichzeitig oder nacheinander bearbeiten.
Viele Aufträge beschäftigen sich mit Situationen, denen Sie vielleicht schon begegnet sind. An anderen Stellen stehen eher innermathematische Fragestellungen im Vordergrund.

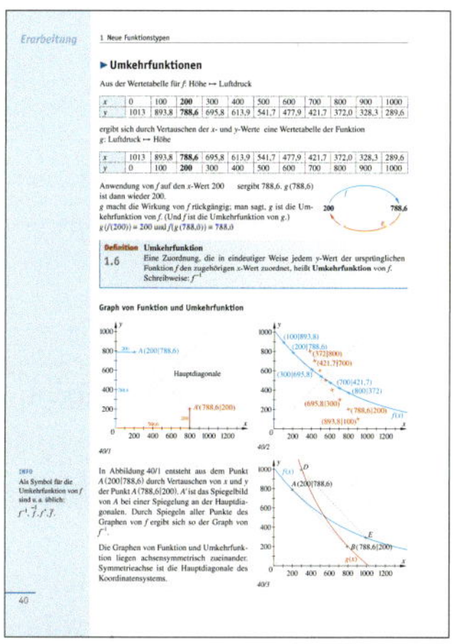

Die **Erarbeitung** des Stoffs erfolgt unter Verwendung eines der Aufträge.
Wesentliche Begriffe und Zusammenhänge werden in Form von Definitionen und Sätzen hervorgehoben und anhand von Beispielen erläutert.
Hier können Sie nachlesen, wenn Sie etwas wiederholen oder wenn Sie für die Klausuren lernen wollen, aber auch, wenn Sie einmal krank waren.

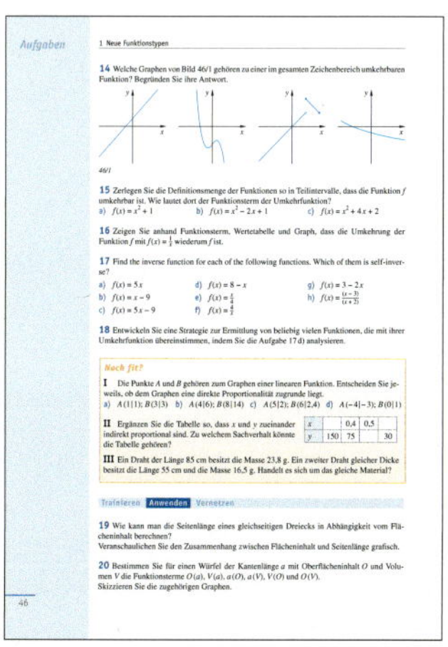

In jedem Abschnitt gibt es natürlich viele **Aufgaben**.
Darunter sind Aufgaben zum Nachvollziehen von Überlegungen aus der Erarbeitung und einfache Aufgaben zum ersten Einüben neuer Verfahren **(Trainieren)**, Anwendungsaufgaben, in denen Ihnen Fragen begegnen, die Sie nun gut beantworten können **(Anwenden)**, und neue Situationen, in denen Sie das Erlernte brauchen und dazu manches, was Sie schon länger wissen **(Vernetzen)**.

Die **Noch fit?**-Aufgaben können Ihnen helfen zu erkennen, was Sie wiederholen und üben sollten.

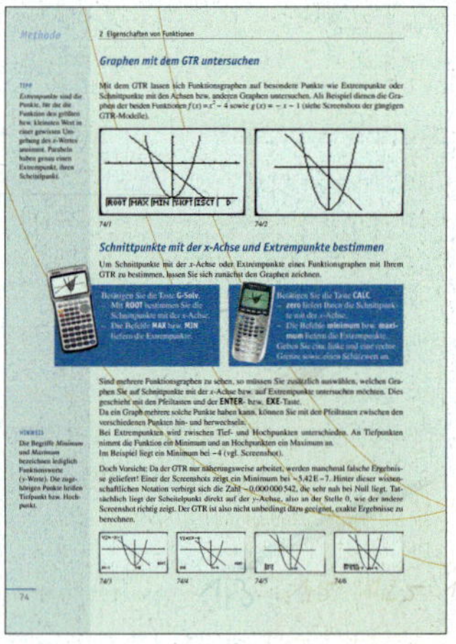

In einigen Kapiteln finden Sie **Projekt-** oder **Methoden-**Seiten, die über den im Buch dargestellten Stoff hinausführen oder ihn zuweilen detaillierter beleuchten.
Die Projekte können Sie allein oder in Gruppenarbeit innerhalb oder außerhalb des Unterrichts bearbeiten.
Die Methoden können Ihnen helfen, typische Aufgabenstellungen erfolgreich zu bewältigen.

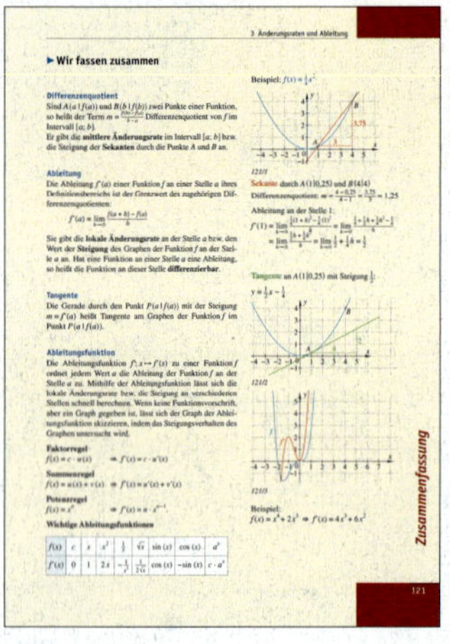

Die wichtigsten mathematischen Erträge des ganzen Kapitels werden jeweils in der **Zusammenfassung** herausgestellt und an Beispielen erläutert. Hier sollten Sie nachschlagen, wenn es Ihnen um das Verständnis der Gesamtzusammenhänge, der grundlegenden Strukturen geht. Wollen Sie sich dagegen über einzelne Begriffe, Verfahren oder Algorithmen informieren, dann sollten Sie eher auf den im Sachregister angegebenen Seiten nachschlagen.

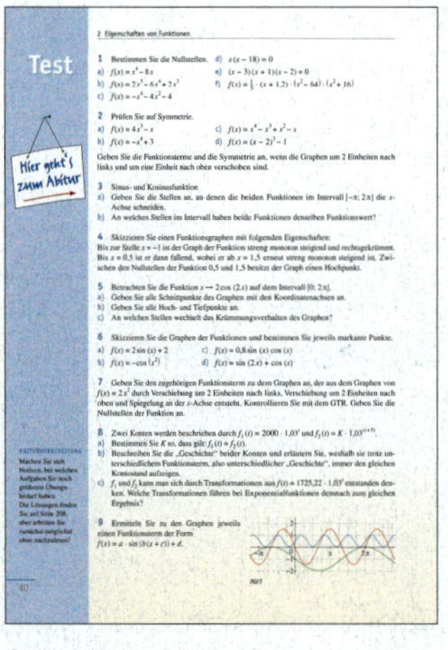

Am Ende jedes Kapitels finden Sie einen **Test** zur Selbstkontrolle.
Die Aufgaben sind an typischen Anforderungen aus Abiturarbeiten orientiert.
Sie können anhand dieser Aufgaben erkennen, bei welchen Anforderungen Sie auf dem Weg zum Abitur ggf. noch größeren Übungsbedarf haben.

Neue Funktionstypen

Sie wissen bereits, dass vieles aus unserer Welt durch Funktionen beschrieben werden kann, z. B. Handytarife, der freie Fall oder die Verzinsung eines Guthabens auf der Bank. Das ist aber noch nicht alles: Auch Größen wie Produktionskosten von Firmen oder Schallwellen, die Töne oder Musik erzeugen, können durch Funktionen ausgedrückt werden.

Auftrag 1 und 4

Aufträge

DE Die Gültigkeit der Potenzgesetze wurde für beliebige ganzzahlige Exponenten im Band 9 von Fokus Mathematik im Zusammenhang mit diskreten Wachstumsprozessen behandelt. Hier wird im Zusammenhang mit kontinuierlichen Wachstumsprozessen deren Gültigkeit auf beliebige rationale Exponenten erweitert.

1.1 Exponentialfunktionen

DE Möglichkeit der Vertiefung: Aufgabe 24

LÖ $h(t) = \frac{3}{5} \cdot \left(\frac{4}{3}\right)^t$

$0,6 \cdot x = 0,8$
$x = \frac{4}{3}$
$h(t) = 0,6 \cdot 1,34^t$

Auftrag 1 Anfangswachstum einer Pflanze

Um das Höhenwachstum von Hopfenpflanzen zu untersuchen, wurde die folgende Messreihe aufgenommen:

Zeit in Wochen	0	1	2	3	4	5	6
Höhe in Metern	0,6	0,8	1,2	1,5	2,0	2,6	3,5

$1,\bar{3}$ 1,5 1,25 $1,\bar{3}$ 1,3 1,35

Zeigen Sie, dass der Hopfen exponentiell wächst, wie Sie es aus der Zinseszinsrechnung kennen. Modellieren Sie das Hopfenwachstum also durch eine Funktion h mit $h(t) = c \cdot a^t$, indem Sie geeignete Werte für a und c suchen. Dabei gibt t die Zeit in Wochen und $h(t)$ die erreichte Höhe in Metern an.

8/1

LÖ $\left(\frac{4}{3}\right)^{\frac{1}{7}} \approx 1,042$; Die Pflanzen wachsen um ca. 4,2% pro Tag. Eine Woche vor Beginn der Messung waren die Pflanzen 45 cm hoch.

Da die Pflanzen kontinuierlich wachsen, gibt es nicht nur für die Zeitpunkte $t = 0; 1; \ldots; 6$ entsprechende Werte für die Höhe. Prüfen Sie, ob die Funktion h auch richtige Ergebnisse für die folgenden Fragen liefert:
Um wie viel wachsen die Pflanzen an einem Tag? Wie hoch waren die Pflanzen eine Woche vor Beginn der Messung?

DE Möglichkeit der Vertiefung: Aufgabe 26

Auftrag 2 Wer Glück hat, kommt durch

Licht mit der Intensität $L_0 = 10$ dringt in das Wasser eines Sees ein. Die Helligkeit nimmt mit zunehmender Tiefe ab. Es wird angenommen, dass das Licht aus Strahlen und das Wasser aus Teilchen besteht. Trifft ein Strahl auf ein Teilchen, dann wird er eventuell absorbiert, er ist dann weg. Andere Strahlen kommen durch, ohne auf ein absorbierendes Wasserteilchen zu treffen.

INFO
absorbere (lat.): verschlingen, verschlucken

Wie viele Strahlen in der Wasserschicht „abgefangen" werden, hängt davon ab, wie klar oder trüb das Wasser ist. Angenommen, nach jeweils 1 m im Wasser sei die Lichtintensität auf 81% des alten Wertes gesunken. Geben Sie die Lichtintensität nach 2 m, 3 m und allgemein nach x Metern an und zeichnen Sie den Graphen der Zuordnung $L: x \mapsto L(x)$, wobei $L(x)$ die Lichtintensität nach x Metern ist. Prüfen Sie, ob sich die Funktion L auch für die Angabe der Lichtintensität nach 0,5 m, nach 1,5 m eignet.

$L(0,5) = 9$
$L(1,5) = 7,29$
$L(x) = 10 \cdot 0,81^x$

8/2

Auftrag 3 Wasserverschmutzung

Die Verschmutzung eines Sees durch einen hindurchfließenden Fluss lässt sich mithilfe eines Tanks modellieren.
In den 100-l-Tank fließen pro Minute 5 l Wasser, welche pro Liter 4 g Salz enthalten.
Zur Vereinfachung wird angenommen, dass sich das einfließende Salz augenblicklich gleichmäßig im Tank verteilt. Diese Mischung fließt am anderen Ende mit der gleichen Geschwindigkeit von 5 l pro Minute hinaus. Am Anfang sind im Tank 40 g Salz gelöst.

9/1

Sie können diesen Prozess beschreiben, indem Sie von Minute zu Minute weiterrechnen: „Zuerst“ fließen 5 l der momentanen Mischung heraus, dann fließen 5 l Salzwasser hinzu. Führen Sie die Berechnung für den Salzgehalt im Tank nach dieser Methode für die ersten 100 Minuten mit Ihrem GTR oder einer Tabellenkalkulation durch. Erklären Sie, weshalb die Rechnung in Minutenschritten den Prozess nicht genau erfassen kann.

DE Sehr komplexer Zugang (beschränktes Wachstum), vgl. Aufgabe 51

9/2

Wiederholen Sie die Berechnung des Salzgehaltes im Tank, wenn Sie pro Zeitschritt nur eine halbe Minute ansetzen und vergleichen Sie die Ergebnisse.
Es ist mathematisch möglich, Veränderungen in beliebig kleinen Zeitintervallen zu untersuchen und zu beschreiben. Mit diesen Mitteln ergibt sich für den Salzgehalt im Tank die folgende Funktion (t in Minuten):
$f(t) = 400 - 360 \cdot 0{,}95123^t$

Vergleichen Sie die Werte dieser Funktion mit denen der Simulation in Minutenschritten und beurteilen Sie die auftretenden Unterschiede. Betrachten Sie den Graphen von f im GTR und erläutern Sie den Kurvenverlauf.
Um welche Art des Wachstums handelt es sich? exponentielles Wachstum

Auftrag 4 Neue Funktionen erforschen

Zeichnen Sie mit den Hilfsmitteln, die Ihnen zur Verfügung stehen, die Graphen der Funktionen $f(x) = 2^x$ und $g(x) = 2^{-x}$ in ein Koordinatensystem.

Untersuchen Sie die Beziehung zwischen den beiden Funktionsgraphen. Stellen Sie g in der Form $g(x) = a^x$ dar.

$g(x) = 2^{-x} = \frac{1}{2^x} = \left(\frac{1}{2}\right)^x$

Lesen Sie für verschiedene Werte x die Funktionswerte an den Stellen x und $x + 1$ ab. Begründen Sie die Beziehung, die jeweils zwischen den beiden Funktionswerten besteht. Geben Sie an, bei welchen Phänomenen diese Beziehung zwischen $f(x)$ und $f(x + 1)$ eine Rolle spielt.

$f(x+1) = 2 \cdot f(x)$

Vergleichen Sie auch $f\left(x + \frac{1}{2}\right)$ mit $f(x)$ und mit $f(2x)$.

▶ **Auftrag 1** wird bei der Erarbeitung verwendet.

Passt das Ergebnis zum Vergleich von $f(x + 1)$ und $f(x)$?

$f\left(x+\frac{1}{2}\right) = 2^{x+\frac{1}{2}}$
$= 2^x \cdot 2^{\frac{1}{2}}$
$= 2^{2x} : 2^{\frac{1}{2}}$

▶ Exponentialfunktionen

Bestimmung der Wachstumsform

Als einfache Regelmäßigkeiten kommen in Frage, dass pro Zeitschritt der gleiche „Zuwachssummand" hinzukommt (lineares Wachstum) oder dass pro Zeitschritt mit dem gleichen Faktor multipliziert wird (exponentielles Wachstum).

t in Wochen	0	1	2	3	4	5	6
$h(t)$	0,6	0,8	1,2	1,5	2,0	2,6	3,5
$h(t+1) - h(t)$	0,2	0,4	0,3	0,5	0,6	0,9	
$\frac{h(t+1)}{h(t)}$	1,33	1,5	1,25	1,33	1,30	1,35	

HINWEIS
Die Zeiteinheit t wird hier in Wochen gemessen.

Die Werte $h(t+1) - h(t)$ unterscheiden sich teilweise recht deutlich. Hingegen ist ein annähernd konstanter Faktor $\frac{h(t+1)}{h(t)}$ zu erkennen. Das Hopfenwachstum kann also als exponentielles Wachstum modelliert werden.

Bestimmung des wöchentlichen Wachstumsfaktors

Für die Funktion h mit $h(t) = c \cdot a^t$ können Sie den Mittelwert $a \approx 1{,}34$ der Quotienten aus der Tabelle wählen. Damit ist $h(t) = 0{,}6 \cdot 1{,}34^t$, womit sich Werte ergeben, die ziemlich gut zur Messung passen:

t	0	1	2	3	4	5	6
$h(t)$	0,6	0,8	1,07	1,43	1,96	2,57	3,44

$\cdot 1{,}34$ $\cdot 1{,}34$ $\cdot 1{,}34$ $\cdot 1{,}34$ $\cdot 1{,}34$ $\cdot 1{,}34$

Die Werte in der Tabelle sind gerundet. Im Vergleich zu den Messwerten tritt der einzige größere Ausrutscher bei $t = 2$ auf und kann vernachlässigt werden.

Brüche als Exponenten

Da ein Tag $\frac{1}{7}$ einer Woche ist, müsste man die Höhe der Pflanzen nach einem Tag mit $h\left(\frac{1}{7}\right) = 0{,}6 \cdot 1{,}34^{\frac{1}{7}}$ berechnen. Die Frage ist, welche Bedeutung eine Potenz mit der Hochzahl $\frac{1}{7}$ hat.

Es sei k der Faktor, mit dem die Pflanze an einem Tag wächst. Dann gilt für die Höhe der Pflanze: 1. Tag: $0{,}6 \cdot k$; 2. Tag: $0{,}6 \cdot k \cdot k$; …; 7. Tag: $0{,}6 \cdot k^7$

HINWEIS
Das Wachstum der Pflanze kann durch zwei Gleichungen beschrieben werden, die sich in der Zeiteinheit unterscheiden:
$h(t) = 1{,}34^t$, t in Wochen.
$h^*(t) = 1{,}043^t$, t in Tagen.

Da 7 Tage eine Woche sind, muss gelten:
$0{,}6 \cdot k^7 = h(1) = 0{,}6 \cdot 1{,}34^1 = 0{,}6 \cdot 1{,}34$
Somit ist $k^7 = 1{,}34$. Man nennt k die siebte Wurzel aus 1,34 und schreibt $k = \sqrt[7]{1{,}34}$. Der Taschenrechner liefert $k \approx 1{,}043$.

Da $k = \sqrt[7]{1{,}34}$ der Faktor für einen Tag ist, gilt $h\left(\frac{1}{7}\right) = 0{,}6 \cdot 1{,}34^{\frac{1}{7}} = 0{,}6 \cdot \sqrt[7]{1{,}34}$

Definition 1.1 **Potenzen mit gebrochenen Exponenten und *n*-te Wurzel**

$\sqrt[n]{a}$ ist diejenige nicht negative Zahl, für die gilt: $\left(\sqrt[n]{a}\right)^n = a$

Potenzschreibweise: $\sqrt[n]{a} = a^{\frac{1}{n}}$ $(a \geq 0)$

Die Festlegung $\sqrt[7]{a} = a^{\frac{1}{7}}$ ist verträglich mit den Potenzgesetzen, da $\left(a^{\frac{1}{7}}\right)^7 = a^{\frac{1}{7} \cdot 7} = a^1 = a$ gilt.
Auch beliebige Brüche wie $\frac{3}{7}$ können sinnvolle Exponenten sein. 3 Tage sind $\frac{3}{7}$ einer Woche.
Für die Höhe der Pflanzen nach 3 Tagen erhält man, da $\sqrt[7]{1{,}34}$ der Faktor für einen Tag ist:

$h\left(\frac{3}{7}\right) = 0{,}6 \cdot \sqrt[7]{1{,}34} \cdot \sqrt[7]{1{,}34} \cdot \sqrt[7]{1{,}34} = 0{,}6 \cdot \left(\sqrt[7]{1{,}34}\right)^3$

Direktes Einsetzen in den Funktionsterm von h ergibt $h\left(\frac{3}{7}\right) = 0{,}6 \cdot 1{,}34^{\frac{3}{7}}$

Demnach wäre festzulegen: $1{,}34^{\frac{3}{7}} = \left(\sqrt[7]{1{,}34}\right)^3$
Die Reihenfolge der Operationen Potenzieren und Wurzelziehen kann vertauscht werden:

$\left(\sqrt[7]{1{,}34}\right)^3 = \left(1{,}34^{\frac{1}{7}}\right)^3 = 1{,}34^{\frac{1}{7} \cdot 3} = 1{,}34^{\frac{3}{7}} = 1{,}34^{3 \cdot \frac{1}{7}} = \left(1{,}34^3\right)^{\frac{1}{7}} = \sqrt[7]{1{,}34^3}$

Definition 1.2 Für nichtnegative a und natürliche Zahlen n und m gilt:
$a^{\frac{m}{n}} = \left(\sqrt[n]{a}\right)^m = \sqrt[n]{a^m}$

Es ist leicht zu prüfen, dass die Potenzgesetze auch für gebrochene Exponenten gelten:

Satz 1.1 **Potenzgesetze für rationale Exponenten**

Potenzgesetz für gleiche Basen: $a^p \cdot a^q = a^{p+q}$; $\frac{a^p}{a^q} = a^{(p-q)}$

Potenzgesetz für gleiche Exponenten: $a^p \cdot b^p = (a \cdot b)^p$; $\frac{a^p}{b^p} = \left(\frac{a}{b}\right)^p$

Potenzgesetz für Potenzen von Potenzen: $(a^p)^q = a^{p \cdot q}$
für $a, b \in \mathbb{R}$ und $p, q \in \mathbb{Q}$. Die Zahl Null darf weder im Nenner noch als Basis mit Exponenten ≤ 0 auftreten.

Gebrochene Exponenten können auch negativ sein. Für die Höhe drei Tage vor Beginn der Messung muss der Anfangswert 0,6 dreimal durch den Faktor $1{,}34^{\frac{1}{7}}$ für das Tageswachstum dividiert werden:

$\left(\left(0{,}6 : 1{,}34^{\frac{1}{7}}\right) : 1{,}34^{\frac{1}{7}}\right) : 1{,}34^{\frac{1}{7}} = \frac{0{,}6}{\left(1{,}34^{\frac{1}{7}}\right)^3} = \frac{0{,}6}{1{,}34^{\frac{3}{7}}} = 0{,}6 \cdot 1{,}34^{-\frac{3}{7}} = h\left(-\frac{3}{7}\right)$

Wurzelgesetze erweisen sich als Spezialfälle der Potenzgesetze:

$\sqrt{a} \cdot \sqrt{b} = a^{\frac{1}{2}} \cdot b^{\frac{1}{2}} = (a \cdot b)^{\frac{1}{2}} = \sqrt{a \cdot b}$ Ebenso ist $\frac{\sqrt{a}}{\sqrt{b}} = \frac{a^{\frac{1}{2}}}{b^{\frac{1}{2}}} = \left(\frac{a}{b}\right)^{\frac{1}{2}} = \sqrt{\frac{a}{b}}$.
(gleicher Exponent)

Da Wurzeln auch in Potenzschreibweise dargestellt werden können, gelten die Wurzelgesetze für beliebige Wurzeln.
Es ist also z. B. auch $\sqrt[3]{a} \cdot \sqrt[3]{b} = a^{\frac{1}{3}} \cdot b^{\frac{1}{3}} = (a \cdot b)^{\frac{1}{3}} = \sqrt[3]{a \cdot b}$ Ebenso ist $\frac{\sqrt[3]{a}}{\sqrt[3]{b}} = \frac{a^{\frac{1}{3}}}{b^{\frac{1}{3}}} = \left(\frac{a}{b}\right)^{\frac{1}{3}} = \sqrt[3]{\frac{a}{b}}$.

ZUR ERINNERUNG
Potenzen mit negativen Exponenten
$a^{-n} = \frac{1}{a^n}$
für $a \in \mathbb{R}$, $a \neq 0$
und $n \in \mathbb{N}$, $a^0 = 1$

DE Hier kann die mathematische Methode thematisiert werden: Erkenntnisgewinn durch Bildung von Spezialfällen aus einer allgemeinen Gesetzmäßigkeit.

Die Menge der reellen Zahlen als Definitionsbereich von Wachstumsfunktionen

Die bisherigen Festlegungen erlauben nun, alle reellen Zahlen in die Funktionsgleichung $h(t) = c \cdot a^t$ einzusetzen:
Im Falle eines irrationalen Exponenten wie $\sqrt{2}$ kann man – theoretisch – so vorgehen:
So wie $\sqrt{2}$ immer genauer durch eine Intervallschachtelung $[1{,}4; 1{,}5]$, $[1{,}41; 1{,}42]$ usw. dargestellt werden kann, würde $a^{\sqrt{2}}$ durch $\left[a^{1{,}4}; a^{1{,}5}\right]$, $\left\{a^{1{,}41}; a^{1{,}42}\right\}$ usw. eingeschachtelt.
Beachten Sie dabei, dass $a^{1{,}41} = a^{\frac{141}{100}} = \sqrt[100]{a^{141}}$ gilt.

Auch negative Exponenten können eingesetzt werden:
$h(-2) = 0{,}6 \cdot 1{,}34^{-2} = 0{,}6 \cdot \frac{1}{1{,}34^2}$ oder $h\left(-\frac{3}{7}\right) = 0{,}6 \cdot 1{,}34^{-\frac{3}{7}} = 0{,}6 \cdot \frac{1}{1{,}34^{\frac{3}{7}}}$. Es ist also möglich, $h(t) = c \cdot a^t$ als Funktion über der Zahlengeraden, über allen reellen Zahlen zu betrachten.

Erarbeitung

DE Die Beweistechnik der Widerlegung durch ein Gegenbeispiel kann hier angesprochen werden.

Praktische Hinweise

TIPP

Wird nach der Zeit gefragt (z. B.: Wann sind die Pflanzen 3 m hoch?), so steht die gesuchte Größe im Exponenten.

Rechenverfahren, um solche Gleichungen zu lösen, finden Sie im Abschnitt 1.2.

Beachten Sie, dass zwar $\sqrt{a \cdot b} = \sqrt{a} \cdot \sqrt{b}$ gilt, sich dies aber nicht auf Summen übertragen lässt, wie das folgende Gegenbeispiel zeigt: $\sqrt{2+2} = \sqrt{4} = 2 \neq \sqrt{2} + \sqrt{2} \approx 1{,}41 + 1{,}41 = 2{,}82$
Es gilt also in der Regel $\sqrt{a+b} \neq \sqrt{a} + \sqrt{b}$.

Die Funktionsgleichung $h(t) = c \cdot a^t$ enthält vier Größen:
- $h(t)$ ist der Wert zur Zeit t.
- c ist der Anfangs- oder Startwert, also der Wert zur Zeit 0.
- a ist der Faktor, mit dem sich der Wert bei einem Schritt nach rechts vergrößert.
- t ist die Zeit.

Prinzipiell gibt es also **vier Aufgabentypen**. Sind drei dieser Größen gegeben, so lässt sich die Formel nach der vierten auflösen, die dann bestimmt werden kann.

Exponentialfunktionen

Alle exponentiellen Wachstums- oder Zerfallsfunktionen $f(x) = c \cdot a^x$ ergeben sich durch Streckung oder Stauchung mit dem Faktor c aus Exponentialfunktionen:

auch: $f(x) = b \cdot a^x$

Definition 1.3 **Exponentialfunktion**

Eine Funktion f der Form $f(x) = a^x$ mit $a > 0$ heißt Exponentialfunktion.

Die Abbildung zeigt die Graphen zu verschiedenen Exponentialfunktionen.

Die Funktion g lässt sich auch als $g(x) = 2^{-x}$ darstellen. Ihr Graph geht aus dem Graphen der Funktion f durch Spiegelung an der y-Achse hervor, die beiden Graphen sind also zueinander symmetrisch bezüglich der y-Achse.
Formal lässt sich diese Eigenschaft durch die Gleichung $g(x) = f(-x)$ ausdrücken.
Beispielsweise liegt der Punkt $(1|2)$ auf dem Graphen von f, der Punkt $(-1|2)$ auf dem von g, es gilt also $f(1) = 2 = g(-1)$.

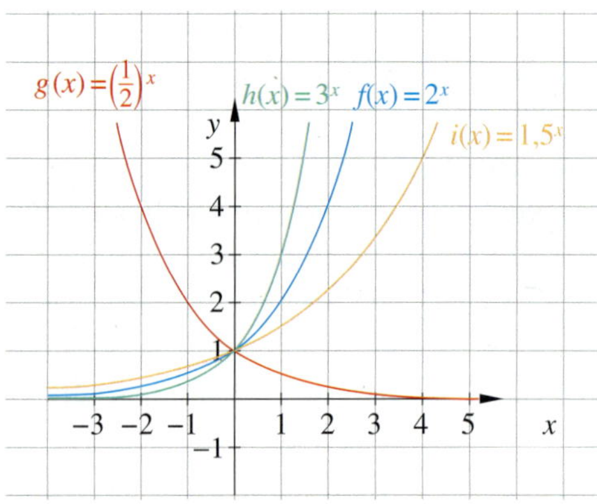

12/1 Exponentialkurven

DE Es wird ein anschaulicher Monotoniebegriff benutzt, dieser wird in 1.3 präzisiert.

In der Abbildung ist zu erkennen, dass alle Graphen von Exponentialfunktionen den Punkt $(0|1)$ beinhalten. Dies liegt daran, dass stets gilt: $f(0) = a^0 = 1$.
Außerdem lässt sich erkennen: Verfolgt man die Graphen von links nach rechts, so sind sie für $a > 1$ steigend und für $0 < a < 1$ fallend.

Satz 1.2 **Eigenschaften von Exponentialfunktionen**

- Die Funktionen g und h mit $g(x) = \left(\frac{1}{a}\right)^x$ und $h(x) = a^{-x}$ sind identisch.
- Die Graphen der Funktionen f und g mit $f(x) = a^x$ und $g(x) = \left(\frac{1}{a}\right)^x$ sind zueinander achsensymmetrisch, und es gilt $f(x) = g(-x)$.
- Die Graphen aller Exponentialfunktionen enthalten den Punkt $(0|1)$.
- Die Graphen von Exponentialfunktionen sind für $a > 1$ steigende Kurven, für $0 < a < 1$ fallende Kurven.
- Es gilt: $f(x+1) = a \cdot f(x)$ sowie $f(x-1) = \frac{f(x)}{a}$.

y-

Aufgaben

Trainieren Anwenden Vernetzen

1 Zeichnen Sie die Graphen der folgenden Funktionen in ein Koordinatensystem:
$f_1(x) = 1{,}2^x$ $\quad f_2(x) = 2^x$ $\quad f_3(x) = 0{,}5^x$
Begründen Sie, dass alle Graphen einen Punkt gemeinsam haben. $P(0|1)$
Zwei der drei Graphen liegen achsensymmetrisch zur y-Achse. Geben Sie die zugehörigen Funktionen an und begründen Sie die Symmetrie rechnerisch. $f_2(x) = f_3(-x)$

DE Aufgabe 1 bis 8: Aufgaben zu Exponentialfunktionen

2 Zeigen Sie, dass die angegebenen Punkte auf dem Graphen einer Exponentialfunktion der Form $f(x) = a^x$ liegen und geben Sie den zugehörigen Funktionsterm an.

a) $(0|1)$; $(1|3)$; $(3|27)$ $f(x) = 3^x$
b) $(-1|0{,}4)$; $(1|2{,}5)$; $(2|6{,}25)$ $f(x) = 2{,}5^x$
c) $(2|3)$; $(4|9)$; $(8|81)$ $f(x) = (\sqrt{3})^x$
d) $\left(\frac{1}{2}\middle|\frac{1}{2}\right)$; $\left(1\middle|\frac{1}{4}\right)$; $\left(\frac{3}{2}\middle|\frac{1}{8}\right)$ $f(x) = 0{,}25^x$

3 In der Zeichnung sehen Sie einige Graphen von Exponentialfunktionen der Form $f(x) = a^x$.
Lesen Sie möglichst genau die zugehörigen Werte von a sowie die Verdopplungs- bzw. Halbwertszeit ab.
Welche rechnerischen Proben zur Überprüfung der Ablesewerte sind möglich?

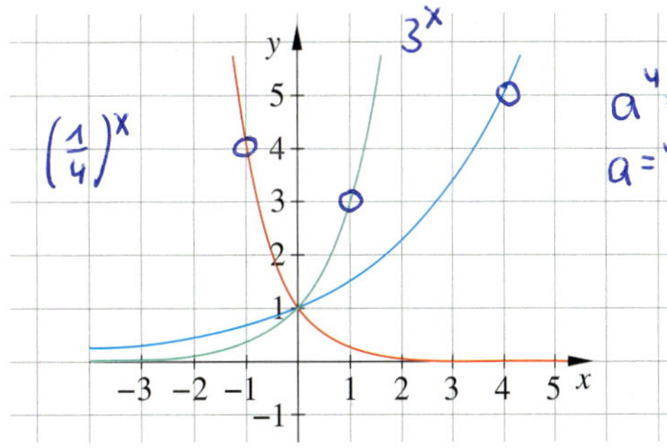

13/1

HINWEIS
Die *Verdopplungszeit* ist der Zeitraum, nach dem von einer exponentiell wachsenden Größe jeweils das Doppelte vorhanden ist.
Die *Halbwertszeit* ist dementsprechend der Zeitraum, nach dem von einer exponentiell zerfallenden Größe noch die Hälfte vorhanden ist.
Verdopplungs- und Halbwertszeit sind vom Startwert unabhängig.

4 Von den Graphen der Exponentialfunktionen der Form $f(x) = a^x$ ist jeweils ein Punkt gegeben. Berechnen Sie den Wachstumsfaktor a. **Beispiel:** Gegeben ist der Punkt $(3|8)$. Also gilt $8 = a^3$. Um a zu bestimmen, wird die dritte Wurzel gezogen: $\sqrt[3]{8} = a$. In diesem Fall ist $a = 2$.

a) $(2|6{,}25)$ $a = 2{,}5$
b) $(3|0{,}125)$ $a = 0{,}5$
c) $(4|5)$ $a = \sqrt[4]{5}$
d) $(2{,}4|3{,}9)$ $a = \sqrt[12]{3{,}9^5}$
e) $(2|3)$ $a = \sqrt{3}$
f) $(4|10\,000)$ $a = 10$

5 Vom Graphen einer Funktion der Form $f(x) = c \cdot a^x$ sind zwei Punkte gegeben. Bestimmen Sie c und a.

a) $(0|3)$; $(1|12)$ $c=3$; $a=4$
b) $(2|2{,}7)$; $(3|8{,}1)$ $c=0{,}3$; $a=3$
c) $(2{,}4|3{,}7)$; $(5{,}1|9{,}2)$ $c=1{,}65$; $a=1{,}4$
d) $(5|4)$; $(7|2)$ $c=(\sqrt{2})^9$; $a=\sqrt{\frac{1}{2}}$
e) $(0|-1)$; $(4|-0{,}0625)$ $c=-1$; $a=0{,}5$
f) $(-1|-1{,}5)$; $(4|-48)$ $c=-3$; $a=2$

6 In der Abbildung sind die Graphen einiger Exponentialfunktionen dargestellt.
Geben Sie jeweils den zugehörigen Funktionsterm an.

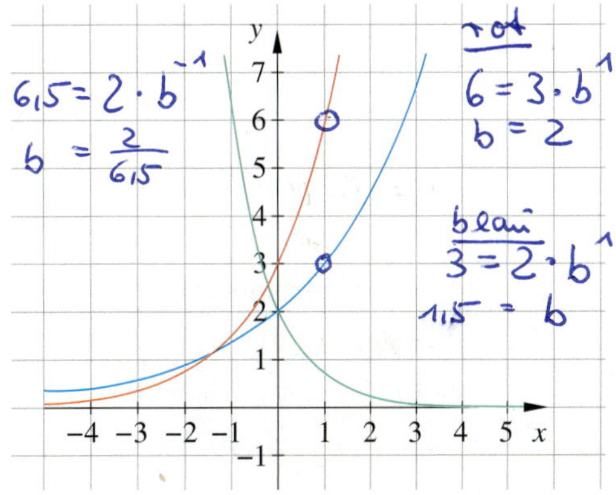

13/2

LÖ roter Graph: $f(x) = 3 \cdot 2^x$
blauer Graph: $f(x) = 2 \cdot 1{,}5^x$
grüner Graph: $f(x) = 2 \cdot 3^{(-x)}$

7 Auf einer Rolle mit Endlospapier, die 15 cm breit ist, soll der Graph der Funktion $f(x) = 2^x$ über dem Intervall von 0 bis 15 gezeichnet werden.
Wie lang muss das Papier sein, wenn die Einheit auf beiden Achsen 1 cm beträgt?

LÖ $2^{15} = 32\,768$ (cm)

8 Zeichnen Sie mithilfe einer geeigneten Wertetabelle den Graphen der Funktion f mit $f(x) = 2^x$ von -2 bis 2.
Zeichnen Sie dazu die Graphen der Funktionen g, h, i und k mit folgenden Funktionsvorschriften:

$g(x) = 2^{-x}$ $\quad$ $i(x) = 0{,}5^x$

$h(x) = 2^x - 1$ $\quad$ $k(x) = 0{,}5^{x-1}$

DE Aufgabe 9 bis 16: Aufgaben zu Potenzgesetzen

9 Bei dieser Aufgabe können Sie sich an die Schreibweisen mit gebrochenen Exponenten und n-ten Wurzeln gewöhnen.

a) Vermeiden Sie gebrochene Exponenten, indem Sie die Terme als Wurzeln schreiben.

$4^{\frac{1}{3}}$ $\quad$ $4^{\frac{1}{4}}$ $\quad$ $9^{\frac{1}{3}}$ $\quad$ $27^{\frac{2}{3}}$ $\quad$ $2^{\frac{3}{4}}$ $\quad$ $32^{\frac{3}{5}}$

$a^{\frac{2}{7}}$ $\quad$ $64^{\frac{3}{4}}$ $\quad$ $25^{\frac{4}{3}}$ $\quad$ $3^{-\frac{1}{2}}$ $\quad$ $1^{\frac{1}{2}}$ $\quad$ $a^{\frac{b}{3}}$

b) Schreiben Sie folgende Terme als Potenzen mit gebrochenen Exponenten und vermeiden Sie so die Wurzelschreibweise.

$\sqrt[3]{2}$ $\quad$ $\sqrt[5]{3}$ $\quad$ $\sqrt[2]{a}$ $\quad$ $\sqrt[7]{b^4}$ $\quad$ $\sqrt[4]{3^5}$

$\sqrt[3]{a^3}$ $\quad$ $\sqrt[2]{a^5}$ $\quad$ $\sqrt[3]{x^4}$ $\quad$ $\sqrt[6]{(3a)^5}$

LÖ a) $\sqrt[3]{4}$, $\sqrt[4]{4}$, $\sqrt[3]{9}$, $\sqrt[3]{27^2}$, $\sqrt[4]{s^3}$, $\sqrt[5]{32^3}$, $\sqrt[7]{a^2}$, $\sqrt[4]{64^3}$, $\sqrt[3]{25^4}$, $\sqrt{\frac{1}{3}}$, 1, $\sqrt[3]{a^b}$
b) $2^{\frac{1}{3}}$, $3^{\frac{1}{5}}$, $a^{\frac{1}{2}}$, $b^{\frac{4}{7}}$, $3^{\frac{5}{4}}$, a, $a^{\frac{5}{2}}$, $x^{\frac{4}{3}}$, $(3a)^{\frac{5}{6}}$

10 Jede der folgenden drei Spalten gehört zu einem Potenzgesetz. Formulieren Sie zu jeder der Spalten das passende Potenzgesetz. Berechnen Sie anschließend die Terme oder vereinfachen Sie sie soweit wie möglich.

a)	$2^3 \cdot 2^2$	f)	$2^3 \cdot 5^3$	k)	$(2^2)^3$
b)	$10^6 : 10^3$	g)	$12^2 : 4^2$	l)	$((-2)^2)^3$
c)	$0^3 \cdot 0^7$	h)	$(0{,}1)^7 \cdot 10^7$	m)	$(-2^2)^3$
d)	$a^4 : a^2$	i)	$a^2 \cdot b^2$	n)	$(p^3)^5$
e)	$z \cdot z^3 \cdot z^4$	j)	$x^6 : y^6$	o)	$(x^{2n})^n$

LÖ
a) 32 $\quad$ i) $(a \cdot b)^2$
b) 1000 $\quad$ j) $(\frac{x}{y})^6$
c) 0 $\quad$ k) 64
d) a^2 $\quad$ l) 64
e) z^8 $\quad$ m) -64
f) 1000 $\quad$ n) p^{15}
g) 9 $\quad$ o) x^{2n^2}
h) 1

11 Finden Sie das Lösungswort.

a) $(2^4)^3$ $\quad$ d) $(2^{4,5})^2$
b) $(2^{-1})^5$ $\quad$ e) $(4^{-2})^3$
c) $(2^3)^2$

Lösungen 2^{-12} (x); 2^{-10} (n); 2^{-5} (a); 2^{-2} (s); 2^4 (t); 2^6 (d); 2^7 (p); 2^9 (i); 2^{12} (r)

LÖ radix

12 Lösen Sie die Gleichung nach x auf.

a) $10^4 \cdot x = 10^9$ $\quad$ d) $x \cdot 10^5 = 10^{-2}$
b) $10^3 \cdot x = 10^2$ $\quad$ e) $\frac{10^4}{x} = 10^6$
c) $x \cdot 10^{-2} = 10$ $\quad$ f) $\frac{x}{10^{-2}} = 10^8$

LÖ a) $x = 10^5$
b) $x = 10^{-1}$
c) $x = 10^3$
d) $x = 10^{-7}$
e) $x = 10^{-2}$
f) $x = 10^6$

13 Schreiben Sie die Terme als Potenzen mit kleinstmöglicher natürlicher Basis.

a)	16^3	2^{12}	e)	625^3	5^{12}
b)	8^{-6}	2^{-18}	f)	81^4	3^{16}
c)	$(-27)^5$	-3^{15}	g)	256^{-2}	2^{-16}
d)	100^7	10^{14}	h)	$1\,000\,000^{-3}$	10^{-18}

14 Schreiben Sie den Term als Potenz und vereinfachen Sie soweit wie möglich.

DE Für a), b) und c) ist $a \geq 0$

a) $\sqrt[3]{a^5}$ $\quad$ $a^{\frac{5}{3}}$
b) $\sqrt[4]{a^2}$ $\quad$ $a^{\frac{1}{2}}$
c) $\sqrt[3]{4 \cdot \sqrt{2 \cdot a^2}}$ $\quad$ $2^{\frac{5}{6}} \cdot a^{\frac{1}{3}}$
d) Lösen Sie die Aufgabe b) für $a = -2$. Wie lautet demnach die Lösung von b) für beliebiges reelles a?
d) $|a|^{\frac{1}{2}}$

15 Lösen Sie die folgenden Gleichungen. Wie lautet das Lösungswort?

a) $x^3 = 64$ $\quad$ d) $x^6 + 75 = 11$
b) $x^2 = 64$ $\quad$ e) $x^3 + 75 = 20$
c) $x^4 = 64$ $\quad$ f) $x^{-1} + 75 = 20$

keine Lösung (c); 4 (c); $-\frac{1}{55}$ (e); 2 (e); -2 (h); 8 sowie -8 (i); $-55^{\frac{1}{3}}$ (l); $2 \cdot \sqrt{2}$ sowie $-2 \cdot \sqrt{2}$ (r); $95^{\frac{1}{3}}$ (s)

LÖ circle

16 Trouvez les fautes et corrigez.

a) $(5 \cdot 12)^2 = 5^2 \cdot 12^2 = 25 \cdot 144 = 3600$
b) $(5 + 12)^2 \neq 5^2 + 12^2 = 25 + 144 = 169$
c) $(5 - 12)^2 \neq 5^2 - 12^2 = 25 - 144 = 119$
d) $(5 : 12)^2 = 5^2 : 12^2 = 25 : 144 \neq 5{,}76$

LÖ a) ist richtig, b) c) d) sind falsch.

17 Ein Mathematiklehrer stapelt die Arbeitshefte seiner Klasse nach einer Mathematikarbeit auf einen Stapel. 31 Schülerinnen und Schüler haben ihre Hefte abgegeben.

a) Berechnen Sie die Höhe des Stapels, wenn alle Hefte geschlossen sind, die Papierstärke 0,2 mm beträgt und jedes Heft 12 Doppelseiten hat. ca. 15 cm
b) Erläutern Sie, warum die Rechnung mit den in a) angegebenen Zahlenwerten der Realität nicht ganz gerecht wird.

DE Aufgabe 18: Lineares Wachstum

18 *Stalaktiten* sind Tropfsteine, die von der Decke nach unten wachsen. Tropfsteine am Boden heißen *Stalagmiten*. Ein Stalaktit wird jedes Jahr um ca. 3 mm länger.

a) Ein Stalaktit ist 0,72 m lang. Wie alt ist er vermutlich? 240 Jahre
b) Berechnen Sie, wie lange es dauert, bis der Stalaktit auf eine Länge von 1 m gewachsen ist. ca. 333 Jahre

19 Übertragen Sie die Tabelle in Ihr Heft und vervollständigen Sie sie dort. Welche Strukturen fallen Ihnen auf?

$10^{(-1)} = 0{,}1$	$10^0 = 1$	$10^1 = 10$	$10^2 = 100$	$10^3 = 1000$	$10^4 = 10\,000$
$100^{\left(-\frac{1}{2}\right)} = 0{,}1$	$100^0 = 1$	$100^{\frac{1}{2}} = 10$	$100^1 = 100$	$100^{\frac{3}{2}} = 1000$	$100^2 = 10\,000$
$1000^{\left(-\frac{1}{3}\right)} = 0{,}1$	$1000^0 = 1$	$1000^{\left(\frac{1}{3}\right)} = 10$	$1000^{\frac{2}{3}} = 100$	$1000^1 = 1000$	$1000^{\frac{4}{3}} = 10\,000$
$10\,000^{\left(-\frac{1}{4}\right)} = 0{,}1$	$10\,000^0 = 1$	$10\,000^{\frac{1}{4}} = 10$	$10\,000^{\left(\frac{1}{2}\right)} = 100$	$10\,000^{\frac{3}{4}} = 1000$	$10\,000^1 = 10\,000$

DE 10^n $100^{\frac{n}{2}}$ $1000^{\frac{n}{3}}$ $1000^{\frac{n}{4}}$

20 Bestimmen Sie die zusammengehörigen Paare.

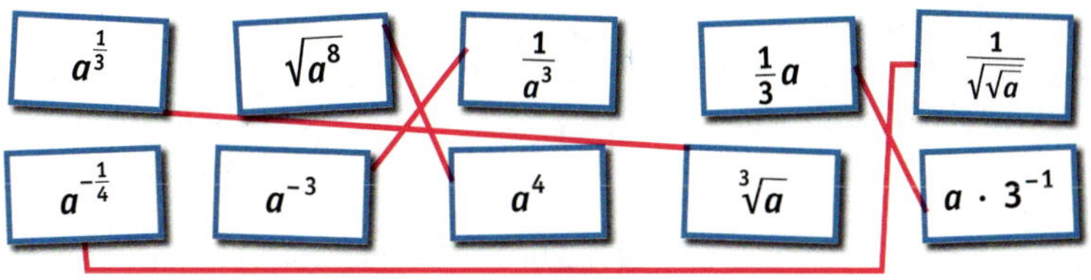

21 Vervielfachen mit Potenzen

a) Stellen Sie das Doppelte von 2^{15} als Potenz dar. 2^{16}

b) Stellen Sie ein Drittel von 3^7 als Potenz dar. 3^6

Noch fit?

I Zeichnen Sie die Punkte $A(1|2)$, $B(4|3)$ und $C(3|0)$ in ein Koordinatensystem. Bestimmen Sie die Gleichungen der Seitengeraden des Dreiecks ABC.
Überprüfen Sie, ob die Punkte $D(6|9)$ und $E(9|6)$ auf einer der Geraden liegen.

LÖ $f(x) = \frac{1}{3}x + \frac{5}{3}$ (A, B); $g(x) = -x + 3$ (A, C); $h(x) = 3x - 9$ (B, C)
D liegt auf h, E liegt auf keiner Geraden

II Die Punkte liegen jeweils auf dem Graphen einer linearen Funktion.
Bestimmen Sie die fehlenden Koordinaten.

a) $A(-6|0)$, $B(0|3)$, $C(-3|\boxtimes)$, $D(\boxtimes|2{,}5)$, $E(2{,}5|\boxtimes)$ $C(-3|1{,}5)$, $D(-1|2{,}5)$, $E(2{,}5|4{,}25)$

b) $F(-4|2)$, $G(\boxtimes|0)$, $H(-8|\boxtimes)$, $I(-1|1)$, $J(\boxtimes|3)$ $G(2|0)$, $H\left(-8\,|\,3\frac{1}{3}\right)$, $J(-7|3)$

c) $K(\boxtimes|-2)$, $L(3|\boxtimes)$, $M\left(\boxtimes\,|-\frac{8}{3}\right)$, $N(0|0)$, $O\left(5\,|\,\frac{10}{3}\right)$ $K(-3|-2)$, $L(3|2)$, $M\left(-4\,|-2\frac{2}{3}\right)$

III Bestimmen Sie die lineare Funktion, deren Graph durch den Punkt P geht und die Steigung m hat. Zeichnen Sie jeweils auch den Graphen der Funktion.

a) $P(3|4)$, $m = 1$ b) $P(-2|3)$, $m = -\frac{3}{4}$ c) $P(-3{,}5|-2)$, $m = \frac{4}{19}$

LÖ a) $f(x) = x + 1$
b) $f(x) = -\frac{3}{4}x + \frac{3}{2}$
c) $f(x) = \frac{4}{19}x - \frac{24}{19}$

DE Wiederholung linearer Funktionen vor der Einführung der Ableitung ist sinnvoll.

Trainieren **Anwenden** Vernetzen

22 Eine Substanz wächst bzw. zerfällt pro Stunde um 5%. Erklären Sie, wie sich aus dieser Angabe der Wachstumsfaktor ergibt. 1,05 0,95

23 Organische Stoffe enthalten ^{14}C, eine radioaktive Form von Kohlenstoff, die exponentiell mit einer Halbwertszeit von 5730 Jahren zu nichtradioaktivem Kohlenstoff zerfällt. Diese Tatsache wird in der Archäologie zur Altersbestimmung von organischen Fundstücken benutzt.
Mithilfe einer Exponentialfunktion f mit $f(x) = a^x$ kann bestimmt werden, wie viel Prozent ^{14}C nach x Jahren noch vorhanden sind.
Berechnen Sie den Zerfallsfaktor a, der angibt, wie viel Prozent ^{14}C nach einem Jahr noch vorhanden sind. Wie viel Prozent ^{14}C sind nach 2000 Jahren noch vorhanden?

$\frac{1}{2} = a^{5730}$ $f(x) = 0{,}999\,88^x$
$f(2000) \approx 0{,}7866$

TIPP Mehr über die C-14-Methode erfahren Sie auf den Seiten 14/15.

LÖ $a = \sqrt[5730]{0{,}5}$
$f(2000) \approx 78{,}5\,\%$

Die C-14-Methode zur Altersbestimmung

16/1

Besonders in der Archäologie spielt die Altersbestimmung von Gegenständen eine wichtige Rolle. Hierzu wird häufig die C-14-Methode, auch Radiocarbon-Methode genannt, angewendet. Grundlage für die Datierung von Gegenständen ist das Vorhandensein des Kohlenstoffisotops ^{14}C und dessen radioaktiver Zerfall.

INFO

Zu den meisten chemischen Elementen existieren verschiedene Isotope, d. h. Atome mit unterschiedlicher Zahl an Neutronen.

Jedes Kohlenstoffatom besitzt 6 Protonen. Das Kohlenstoffisotop ^{12}C hat 6, das ^{14}C-Isotop dagegen 8 Neutronen.

Die Kohlenstoffisotope ^{12}C und ^{14}C

Kohlenstoff (C) ist ein wichtiges chemisches Element, das auf unserem Planeten ein grundlegender Baustein ist und in allen lebenden Organismen vorkommt.
Durch kosmische Strahlung wird in der Atmosphäre ständig das radioaktive Kohlenstoffisotop ^{14}C gebildet. Radioaktive Isotope zerfallen im Laufe der Zeit unabhängig von äußeren Einflüssen.
Lebende Organismen nehmen ständig Kohlenstoff in Form von ^{12}C- und ^{14}C-Atomen auf. So stellt sich in jedem lebenden Organismus ähnlich wie in der Atmosphäre stets ein festes Verhältnis von circa $10^{12}:1$ zwischen ^{12}C- und ^{14}C-Atomen ein. Nur etwa jedes billionste Kohlenstoffatom ist also ein ^{14}C-Atom. Stirbt der Organismus, so werden keine neuen ^{14}C-Atome mehr aufgenommen und die vorhandenen zerfallen – im Gegensatz zum stabilen, nicht radioaktiven ^{12}C – beginnend mit dem Tod des Organismus.

Aufträge

1 Recherchieren Sie im Internet Fälle, in denen die C-14-Methode ebenfalls eingesetzt worden ist und stellen Sie sie Ihren Mitschülerinnen und Mitschülern vor.

2 Besonders bei der Altersbestimmung von Proben aus der Mitte des 20. Jahrhunderts treten mit der C-14-Methode stärkere Abweichungen auf. Finden Sie hierfür mögliche Ursachen.

Das Verhältnis von ^{12}C und ^{14}C ist ein Maß für das Alter

Die Halbwertszeit von ^{14}C beträgt 5730 Jahre. Das bedeutet, dass sich nach 5730 Jahren die Anzahl der ^{14}C-Isotope halbiert hat. Nach weiteren 5730 Jahren ist wieder die Hälfte der restlichen ^{14}C-Isotope zerfallen usw.:

Zeit in Jahren	0	5730	11 460	…
Anzahl der Halbwertszeiten	0	1	2	…
Bruchteil der anfangs vorhandenen ^{14}C-Isotope	1	$\frac{1}{2}$	$\frac{1}{4}$	…

Anwendung der C-14-Methode

Heutzutage verwendet man für die Messung des ^{14}C-Gehalts oft einen Massenspektrographen, bei dem nur wenige Milligramm des Stoffs als Probe erforderlich sind. So kann man Rückschlüsse auf das Alter des Exponats ziehen.
Beispielsweise kann man so das Alter eines Knochenfunds ermitteln. Es lässt sich auch feststellen, wann ein Baum abgestorben ist, aus dem dann eine Figur geschnitzt worden ist.
Allerdings kann der Baum vielleicht schon viel länger gefällt worden sein, und die Holzfigur ist in Wahrheit viel jüngeren Datums.
Zudem ist die Messgenauigkeit der C-14-Methode nicht so hoch, dass man Zeitpunkte auf das Jahr genau bestimmen kann. Vielmehr sind Abweichungen von ±100 Jahren keine Seltenheit.

17/1 Schädel eines Neandertalers

TIPP
Weitere Informationen zur C-14-Methode finden Sie unter www 017-1.

Mit der C-14-Methode kann man heutzutage bis zu 50 000 Jahre alte Stoffe datieren. Das Kohlenstoffisotop ^{14}C hat mit 5730 Jahren eine relativ lange Halbwertszeit, die sich gut für den Einsatz in geschichtlichen Zeitdimensionen eignet.

Zur Bestimmung kürzerer Zeiträume müsste man Isotope mit wesentlich kürzeren Halbwertszeiten verwenden. Beispielsweise hat Radon (^{220}Rn) eine Halbwertszeit von 56 Sekunden. Für die Datierung sehr langer Zeiträume können auch andere, ebenfalls auf radioaktivem Zerfall beruhende Methoden herangezogen werden, beispielsweise die Uran-Blei-Methode. Mit diesem Verfahren hat man für die ältesten Erdgesteine ein Alter von 3,6 Milliarden Jahren ermittelt.

Der sensationelle Fund im Ötztal

Am 19.9.1991 entdeckte das Ehepaar Simon bei einer Wanderung auf dem Schnalstaler Gletscher einen Leichnam. Zunächst war ihnen gar nicht klar, auf welchen sensationellen Fund sie gestoßen waren. Später ergaben genauere Untersuchungen mithilfe der C-14-Methode, dass das Eis des Gletschers eine Leiche freigegeben hat, die hier 5200 Jahre unangetastet gelegen hatte.

Dieser Steinzeitmensch wurde in kürzester Zeit berühmt und erhielt den Namen „Ötzi“. Sein Fund war von großer Bedeutung für die Wissenschaft, denn durch die Untersuchung von Ötzis Leichnam und seiner Ausrüstung konnten viele Rückschlüsse auf das Leben in der damaligen Zeit gezogen werden. Vermutlich wurde er durch einen Pfeilschuss getötet.

17/2 Ötzi

DE Vergleich Auftrag 1

LÖ Von 1992 bis 1999 kann durch die Funktion $f(x) = 1{,}55^x$ modelliert werden.

24 Bei der Markteinführung interessanter neuer Produkte schnellen die Verkaufszahlen oft schnell in die Höhe. Ein bekanntes Beispiel ist die Zahl der Handybesitzer in den 90er Jahren, hier eine Tabelle für die Jahre 1992 bis 2000:

Jahr	1992	1993	1994	1995	1996	1997	1998	1999	2000
Handys	1 Mio.	1,8 Mio.	2,5 Mio.	3,8 Mio.	5,6 Mio.	8,3 Mio.	13,9 Mio.	23,5 Mio.	48,1 Mio.

1,8 1,38 1,53 1,47 1,48 1,67 1,69 2,05

Untersuchen Sie, ob sich diese Entwicklung näherungsweise durch eine Exponentialfunktion modellieren lässt.

INFO

Der Luftdruck wird gewöhnlich in der Einheit Hektopascal angegeben. Als weitere Druckeinheit gibt es das Bar, zum Beispiel bei der Angabe vom Reifendruck. Es gilt: 1 bar = 1000 hPa.

25 Die barometrische Höhenformel

Der Luftdruck nimmt mit steigender Höhe exponentiell ab. In Meereshöhe beträgt der Luftdruck unter Normalbedingungen 1013 hPa (Hektopascal). In 5536 m Höhe herrscht nur noch der halbe Druck.

a) Stellen Sie die Exponentialfunktion $D(h)$ auf, die den Luftdruck in einer Höhe von h Metern angibt. $1013 \cdot 0{,}9998748^h$

b) Wie viel Prozent des Luftdrucks in Meereshöhe herrscht in 1 km Höhe? ca. 88 %

c) Dem Atlas können Sie für einige Berge in Ihrer näheren oder weiteren Umgebung die Höhenangaben entnehmen. Berechnen Sie für diese Berge den Luftdruck auf dem Gipfel.

DE Es ist ein grafisches Lösen möglich.

$f(x) = a^x$
$f(4) = a^4 = \frac{1}{2}$
$a = \sqrt[4]{\frac{1}{2}}$
$f(x) \approx 0{,}84^x$

26 Abnahme der Lichtintensität in einem See ca. 2 m

In einem See wird die Lichtintensität halbiert, wenn die Wassertiefe um einen bestimmten Betrag wächst (vgl. Auftrag 2). Er hängt von der Beschaffenheit des Wassers ab.
An der Wasseroberfläche beträgt die Lichtintensität 1 bzw. 100 %.

a) Die Lichtintensität wird halbiert, wenn die Wassertiefe um 4 m wächst. Veranschaulichen Sie diesen Sachverhalt in einer Zeichnung. Lesen Sie aus der Zeichnung ab, in welcher Tiefe die Lichtintensität noch 70 % beträgt. $0{,}84^x = 0{,}7$ $x \approx 2$

b) Ein Taucher benötigt zum Ablesen eines Messgeräts 30 % des Tageslichts. Kann er in 8 m Tiefe noch ablesen? nein, in 8 m Tiefe 25 % des Tageslichts $f(8) \approx 0{,}2478$

INFO

Röntgenstrahlen sind nach dem deutschen Physiker Wilhelm Conrad Röntgen (1845–1923) benannt. Die Zeiteinheit t wird hier in Wochen gemessen.

27 Absorption von Röntgenstrahlung $0{,}5^{(5:0{,}7)} \approx 0{,}007$

Zum Schutz der beteiligten Personen wird in der Medizin bei Röntgenaufnahmen die Tatsache genutzt, dass Blei die auftretende Strahlung absorbiert. Dabei halbiert eine 0,07 cm dicke Bleischicht die einfallende Strahlung. **DE** Abschätzung mit 4,9 mm = 7 · 0,7 mm

Reicht eine 5 mm dicke Bleischicht, um die Strahlung auf weniger als 1 % zu reduzieren?

LÖ Abschätzung: 4,9 mm = 7 · 0,7 mm; $\left(\frac{1}{2}\right)^7 = \frac{1}{128} < \frac{1}{100}$; Antwort: ja

28 Auf einem Acker werden 270 kg eines Unkrautvernichtungsmittels ausgebracht. Der Bestand des Mittels verringert sich wöchentlich um 18 %. $f(x) = 270 \cdot 0{,}82^x$

a) Um wie viel Prozent verringert sich die Menge des Mittels in 3 Wochen? ca. 44,9 %

b) Bestimmen Sie die Funktionsgleichung und zeichnen Sie den Graphen. $f(t) = 270 \cdot 0{,}82^t$

c) Wie viel Unkrautvernichtungsmittel ist nach 28 Tagen noch vorhanden? ca. 45,2 %

d) Beantworten Sie mithilfe des Graphen: Nach wie vielen Wochen ist nur noch die Hälfte des Unkrautvernichtungsmittels auf dem Acker? nach ca. 3,5 Wochen

a) $1 - 0{,}82^3$
c) $f(4) \approx 122{,}07$
d) $0{,}82^t = 0{,}5$ $t \approx 3{,}49$

LÖ Die Prognose für 2050 geht nicht von unverändertem exponentiellen Wachstum aus.

29 Unter 018-2 finden Sie Daten über die Entwicklung der Weltbevölkerung.
So hatte Kenia im Jahr 2007 eine Bevölkerung von 36,9 Millionen. Die Wachstumsrate wird mit 2,8 % pro Jahr angegeben. Für das Jahr 2050 werden als Prognose 65,2 Millionen Einwohner angegeben. Nehmen Sie Stellung zu diesen Werten.

DE Der Exponent kann durch Probieren ermittelt werden.

30 In einem Waldstück mit einem Holzbestand von 50 400 m³ soll erst dann wieder ein Einschlag erfolgen, wenn der Holzbestand auf 64 000 m³ angewachsen ist. Geben Sie die Anzahl der Jahre an, in denen kein Einschlag erfolgen darf, wenn die jährliche Zunahme 2 % beträgt.

$f(x) = 50400 \cdot 1{,}02^x$ x = 12 : ≈ 63919
$64000 = 50400 \cdot 1{,}02^x$ x = 13 : ≈ 65197
$x \approx 12{,}0636$

31 Berechnen Sie den Zinssatz pro Jahr und runden Sie sinnvoll.

a) 16 % für vier Jahre 3,8 % b) 40 % für 10 Jahre 3,7 % c) 40 % für 10 Jahre 3,4 %

$a^4 = 1{,}16$ $a \approx 1{,}038$ $a^{10} = 1{,}4$ $a \approx 1{,}034$

32

Haaner Regionalblatt

SALMONELLEN BREITEN SICH RASANT AUS

Erste Opfer bei Säuglingen und älteren Menschen

Die lang andauernde Hitze der letzten Tage hat auch ihre Schattenseiten. Sie bietet ideale Voraussetzungen für die Entwicklung bestimmter Krankheitserreger. In den letzten Jahren ist vor allem immer häufiger von Salmonelleninfektionen die Rede.
Diese Erkrankung ist besonders für Menschen mit geschwächtem Immunsystem sowie für ältere Menschen, Säuglinge und Kleinkinder besonders gefährlich.
Gestern wurden vier Erwachsene und sechs Kinder ins Krankenhaus eingeliefert. Ein 83-jähriger Mann starb kurz darauf an den Folgen der Erkrankung. Alle Erkrankten hatten zuvor in einem hiesigen Restaurant Eis verzehrt. Es wird dringend geraten, bei Durchfallerkrankungen sofort einen Arzt aufzusuchen. Salmonellen verdoppeln sich bei 37 °C alle 30 Minuten, im kühlen Keller nur alle 2,5 Stunden und im Kühlfach alle 2 Tage.

37° $2 = a^{0,5}$ $a = 4$ $2 = a^{2,5}$ $a \approx 1{,}32$ $2 = a^{48}$ $a \approx 1{,}015$

a) Geben Sie für jede der drei Umgebungen 37 °C, Keller und Kühlfach die Wachstumsfunktion an, wobei t in ganzen Stunden gezählt werden soll.

b) Eine Cremetorte wird um 10:00 Uhr hergestellt und mit 500 Salmonellen verunreinigt. Wie viele Salmonellen wird die Torte bei den drei Umgebungen um 15:00 Uhr haben?

LÖ 512 000; 2003; 538 $500 \cdot 4^5$ / $500 \cdot 1{,}32^5$ / $500 \cdot 1{,}015^5$

LÖ $f(t) = a^t$ mit $a = 4$, $a = 1{,}32$, $a = 1{,}015$

33 Bei der Spaltung von Uran wird durch Beschuss mit Neutronen der Urankern in zwei leichtere Kerne gespalten. Dabei setzt er drei weitere Neutronen frei.
In Kernreaktoren kann durch Einfahren oder Entfernen von Steuerungsstäben, welche diese Neutronen absorbieren, eingestellt werden, welcher Prozentsatz der freigesetzten Neutronen seinerseits weitere Kerne zur Spaltung bringt.
Angenommen, der Reaktor ist so eingestellt, dass von den 3 frei werdenden Neutronen im Durchschnitt 1,001 die Spaltung eines Kerns auslösen. Dies dauert 10^{-8} Sekunden. Wie viele Kernspaltungen werden in 10^{-5}, 10^{-4}, 10^{-3} Sekunden ausgelöst, wenn genug spaltbares Material vorhanden ist? Schafft es Ihr Taschenrechner, die Anzahl der in einer Sekunde gespaltenen Kerne zu berechnen?

LÖ in 10^{-5} s: $1{,}001^{1000} = 2{,}72$
in 10^{-4} s: $1{,}001^{10000} = 21916{,}7$
in 10^{-3} s: $1{,}001^{100000} = 2{,}56 \cdot 10^{43}$

34 Die Regeln der Banken bei der Verzinsung von Sparkonten bewirken, dass sich die beiden Teilaufgaben dieser Aufgabe wesentlich unterscheiden. Erklären Sie den Unterschied und lösen Sie die beiden Teilaufgaben.

a) 2000 € erbrachten in einem Jahr 70 € an Zinsen. Wie groß wäre der Zinsbetrag gewesen, wenn man das Konto bereits nach einem halben Jahr aufgelöst hätte?

b) 2000 € erbrachten in 8 Jahren 633,62 € an Zinsen. Wie groß wäre der Zinsbetrag gewesen, wenn man das Konto bereits nach einem Jahr aufgelöst hätte?

LÖ a) 34,68 € bei einem Monatszins von 0,287 %
b) bei gleichem Jahreszins von 3,5 % wie bei a) 70 €

35 Welche Zahl passt nicht zu den anderen? Begründen Sie.

a) $\left(\frac{1}{2}\right)^2$ c) 2^{-2} e) $\left(\frac{1}{0{,}5}\right)^{-2}$

b) 4^{-1} d) $\sqrt{\frac{1}{16}}$ f) $\left(\frac{1}{4}\right)^{-1} = 4$

36 Schreiben Sie die folgenden Zahlen in wissenschaftlicher Notation.

a) 87 600 000 $8{,}76 \cdot 10^7$ c) 652 Mio $6{,}52 \cdot 10^8$ e) 6432,57 $6{,}43257 \cdot 10^3$

b) 0,000010 $1 \cdot 10^{-5}$ d) −0,00043 $-4{,}3 \cdot 10^{-4}$ f) $0{,}00021 \cdot 10^3$ $2{,}1 \cdot 10^{-1}$

ZUR ERINNERUNG

Taschenrechner schreiben 4,5 E6 statt $4{,}5 \cdot 10^6$.

Das E steht dabei für „Exponent“.

Mehr über die wissenschaftliche Notation finden Sie im Internet unter www 019-1.

Trainieren Anwenden **Vernetzen**

HINWEIS
Für ungerade Wurzelexponenten $n \in \mathbb{N}$ kann die n-te Wurzel auch für negative Radikanden definiert werden.

37 Die Funktion f hat die Form $f(x) = a^x$.

a) Zeigen Sie, dass für beliebige x_1, x_2 gilt: $f(x_1 + x_2) = f(x_1) \cdot f(x_2)$.

b) Zeigen Sie, dass für beliebige x_1, x_2 gilt: $f\left(\frac{x_1 + x_2}{2}\right) = \sqrt{f(x_1) \cdot f(x_2)}$.

c) Zeigen Sie, dass für beliebige x gilt: $f(x) = f(1)^x$.

d) Zeigen Sie, dass für beliebige x, r gilt: $f(r \cdot x) = f(x)^r$.

DE Es ist sinnvoll zu thematisieren, warum d) ein Sonderfall ist.

38 Begründen Sie, dass die Graphen zweier Exponentialfunktionen höchstens einen gemeinsamen Punkt haben können.
Bestimmen Sie die Lösungen der folgenden Gleichungen zunächst grafisch (z. B. mit Ihrem Funktionenplotter) und entwickeln Sie dann ein rechnerisches Verfahren. Berechnen Sie für das zugehörige Paar von Funktionsgraphen auch den gemeinsamen Punkt.

a) $7^{4x} = 7^{x+9}$ $(3 \mid 7^{12})$
c) $2^{x+2} = 4^{x+3}$ $\left(-4 \mid \frac{1}{4}\right)$
b) $64^x = 16^{x+7}$ $(14 \mid 64^{14})$
d) $1^{4x} = 1^{x+9}$ identisch

LÖ a) $x = 1$
b) $x = 3$
c) $x = -4$
d) $x = 2$

39 Make all bases equal first.

a) $3^x \cdot 9^x = 3^{2x+1}$
c) $4^2 \cdot 2^{4x} = 8^x$
b) $5^{2x+3} \cdot 5^x = 25^{2x}$
d) $49^{x+1} = 7 \cdot 7^{3x-1}$

40 Auch die folgenden Exponentialgleichungen sind nach diesem Prinzip lösbar.

a) $\left(\frac{1}{2}\right)^{x^2+2} = 8^x$ $x = -1; x = -2$
b) $\frac{1}{3} = 81^{2-x^2}$ $x = \frac{3}{2}; x = -\frac{3}{2}$

41 Benutzen Sie die Potenzgesetze, um die folgenden Beziehungen zwischen Exponentialfunktionen anzugeben.
Bestimmen Sie

a) a so, dass $3^{2x} = a^x$ ist,
b) c so, dass $27^x = 3^{c \cdot x}$ ist,
c) b so, dass $b \cdot 5^x = 5^{x+4}$ ist,
d) r und s so, dass $32 \cdot 4^x = 2^{r \cdot x + s}$ ist.

LÖ $a = 9$; $c = 3$; $b = 5^4$; $r = 2$, $s = 5$

42 Es seien $a, b > 0$ und n eine natürliche Zahl. Prüfen Sie und erläutern Sie:
Gilt stets $a^n < a^{n+1}$? nein $(a < 1)$
Es sei $a < 1$. Gilt stets $a^n < b^n$? nein $(b < a)$

43 Begründen Sie, warum bei der Definition der Exponentialfunktionen für die Basis a vorausgesetzt wird, dass $a > 0$ ist.

44 Negative Radikanden

a) Berechnen Sie $\sqrt[3]{-8}$. Geben Sie allgemein an, wann negative Radikanden erlaubt sind.

b) Die Regel aus a) lässt gilt nicht für die Potenzschreibweise. Setzen Sie in die Gleichung $a^{\frac{1}{3}} = a^{\frac{2}{6}}$ für a die Zahl -2 ein und erläutern Sie.

45 Geben Sie zu jedem Gleichheitszeichen in der folgenden Umformung an, welches Gesetz verwendet wurde. Außer den Potenzgesetzen wurde auch das Distributivgesetz benutzt.

$$\frac{a^{2m+3} - (a^m)^2}{(a^m \cdot a^2)^3} = \frac{a^{2m+3} - (a^m)^2}{(a^m)^3 \cdot (a^2)^3} = \frac{a^{2m+3} - a^{2m}}{a^{3m} \cdot a^6}$$

$$= \frac{a^{2m} \cdot a^3 - a^{2m}}{a^{3m} \cdot a^6} = \frac{a^{2m}(a^3 - 1)}{a^{3m} \cdot a^6} = \frac{(a^3 - 1)}{a^m \cdot a^6} = \frac{a^3 - 1}{a^{m+6}}$$

46 Die folgende Umformung taucht bei einer Rechnung auf, bei der es darum geht, eine Konservendose mit möglichst geringem Materialverbrauch zu entwickeln.
Zeigen Sie, dass sich der Term $\frac{a}{b \cdot \left(\sqrt[3]{\frac{a}{2b}}\right)^2}$ umformen lässt in $2 \cdot \sqrt[3]{\frac{a}{2b}}$.

47 Kettenlinie: Die Funktion $f(x) = \frac{a^x + a^{-x}}{2}$ beschreibt für $a \neq 1$ die Form einer durchhängenden Kette oder eines durchhängenden Seils. Näherungsweise kann der Graph dieser Funktion in einer Umgebung der Stelle 0 durch eine Parabel beschrieben werden. Bestimmen Sie die Gleichung einer solchen Parabel für $a = 2$ und fertigen Sie eine genaue Zeichnung an. $g(x) = 0{,}6x^2 + 1$

48 Der Ausdruck $s(n)$ bezeichne die Summe der ersten n ungeraden Zahlen.
Beispiel:
$s(2) = 1 + 3 = 4$
$s(3) = 1 + 3 + 5 = 9$

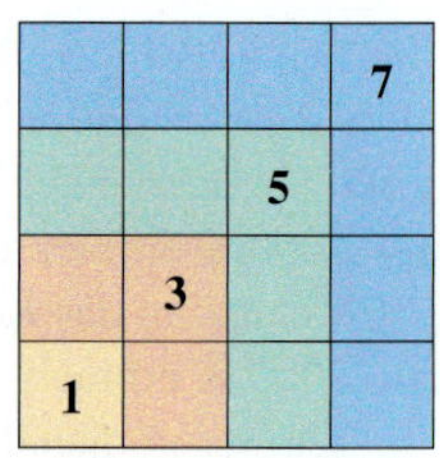

20/2

a) Was fällt bei den Ergebnissen auf? Formulieren Sie ein Wachstumsgesetz.

b) Nutzen Sie die geometrische Veranschaulichung, um die Allgemeingültigkeit des vermuteten Wachstumsgesetzes zu begründen.

c) Zeichnen Sie den Graphen der Wachstumsfunktion.

Aufgaben

49 Aus einer defekten Ölwanne eines Pkw tropft Öl und bildet eine kreisförmige, sich ständig vergrößernde Pfütze. Alle 3 Sekunden fällt ein Tropfen mit dem Volumen 2 cm^3 und vergrößert die benetzte Fläche.

a) Beurteilen Sie das Wachstumsverhalten der Kreisfläche. lineares Wachstum

b) Stellen Sie das Wachstumsverhalten des Radius der Ölfläche grafisch dar und beschreiben Sie das Wachstumsverhalten. $f(x) = a \cdot \sqrt{x}$

DE Bei der Aufgabe 49 liegt ein Wachstum in Form einer Wurzelfunktion vor.

50 Die Gleichung $\sqrt{a} \cdot \sqrt{b} = \sqrt{ab}$ haben Sie bestimmt schon gesehen. Geben Sie an, um welches Potenzgesetz es sich bei dieser Regel handelt und begründen Sie dies.

51 Lars ist in der Badewanne eingeschlafen. Nun haben die 200 Liter Wasser in der Wanne nur noch eine Temperatur von 20 °C. Lars will kaltes Wasser ablaufen und warmes Wasser nachlaufen lassen, um wieder auf 200 l mit einer Temperatur von 37 °C zu kommen. Aus dem Wasserhahn kommt 50 °C warmes Wasser.

Für das Mischen von Wasser gilt im Fall, dass keine Wärme an die Umgebung wie die Wanne oder den Raum abgegeben wird, die Formel

$$T_{\text{misch}} = \frac{T_1 \cdot m_1 + T_2 \cdot m_2}{m_1 + m_2}.$$

Dabei können die Massen m_1 und m_2 in Litern angegeben werden.
Damit diese Formel benutzt werden kann, muss also angenommen werden, dass die Badewanne sich wie eine Thermoskanne verhält.

Es bieten sich Lars vier Methoden an. Berechnen Sie für jede der Methoden a) bis d) die benötigte Warmwassermenge.

a) Er lässt zuerst x Liter zulaufen, bis die Temperatur von 37 °C erreicht ist. Danach lässt er die gleiche Menge ablaufen, so dass es wieder 200 l sind.
Ist diese Methode durchführbar? 261,5 l; nicht durchführbar, da die Wanne zu klein ist

b) Er lässt zuerst x Liter auslaufen, danach lässt er warmes Wasser zulaufen. Die Menge x muss so bestimmt werden, dass am Ende wieder 200 l mit einer Temperatur von 37 °C in der Wanne sind. $113,\overline{3}$ l

c) Er lässt einen Liter ablaufen und füllt danach einen Liter warmen Wassers nach. Nach gründlichem Mischen wiederholt er diesen Vorgang, bis er die Temperatur von 37 °C erreicht hat. Simulieren Sie dieses Vorgehen mit Ihrem GTR oder einer Tabellenkalkulation.

d) Er nimmt an, dass sich das warme Wasser augenblicklich mit dem kalten durchmischt und lässt gleichzeitig warmes Wasser zu- und das gut gemischte Wasser mit gleicher Geschwindigkeit ablaufen. Bei dieser Methode wird die Temperatur nach Zu- und Ablauf von x Litern Wasser durch folgende Formel beschrieben:
$t(x) = 50 - 30 \cdot 0{,}995^x$.
Experimentieren Sie mit Ihrem GTR, nach wie vielen Litern Durchlauf die 37 °C erreicht werden. 166,8 l

e) Lars geht es nicht um den Wasserverbrauch, er will nur möglichst schnell wieder warmes Wasser in der Wanne haben. Welche Methode ist die schnellste? Methode aus d)

f) In Wirklichkeit ist das Wasser in der Wanne bei gleichzeitigem Zu- und Ablauf nicht gut durchmischt. Das kann sich Lars sogar zu Nutze machen.
Machen Sie einen praktischen Vorschlag und beurteilen Sie ihn aufgrund der Modellrechnungen.

TIPP

Zu dieser reichhaltigen Aufgabe lässt sich bestimmt auch ein mathematischer Aufsatz schreiben, in dem sämtliche hier gestellten Fragen ganz „nebenbei" beantwortet werden.

DE Aufgabe 51: Diese Aufgabe ist nur sinnvoll, wenn die Schüler Zugang zu elektronischen Hilfsmitteln haben.
a), b) lineares Wachstum
d) Der Exponent kann durch Probieren ermittelt werden.

Projekt
DE Hier werden verschiedene Wachstumsfunktionen nicht explizit angegeben, sondern durch ihre Wertetabellen aufgelistet. Dadurch werden die Schüler in die für einen beobachteten Vorgang typische Situation versetzt, das geeignete Funktionsmodell zu finden. Sie erleben somit die Mathematik in einem wesentlichen Anwendungsbezug und führen einen Modellbildungsprozess durch.

Vergleich von Wachstumsprozessen

Bei der Untersuchung von funktionalen Abhängigkeiten werden häufig Reihen von Messwerten erstellt und in Tabellen zusammengefasst.

Für jede Messreihe stellt sich die Frage: Welches Funktionsmodell beschreibt den Wachstumsprozess am besten?

x	0	5	10	15	20	25	30	35	40
$f_1(x)$	10 mm²	15 mm²	22 mm²	34 mm²	50 mm²	77 mm²	112 mm²	170 mm²	225 mm²
$f_2(x)$	4,90 €	5,15 €	5,40 €	5,65 €	5,90 €	6,15 €	6,40 €	6,65 €	6,90 €
$f_3(x)$	250 €	289,82 €	335,98 €	389,49 €	451,53 €	523,44 €	606,82 €	703,47 €	815,51 €
$f_4(x)$	0 cm²	150 cm²	600 cm²	13,5 dm²	24 dm²	38 dm²	54 dm²	74 dm²	96 dm²
$f_5(x)$	0 m	0,5 m	1 m	1,5 m	2 m	2,5 m	3 m	3,5 m	4 m
$f_6(x)$	0 cm	0,9 cm	1,3 cm	1,6 cm	1,8 cm	2,0 cm	2,2 cm	2,4 cm	2,6 cm

Aufgaben

1 Zu welchen der aufgelisteten Wachstumsprozesse können die in der Tabelle enthaltenen Messreihen gehören?

a) Zinsentwicklung
b) Würfelkantenlänge bei bekannter Oberfläche
c) Bremsweg bei bekannter Geschwindigkeit
d) Bakterienwachstum
e) Würfeloberfläche bei bekannter Kantenlänge
f) Würfelkantenlänge bei bekanntem Volumen
g) Preisgestaltung eines Internet-Providers
h) Wasserhöhe bei Zufluss in ein Schwimmbecken

LÖ a) $f_3(x) = 250 \cdot 1{,}03^x$
b) $f_6(x) = \sqrt{\frac{x}{6}}$
c) keine
d) $f_1(x) = 10 \cdot 1{,}5^{\left(\frac{x}{5}\right)}$
e) $f_4(x) = 6 \cdot x^2$
f) keine
g) $f_2(x) = 4{,}90 + 0{,}05 \cdot x$
h) $f_5(x) = 0{,}1 \cdot x$

2 Zeichnen Sie die zu den Messreihen gehörigen Graphen.
Welche der folgenden Wachstumsfunktionen ist am besten geeignet, um den jeweiligen Prozess zu beschreiben?

a) lineare Funktion
b) Potenzfunktion
c) Exponentialfunktion
d) Wurzelfunktion

LÖ a) f_5
b) f_4
c) f_1, f_3
d) f_6

3 Stellen Sie fest, um welche Wachstumsart es sich bei den abgebildeten Graphen handelt und ermitteln Sie die jeweilige Funktionsgleichung.
Welche konkreten Zusammenhänge könnten dargestellt sein?

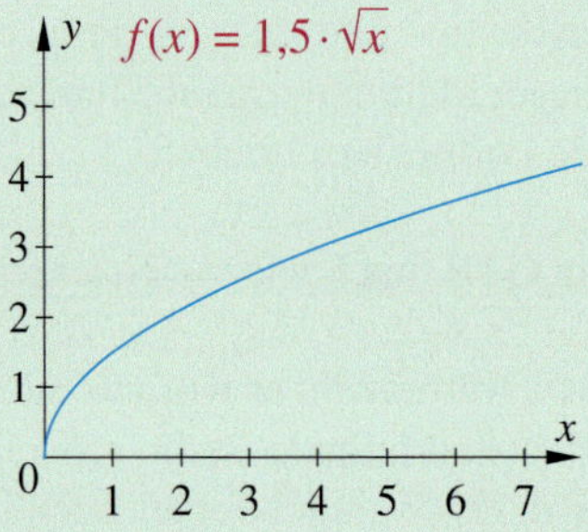

22/1

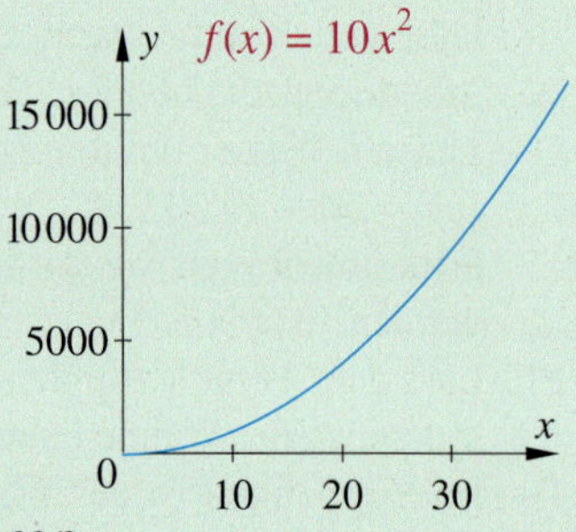

22/2

In der Informatik wird die Güte eines Algorithmus danach beurteilt, wie in Abhängigkeit vom Umfang der Eingabedaten die Bearbeitungsdauer wächst. Die entsprechende Wachstumsfunktion kann nicht schwächer als die direkte Proportionalität ansteigen, denn bei Verdoppelung der Anzahl der Eingabedaten muss sich mindestens auch die Verarbeitungszeit verdoppeln.

Anzahl n der Eingabedaten	n	$n \cdot \log_2(n)$	n^2	n^{10}	2^n	$n!$
10	0,00001	0,00003	0,0001	1,0 E + 00	0,0010	3,6
100	0,0001	0,0007	0,01	1,0 E + 06	1,3 E + 24	9,3 E + 151
200	0,0002	0,0015	0,04	6,4 E + 07	1,6 E + 54	**#ZAHL!**
300	0,0003	0,002	0,09	7,3 E + 08	2,0 E + 84	**#ZAHL!**
400	0,0004	0,003	0,16	4,1 E + 09	2,6 E + 114	**#ZAHL!**
500	0,0005	0,004	0,25	1,6 E + 10	3,3 E + 144	**#ZAHL!**
600	0,0006	0,006	0,36	4,7 E + 10	4,1 E + 174	**#ZAHL!**
700	0,0007	0,007	0,49	1,2 E + 11	5,3 E + 204	**#ZAHL!**
800	0,0008	0,008	0,64	2,6 E + 11	6,7 E + 234	**#ZAHL!**
900	0,0009	0,009	0,81	5,3 E + 11	8,5 E + 264	**#ZAHL!**
1000	0,001	0,01	1	1,0 E + 12	1,1 E + 295	**#ZAHL!**
10000	0,01	0,13	100	1,0 E + 18	**#ZAHL!**	**#ZAHL!**
100000	0,1	1,7	10000	1,0 E + 24	**#ZAHL!**	**#ZAHL!**

In der Kopfzeile der Tabelle sind die Funktionstypen aufgeführt, die in der Informatik von besonderer Bedeutung sind. Die Tabelle gibt die Verarbeitungszeit in Sekunden an, wenn für die Verarbeitung eines Eingabedatums jeweils eine Mikrosekunde benötigt wird.
Die Fehlermeldungen **#Zahl!** der Tabellenkalkulation in einzelnen Zellen bedeuten, dass die in die Zellen gehörenden Zahlenwerte astronomisch sind und somit nicht mehr dargestellt werden können.

Aufgaben

4 Berechnen Sie die Zeitdauern für die Verarbeitung von 100 Datensätzen für die Potenzfunktion (Funktionsterm x^{10}) und die Exponentialfunktion in Tagen bzw. in Jahren. Beurteilen Sie ihre Güte und erläutern Sie, dass Algorithmen mit exponentiellem Rechenaufwand praktisch nicht berechenbar sind.
Welche Wachstumsfunktionen werden für die algorithmische Verarbeitung von Datenmengen gesucht?

Sie kennen die Legende über den Erfinder des Schachspiels und seinen Wunsch nach den Reiskörnern auf dem Schachspielfeld, deren Anzahl sich von Feld zu Feld verdoppelt. Auch dieses Beispiel zeigt, wie „schrecklich“ exponentielles Wachstum ist! Aber es geht noch „schrecklicher“! Um dies zu zeigen, ist in der letzten Spalte der Tabelle die Fakultätsfunktion mit ihren Werten eingetragen.

5 Recherchieren Sie zum Problem des „traveling salesman“ und referieren Sie unter Verwendung von Präsentationsmedien.

DE Die Schüler erhalten hier einen Einblick in ein Anwendungsfeld für Wachstumsfunktionen in einem wichtigen Wissenschaftsbereich.

LÖ
a) Potenzfunktion: $100^{10} \cdot 10^{(-6)}$ sec = 10^{14} sec = 1,15 Mrd. Tage = 3,2 Mill. Jahre = $3{,}2 \cdot 10^6$ Jahre
Exponentialfunktion: $2^{100} \cdot 10^{(-6)}$ sec = $1{,}216 \cdot 10^{24}$ sec = $1{,}46 \cdot 10^{19}$ Tage = $4 \cdot 10^{16}$ Jahre; zum Vergleich: Alter des Universums < 15 Mrd. Jahre = $15 \cdot 10^9$ Jahre

1.2 Logarithmen

x	2^x
−2	
	$\frac{1}{2}$
0	
2	4
	8
	32
6	
	256
	2048
	5

Auftrag 1 Einfach rechnen mit Exponenten

Rechts sehen Sie eine unvollständige Tabelle für die Werte von 2^x.

Vervollständigen Sie die Tabelle in Ihrem Heft. Formulieren Sie eine Fragestellung, mit deren Hilfe Sie die fehlenden Werte für x bestimmen können und beschreiben Sie die Zahl, die Sie in der letzten Zeile einsetzen müssen.

Was passiert mit den Werten für x auf der linken Seite, wenn die Werte für den Term 2^x auf der rechten Seite miteinander multipliziert werden?

Formulieren Sie anhand dieser Untersuchungen Rechengesetze, wie die Werte des Terms 2^x und die zugehörigen Exponenten x voneinander abhängen.

Auftrag 2 Radioaktive Strahlung

Bei der Reaktorkatastrophe von Tschernobyl am 25. April 1986 wurden unter anderem auch die leichtflüchtigen radioaktiven Isotope ^{131}Jod und ^{137}Cäsium freigesetzt, die mit einer radioaktiven Wolke nach Mittel- und Westeuropa transportiert wurden. 024-1

HINWEIS
Halbwertszeit ist die Zeit, in der bei einem exponentiellen Zerfall die vorhandene Substanz halbiert wird.
Ist c die Halbwertszeit, dann gilt:
$f(t + c) = \frac{1}{2} \cdot f(t)$

LÖ Die Halbwertszeit für das Jodisotop beträgt 8 Tage. $a^8 = 0{,}5 \Rightarrow$ $a = \sqrt[8]{0{,}5} \approx 0{,}917$. Nach einem Jahr sind $1{,}8 \cdot 10^{(-14)}$ kg Jod vorhanden. Die Halbwertszeit für das Cäsiumisotop beträgt 30 Jahre. $b^{30} = 0{,}5 \Rightarrow$ $b = \sqrt[30]{0{,}5} \approx 0{,}977$. Nach einem Jahr sind noch 0,977 kg Cäsium vorhanden.

Während das freigesetzte ^{131}Jod aufgrund seiner Halbwertszeit von 8 Tagen inzwischen nicht mehr nachweisbar ist, ist das damals freigesetzte ^{137}Cäsium immer noch präsent. So liegt in manchen Gegenden die Belastung von Wildbret immer noch über den zulässigen Grenzwerten. Die Halbwertszeit von ^{137}Cäsium beträgt 30 Jahre.

Bestimmen Sie, ausgehend von je 1 kg ^{131}Jod und ^{137}Cäsium, die Masse an radioaktiver Substanz, die nach einem Jahr vorhanden ist.
Wie lange dauert es, bis der Zerfall von ^{137}Cäsium so weit fortgeschritten ist wie der von ^{131}Jod nach einem Jahr?

Die folgenden Tabellen sollen einen Überblick über den Fortschritt des Zerfalls der beiden Isotope geben. Beschreiben Sie in jeder der Tabellen die Beziehung, die zwischen Wertepaaren vorliegt, bei denen die Masse jeweils halbiert wird.

Finden Sie weitere Beziehungen zwischen den Wertepaaren innerhalb einer Tabelle.

^{131}Jod:

Zeit (in Tagen)	0	2,6	8	10,6	16	18,6	24	26,6	34,6	45,2	53,2	79,7
Masse (in kg)	1	0,8	0,5	0,4	0,25	0,2	0,125	0,1	0,05	0,02	0,01	0,001

^{137}Cäsium:

Zeit (in Jahren)	0	22,1	30	52,1	60	74,2	82,1	99,7	129,7	151,8	199,3	299,0
Masse (in kg)	1	0,6	0,5	0,3	0,25	0,18	0,15	0,1	0,05	0,03	0,01	0,001

Auftrag 3 Die Taste „log“

Ihr Taschenrechner besitzt die Taste log.
Experimentieren Sie mit verschiedenen Zahlen, um herauszufinden, welche Bedeutung diese Taste hat.

Probieren Sie z. B. aus:

log 1, log 2, log 3, … , log $\sqrt{10}$, log 0,1.

Suchen Sie Zahlen, bei denen das Ergebnis endlich viele Stellen hat.
Suchen Sie Zahlen, bei denen das Ergebnis eine natürliche Zahl ist.

Vergleichen Sie log 23, log 2,3, log 230, log 2300. Erklären Sie Ihre Beobachtung.

Vergleichen Sie log 2 mit log 2^n für $n = 2, 3, 4, 5, 10$.

Wie können Sie Ihre Beobachtungen nutzen, um folgende Gleichungen zu lösen?
$10^x = 10\,000$
$3^x = 243$
$2^x = 60$
$6^x = 19\,047{,}2$

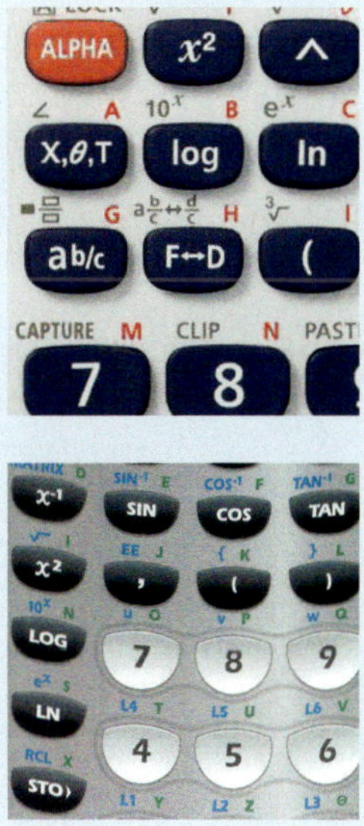

25/1

Auftrag 4 Kugelbaum

Betrachten Sie den abgebildeten Kugelbaum, bei dem die Anzahl der Kugeln von Reihe zu Reihe exponentiell wächst. Geben Sie die zugehörige Exponentialfunktion an. Die folgenden Fragen lassen sich gut ohne Taschenrechner beantworten.

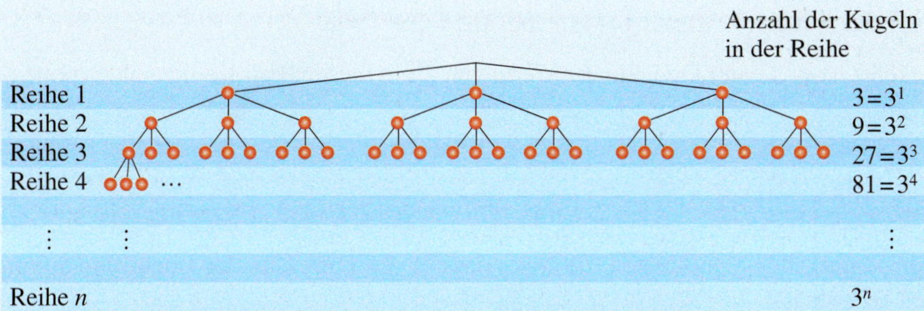

25/2

In welcher Reihe befinden sich 243, in welcher 729 Kugeln?
Welche Beziehung besteht zwischen den Anzahlen in den Reihen 2, 3 und 5?
Welche Beziehung besteht allgemein zwischen den Anzahlen der Kugeln in der n-ten, m-ten und der $(n + m)$-ten Reihe?
In der wievielten Reihe befinden sich 59 049 Kugeln? (Hinweis: $59\,049 = 81 \cdot 729$)

Der „Kugel-Baum“ wird nun so verändert, dass jeweils unter einer Kugel sieben statt bisher drei Kugeln angeordnet werden. In der achten Reihe dieses Baums befinden sich 5 764 801 Kugeln.
Wie viele Kugeln befinden sich demnach in der sechsten Reihe?

HINWEIS

Das Drücken der Taste log ist eine „Äquivalenzumformung“.

Die Lösungsmenge einer Gleichung wird also im Rahmen der Taschenrechnergenauigkeit nicht verändert, wenn auf beiden Seiten log gedrückt wird.

LÖ Da es in der 4. Reihe $3^4 = 81$ Kugeln sind, gibt es in der 5. Reihe $3 \cdot 81 = 243$ Kugeln und in der 6. Reihe $3 \cdot 243 = 729$ Kugeln.
Für k^2, k^3 und k^5 gilt: $k^2 \cdot k^3 = k^5$.
Wegen $59\,049 = 81 \cdot 729 = k^4 \cdot k^6 = k^{4+6}$ befinden sich die 59 049 Kugeln in der 10. Reihe. In der n-Reihe des neuen Baums befinden sich 7^n Kugeln.
$k^6 = k^8 : k^2 = 5\,764\,801 : 49 = 117\,649$.

▶ **Auftrag 1** wird bei der Erarbeitung verwendet.

▶ Logarithmen

x	2^x
-2	$\frac{1}{4}$
-1	$\frac{1}{2}$
0	1
2	4
3	8
5	32
6	64
8	256
11	2048
log (5)	5

Die Frage nach dem Exponenten

Um bei vorgegebenem Wert für 2^x das zugehörige x zu bestimmen, ist die Fragestellung „Womit muss ich 2 potenzieren, um den gegebenen Wert zu erhalten?“ zu beantworten.

Bei einer Gleichung der Form $a^x = b$ mit unbekanntem x wird also nach dem Exponenten x gefragt. Die Lösung x dieser Gleichung wird Logarithmus genannt.

Definition 1.3 **Logarithmus**

Die Lösung der Gleichung $a^x = b$ mit $a, b > 0$ und $a \neq 1$ heißt Logarithmus von b zur Basis a. Schreibweise: $\log_a b$.
$\log_a b$ ist die Zahl, mit der a potenziert werden muss, um b zu erhalten.

Jede Exponentialgleichung lässt sich als Logarithmusgleichung schreiben und umgekehrt:
$a^x = b \Leftrightarrow \log_a(b) = x$

Beispiele:

$2^3 = 8 \Leftrightarrow \log_2(8) = 3$ $\qquad 5^{-1} = \frac{1}{5} \Leftrightarrow \log_5\left(\frac{1}{5}\right) = -1$

$4^2 = 16 \Leftrightarrow \log_4(16) = 2$ $\qquad 2^x = 5 \Leftrightarrow \log_2(5) = x$

Rechnen mit Logarithmen

Aus den Potenzgesetzen für gleiche Basen und wegen $\log_2(4) = \log_2(2^2) = 2$ sowie $\log_2(8) = \log_2(2^3) = 3$ ergibt sich:

$$\log_2(4 \cdot 8) = \log_2(2^2 \cdot 2^3) = \log_2(2^{2+3}) = 2 + 3 = \log_2(4) + \log_2(8).$$

Der Logarithmus eines Produkts ist die Summe der Logarithmen der Faktoren.

Also gilt: $\log_2(32) = \log_2(4 \cdot 8) = \log_2(4) + \log_2(8) = 2 + 3 = 5.$

Genau umgekehrt ist es bei der Division der Werte von 2^x, in diesem Fall werden die Exponenten subtrahiert.

Beispiel:

$$\log_2\left(\frac{32}{4}\right) = \log_2\left(\frac{2^5}{2^2}\right) = \log_2(2^{5-2}) = 5 - 2 = \log_2(2^5) - \log_2(2^2) = \log_2(32) - \log_2(4).$$

Für den Logarithmus eines Quotienten gilt also, dass er die Differenz der Logarithmen von Dividend und Divisor ist.

Also gilt: $\log_2(8) = \log_2\left(\frac{32}{4}\right) = \log_2(32) - \log_2(4) = 5 - 2 = 3.$

Aus dem Potenzgesetz „Potenz der Potenz“ folgt eine weitere Rechenregel für Logarithmen. Nach diesem Gesetz und wegen $\log_2(16) = 4$ gilt:

$$\log_2(16^3) = \log_2\left((2^4)^3\right) = \log_2(2^{4 \cdot 3}) = 4 \cdot 3 = (\log_2(16)) \cdot 3.$$

Der Logarithmus einer Potenz ist das Produkt aus dem Exponenten und dem Logarithmus der Basis.
Also gilt: $\log_2(4096) = \log_2(16^3) = 3 \cdot (\log_2(16)) = 3 \cdot 4 = 12.$

Satz 1.3 **Rechenregeln für Logarithmen**

$\log_a(b \cdot c) = \log_a(b) + \log_a(c)$

$\log_a\left(\frac{b}{c}\right) = \log_a(b) - \log_a(c)$

$\log_a(b^c) = c \cdot \log_a(b)$

Lösen von Exponentialgleichungen

In den obigen Beispielen waren meist Potenzen gegeben, der Logarithmus war daher einfach zu bestimmen. Bei Anwendungen ist dies selten der Fall. Ist etwa gefragt, wie lange es dauert, bis 1000 € bei einer Verzinsung von 5 % auf 2000 € angewachsen ist, so ist die Gleichung $2000 = 1000 \cdot 1{,}05^t$ zu lösen. Die Zeitdauer, in der sich der y-Wert bei exponentiellem Wachstum vedoppelt, heißt übrigens **Verdopplungszeit**.

Entsprechend gibt es bei einem Zerfallsprozess eine **Halbwertszeit**, etwa wenn in der Gleichung $f(t) = K \cdot 0{,}94^t$ das t gesucht ist, für das die Substanzmenge auf $\frac{1}{2} \cdot K$ gesunken ist.

Verdopplungszeit:

$$2000 = 1000 \cdot 1{,}05^t \quad | : 1000$$
$$2 = 1{,}05^t \quad | \log_{1{,}05}$$
$$t \approx 14{,}21$$

Halbwertszeit:

$$\tfrac{1}{2} \cdot K = K \cdot 0{,}94^t$$
$$\tfrac{1}{2} = 0{,}94^t$$
$$t \approx 11{,}20$$

Sie erkennen, dass in beiden Rechnungen der Anfangswert 2000 bzw. K keine Rolle spielt. Verdopplungs- und Halbwertzeit sind unabhängig von der jeweils vorhandenen Menge.

Hat Ihr Taschenrechner keine Taste für beliebige Logarithmen, so hilft der in Aufgabe 28 auf Seite 34 zu beweisende Satz:

Satz 1.4 **Basisumrechnung bei Logarithmen**
Ein Logarithmus lässt sich als Quotient zweier Zehnerlogarithmen darstellen.
Es gilt: $\log_a(b) = \frac{\lg(b)}{\lg(a)}$

Mit diesem Satz gilt:
$2 = 1{,}05^t \Leftrightarrow t = \log_{1{,}05}(2) \Leftrightarrow t = \frac{\lg(2)}{\lg(1{,}05)}$

▶ Logarithmusfunktionen

Definition 1.4 **Logarithmusfunktion**
Eine Funktion f der Form $f(x) = \log_a(x)$ mit $a > 0$ heißt Logarithmusfunktion.

Die Logarithmusfunktionen sind nur für $x > 0$ definiert. Man schreibt kurz: $D(\log_a) = R^{>0}$. Alle Graphen von Logarithmusfunktionen verlaufen durch den Punkt $(1|0)$.
Die Basis des dargestellten Logarithmus finden Sie heraus, wenn Sie prüfen, bei welchem x-Wert der y-Wert 1 ist. Denn wegen $a^1 = a$ ist $\log_a(a) = 1$.
Ist die Basis $a > 1$, so sind die Funktionswerte negativ für $x < 1$ und positiv für $x > 1$.
Für immer kleinere $x > 0$ nähert sich der Graph an die y-Achse an.
Jede Logarithmuskurve lässt sich nach Satz 1.4 durch Streckung oder Stauchung mit einem geeigneten Faktor in jede andere Logarithmuskurve überführen.

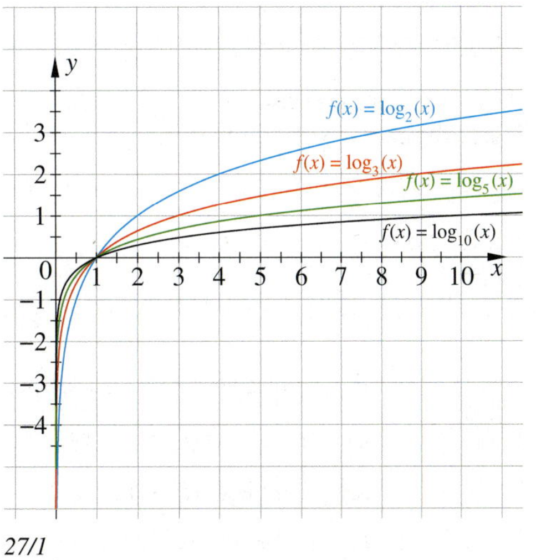

27/1

HINWEIS
Taschenrechner und Logarithmen: Üblich sind die Tasten log oder lg für Logarithmen zur Basis 10 („Zehnerlogarithmen“), eventuell eine Taste log■(□) für Logarithmen zu beliebigen Basen und schließlich die Taste ln für die erst in der Oberstufe wichtigen „natürlichen Logarithmen“.

Erarbeitung

Aufgaben

Trainieren Anwenden Vernetzen

1 Ergänzen Sie die Tabellen in Ihrem Heft ohne Verwendung des Taschenrechners.

a)

x	3	4	13	6	7	9	−1
2^x	8	16	2^{13}	64	128	512	0,5

b)

x	−2	3	−3	−1	0	4	$\frac{1}{2}$
5^x	0,04	125	0,0008	$\frac{1}{5}$	1	625	$\sqrt{5}$

c)

x	0	3	−3	−2	−1	−7	−0,5
$0{,}2^x$	1	0,008	125	25	5	5^7	$\sqrt{5}$

2 Bestimmen Sie x.

a) $3^x = 81$ $x = 4$ c) $5^x = 625$ $x = 4$ e) $4^x = 64$ $x = 3$
b) $2^x = 8$ $x = 3$ d) $7^x = 1$ $x = 0$ f) $9^x = 81$ $x = 2$

3 Ermitteln Sie die Lösung der Gleichung.

a) $5^x = 0{,}04$ $x = -2$ c) $9^x = 0{,}\overline{1}$ $x = -1$ e) $3^x = \frac{1}{27}$ $x = -3$
b) $4^x = 2$ $x = \frac{1}{2}$ d) $2^x = 0{,}25$ $x = -2$ f) $6^x = 5^0$ $x = 0$

4 Berechnen Sie im Kopf.

a) $\log_3(9)$ 2 c) $\log_5(125)$ 3 e) $\log_{10}(10000)$ 4 g) $\log_6(216)$ 3
b) $\log_2(8)$ 3 d) $\log_7(49)$ 2 f) $\log_9(9)$ 1 h) $\log_2(64)$ 6

5 Schnell erledigt!

a) $\log_{17}(17)$ 1 c) $\log_{17}\left(\frac{1}{17}\right)$ −1 e) $\log_{17}(17^7)$ 7 g) $\log_{17}(17^{13,2})$ 13,2
b) $\log_{17}(1)$ 0 d) $\log_{17}\left(\frac{1}{17^3}\right)$ −3 f) $\log_{17}(17^{-21})$ −21 h) $\log_{17}(\sqrt{17})$ $\frac{1}{2}$

HINWEIS
$\log_2(0{,}125) = \log_2\left(\frac{1}{8}\right) = \log_2(2^{-3}) = -3$

6 Formen Sie zunächst geeignet um.

a) $\log_2(0{,}5)$ −1 c) $\log_7\left(\frac{1}{49}\right)$ −2 e) $\log_{10}(0{,}001)$ −3 g) $\log_{\sqrt{5}}(5)$ ~~$\sqrt{2}$~~ 2
b) $\log_5(0{,}2)$ −1 d) $\log_5(\sqrt{5})$ 0,5 f) $\log_{0,1}(1000)$ −3 h) $\log_3\left(\sqrt{\frac{1}{3}}\right)$ $-\frac{1}{2}$

7 Wie lautet die Folge von fünf natürlichen Zahlen, deren Logarithmen zur Basis 2 die Folge 1, 2, 3, 4, 5 bilden?
Beantworten Sie diese Frage auch für die Basen 3 und 10.
Welches allgemeine Bildungsgesetz für diese Folgen erkennen Sie?

LÖ allgemeines Bildungsgesetz: $n^1, n^2, n^3, \ldots$

8 Berechnen Sie Näherungswerte der Zehnerlogarithmen ohne Taschenrechner nur unter Verwendung der Rechenregeln für Logarithmen und von $\lg(2) \approx 0{,}3$ und $\lg(5) \approx 0{,}7$.

a) $\lg(4)$ 0,6 d) $\lg(25)$ 0,14 g) $\lg(1{,}25)$ 0,1 j) $\lg(\sqrt{8})$ 0,45
b) $\lg(8)$ 0,9 e) $\lg(2{,}5)$ 0,4 h) $\lg(0{,}5)$ −0,3 k) $\lg(\sqrt{0{,}5})$ −0,15
c) $\lg(20)$ 1,3 f) $\lg(12{,}5)$ 1,1 i) $\lg(0{,}2)$ −0,7 l) $\lg(\sqrt[4]{2{,}5})$ 0,1

Aufgaben

9 Erstellen Sie eine Wertetabelle für die Funktion f mit $f(x) = 2^x$ mit den ganzzahligen x-Werten von −4 bis 9.
Beantworten Sie die folgenden Fragen anhand dieser Tabelle.
Welche Beziehungen bestehen zwischen den positiven reellen Zahlen a, b (und c), wenn …

a) … $\log_2(a)$ doppelt so groß ist wie $\log_2(b)$?
b) … $\log_2(a)$ und $\log_2(b)$ sich zu $\log_2(c)$ addieren?
c) … $\log_2(c)$ gleich der Differenz von $\log_2(a)$ und $\log_2(b)$ ist?
d) Wie ändern sich die Beziehungen bei a) bis c), wenn die Basis 2 durch eine beliebige Basis d ersetzt wird?
e) Begründen Sie Ihre Anwort.

LÖ
a) $a = b^2$
b) $c = a \cdot b$
c) $c = \frac{a}{b}$

10 Join to a single logarithm and calculate its value.

a) $\lg(5) + \lg(2)$ d) $\lg(0{,}004) - \lg(4)$
b) $2\lg(5) + \lg(4)$ e) $3\lg(12) - \lg(3) + 6\lg(5) - \lg(9)$
c) $\lg(16) + 2\lg(25)$ f) $\lg\left(7 \cdot 10^{-23}\right) - \lg(21) + \lg(30)$

LÖ
a) 1 d) −3
b) 2 e) 6
c) 4 f) −22

11 Schreiben Sie, falls möglich, den Term als Summe bzw. als Differenz. Alle Variablen stehen für positive reelle Zahlen.

a) $\log_3\left(xy^4\right)$ c) $\log_3(x + y)$ e) $\log_a\left(\sqrt{ab}\right)$
b) $\log_3(3x)$ d) $\log_3(6x + 3)$ f) $\log_a\left(\frac{a}{b}\right)$

LÖ
c) nicht möglich
d) $1 + \log_3(2x+1)$

12 Are these terms equivalent? Give reasons for your answer.

a) $\log_a\left(b^3\right)^2$; $3\log_a\left(b^2\right)$ d) $(\log_a(b)) \cdot c$; $\log_a\left(b^c\right)$
b) $\log_a(b + c)$; $\log_a(b) \cdot \log_a(c)$ e) $\log_a(ab)$; b; $a^{\log_a(b)}$
c) $\log_a(b^c)$; $(\log_a(b))^c$

LÖ
a) yes c) no
b) no d) yes
e) only second and third term are equivalent

13 Fragt man beim exponentiellen Wachstum, wie lange es dauert, bis ein bestimmter Wert erreicht wurde, so sind Gleichungen der folgenden Form zu lösen. Bestimmen Sie x jeweils auf 2 Dezimalen genau.

a) $250 = 30 \cdot 1{,}6^x$ a) 4,51 d) $2500 = 5000 \cdot 0{,}92^x$ d) 8,31
b) $450 = 100 \cdot 1{,}03^x$ b) 50,88 e) $450 = 100 \cdot a^7$ e) 1,24
c) $5000 = 10\,000 \cdot 0{,}92^x$ c) 8,31 f) $3^x = 5 \cdot 2^x$ f) 3,97

14 Ermitteln Sie die Lösung.

a) $2 \cdot 3^{x+1} = 7 \cdot 5^x$ c) $5 \cdot 3^{x+3} = 11 \cdot 2^{2x+1}$
b) $3 \cdot 2^{3x} = 9 \cdot 5^x$ d) $7^{x+2} - 3 \cdot 5^{1+2x} = 0$

LÖ Lösungswort: PIKO

Lösungswort: −0,30 (p); 2,34 (i); 6,43 (e); 0,28 (m); 0,93 (o); 6,31 (k); −3,12 (r)

Noch fit?

I Formen Sie in die Scheitelpunktform um und geben Sie den Scheitelpunkt an.

a) $f(x) = x^2 + 6x + 11$ c) $f(x) = x^2 - 20x + 55$
b) $f(x) = x^2 - 2x - 3$ d) $f(x) = 3x^2 + 6x + 3$

LÖ
a) $(x+3)^2+2$
b) $(x-1)^2-4$
c) $(x-10)^2-45$
d) $3(x+1)^2$

II Zeichnen Sie den Graphen der Funktion ohne Hilfsmittel wie Wertetabelle, GTR oder Funktionenplotter in Ihr Heft.

a) $f(x) = x^2 - 2$ c) $f(x) = (x + 4)^2 + 3$
b) $f(x) = (x - 2)^2 + 1$ d) $f(x) = -2(x - 1)^2 + 4$

III Eine Normalparabel wird um 6 Einheiten nach links und um 9 Einheiten nach unten verschoben. Geben Sie die Funktionsgleichung der entstandenen Parabel an und bestimmen Sie ihre Nullstellen.

LÖ $(x+6)^2-9$
Nullstellen: −9 und −3

15a) $\frac{1}{2}a = a \cdot e^{5730k}$ $k \approx -0{,}000120968$ $0{,}9\,a = a \cdot e^{-0{,}000120968t}$ $t \approx 870$ $a \cdot 0{,}999879^t$

b) $0{,}13\,a = a \cdot e^{-0{,}000120968t}$ $t \approx 16866$

DE Aufgaben 15–27: Exponentielles Wachstum, Frage nach dem Exponenten.

Trainieren **Anwenden** Vernetzen

30/1

DE An a) bis d) können die vier Grundaufgaben bewusst gemacht werden.

15 Im Schwarzlaichmoor bei Peiting in Oberbayern stieß ein Arbeiter 1957 mit seinem Bagger auf eine Kiste aus Kiefernholz. Sofort wurden die Arbeiten eingestellt, da man einen Schatzfund vermutete. Die Kiste entpuppte sich als Sarg, in dem sich eine gut erhaltene Moorleiche fand, die anschließend sorgfältig von Fachleuten geborgen wurde.
Es handelte sich um eine etwa 25-jährige Frau. Um das Alter der Leiche bestimmen zu können, wurde eine Probe des Sargholzes entnommen und mithilfe der C-14-Methode untersucht.

a) Bei dieser Untersuchung ergab sich, dass noch ca. 90 % der ^{14}C-Atome, die eine Halbwertszeit von 5730 Jahren haben, vorhanden war. ca. 870 Jahre
Bestimmen Sie einen möglichst genauen Näherungswert für das gesuchte Alter.

b) In der Höhle von Lascaux in Frankreich wurden Höhlenmalereien gefunden. Untersuchungen ergaben, dass noch etwa 13% der ursprünglichen ^{14}C-Atome vorhanden sind. Bestimmen Sie das Alter der Höhlenmalereien. ca. 16900 Jahre

c) Beim Turiner Grabtuch, in das angeblich der Leichnam von Jesus Christus eingewickelt gewesen sein soll, wurde ein Gehalt von 92% der ursprünglichen ^{14}C-Atome festgestellt. Wie alt ist das Grabtuch? < 700 Jahre $0{,}92a = a \cdot e^{-0{,}000120968t}$

Tipp: Mehr über die C-14-Methode erfahren Sie auf den Seiten 14/15.

LÖ
a) 4803,10 €
b) 8 Jahre
c) 4728,95 €
d) 3,15%
e) 24/18/15

16 Kapitalentwicklung

a) Ein Kapital von 3000 € wird mit 4% verzinst. Wie groß ist es nach 12 Jahren?

b) Nach wie vielen Jahren ist ein Kapital von 3000 € bei 4% Verzinsung auf 4000 € angewachsen?

c) Wie groß ist das Kapital, das bei einer Verzinsung von 4% in 10 Jahren auf 7000 € anwächst?

d) Zu welchem Zinssatz müsste ein Kapital von 60000 € verzinst werden, damit es nach 5 Jahren auf 70000 € anwächst?

e) Berechnen Sie die jeweilige Verdopplungszeit für eine Geldanlage mit jährlicher Verzinsung von $p = 3\%, 4\%, 5\%$.

INFO 23,45

Die Richterskala ist nach dem amerikanischen Forscher CHARLES FRANCIS RICHTER benannt, der die Skala 1935 mit seinem deutschen Kollegen BENO GUTENBERG entwickelte. Manchmal wird die Skala deshalb auch Gutenberg-Richter-Skala genannt.
Mehr über die Skala und Erdbeben erfahren Sie unter 030-1.

LÖ a) 177,8 Gigatonnen TNT/5230-fache
b) Stärke 9,1
c) Faktor 31,6
d) ca. 5,6

17 Die *Richterskala* dient der Einstufung der Stärke von Erdbeben. Das stärkste je gemessene Erdbeben ereignete sich im Jahr 1960 in Chile und war ein Erdbeben der Größenklasse („Stärke") 9,5 auf der Richterskala.

30/1 Zerstörung nach Erdbeben

Der Zusammenhang zwischen der Größenklasse M und der freigesetzten Energie E wird durch die Formel $E = 10^{1,5 \cdot (M-2)}$ angegeben. Als Vergleichsgröße für E dient die Sprengkraft des Sprengstoffs TNT (Trinitrotoluol) in Tonnen.

a) Berechnen Sie die freigesetzte Energie des Chile-Erdbebens und vergleichen Sie das Ergebnis mit der Energie der bisher größten gezündeten Wasserstoffbombe (34 Megatonnen TNT).

b) Beim Beben vor Sumatra im Dezember 2004 wurde etwa eine Energie von 44 Gt (Gigatonnen) TNT freigesetzt. Bestimmen Sie die Stärke dieses Bebens.

c) Oft wird die Stärke eines Bebens nachträglich korrigiert. Um welchen Faktor erhöht sich die Energie, wenn die Stärke M des Bebens auf der Richterskala um 1 hoch gestuft wird?

d) Die russische Halbinsel Kamtschatka wurde sowohl 1923 als auch 1952 von einem großen Erdbeben heimgesucht. Das zweite Erdbeben wurde auf der Richterskala um 0,5 höher eingestuft. Berechnen Sie das Verhältnis $\frac{E_2}{E_1}$ der Energien beider Beben.

18 Die Intensität von Licht wird beim Durchgang durch eine Glasplatte um 6% geschwächt. Wie viele Glasplatten müsste man aufeinander legen, damit die Restintensität des durchscheinenden Lichts noch 20% der ursprünglichen Intensität beträgt?

LÖ 26 Glasplatten

19 Keime in Kuhmilch vermehren sich exponentiell. Die Tabelle gibt Auskunft, wie groß die Anzahl $N(t)$ in einem Deziliter Kuhmilch zum Zeitpunkt t nach dem Melken ist. Bestimmen Sie die fehlenden Werte.

t in Stunden	$N(t)$ in 1000
0	10
2	19,6
6,5	89,1
12	567
16,4	2492
24	32 142

20 Um die Dicke einer Folie zu bestimmen, wird sie mehrfach gefaltet und dann die Dicke des gefalteten Stapels mit einem Messschieber gemessen.

a) Die Dicke einer sechsmal gefalteten Folie beträgt 1,3 mm.
Aus wie vielen Lagen Folie besteht dieser Stapel? Wie dick ist die Folie?

b) Nehmen Sie an, Sie könnten die Folie beliebig oft falten. Nach wie vielen Faltungen würden Sie eine Dicke von 1 Meter erreichen?
Nach wie vielen Faltungen würde der Stapel bis zur Internationalen Raumstation ISS in 390 km Höhe reichen?

31/1

LÖ
a) 64/20,3 µm
b) 35

21 Frank legt bei seiner Bank einen Geldbetrag von 320 € bei einem Zinssatz von 2,5% an, Edith legt bei ihrer Bank einen Betrag von 280 € bei einem Zinssatz von 4,5% an.

a) Wie lange dauert es, bis beide gleich viel Geld auf dem Konto haben?

b) Wie lange dauert es, bis die beiden Freunde zusammen 700 € auf ihren Konten haben?
Tipp: Stellen Sie eine Gleichung auf und ermitteln Sie eine Näherungslösung durch systematisches Einsetzen.

LÖ
a) ca. 6 Jahre, 11 Monate
b) ca. 4 Jahre, 6 Monate

22 In welcher Zeit verdreifacht sich eine Bakterienkultur, die stündlich um 1,1% wächst?

LÖ ca. 100 Stunden

23 Europa hatte 1960 ca. 604 Mio Einwohner, im Jahr 1970 waren es 656 Mio. Im gleichen Zeitraum wuchs die Bevölkerung von Afrika von 282 Mio auf 364 Mio.

a) Geben Sie zu diesen Angaben für beide Erdteile das lineare Wachstumsgesetz $P(t) = m \cdot t + P_0$ mit passenden Werten für m und P_0 an.
Berechnen Sie, wie groß die Bevölkerung beider Erdteile im Jahre 2006 nach diesem Modell sein müsste.

b) Nehmen Sie nun an, dass die Bevölkerung beider Kontinente im gesamten Zeitraum unverändert exponentiell wuchs.
Geben Sie die exponentiellen Wachstumsfunktionen zu den Angaben an. Welche Prognose ergäbe sich dann für 2006?

c) Reale Bevölkerungszahlen für 2006 finden Sie z. B. auf S. 85 in diesem Buch. Beurteilen Sie die beiden Wachstumsmodelle in Bezug auf die wirklichen Daten für 2006.

d) In welchem Jahr hätte nach dem exponentiellen Wachstumsmodell Afrika so viele Einwohner haben müssen wie Europa im Jahr 2006?

LÖ
a) $P_1(t) = 604 + 5{,}2 \cdot t$; $P_2(t) = 282 + 8{,}2 \cdot t$
$P_1(46) = 8432$; $P_2(46) = 6592$
b) $P_1(t) = 604 \cdot 1{,}008^t$; $P_2(t) = 282 \cdot 1{,}06^t$;
$P_1(46) = 871$; $P_2(46) = 918$
d) 2004

24 Radium hat eine Halbwertzeit von 1590 Jahren.

a) Geben Sie das Zerfallsgesetz in der Form $N(t) = N_0 \cdot a^t$ an.

b) Schreiben Sie das Gesetz in die Form $N(t) = N_0 \cdot 10^{-kt}$ um und geben Sie einen geeigneten Wert für k an.

c) Nach welcher Zeit ist noch $\frac{1}{5}$ des ursprünglichen Radiums vorhanden?

d) Nach welcher Zeit sind noch 60% des ursprünglichen Radiums vorhanden?

LÖ
a) $N(t) = N_0 \cdot 0{,}99956^t$
b) $k = 0{,}00019$
c) nach 3657 Jahren
d) nach 1161 Jahren

Rechenschieber und Logarithmus

Neben der Berechnung von Exponenten in Gleichungen mit unbekanntem Exponenten ermöglicht das Logarithmieren eine praktische Rechenhilfe.
Bevor es Taschenrechner gab, waren Rechenschieber Hilfsmittel, mit denen schnell Multiplikationen durchgeführt werden konnten.
Mithilfe gegeneinander verschiebbarer logarithmischer Skalen können über die Addition von Strecken zwei Zahlen miteinander multipliziert werden.
Unter 032-1 finden Sie einen online bedienbaren Rechenschieber.

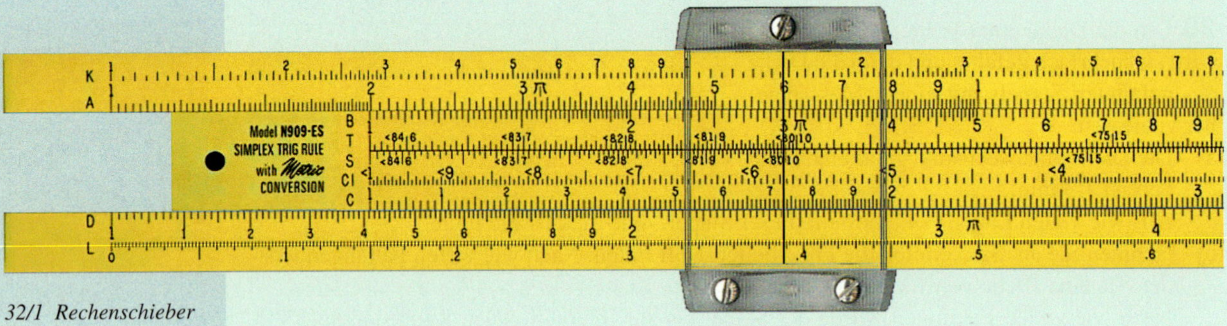

32/1 Rechenschieber

Aufgaben

DE Das eigenständige Herstellen eines Rechenstabmodells vertieft das Verständnis für die Logarithmen.

1 Herstellung eines einfachen Rechenschiebers
Markieren Sie den Anfang und das Ende einer 25 cm langen Skala mit den Werten 1 und 10. Tragen Sie dann die Werte $x = 2$ bis 9 an den Stellen $25 \cdot \log(x)$ ab.
Schneiden Sie diese Skala aus und kleben Sie sie auf ein Stück Pappe. Stellen Sie dann eine weitere solche Skala her, sodass die Werte gut ablesbar sind, wenn die beiden Skalen aneinander gelegt werden.
Finden Sie heraus, wie mithilfe dieser beiden Skalen einfach und schnell multipliziert werden kann. Verschieben Sie dazu die beiden nebeneinander gelegten Skalen langsam gegeneinander. Beobachten Sie anhand der Multiplikationaufgabe $2 \cdot 3$, wie die Lösung ablesbar ist.

Der Rechenschieber in der obigen Abbildung hat einige weitere Skalen. Betrachten Sie die beiden Skalen mit der Bezeichnung A und B. Welche Rechnung wird auf ihnen veranschaulicht?

TIPP
Unter 032-1 finden Sie Beschreibungen zu Rechenschiebern mit außermathematischen Anwendungen.

2 Rechenschieber und Rechenscheiben
a) Recherchieren Sie die historische Bedeutung des Rechenhilfsmittels „Rechenschieber“ bzw. „Rechenstab“.
b) Die beiden Skalen können auch kreisförmig angeordnet sein. So ergibt sich eine Rechenscheibe. Geben Sie mögliche Vor- und Nachteile dieser Anordnung an.

DE Die vergleichende Betrachtung von modernen und historischen Rechenhilfsmitteln erlaubt eine kritische Bewertung ihres Einsatzes, es ist z. B. die Frage zu diskutieren, ob die Behandlung des TRs als „black box“ den Blick auf die zugrunde liegenden mathematischen Verfahren verhindert.

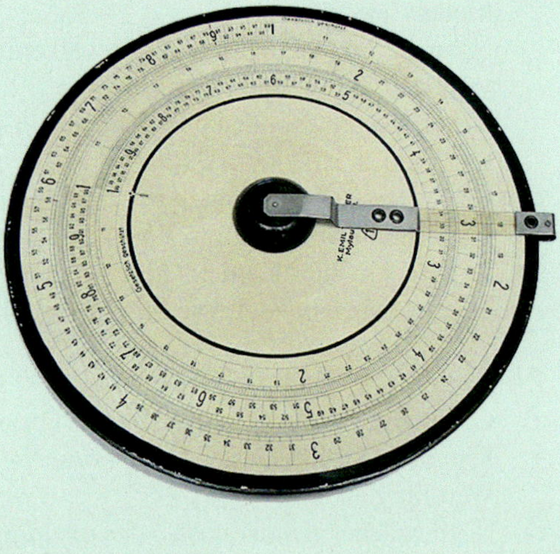

32/2 Rechenscheibe

3 Logarithmentafeln

a) In Logarithmentafeln sind nur die Nachkommmastellen der Logarithmen, die sogenannten *Mantissen*, angegeben.

lg(4000) … lg(4109)										
N	0	1	2	3	4	5	6	7	8	9
400	6021	6022	6023	6024	6025	6026	6027	6028	6029	6030
401	6031	6033	6034	6035	6036	6037	6038	6039	6040	6041
402	6042	6043	6044	6046	6047	6048	6049	6050	6051	6052
403	6053	6054	6055	6056	6057	6058	6060	6061	6062	6063
404	6064	6065	6066	6067	6068	6069	6070	6071	6072	6073
405	6075	6076	6077	6078	6079	6080	6081	6082	6083	6084
406	6085	6086	6087	6088	6090	6091	6092	6093	6094	6095
407	6096	6097	6098	6099	6100	6101	6102	6103	6104	6106
408	6107	6108	6109	6110	6111	6112	6113	6114	6115	6116
409	6117	6118	6119	6120	6121	6123	6124	6125	6126	6127
410	6128	6129	6130	6131	6132	6133	6134	6135	6136	6137

HINWEIS
Die Mantisse des Zehnerlogarithmus der Zahl 4073 finden Sie in Zeile 407 in der Spalte 3.

Berechnen Sie mit Ihrem Taschenrechner den Zehnerlogarithmus von 4000 und vergleichen Sie mit dem Tabellenwert.

Multiplizieren bzw. dividieren Sie 4000 mit 10, 100, 1000 usw. und berechnen Sie jeweils die Zehnerlogarithmen. Geben Sie anhand der Ergebnisse eine Regel an, wie mithilfe der Mantisse die Zehnerlogarithmen beliebig großer oder kleiner Zahlen berechnet werden können.

b) Erläutern Sie die folgende Berechnung mittels der Ausschnitte der beiden Logarithmentafeln.
Tipp: In der rechten Spalte wird addiert.

Numerus		Logarithmus
4,017	→	0,6039
4,034	→	0,6057
16,20	←	1,2096

lg (1500) … lg (1623)				
N	0	1	2	3
150	1761	1764	1767	1770
151	1790	1793	1796	1798
152	1818	1821	1824	1827
153	1847	1850	1853	1855
154	1875	1878	1881	1884
155	1903	1906	1909	1912
156	1931	1934	1937	1940
157	1959	1962	1965	1967
158	1987	1989	1992	1995
159	2014	2017	2019	2022
160	2041	2044	2047	2049
161	2068	2071	2074	2076
162	2095	2098	2101	2103

HINWEIS
Unter *Numerus* versteht man die Zahl, die logarithmiert werden soll.

4 Erstellen Sie eine Präsentation über die Entwicklung und die Verwendung von Rechenhilfsmitteln. Bewerten Sie diese Entwicklung.

DE Durch das Projekt werden die prozessbezogenen Kompetenzen des Werkzeuggebrauchs (Recherche, Präsentation, verschiedene Rechenhilfsmittel) und des Argumentierens und Kommunizierens besonders gefördert.

TIPP
Weitere Übungen zu Exponential- und Logarithmusfunktionen finden Sie unter 034-1.

25 Bei den folgenden Aufgaben erkennen Sie eventuell erst nach einer Vorüberlegung, um welche Grundaufgabe es sich handelt.

a) Wie groß ist die Halbwertszeit eines Zerfallprozesses, bei dem stündlich 2 % der vorhandenen Substanz zerfallen? ca. 34 Stunden

b) In welcher Zeit verdreifacht sich eine Bakterienkultur, die stündlich um den Faktor 1,1 wächst? 11,5 Stunden

c) Ein radioaktiver Stoff hat eine Halbwertzeit von 30 000 Jahren. Wie lautet das Zerfallsgesetz $K(t) = K_0 \cdot a^t$ für diesen Stoff, wenn t in 1000 Jahren gemessen wird? $K(t) = K_0 \cdot 0{,}977^t$

d) Eine exponentiell wachsende Population besteht zum Zeitpunkt 20 aus 300 Individuen, zum Zeitpunkt 56 aus 590 Individuen. Geben Sie das Wachstumsgesetz für diese Population an. K_0 soll sich auf den Zeitpunkt 0 beziehen. $K(t) = 205 \cdot 1{,}019^t$

e) Berechnen Sie je die Verdopplungszeit für einen Prozess mit jährlicher Zunahme um $p = 3\,\%$, $4\,\%$ und $5\,\%$. 23,4 / 17,7 / 14,2

f) Bei einem Präparat beträgt die Halbwertszeit 3 Jahre.
Wie lange dauert es, bis nur noch $\frac{1}{3}$, $\frac{1}{10}$ des Präparates vorhanden ist? 4,76 / 9,98

26 Kurz nach der Einnahme einer normalen Dosis lässt sich ein Medikament in einer Konzentration von $5\,\frac{\text{mg}}{\text{l}}$ im Blut nachweisen. Die Konzentration nimmt exponentiell ab mit einer Halbwertzeit von 3 Stunden. Ist sie auf weniger als $1\,\frac{\text{mg}}{\text{l}}$ gesunken, hat das Medikament keine Wirkung mehr.

a) Bestimmen Sie den Zerfallsfaktor pro Stunde. $2{,}5 = 5 \cdot a^x$

b) Tabellieren Sie den Konzentrationsverlauf für die ersten 10 Stunden nach Nachweis der Konzentration von $5\,\frac{\text{mg}}{\text{l}}$.

c) Geben Sie den Zeitpunkt an, an dem die Konzentration im Blut unter die Wirksamkeitsgrenze fällt. $1 = 5 \cdot 0{,}794^x$

LÖ a) 0,794
c) nach ca. 7 Stunden

34/1 MARIE CURIE (1867–1934)

27 MARIE CURIE erhielt 1903 zusammen mit ihrem Mann PIERRE CURIE und dem Physiker HENRI BECQUEREL den Nobelpreis in Physik für ihre Arbeiten zur Radioaktivität und acht Jahre später den Nobelpreis für Chemie für die Entdeckung der Elemente Radium und Polonium.

a) Wie groß ist die Halbwertszeit des Zerfallprozesses von Radium, bei dem nach 100 Jahren ca. 4,2 % der vorhandenen Substanz zerfallen? 1615 Jahre

b) Das radioaktive Element Polonium, welches am 18. Juli 1898 von MARIE CURIE entdeckt und nach ihrem Heimatland benannt wurde, hat eine Halbwertszeit von 0,3 µs (Mikrosekunden). Wie lautet das Zerfallsgesetz $K(t) = K_0 \cdot a^t$ für diesen Stoff, wenn t in µs gemessen wird? $K(t) = K_0 \cdot 0{,}0992^t$

c) Das künstlich hergestellte Element Curium mit der Ordnungszahl 96 wurde nach MARIE CURIE benannt. Das kurzlebigste Isotop dieses Elements, ^{249}Curium, hat eine Halbwertszeit von 64,15 Minuten.
Wie lange dauert es, bis nur noch $\frac{1}{3}$ bzw. $\frac{1}{10}$ des Präparates vorhanden ist? 102 / 214 Minuten

Trainieren Anwenden **Vernetzen**

28 Es gilt: $x = \log_a(b) \Leftrightarrow a^x = b$.

a) Lösen Sie diese Exponentialgleichung mithilfe von Logarithmen zur Basis 10 nach x auf und beweisen Sie so $\log_a(b) = \frac{\lg(b)}{\lg(a)}$.

b) Zeigen Sie, dass aus $\log_a(b) = \frac{\lg(b)}{\lg(a)}$ für beliebige Logarithmen folgt: $\log_x(a) = \frac{\log_y(a)}{\log_y(x)}$.
Nutzen Sie dies, um $\log_3(40)$ durch $\log_5$ auszudrücken.

DE Beweis zu Satz 1.4. Wichtig, falls der TR keine $\log_a(b)$-Taste hat.

29 Berechnen Sie mithilfe der log-Taste Ihres Taschenrechners.

a) $\log_2(34)$ 5,09 b) $\log_{0,7}(8)$ −5,83 c) $\log_5\left(\frac{1}{7}\right)$ −1,21 d) $\log_{\frac{1}{2}}(42)$ −5,39

30 Zwischen welchen beiden aufeinanderfolgenden ganzen Zahlen liegt der Logarithmus?
Beispiel: Wegen $2^3 = 8$ und $2^4 = 16$ gilt: $2^3 < 11 < 2^4$, also $3 < \log_2 11 < 4$.

a) $\log_2(18)$ $\frac{4}{5}$ c) $\log_5(1000)$ $\frac{4}{5}$ e) $\log_2(0{,}3)$ $\frac{-2}{-1}$ g) $\log_{0,1}(17)$ $\frac{-2}{-1}$
b) $\log_3(10)$ $\frac{2}{3}$ d) $\log_5(0{,}01)$ $\frac{-3}{-2}$ f) $\lg(0{,}002)$ $\frac{-3}{-2}$ h) $\log_{0,1}(0{,}009)$ $\frac{2}{3}$

31 Empfundene Lautstärke

Beim Hören unterscheidet man zwischen der (physikalischen) Intensität und der empfundenen Wahrnehmung eines Geräuschs. Die empfundene Lautstärke L eines Geräuschs der Intensität I wird in dB (Dezibel) angegeben und gemäß der Formel $L = 10 \cdot \lg\left(\frac{I}{I_0}\right)$ dB berechnet.

Dabei ist I_0 die Intensität eines Geräuschs, das vom menschlichen Ohr gerade noch wahrgenommen wird („Hörschwelle").

35/1

a) Die Lautstärke eines vorbeifahrenden Fahrzeugs beträgt etwa $L_1 = 60$ dB.
Bei zwei gleichzeitig vorbeifahrenden Fahrzeugen verdoppelt sich die Intensität des Geräuschs $I_2 = 2\,I_1$, die empfundene Lautstärke aber nicht.
Zeigen Sie, dass gilt: $L_2 \approx 63$ dB.

b) Zeigen Sie allgemein, dass die Verdopplung der Geräuschintensität eine Erhöhung der empfundenen Lautstärke von 3 dB zur Folge hat.
Normales Sprechen einer Person wird mit etwa 50 dB wahrgenommen. Bei einer Dauerbelastung von 65 dB besteht ein erhöhtes Gesundheitsrisiko für Herz-Kreislauf-Erkrankungen.
Aus wie vielen Schülerinnen und Schüler darf eine lebhafte Klasse höchstens bestehen, damit auch beim dauerhaften Reden aller Schüler kein Gesundheitsrisiko besteht?

c) Ab etwa einer Belastung von 85 dB können Hörschäden auftreten.
Um wie viel Prozent muss die Intensität einer Hintergrundmusik in einer Bar (91 dB) mindestens reduziert werden, damit das Personal auf Dauer keinen Hörschaden erleidet?

d) Wie viel Prozent Intensität müssen die Kopfhörer von Bauarbeitern, die mit einem Presslufthammer arbeiten, dämpfen?

DE Aufgaben 31 und 32: Anwendung der Log-Funktion. Keine Kernanforderung.

HINWEIS

Einige ausgewählte Lautstärken:

50 dB: Regen, Kühlschrankgeräusche

60 dB: Nähmaschine

70 dB: Fernseher

80 dB: Türklingel, Telefonläuten

90 dB: Lastwagen, lautes Gespräch

110 dB: Disco, Autohupe, Babygeschrei

120 dB: Kettensäge, Presslufthammer, Gewitterdonner

130 dB: Autorennen

140 dB: Startendes Flugzeug

LÖ
a) 32
b) 75 %
c) 99,97 %

32 Der pH-Wert einer wässrigen Lösung ist definiert durch die Gleichung $\text{pH} = -\lg(c)$, wobei c dieKonzentration der Oxonium-Ionen H_3O^+ (in Mol pro Liter) der Lösung ist.

Für destilliertes Wasser gilt: $c(H_3O^+) = 10^{-7}\,\frac{\text{mol}}{\text{l}}$, also $\text{pH} = -\lg\left(10^{-7}\right) = -(-7) = 7$.

Ist der pH-Wert kleiner als 7, so wird von einer sauren Lösung gesprochen, ist er größer als 7, von einer basischen Lösung.

a) Berechnen Sie den pH-Wert der folgenden Lösungen und bestimmen Sie, ob sie sauer oder basisch ist:
Essig $\left(c(H_3O^+) = 1{,}3 \cdot 10^{-3}\,\frac{\text{mol}}{\text{l}}\right)$
Seife $\left(c(H_3O^+) = 3{,}3 \cdot 10^{-10}\,\frac{\text{mol}}{\text{l}}\right)$
Apfelsaft $\left(c(H_3O^+) = 3{,}4 \cdot 10^{-4}\,\frac{\text{mol}}{\text{l}}\right)$

35/2 Lackmuspapier

b) Die Differenz der pH-Werte zweier wässriger Lösungen ist 2.
Begründen Sie, dass das Verhältnis $\frac{c_1}{c_2}$ der Oxonium-Ionenkonzentrationen der beiden Lösungen 1 : 100 beträgt.

c) Die Differenz der pH-Werte zweier wässriger Lösungen ist 5. Berechnen Sie das Verhältnis $\frac{c_1}{c_2}$ der Oxonium-Ionenkonzentration.

LÖ a) Essig: 2,9 ⇒ sauer; Seife: 9,5 ⇒ basisch; Apfelsaft: 3,5 ⇒ sauer; c) 1 : 100 000

INFO

Die Bezeichnung pH-Wert leitet sich vom lateinischen pondus hydrogenii bzw. potentia hydrogenii ab.

pondus (lat.): Gewicht
potentia (lat.): Kraft
hydrogenium (lat.): Wasserstoff

Um den pH-Wert einer Flüssigkeit zu bestimmen, gibt es Teststreifen, die je nach pH-Wert eine andere Farbe annehmen.

Potenzfunktionen und ihre Graphen

DE Anregung 1: Die Klassifizierung für wichtige Gruppen von Spezialfällen der Definition jeweils in Schülerreferaten vorstellen und erläutern lassen.
Anregung 2: Diskussion des „Grades" der Ausweitung des Begriffs der Potenzfunktion in der Definition. Evtl. ergänzen: Möglichkeit einer weitergehenden Definition: $f(x) = a \cdot x^r$ (r aus $\mathbb{R}$)

DE Zusätzlich kann von den Schülerinnen und Schüler untersucht werden, wie die Lagebeziehung der Graphen zueinander über geeigneten Intervallen aussieht, und in welcher Beziehung dies zur Qualität ihres Wachstumsverhaltens steht: Z. B. gilt für die nebenstehende Abbildung: Ein Graph mit einem niedrigeren Exponenten verläuft im Bereich $-1 < x < 1$ oberhalb eines Graphen mit einem höheren Exponenten und im Bereich $|x| > 1$ unterhalb eines solchen Graphen.

Eine wichtige Funktionsklasse ist die Klasse der Potenzfunktionen. Sie kennen bereits Funktionen der Form $f\colon x \mapsto x^n$ mit $n \in \mathbb{N}$ als Potenzfunktion. Diese Definition kann ausgeweitet werden:

Definition 1.5 **Potenzfunktion**
Eine Funktion mit $f(x) = a \cdot x^n$, wobei $n \in \mathbb{Q}\setminus\{0\}$ und $a \in \mathbb{R}\setminus\{0\}$ ist, heißt Potenzfunktion vom Grade n.

Die Graphen der Potenzfunktionen können durch den Vorfaktor a gestreckt ($|a| > 1$) oder gestaucht ($|a| < 1$) sein sowie an der x-Achse gespiegelt werden ($a < 0$).

n gerade, $n > 0$
Alle Graphen verlaufen oberhalb der x-Achse im I. und II. Quadranten durch die Punkte mit Koordinaten (0|0), (1|1) und (−1|1).

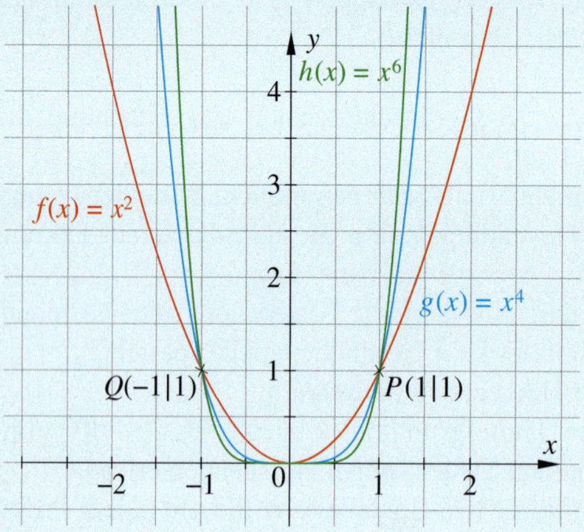

36/1

n ungerade, $n > 0$
Alle Graphen verlaufen im I. und III. Quadranten durch die Punkte mit Koordinaten (0|0), (1|1) und (−1|−1)

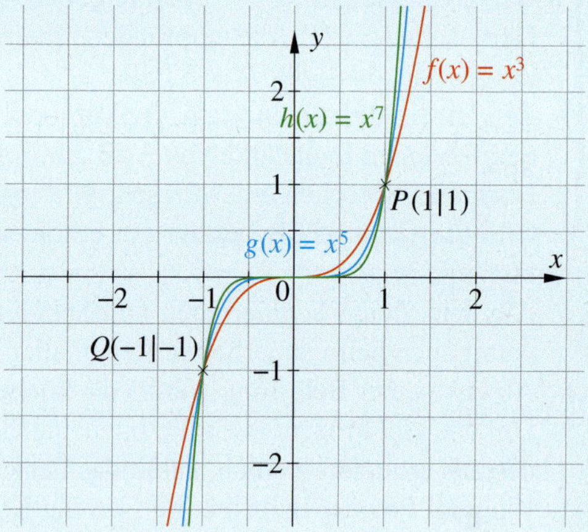

36/2

Ein negativer Faktor vor der Potenz im Funktionsterm bewirkt die Spiegelung obiger Graphen an der x-Achse.

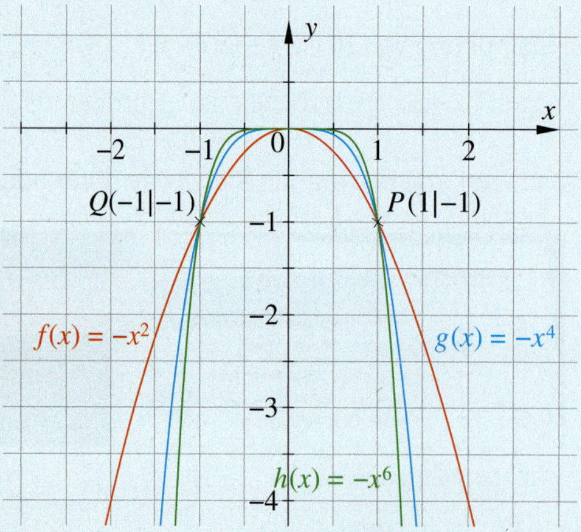

36/3

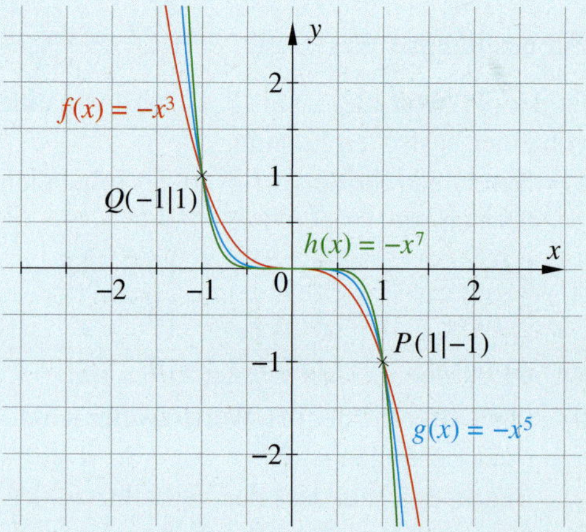

36/4

Die Graphen der Potenzfunktionen mit einem Exponenten der Form $-n$, wobei $n \in \mathbb{N}$ ist, heißen **Hyperbeln**.

n gerade, $n < 0$

Alle Graphen verlaufen oberhalb der x-Achse im I. und II. Quadranten durch die Punkte mit Koordinaten $(1|1)$ und $(-1|1)$. Die Koordinatenachsen sind Asymptoten des Graphen.

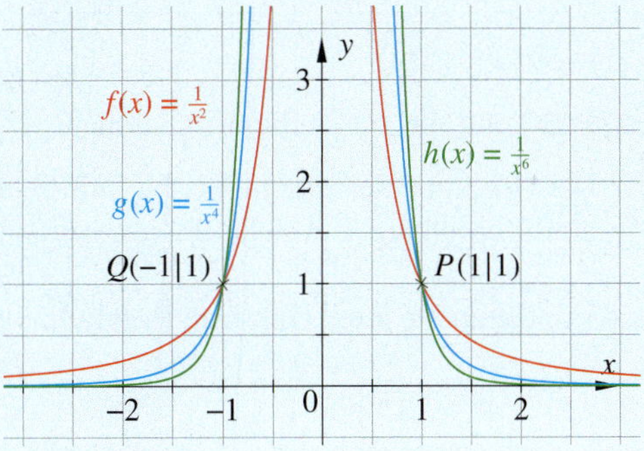

37/1

n ungerade, $n < 0$

Alle Graphen verlaufen im I. und III. Quadranten durch die Punkte mit Koordinaten $(0|0)$, $(1|1)$ und $(-1|-1)$. Die Koordinatenachsen sind Asymptoten des Graphen.

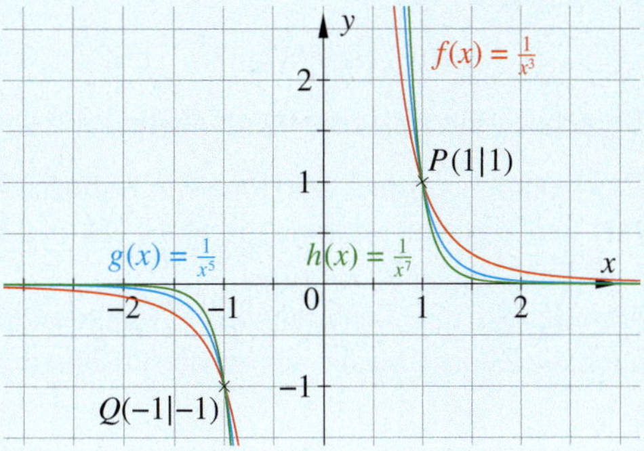

37/2

Ein negativer Faktor vor der Potenz im Funktionsterm bewirkt die Spiegelung obiger Graphen an der x-Achse.

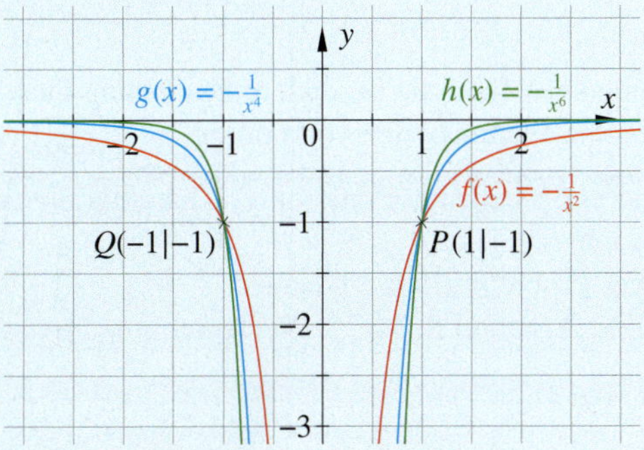

37/3

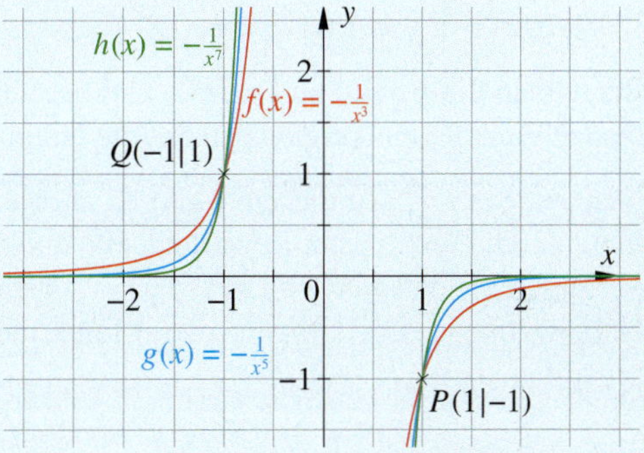

37/4

Die Potenzfunktionen mit einem Exponenten der Form $\frac{1}{n}$, wobei $n \in \mathbb{N}$ und $n \geq 2$ ist, heißen **Wurzelfunktionen**.

n ist ein Stammbruch

Der Graph der n-ten Wurzelfunktion entsteht durch Spiegelung des rechten Astes des Graphen der n-ten Potenzfunktion an der ersten Winkelhalbierenden.
Die Funktionen sind wegen $(x^n)^{\left(\frac{1}{n}\right)} = \left(x^{\left(\frac{1}{n}\right)}\right)^n = x$ Umkehrfunktionen voneinander.

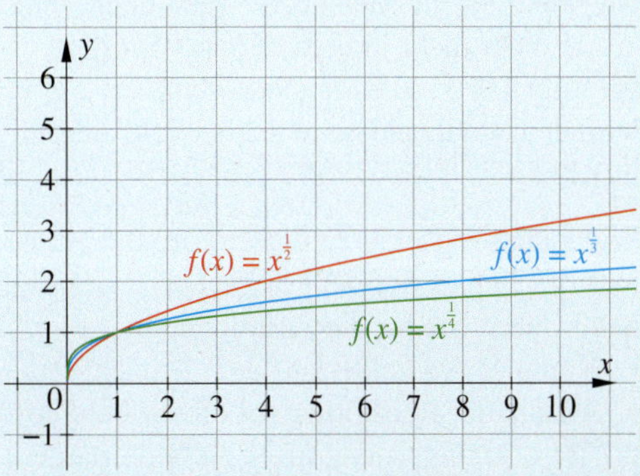

37/5

1.3 Potenzfunktionen und ihre Umkehrung

Auftrag 1 Barometrischer Höhenmesser

Mit steigender Höhe nimmt der Luftdruck exponentiell ab. Beim Bergsteigen oder Fliegen eingesetzte barometrische Höhenmesser berücksichtigen zusätzlich die Veränderung von Temperatur und Luftfeuchtigkeit bei steigender Höhe.
Hier soll vereinfachend von konstanter Temperatur und Feuchtigkeit ausgegangen werden. Unter dieser Voraussetzung ist der Luftdruck in einer Höhe von $x \cdot 10$ Metern gegeben durch die Funktion f mit

$$f(x) = 1013 \cdot 0{,}9987487^x \quad \text{(Luftdruck } f(x) \text{ in Hektopascal)}$$

Berechnen Sie für f eine Wertetabelle für $0 \leq x \leq 10\,000$ und skizzieren Sie den Graphen.

Die Funktion f ordnet der Höhe den Luftdruck zu. Der Höhenmesser aber misst den Luftdruck $f(x)$ und berechnet daraus die Höhe. Er benötigt eine Zuordnung g, welche umgekehrt dem Luftdruck die Höhe zuordnet.
Erstellen Sie eine Wertetabelle der Funktion g und skizzieren Sie ihren Graphen. Ermitteln Sie auch die Zuordnungsvorschrift dieser Funktion.

Auftrag 2 Erkunden und Erfinden

TIPP
Berechnen Sie $f(g(x))$ zuerst für ein Zahlenbeispiel, dann allgemein.

Beim Rechnen mit Logarithmen muss häufig zwischen Basis und Exponent hin- und hergeschaltet werden. Im Falle von Zweierlogarithmen geschieht dies durch die Funktionen

$$f(x) = 2^x \text{ und } g(x) = \log_2(x).$$

Berechnen Sie $f(g(x))$ und $g(f(x))$ und beschreiben Sie dann die besondere Beziehung dieser beiden Funktionen. Vergleichen Sie die Graphen und Wertetabellen von f und g.

Nun sei $f(x) = x^3$. Zu diesem f gibt es auch eine entsprechende Funktion g. Charakterisieren Sie g durch Funktionsterm, Wertetabelle und Graph.
Verfahren Sie entsprechend mit $f(x) = x^2$. Welches Problem tritt hierbei auf?
Nun sei $f(x) = \frac{1}{x}$. Den Graphen dieser Funktion finden Sie auf S. 34/35. Wie lautet hier die passende Funktion g?

LÖ $f(g(x)) = g(f(x)) = x$
$g = f^{-1}$
$f(x) = x^3$; $g(x) = \sqrt[3]{x}$
$f(x) = x^2$; $g(x) = \pm\sqrt{x}$
$f(x) = \frac{1}{x}$; $g(x) = \frac{1}{x}$

Auftrag 3 König Sherams Problem

INFO
Der Legende nach sollte König Sheram dem Erfinder des Schachspiels für jedes weitere Feld des Schachbretts die doppelte Zahl an Reiskörnern schenken, beginnend mit einem Reiskorn auf dem ersten Feld.

König Sheram hört lächelnd seinen Diener die Anzahl der Reiskörner auf den jeweiligen Feldern aufsagen: 1; 2; 4; … ; 64; 128; 256; …
Nachdem er in Gedanken versunken eine Weile nicht mehr hingehört hat, vernimmt er die Zahl 1 073 741 824. „Na", denkt er, „ jetzt wird er ja wohl bald beim letzten Feld ankommen!"

38/1

Wie kann der König zu dieser Zahl die Nummer des Feldes auf dem Schachbrett berechnen? Geben Sie für die Zuordnungen
- Nummer des Feldes auf dem Schachbrett ↦ Anzahl der Reiskörner
- Anzahl der Reiskörner auf einem Feld des Schachbretts ↦ Nummer des Feldes

die Berechnungsvorschriften an und erläutern Sie den Zusammenhang zwischen den zugehörigen Funktionen und ihren Graphen.

LÖ $f(x) = 2^{(x-1)}$
$f^{-1}(x) = \log_2(x) + 1$
Feld Nr. 31
$f(31) = 2^{30} = 1\,073\,741\,824$

Auftrag 4 Anomalie des Wassers

Flüssigkeiten ziehen sich bei Abkühlung normalerweise zusammen und dehnen sich bei Erwärmung wieder aus. Die Ausdehnung von Flüssigkeiten ist bei gleicher Erwärmung zumeist stärker als die Ausdehnung fester Körper. Aufgrund dieser physikalischen Eigenschaften kann man mit einer einfachen Anordnung aus einem Vorratsbehälter für die Flüssigkeit und einem Steigrohr ein Thermometer bauen. Handelsübliche Thermometer-Flüssigkeiten sind z. B. Quecksilber, Toluol oder Ethanol.

Verwendet man stattdessen Wasser, das bei 4 °C gerade einen Vorratsbehälter mit einem Liter Fassungsvermögen ausfüllt, so beschreibt der Funktionsterm $h(\vartheta) = 0{,}3\,(\vartheta - 4)^2$ im Temperaturbereich $\vartheta \in [0;\, 9]$ näherungsweise den Zusammenhang zwischen der Temperatur ϑ (in °C) und der Steighöhe h (in cm):

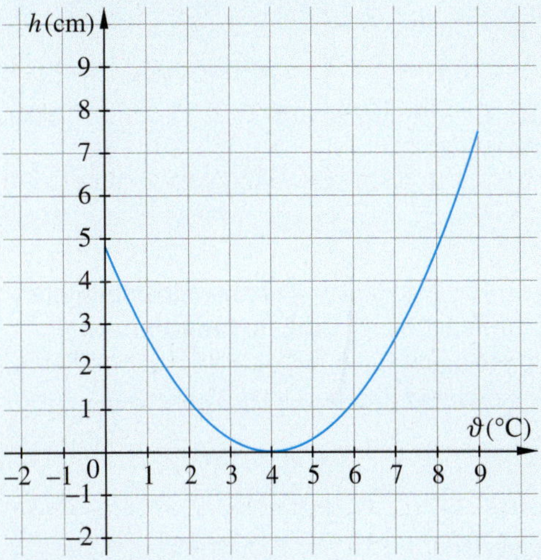

39/1

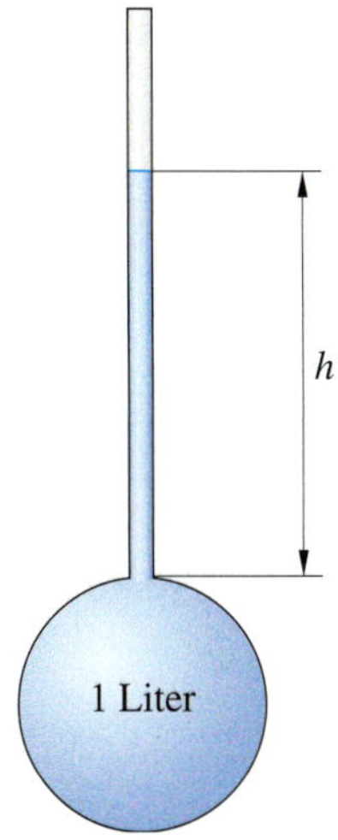

Anhand des ϑ-h-Diagramms kann man erkennen, dass sich Wasser im Temperaturbereich von 0 °C bis 4 °C bei Erwärmung entgegen der Erwartung zusammenzieht. Dieses Verhalten bezeichnet man als Anomalie des Wassers.

Zeichnen Sie umgekehrt ein h-ϑ-Diagramm und bestimmen Sie, wie aus der Steighöhe h die Temperatur $\vartheta(h)$ berechnet werden kann. Ist Wasser als Thermometerflüssigkeit geeignet?

LÖ $\vartheta(h) = \pm\sqrt{\frac{10h}{3}} + 4$, $h = 0$

LÖ Nein, wegen der Anomalie des Wassers.

Auftrag 5 Freier Fall

Katzen besitzen die Fähigkeit, sich während des Herabfallens so zu drehen, dass sie auf dem Boden mit den Pfoten zuerst auftreffen. Dies ermöglicht einer Katze, Stürze selbst aus größerer Höhe oftmals unbeschadet zu überstehen. Wie für jeden anderen in der Nähe des Erdbodens frei fallenden Körper gilt dabei auch für die Katze das Fallgesetz $s = \frac{1}{2} g t^2$ für die zurückgelegte Strecke s (in Metern) und die dafür benötigte Zeit t (in Sekunden). $g \approx 9{,}81\,\frac{\text{m}}{\text{s}^2}$

Welche Fallstrecke legt die Katze in zwei Sekunden zurück? Wie lange hat sie Zeit, sich beim Sturz vom Balkon aus dem zweiten Stock so umzudrehen, dass sie auf den Pfoten landet? Wie schnell muss sie sich bei einem Sturz aus Tischhöhe drehen?

Zeichnen Sie für den freien Fall der Katze ein t-s- und ein s-t-Diagramm. $s(2) \approx 19{,}62$ m

www 039-1

▶ **Auftrag 1** wird bei der Erarbeitung verwendet.

▶ Umkehrfunktionen

Aus der Wertetabelle für f: Höhe $\mapsto$ Luftdruck

x	0	100	**200**	300	400	500	600	700	800	900	1000
y	1013	893,8	**788,6**	695,8	613,9	541,7	477,9	421,7	372,0	328,3	289,6

ergibt sich durch Vertauschen der x- und y-Werte eine Wertetabelle der Funktion
g: Luftdruck $\mapsto$ Höhe

x	1013	893,8	**788,6**	695,8	613,9	541,7	477,9	421,7	372,0	328,3	289,6
y	0	100	**200**	300	400	500	600	700	800	900	1000

Anwendung von f auf den x-Wert 200 ergibt 788,6.
$g(788{,}6)$ ist dann wieder 200.
g macht die Wirkung von f rückgängig; man sagt, g ist die Umkehrfunktion von f. (Und f ist die Umkehrfunktion von g.)
$g(f(200)) = 200$ und $f(g(788{,}6)) = 788{,}6$

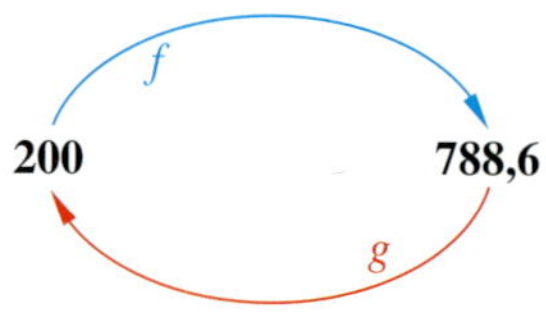

> **Definition 1.6** **Umkehrfunktion**
> Eine Zuordnung, die in eindeutiger Weise jedem y-Wert der ursprünglichen Funktion f den zugehörigen x-Wert zuordnet, heißt **Umkehrfunktion** von f.
> Schreibweise: f^{-1}

Graph von Funktion und Umkehrfunktion

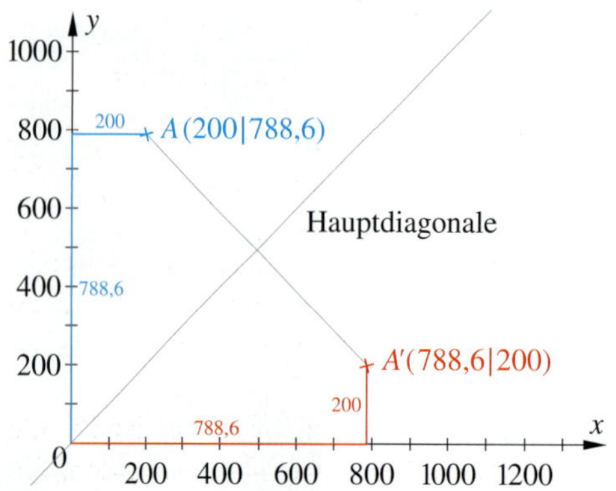

40/1

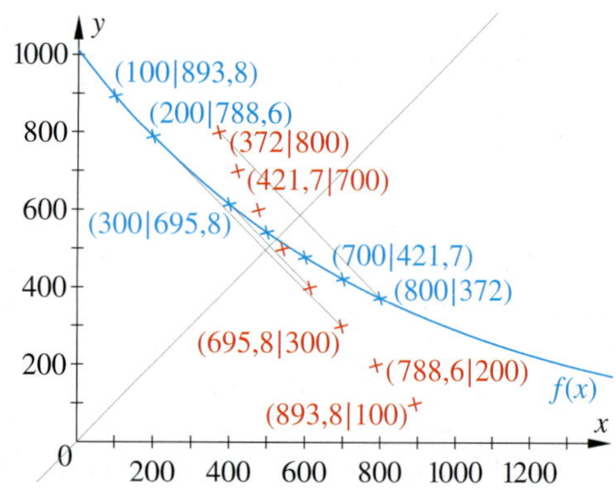

40/2

In Abbildung 40/1 entsteht aus dem Punkt $A(200|788{,}6)$ durch Vertauschen von x und y der Punkt $A'(788{,}6|200)$. A' ist das Spiegelbild von A bei einer Spiegelung an der Hauptdiagonalen. Durch Spiegeln aller Punkte des Graphen von f ergibt sich so der Graph von f^{-1}.

Die Graphen von Funktion und Umkehrfunktion liegen achsensymmetrisch zueinander. Symmetrieachse ist die Hauptdiagonale des Koordinatensystems.

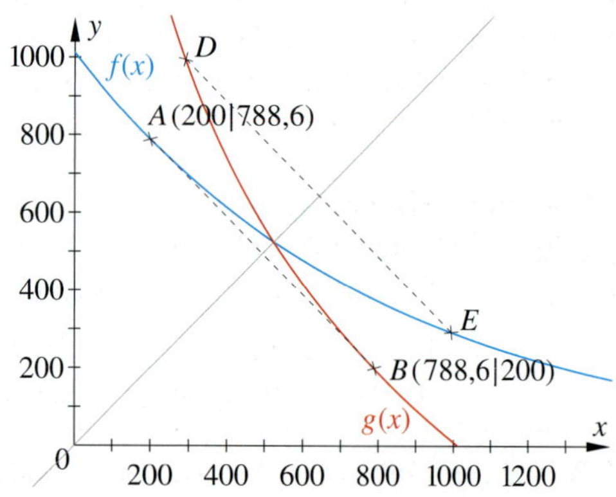

40/3

INFO
Als Symbol für die Umkehrfunktion von f sind u. a. üblich:
$f^{-1}, \overset{-1}{f}, f^*, \bar{f}$.

Ermitteln der Funktionsgleichung der Umkehrfunktion:
Für die Luftdruckunktion f gilt $y = 1013 \cdot 0{,}9987487^x$. Für den Höhenmesser ist jedoch die Umkehrfunktion g nötig.
Das Verfahren machen Sie sich zunächst einmal anhand einer einfacheren Funktion deutlich.

Beispiel
Sei $k(x) = 2 \cdot 3^x$. Gesucht ist die Umkehrfunktion $j(x)$, die zu einem gegebenen y-Wert den x-Wert liefert. Dazu müssen in der Funktionsgleichung x und y vertauscht und diese Gleichung wieder nach y aufgelöst werden:

1) In der Ausgangsgleichung x und y vertauschen	$x = 2 \cdot 3^y$	$\mid :2$
2) Nach y auflösen	$\frac{x}{2} = 3^y$	$\mid$ lg (Anwenden des Logarithmus)
	$\lg\left(\frac{x}{2}\right) = y \cdot \lg(3)$	$\mid$ Rechenregel für Logarithmen
	$\lg(x) - \lg(2) = y \cdot \lg(3)$	$\mid :\lg(3)$
	$\frac{\lg(x) - \lg(2)}{\lg(3)} = y$	
3) Funktion notieren	$j(x) = k^{-1}(x) = \frac{\lg(x) - \lg(2)}{\lg(3)}$	(Wer Dezimalzahlen mag, kann die Logarithmen noch ausrechnen.)

HINWEIS
Für den Zehnerlogarithmus $\log_{10}(x)$ schreibt man abkürzend auch $\lg(x)$.

INFO
Für die Umkehrfunktion g der Luftdruckformel ergibt sich nach gleichem Muster:
$g(x) = f^{-1}(x) = -1839{,}003 \cdot \lg\left(\frac{x}{1013}\right)$.

DE Ein Arbeitsblatt zur Berechnung der Formel für den Höhenmesser finden Sie im Lehrerbereich des Onlineportals.

Umkehrbarkeit und Monotonie

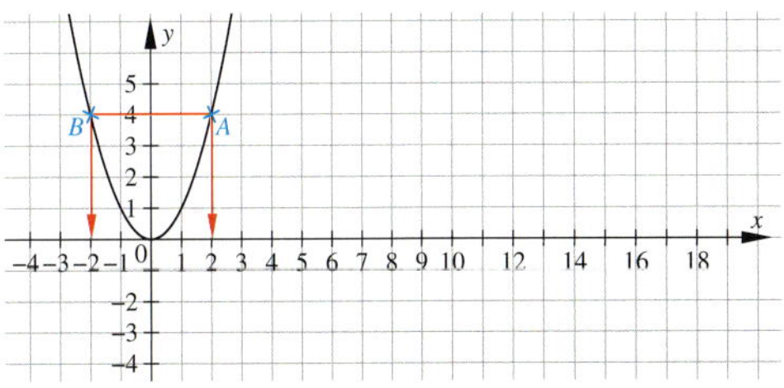

41/1

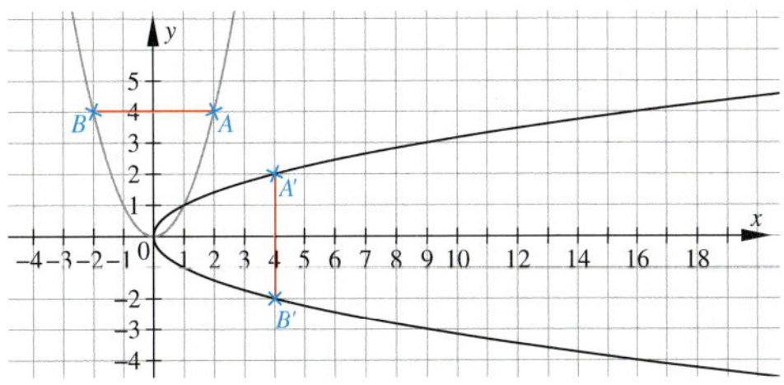

41/2

Beim Umkehren der Funktion $f: x \mapsto x^2$ taucht das Problem auf, dass der Rückweg nicht eindeutig ist. Welche Zahl wurde quadriert, so dass sich 4 ergab? Die Antwort „–2 oder 2" ist nicht eindeutig. Eine Funktion jedoch muss eindeutig sein. Demnach gibt es zur Quadratfunktion über $\mathbb{R}$ keine Umkehrfunktion.
Das Spiegeln der Normalparabel an der Hauptdiagonalen ergibt einen Graphen, der Punkte enthält, welche übereinander liegen und sich nur durch ihre y-Koordinaten unterscheiden. Ein solcher Graph kann nicht zu einer Funktion gehören.
Eine Funktion ist nicht umkehrbar, wenn in ihrer Wertetabelle für verschiedene x-Werte dieselben y-Werte vorkommen. Doppelt vorkommende y-Werte werden beispielsweise vermieden, wenn der Graph der Funktion von links nach rechts betrachtet „bergauf" verläuft. Solche Funktionen heißen streng monoton steigend.

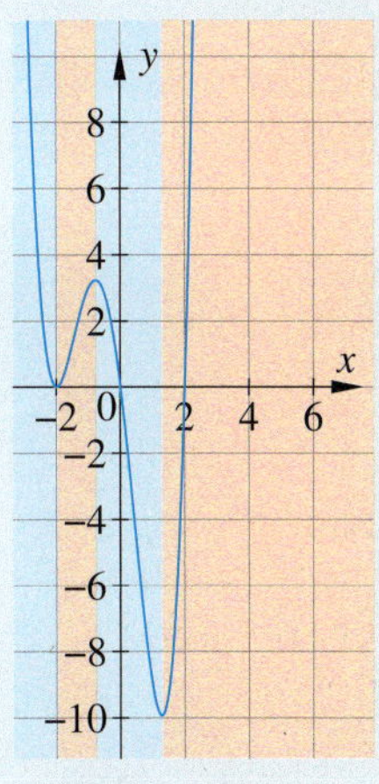

41/3
streng monoton fallend
streng monoton steigend

Definition 1.7 **Monotonie**
Eine Funktion f heißt auf einem Intervall $[a, b]$ streng monoton steigend, wenn für alle x_1 und x_2 aus $[a, b]$ gilt: $x_1 < x_2 \Rightarrow f(x_1) < f(x_2)$.

Eine Funktion f heißt auf einem Intervall $[a, b]$ streng monoton fallend, wenn für alle x_1 und x_2 aus $[a, b]$ gilt: $x_1 < x_2 \Rightarrow f(x_1) > f(x_2)$

Wird auf das Wort „streng" verzichtet, so sind auch gleiche Funktionswerte erlaubt. Wenn also $x_1 < x_2 \Rightarrow f(x_1) \leq f(x_2)$. gilt, so heißt f monoton steigend.

Satz 1.5 Funktionen, die auf einem Intervall streng monoton sind, sind dort umkehrbar.

HINWEIS
Funktionen, die nicht streng monoton sind, können umgekehrt werden, wenn sie auf ein geeignetes Intervall eingeschränkt werden. Vgl. S. 46, Aufgabe 15.

Die Normalparabel ist links der y-Achse streng monoton fallend, rechts streng monoton steigend. Durch Einschränkung der x-Werte auf die Bereiche $x \geq 0$ bzw. $x \leq 0$ ergeben sich zwei umkehrbare Funktionen:

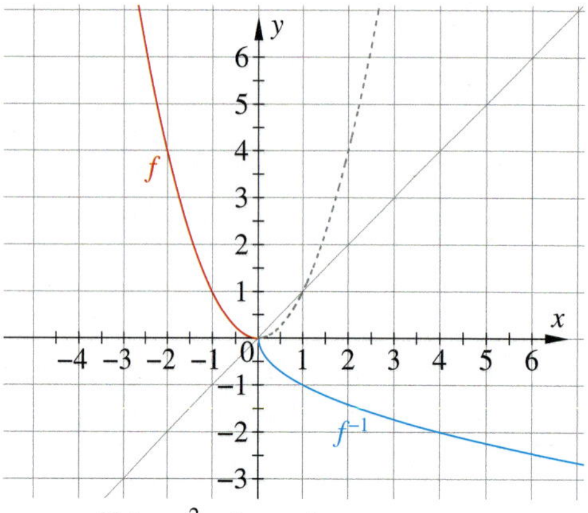

42/1 $f(x) = x^2$ mit $x \leq 0$
$f^{-1}(x) = -\sqrt{x}$

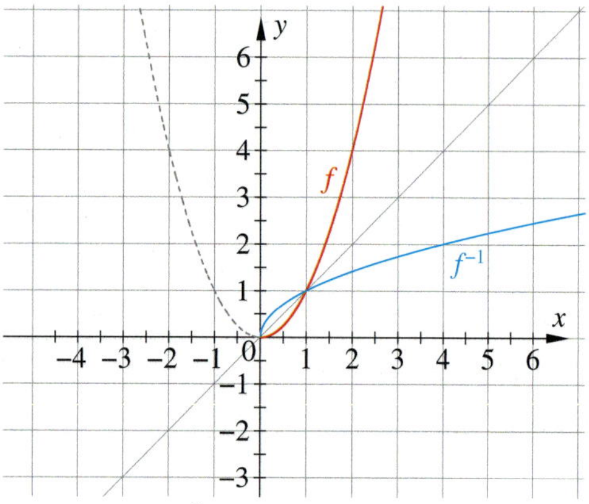

42/2 $f(x) = x^2$ mit $x \geq 0$
$f^{-1}(x) = \sqrt{x}$

Definitionsbereich, Wertebereich
Die Einschränkung der x-Werte beim Umkehren der Normalparabel veranlasst die Definition

Definition 1.8 **Definitionsbereich, Wertebereich**
Die Gesamtheit aller x-Werte, welche in eine Funktion f eingesetzt werden können, heißt **Definitionsbereich** oder **Definitionsmenge** von f.
Schreibweise: $D(f)$

Die Gesamtheit aller y-Werte, welche bei einer Funktion f vorkommen, heißt **Wertebereich** oder **Wertemenge** von f. Schreibweise: $W(f)$

Beispiel: $f(x) = 2^x$. Dann ist $D(f) = \mathbb{R}$ und $W(f) = \mathbb{R}^{>0}$.
Für die Umkehrfunktion
$f^{-1}(x) = \log_2(x)$ gilt $D(f^{-1}) = \mathbb{R}^{>0}$ und $W(f) = \mathbb{R}$.

Da die Umkehrfunktion durch ein Vertauschen der x- und y-Werte entsteht, gilt:

Satz 1.6 Der Definitionsbereich von f ist der Wertebereich von f^{-1}.
Der Wertebereich von f ist der Definitionsbereich von f^{-1}.

Praktischer Hinweis
Es ist einfacher, die Symmetrie der Graphen von Funktion und Umkehrfunktion zu erkennen oder den Graphen der Umkehrfunktion zu zeichnen, wenn das Heft so gelegt wird, dass die Hauptdiagonale vertikal verläuft.

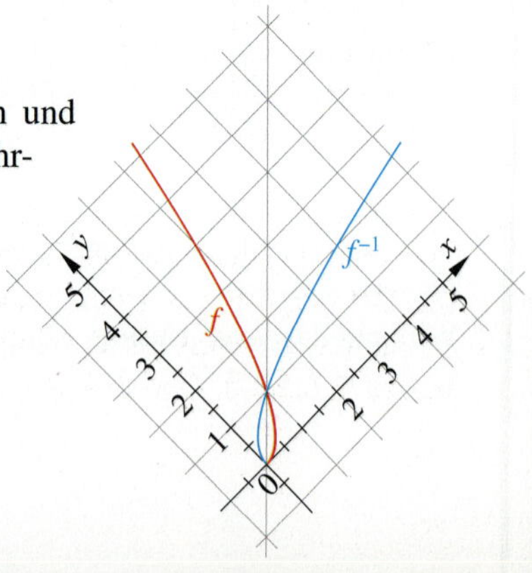

DE Anregung: Begründende Herleitung der Umkehrfunktionen für die sechs dargestellten Ausgangsfunktionen in rot in einem Schülerreferat darstellen lassen (Präsentationsmedien nutzen!).

Übersicht: Funktionen und ihre Umkehrfunktionen

In den Diagrammen sehen Sie die Funktionen f_1 in rot und die zugehörige Umkehrfunktion f_2 in blau.

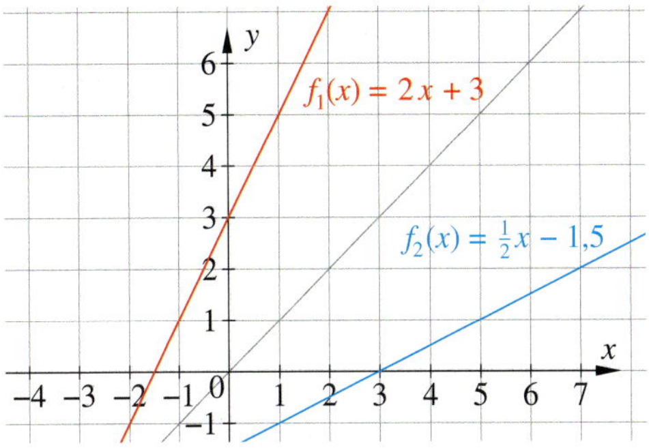

43/1

Eine lineare Funktion ist in ihrer Defintionsmenge $\mathbb{R}$ umkehrbar.

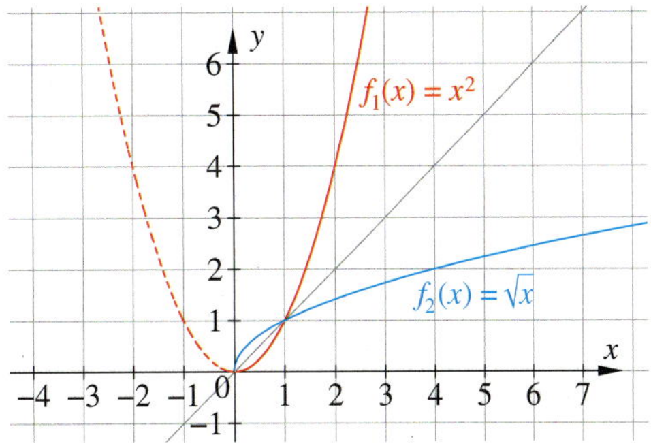

43/2

Die Quadratfunktion $f_1(x) = x^2$ ist nicht in $\mathbb{R}$ umkehrbar, da sie in diesem Bereich nicht streng monoton ist. Für $x \in \mathbb{R}^{\geq 0}$ ist die Funktion umkehrbar: $f_2(x) = \sqrt{x}$

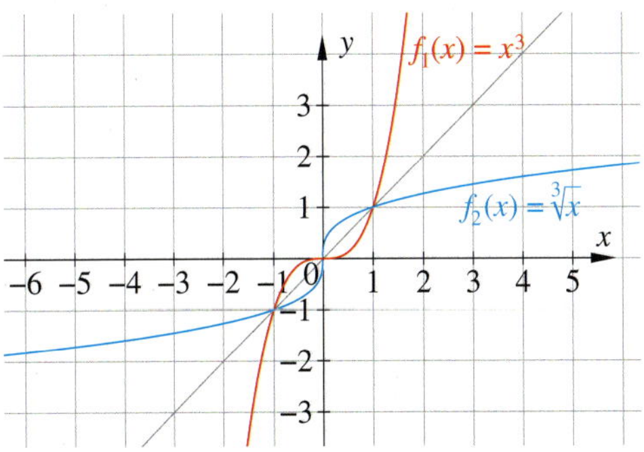

43/3

Die dritte Wurzel kann auch aus negativen Zahlen gezogen werden. Deshalb ist durch $f_2(x) = \sqrt[3]{x}$ die Umkehrfunktion festgelegt.

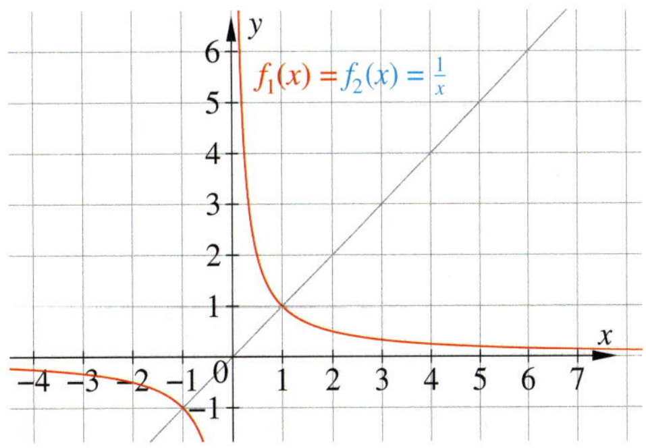

43/4

Die Funktion $f_1(x) = \frac{1}{x}$ ist in ihrer Definitionsmenge $\mathbb{R}\setminus\{0\}$ umkehrbar. Hier sind Funktion und Umkehrfunktion identisch.

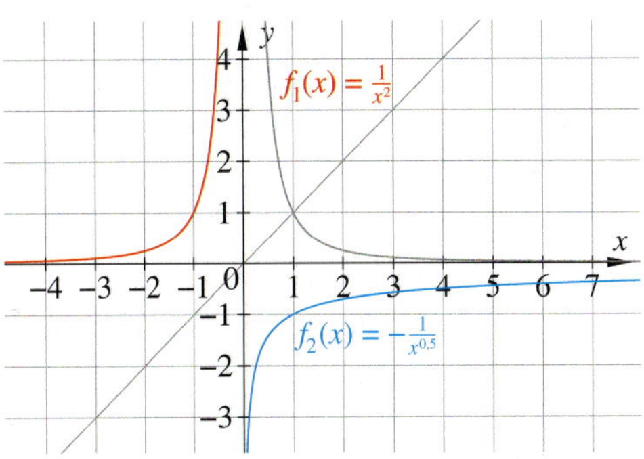

43/5

Die Funktion $f_1(x) = \frac{1}{x^2}$ ist im eingeschränkten Definitionsbereich $\mathbb{R}^{<0}$ umkehrbar, denn in diesem Bereich ist die Funktion streng monoton fallend. $f_2(x) = -\frac{1}{\sqrt{x}}$

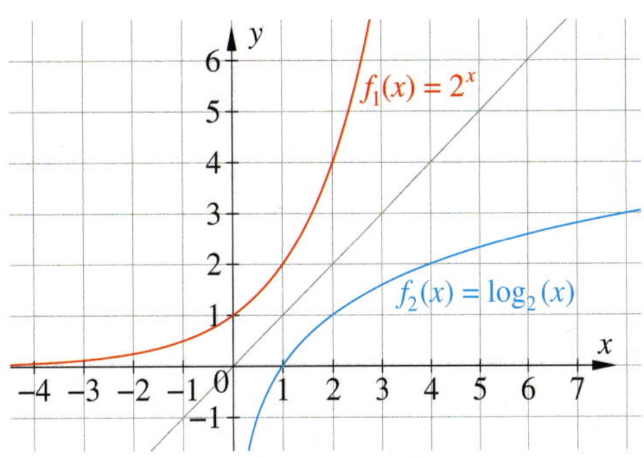

43/6

Die Exponentialfunktion $f_1(x) = 2^x$ ist in ihrer Defintionsmenge $\mathbb{R}$ umkehrbar.
Ihre Umkehrung ist die Logarithmusfunktion $f_2(x) = \log_2(x)$.

Aufgaben

Trainieren Anwenden Vernetzen

DE Aufgabe 1 bis Aufgabe 8: Aufgaben zu Potenzfunktionen

1 Gegeben sind die Punkte $P(1|1)$, $Q(-1|1)$, $R(-2|-0{,}5)$, $S(-2|-1)$ und $T\left(4|-\frac{1}{4}\right)$. Prüfen Sie für jede der folgenden Funktionen, ob die Punkte P bis T auf dem zugehörigen Graphen liegen.

$f(x) = x^{-2}$ P Q $\quad h(x) = -\frac{4}{x^2}$ S T $\quad m(x) = 3 \cdot x^{-1}$ …

$g(x) = 2 \cdot x^{-1}$ S $\quad k(x) = x^8$ P Q $\quad n(x) = \frac{8}{x^3}$ S

2 Entscheiden Sie möglichst schnell und ohne GTR, ob die angegebenen Funktionswerte bei der Funktion vorkommen.

a) $f(x) = x^{-1}$; $y = 0$ nein
b) $f(x) = 2 \cdot x^{-2}$; $y = -2$ nein
c) $f(x) = \frac{1}{2} \cdot x^{-2}$; $y = 2$ ja
d) $f(x) = x^2$; $y = -4$ nein
e) $f(x) = 3 \cdot x^3$; $y = 0$ ja
f) $f(x) = x^{-3}$; $y = 3$ ja
g) $f(x) = 0 \cdot x^4$; $y = 0$ ja
h) $f(x) = 2 \cdot x^0$; $y = 1$ nein

3 Auf S. 34/35 sind Typen von Potenzfunktionen abgebildet. Geben Sie zu diesen Typen jeweils Definitions- und Wertemenge an.

4 Bestimmen Sie die Definitionsmenge der Funktion f und skizzieren Sie den Graphen in einem sinnvoll gewählten Zeichenbereich.

a) $f(x) = \sqrt{x}$ $D(f) = \mathbb{R}^{\geq 0}$
b) $f(x) = -\sqrt{x}$ $D(f) = \mathbb{R}^{\geq 0}$
c) $f(x) = \sqrt{x} + 1$ $D(f) = \mathbb{R}^{\geq 0}$
d) $f(x) = -\sqrt{3x}$ $D(f) = \mathbb{R}^{\geq 0}$
e) $f(x) = 2\sqrt{x}$ $D(f) = \mathbb{R}^{\geq 0}$
f) $f(x) = -\sqrt{x-1} + 2$ $D(f) = \mathbb{R}^{\geq 1}$

5 Ordnen Sie den Graphen die passenden Funktionsvorschriften zu.

$f(x) = 2x^2$ 2
$g(x) = -x^3$ 4
$h(x) = -\frac{1}{4}x^4$ 5
$i(x) = \frac{1}{x^2}$ 1
$k(x) = \frac{1}{x}$ 3

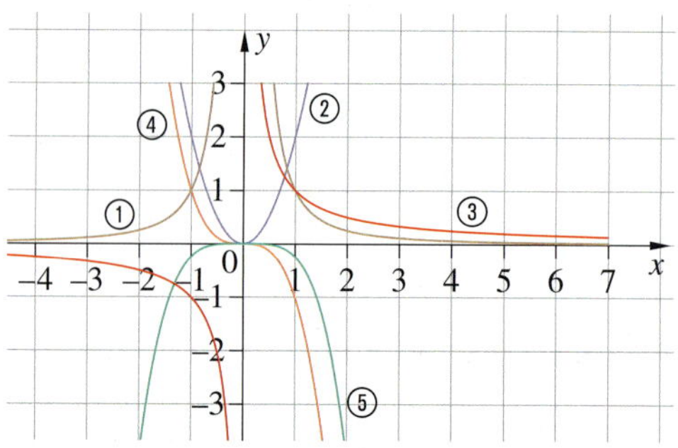

44/1

044-1

6 Skizzieren Sie die Graphen der folgenden Funktionen f_1 bis f_8 zunächst ohne Hilfsmittel. Überprüfen Sie dann Ihre Ergebnisse mit dem GTR.

$f_1(x) = \frac{1}{x}$ $\quad f_3(x) = \frac{3}{x}$ $\quad f_5(x) = -\frac{1}{x^2}$ $\quad f_7(x) = -\frac{0{,}5}{x^2}$

$f_2(x) = -\frac{2}{x}$ $\quad f_4(x) = -\frac{0{,}5}{x^2}$ $\quad f_6(x) = \frac{2}{x^2}$ $\quad f_8(x) = \frac{1}{4}x^2$

Auf welche der Graphen von S. 36/37 lassen sich diese Funktionsgraphen zurückführen? Erläutern Sie den Zusammenhang.

7 Betrachten Sie die Funktionsgraphen auf S. 36/37.
Geben Sie die Funktionsgleichungen der Funktionen an, deren Graphen achsensymmetrisch zur y-Achse sind, und die Funktionsgleichungen derjenigen, deren Graphen punktsymmetrisch zum Ursprung sind. Nennen Sie eine Regel für das Symmetrieverhalten der Graphen von Potenzfunktionen. Zeichnen Sie den Graphen der Funktion f und den zugehörigen Graphen der Umkehrfunktion in ein gemeinsames Koordinatensystem.

LÖ achsensymmetrisch: Potenzfunktionen mit nur geraden ganzen Exponenten; punktsymmetrisch: Potenzfunktionen mit nur ungeraden ganzen Exponenten; keine Symmetrie: Wurzelfunktion

8 Gegeben sind die Funktionen f, g, h und k mit den folgenden Gleichungen:

$f(x) = \frac{10}{x}$ $\qquad g(x) = x^{-10}$ $\qquad h(x) = x^{10}$ $\qquad k(x) = -\frac{10}{x^2}$

Welche Funktionen erfüllen die unten aufgeführten Bedingungen?
Lösen Sie ohne GTR und begründen Sie.

a) Der Graph verläuft durch $P(1\,|\,1)$. $\quad g(x), h(x)$
b) Der Graph ist punktsymmetrisch zum Ursprung. $\quad f(x)$
c) Der Graph schmiegt sich der x-Achse an. $\quad f(x), g(x), k(x)$

9 Geben Sie an, welche der auf S. 36/37 abgebildeten Potenzfunktionen im gesamten Definitionsbereich streng monoton steigend oder streng monoton fallend sind.

DE Aufgabe 9 und Aufgabe 10: Aufgaben zu Monotonie

10 Monotonie bei exponentiellen und Logarithmusfunktionen
a) Geben Sie eine Bedingung dafür an, dass Funktionen der Form $f(x) = a^x$ streng monoton fallend bzw. steigend sind.
b) Auf S. 27 sind Graphen von Logarithmusfunktionen abgebildet. Kann eine Logarithmusfunktion auch streng monoton fallend sein? Begründen Sie oder finden Sie ein Beispiel.

11 Bilden Sie jeweils $f(g(x))$ und $g(f(x))$.

a) $f(x) = 5x$; $\quad g(x) = \frac{1}{x}$ $\qquad$ c) $f(x) = \frac{2}{x-4}$; $\quad g(x) = 3x + 5$
b) $f(x) = 3 - x$; $\quad g(x) = x^2$ $\qquad$ d) $f(x) = 2^{x+1}$; $\quad g(x) = x^2$

DE Aufgabe 11: Aufgabe zum Verketten von Funktionen

12 Ordnen Sie den Graphen a)–d) (Bild 45/1) je einen der Graphen e)–h) (Bild 45/2) als Graph der Umkehrfunktion zu. Geben Sie jeweils die Funktion und die Umkehrfunktion einschließlich ihrer Definitions- und Wertemenge an.

DE Aufgabe 12 bis Aufgabe 18: Aufgaben zu Umkehrfunktionen

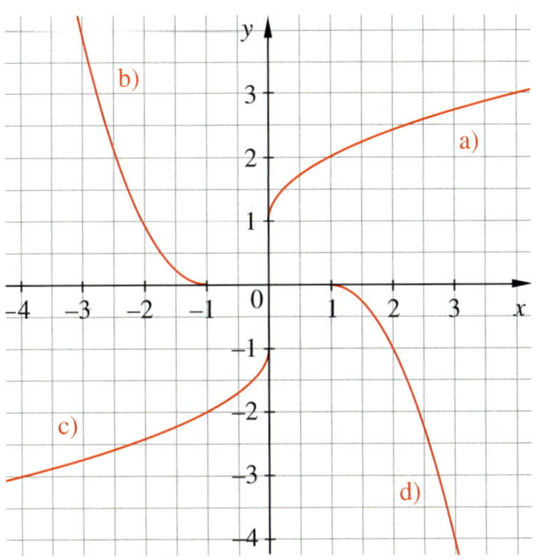

45/1

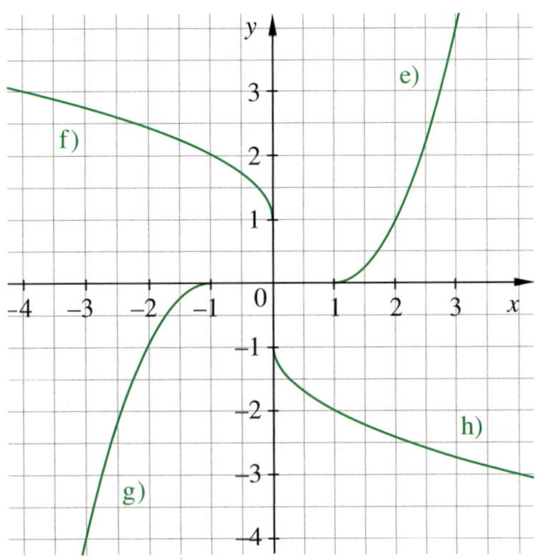

45/2

LÖ a) $\sqrt{x}+1;\ x \ge 0$
e) $(x-1)^2;\ x \ge 1$
b) $(x+1)^2;\ x \le -1$
h) $\sqrt{x}-1;\ x \ge 0$
c) $\sqrt{-x}-1;\ x \le 0$
g) $(x+1)^2;\ x \le -1$
d) $(x-1)^2;\ x \ge 1$
f) $\sqrt{-x}+1;\ x \le 0$

13 Zeichnen Sie den Graphen der Funktion f und den zugehörigen Graphen der Umkehrfunktion in ein gemeinsames Koordinatensystem.
Bestimmen Sie die Umkehrfunktion einschließlich ihrer Definitions- und Wertemenge.

a) $f\colon x \mapsto 2x;\ x \in [-4; 4]$ $\qquad$ c) $f\colon x \mapsto \frac{1}{x};\ x \in [1; 5]$ $\qquad$ e) $f\colon x \mapsto -x^2;\ x \in [-3; 0]$
b) $f\colon x \mapsto 1 - x;\ x \in [-2; 3]$ $\qquad$ d) $f\colon x \mapsto x^2;\ x \in [0; 3]$ $\qquad$ f) $f\colon x \mapsto \sqrt{x};\ x \in [0; 4]$

LÖ a) $\frac{1}{2}x;\ [-8; 8]$
b) $1-x;\ [-2; 3]$
c) $\frac{1}{x};\ \left[\frac{1}{5}; 1\right]$
d) $\sqrt{x};\ [0; 9]$
e) $\sqrt{-x};\ [-9; 0]$
f) $x^2;\ [0; 2]$

14 Welche Graphen von Bild 46/1 gehören zu einer im gesamten Zeichenbereich umkehrbaren Funktion? Begründen Sie ihre Antwort.

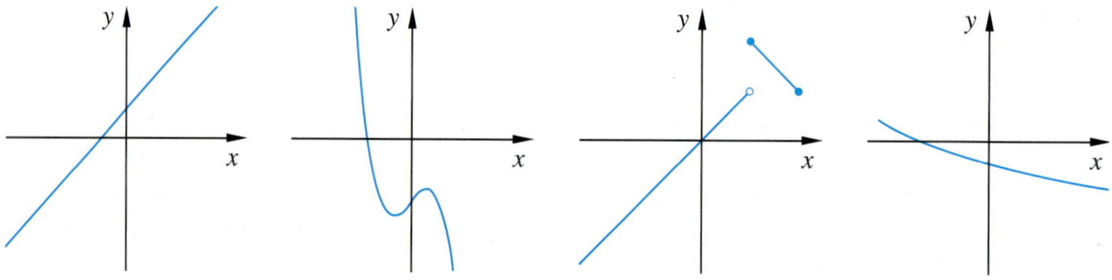

46/1

LÖ a) $D(f) = \mathbb{R}_0^+$: $f^{-1}(x) = \sqrt{x-1}$
$D(f) = \mathbb{R}^-$: $f^{-1}(x) = -\sqrt{x-1}$
b) $D(f) = \mathbb{R}^{\geq 1}$: $f^{-1}(x) = \sqrt{x}+1$
$D(f) = \mathbb{R}^{<1}$: $f^{-1}(x) = -\sqrt{x}+1$
c) $D(f) = \mathbb{R}^{\geq -2}$: $f^{-1}(x) = \sqrt{x+2}-2$
$D(f) = \mathbb{R}^{<-2}$: $f^{-1}(x) = -\sqrt{x+2}-2$

15 Zerlegen Sie die Definitionsmenge der Funktionen so in Teilintervalle, dass die Funktion f umkehrbar ist. Wie lautet dort der Funktionsterm der Umkehrfunktion?

a) $f(x) = x^2 + 1$ b) $f(x) = x^2 - 2x + 1$ $= (x-1)^2$ c) $f(x) = x^2 + 4x + 2$ $= (x+2)^2 - 2$

16 Zeigen Sie anhand Funktionsterm, Wertetabelle und Graph, dass die Umkehrung der Funktion f mit $f(x) = \frac{1}{x}$ wiederum f ist.

17 Find the inverse function for each of the following functions. Which of them is self-inverse?

a) $f(x) = 5x$ $\frac{1}{5}x$ d) $f(x) = 8 - x$ $8-x$ g) $f(x) = 3 - 2x$ $-\frac{1}{2}y+\frac{3}{2}$
b) $f(x) = x - 9$ $x+9$ e) $f(x) = \frac{x}{4}$ $4x$ h) $f(x) = \frac{(x-3)}{(x+2)}$ $\frac{-3-2x}{x-1}$
c) $f(x) = 5x - 9$ $\frac{x+9}{5}$ f) $f(x) = \frac{4}{x}$ $\frac{4}{x}$

18 Entwickeln Sie eine Strategie zur Ermittlung von beliebig vielen Funktionen, die mit ihrer Umkehrfunktion übereinstimmen, indem Sie die Aufgabe 17 d) analysieren.

LÖ I
a) ja c) ja
b) nein d) nein

III nein

Noch fit?

I Die Punkte A und B gehören zum Graphen einer linearen Funktion. Entscheiden Sie jeweils, ob dem Graphen eine direkte Proportionalität zugrunde liegt.

a) $A(1|1); B(3|3)$ b) $A(4|6); B(8|14)$ c) $A(5|2); B(6|2{,}4)$ d) $A(-4|-3); B(0|1)$

II Ergänzen Sie die Tabelle so, dass x und y zueinander indirekt proportional sind. Zu welchem Sachverhalt könnte die Tabelle gehören?

x	0,2	0,4	0,5	1
y	150	75	60	30

III Ein Draht der Länge 85 cm besitzt die Masse 23,8 g. Ein zweiter Draht gleicher Dicke besitzt die Länge 55 cm und die Masse 16,5 g. Handelt es sich um das gleiche Material?

Trainieren **Anwenden** Vernetzen

DE Aufgabe 19 bis Aufgabe 23: Aufgaben zu Potenzfunktionen

19 Wie kann man die Seitenlänge eines gleichseitigen Dreiecks in Abhängigkeit vom Flächeninhalt berechnen? $a(A) = \frac{2}{3^{\frac{1}{4}}} \cdot A^{\frac{1}{2}}$
Veranschaulichen Sie den Zusammenhang zwischen Flächeninhalt und Seitenlänge grafisch.

20 Bestimmen Sie für einen Würfel der Kantenlänge a mit Oberflächeninhalt O und Volumen V die Funktionsterme $O(a)$, $V(a)$, $a(O)$, $a(V)$, $V(O)$ und $O(V)$.
Skizzieren Sie die zugehörigen Graphen.

$O(a) = ba^2$ $a(V) = V^{\frac{1}{3}}$; $V(a) = a^2$ $V(a) = \sqrt{(\frac{O}{6})^3}$; $a(O) = \frac{\sqrt{O}}{\sqrt{6}}$ $O(V) = \sqrt{V^3}$

21 Notieren Sie den Term einer Potenzfunktion f mit $f(x) = c \cdot x^n$, die …

a) punktsymmetrisch zum Ursprung ist,
b) achsensymmetrisch zur y-Achse ist,
c) im I. und III. Quadranten verläuft,
d) im III. und IV. Quadranten verläuft,
e) im I. Quadranten verläuft und sich an die Koordinatenachsen anschmiegt.

22 Bei der Herstellung von zylindrischen Konservendosen mit vorgegebenen Volumen V (z. B. $V = 1$ Liter) ist die Oberfläche (und damit der Materialverbrauch) dann minimal, wenn die Höhe gleich dem Doppelten des Radius ist.
Formulieren Sie unter dieser Bedingung die Oberflächenfunktion O als Funktion des Volumens $O(V)$ und zeigen Sie, dass die Oberflächenfunktion eine Potenzfunktion mit einem nicht ganzzahligen rationalen Exponenten ist.

LÖ $O(V) = \frac{6\pi}{\sqrt[3]{4\pi^2}} = \sqrt[3]{V^2}$

23 Zeichnen Sie die Graphen der folgenden Funktionen. Beschreiben Sie den Verlauf der Funktionsgraphen und fassen Sie Eigenschaften der Graphen von Potenzfunktionen mit gebrochenen Exponenten übersichtlich zusammen.
Geben Sie den maximalen Definitionsbereich an und begründen Sie Ihre Entscheidung.

a) $f(x) = x^{\frac{1}{2}}$
b) $f(x) = x^{\frac{3}{2}}$
c) $f(x) = x^{\frac{1}{4}}$
d) $f(x) = x^{-\frac{1}{2}}$
e) $f(x) = 2x^{\frac{3}{8}}$
f) $f(x) = \frac{1}{4}x^{-\frac{5}{4}}$

DE Auf den Seiten 36/37 sowie auf Seite 43 sind die Graphen wichtiger Potenzfunktionen klassifiziert.

24 Plotten Sie den Graphen der Funktion f und den Graphen ihrer Umkehrfunktion. Geben Sie die Funktionsgleichung der Umkehrfunktion an.

a) $f(x) = \frac{1}{81} \cdot x^4$ $f^{-1}(x) = 3\sqrt[4]{x}$
b) $f(x) = \frac{1}{8} \cdot x^3$ $f^{-1}(x) = 2\sqrt[3]{x}$
c) $f(x) = 2x + 5$ $f^{-1}(x) = 0{,}5x - 2{,}5$
d) $f(x) = x^2 + 2x + 1$ $f^{-1}(x) = \sqrt{x} - 1$

Was stellen Sie fest?

DE Aufgabe 24 bis Aufgabe 27: Aufgaben zu Umkehrfunktionen

25 Logarithmusfunktion
Die Abbildung 47/1 zeigt den Graphen der Funktion f mit

$$f(x) = \log_2(x);\ (x \in \mathbb{R}^{>0}).$$

Beschreiben Sie die Eigenschaften dieser Funktion und geben Sie die Werte für $f(4), f(8), f(16), f(32)$ und $f(512)$ an.

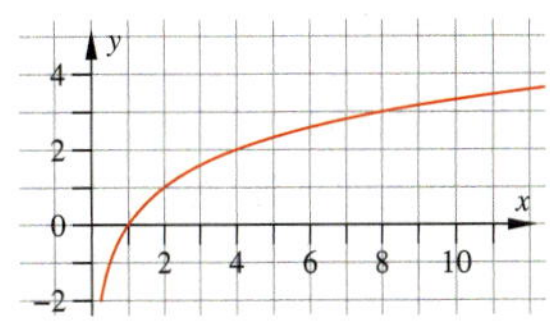

47/1

a) Vergleichen Sie mit dem Graphen der Funktion $g(x) = 2^x$.
b) Wie lauten die Funktionsgleichungen der Funktionen f und g aus a), wenn ihre Graphen um zwei Einheiten nach rechts (nach oben) verschoben werden?
c) Spiegeln Sie die verschobenen Graphen aus c) an der 1. Winkelhalbierenden und geben Sie für die entstandenen Graphen ebenfalls je einen Funktionsterm an.

LÖ $f(4) = 2$, $f(8) = 3, f(16) = 4$, $f(32) = 5, f(512) = 9$
a) $g = f^{-1}$
b) f: $\log_2(x-2)$ bzw. $\log_2(x) + 2$
g: 2^{x-2} bzw. $2^x + 2$
c) 2^{x-2} und $\log_2(x) + 2$: Umkehrfunktionen zueinander.
$\log_2(x-2)$ und $2^x + 2$: Umkehrfunktionen zueinander.

26 Umkehrfunktionen

a) Skizzieren Sie die Graphen der Funktionen f, g, h und k mit

$$f(x) = -2x,\quad g(x) = 2 \cdot 10^x,\quad h(x) = 2 \cdot \sqrt{x},\quad k(x) = \frac{1}{(x-3)} + 3.$$

b) Spiegeln Sie die Graphen an der 1. Winkelhalbierenden und ermitteln Sie die Funktionsgleichungen der zugehörigen Umkehrfunktionen.

LÖ $f^{-1}(x) = -\frac{x}{2}$,
$g^{-1}(x) = \log_{10}\left(\frac{x}{2}\right)$,
$h^{-1}(x) = \frac{x^2}{4}\ (D = \mathbb{R}^{>0})$,
$k^{-1}(x) = \frac{1}{x-3} + 3$

27 Ermitteln Sie die Umkehrfunktionen.

a) $f(x) = \frac{1}{3}x - 2$
b) $g(x) = 343x^3$
c) $h(x) = \frac{x^4}{256}$
d) $k(x) = 2 \cdot \sqrt[5]{x}$
e) $l(x) = 3 \cdot 2^x$
f) $m(x) = \frac{5}{x}$

a) $f^{-1}(x) = 3x + 6$
b) $g^{-1}(x) = \frac{\sqrt[3]{x}}{7}$
c) $h^{-1}(x) = \pm 4\sqrt[4]{x}$
d) $k^{-1}(x) = \frac{x^5}{32}$
e) $l^{-1}(x) = \log_2\left(\frac{x}{3}\right)$
f) $m^{-1}(x) = \frac{5}{x}$

Trainieren Anwenden **Vernetzen**

LÖ f und g haben die Schnittpunkte $(0|0)$, $(3{,}98|3952{,}85)$, und $(-3{,}98|3952{,}85)$. für $x < -3{,}98$ und $x > 3{,}98$ verläuft der Graph von g über dem von f.

28 Der nebenstehende GTR-Screenshot zeigt die Graphen der Funktionen f und g mit $f(x) = 250x^2$ und $g(x) = x^6$.
Nehmen Sie Stellung zu der Aussage „Der Graph von f verläuft immer oberhalb des Graphen von g.“

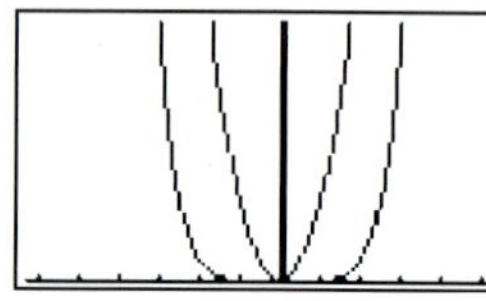

48/1

29 Vielleicht haben Sie sich schon gefragt, weshalb ein Zerfallsprozess nicht auch durch eine Hyperbel, also eine Funktion der Form $h_n(x) = \frac{1}{x^n}$ modelliert werden kann.

Erstellen Sie zu $f(x) = 2 \cdot \left(\frac{1}{2}\right)^x$ und $h(x) = \frac{1}{x}$ eine Wertetabelle für $x = 1$ bis $x = 10$.

Berechnen Sie auch die Werte für $x = \frac{1}{10}$ und $x = \frac{1}{2}$ und sehen Sie sich die beiden Graphen im GTR an. Weisen Sie nach, dass sich die beiden Graphen in zwei Punkten schneiden.

Bestimmen Sie für $h(x)$ die Variablen d und r so, dass gilt:
$h(x+1) = h(x) + d$ und $h(x+1) = h(x) \cdot r$.
Erklären Sie nun, weshalb h zu keinem einfachen Zerfallsgesetz passt.
Dennoch weist die Hyperbel eine schöne Regelmäßigkeit auf. Die roten Rechtecke unter dem Graphen von h haben alle den gleichen Flächeninhalt. Das erste Rechteck reicht von $x = 1$ bis $x = 2$.
Geben Sie die Grenzen der nächsten Rechtecke an. Beschreiben Sie allgemein, wie die Rechtecke gebildet werden. Stellen Sie sich vor, Sie müssten den immer dünner werdenden Streifen zwischen dem Graphen von h und der x-Achse anstreichen. Wie viel Farbe bräuchten Sie? unendlich viel

LÖ
$d = -\frac{1}{x \cdot (x+1)}$
$r = \frac{x}{(x+1)}$

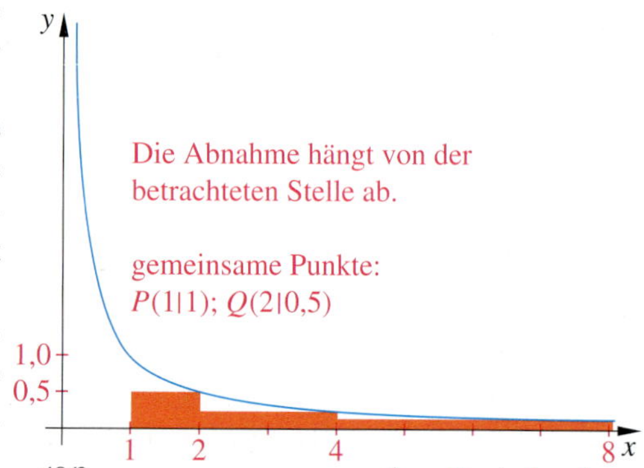

48/2 $A = (x_2 - x_1); f(x_2) = \left(x_2 - \frac{1}{2}x_2\right) \cdot \frac{1}{x_2} = \frac{1}{2}$

30 Ziel dieser Aufgabe ist, die abgebildete Brücke mit einem Funktionsplotter zu zeichnen. Sie besteht aus Abschnitten der Graphen von f_1 bis f_5.

a) Finden Sie heraus, welche der Funktionsterme $\frac{1}{4}x^2$, $\frac{1}{x}$, $-\frac{5}{4}x$, $4x^4$, $\frac{1}{x^2}$, x^3, $\frac{1}{x^3}$, $-\frac{1}{x^2}$, $\frac{5}{4}x$, $-\frac{1}{x^2}$ zu f_1 bis f_5 passen.

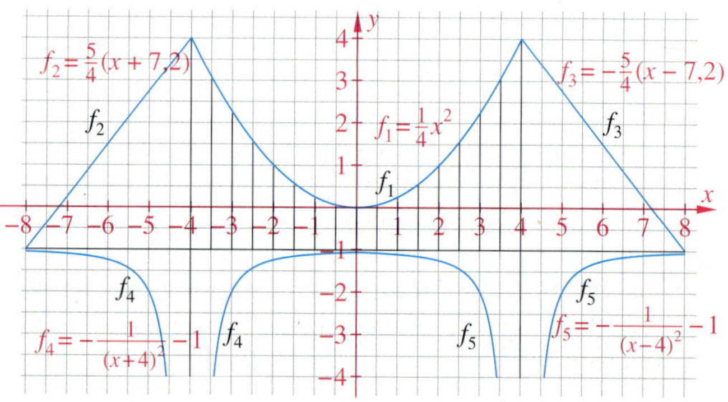

48/3

b) Wie müssen die Funktionsterme für f_1 bis f_5 verändert werden, wenn alle Graphen in einem Koordinatensystem angeordnet werden sollen, dessen Ursprung im tiefsten Punkt des Graphen von f_1 liegt?

c) Zeichnen Sie nun die Brücke mit Ihrem Plotter. (Sie müssen dazu herausfinden, wie man bei Ihrem Plotter den Definitionsbereich einer Funktion einschränkt.)

LÖ a) $f_1 = \frac{1}{4} \cdot x^2$, $f_2 = \frac{5}{4} \cdot x$, $f_3 = -\frac{5}{4} \cdot x$, $f_4 = -\frac{1}{x^2}$, $f_5 = -\frac{1}{x^2}$
b) tiefster Punkt von f_1: $T(0|0) \rightarrow f_1$ bleibt so,
f_2: $\frac{5}{4} \cdot (x + 7{,}2)$,
f_3: $-\frac{5}{4} \cdot (x - 7{,}2)$,
f_4: $-\frac{1}{(x+4)^2} - 1$,
f_5: $-\frac{1}{(x-4)^2} - 1$

31 Skizzieren Sie frei erfundene Graphen von Funktionen, welche entweder streng monoton steigend oder fallend sind, und dazu jeweils die Umkehrfunktion. Geben Sie eine Regel dafür an, wie die Monotonie der Umkehrfunktion von der ursprünglichen Funktion abhängt.

▶ Wir fassen zusammen

Potenzen mit gebrochenen Exponenten und *n*-te Wurzel

Potenzschreibweise: $\sqrt[n]{a} = a^{\frac{1}{n}}$ $(a \geq 0)$

$\sqrt[n]{a}$ ist diejenige nicht negative Zahl, für die gilt:

$\left(\sqrt[n]{a}\right)^n = a.$

Dann ist $a^{\frac{m}{n}} = \sqrt[n]{a^m} = \left(\sqrt[n]{a}\right)^m.$

Potenzgesetze für rationale Exponenten

$a^p \cdot a^q = a^{p+q}$; $\frac{a^p}{a^q} = a^{(p-q)}$

$a^p \cdot b^p = (a \cdot b)^p$; $\frac{a^p}{b^p} = \left(\frac{a}{b}\right)^p$

$(a^p)^q = a^{p \cdot q}$

für $a, b \in \mathbb{R}$ und $p, q \in \mathbb{Q}$

Die Zahl Null darf weder im Nenner noch als Basis mit Exponenten < 0 auftreten.

Potenzfunktion

Eine Funktion f mit $f(x) = a \cdot x^n$, wobei $a \in \mathbb{R} \setminus \{0\}$, $n \in \mathbb{Q} \setminus \{0\}$ ist, heißt Potenzfunktion vom Grad n.

Logarithmus

Die Lösung der Gleichung $a^x = b$ mit $a, b > 0$ und $a \neq 1$ heißt Logarithmus von b zur Basis a.
Schreibweise: $\log_a(b)$. $\log_a(b)$ ist die Zahl, mit der a potenziert werden muss, um b zu erhalten.

Beispiele

$2^x = 8 \quad \Leftrightarrow \quad \log_2(8) = x$
$x = 3$

$4^x = \frac{1}{4} \quad \Leftrightarrow \quad \log_4\left(\frac{1}{4}\right) = x$
$x = -1$

Rechenregeln für Logarithmen

$\log_a(b \cdot c) = \log_a(b) + \log_a(c)$

$\log_a\left(\frac{b}{c}\right) = \log_a(b) - \log_a(c)$

$\log_a(b^c) = c \cdot \log_a(b)$

$\log_3(9 \cdot 27) = \log_3(9) + \log_3(27) = 2 + 3 = 5$

$\log_5\left(\frac{625}{25}\right) = \log_5(625) - \log_5(25) = 4 - 2 = 2$

$\log_2(64^5) = 5 \cdot \log_2(64) = 5 \cdot 6 = 30$

Monotonie

Eine Funktion f heißt auf einem Intervall $[a; b]$ **streng monoton steigend**, wenn für alle x_1 und x_2 aus $[a; b]$ gilt: $x_1 < x_2 \Rightarrow f(x_1) < f(x_2)$.
Gilt auf einem Intervall $x_1 < x_2 \Rightarrow f(x_1) > f(x_2)$, so heißt f dort **streng monoton fallend**.

Umkehrfunktion

Eine Zuordnung, die in eindeutiger Weise jedem Funktionswert $y = f(x)$ der Funktion f den zugehörigen x-Wert zuordnet, heißt **Umkehrfunktion** von f.
Funktionen, die auf einem Intervall streng monoton sind, sind dort umkehrbar.
Logarithmusfunktionen sind Umkehrfunktionen von Exponentialfunktionen. Wurzelfunktionen sind Umkehrfunktionen von Potenzfunktionen, deren Definitionsbereich auf einen streng monotonen Bereich reduziert ist.

Exponentialfunktion

Eine Funktion f der Form $f(x) = a^x$ mit $a > 0$ heißt Exponentialfunktion.

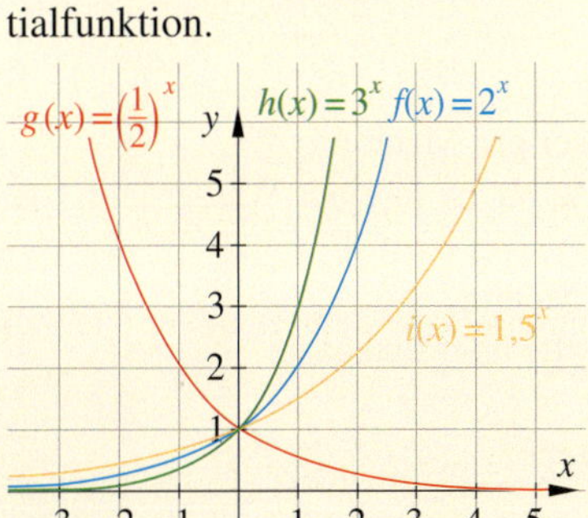

49/1

Logarithmusfunktion

Eine Funktion, die zu einem x-Wert ihren Logarithmus $\log_a(x)$ zur Basis a ausgibt, heißt Logarithmusfunktion $f(x) = \log_a(x)$.

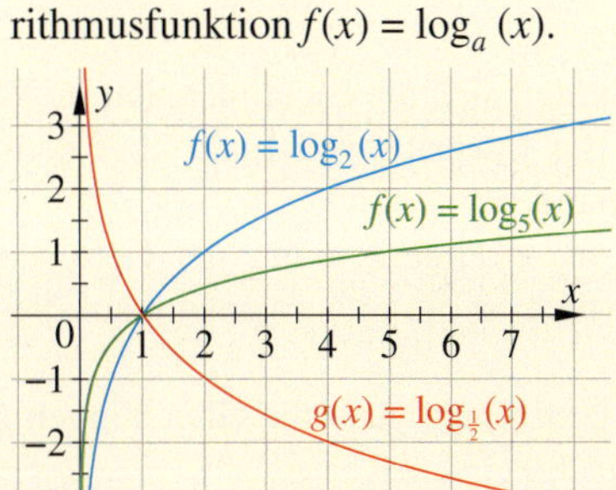

49/2

Wurzelfunktion

Die Funktion $f(x) = \sqrt{x}$ mit $x \in \mathbb{R}^{\geq 0}$ heißt Wurzelfunktion.

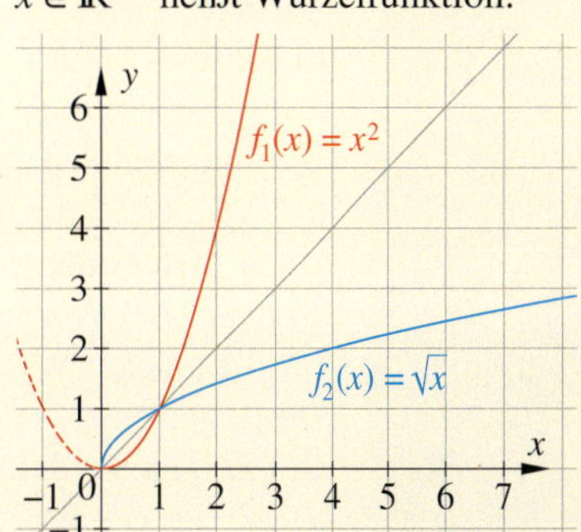

49/3

Zusammenfassung

Test

1 Skizzieren Sie die Graphen der Funktion f und der zugehörigen Umkehrfunktion g. Bestimmen Sie jeweils die Umkehrfunktion einschließlich ihrer Definitionsmenge.

a) $f: x \mapsto \sqrt{x};\ D_f = \mathbb{R}^{\geq 0}$ b) $f: x \mapsto x^2;\ D_f = \mathbb{R}^{<0}$ c) $f: x \mapsto -x^2 + 2;\ D_f = \mathbb{R}^{>0}$

2 Gegeben ist der Punkt $P(-3|12)$. Geben Sie drei Funktionen f der Form $f(x) = a \cdot x^n$ an, sodass P auf dem zugehörigen Graphen liegt.

3 Die folgenden Skizzen zeigen Graphen von Potenzfunktionen der Form $f(x) = c \cdot x^n$. Aus welchen Bereichen sind die Parameter c bzw. n jeweils gewählt worden?

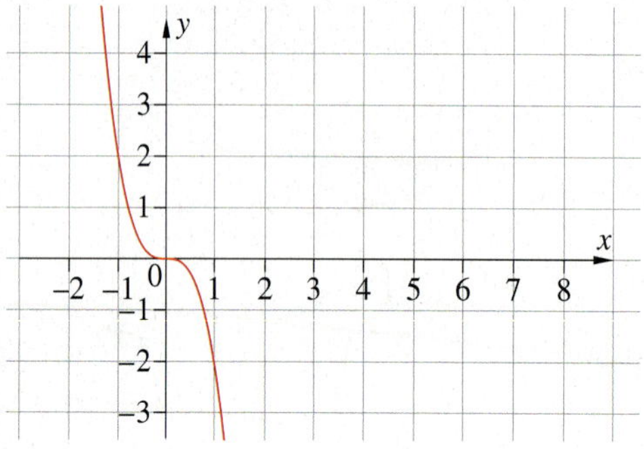

50/1

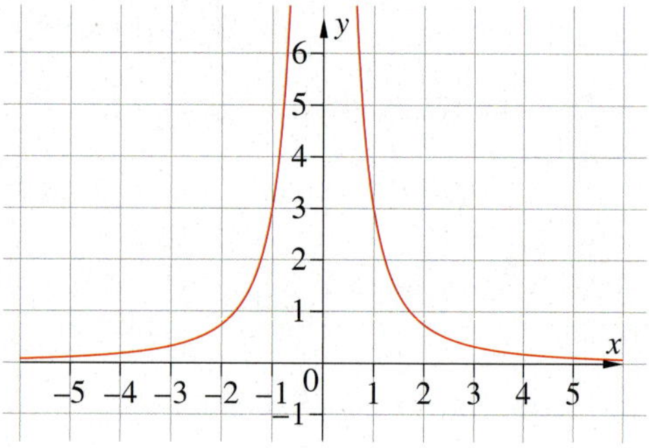

50/2

4 Finden Sie mindestens eine Funktion, deren Graph folgende Eigenschaften aufweist.

a) Er ist punktsymmetrisch zum Ursprung und verläuft durch $\left(\frac{1}{2}\middle|-5\right)$.

b) Er ist achsensymmetrisch zur y-Achse und schneidet die y-Achse bei $y = -3$.

5 Stellen Sie eine zugehörige Gleichung auf und berechnen Sie die Lösung im Kopf.

a) $\log_5 125$ b) $\log_3 \frac{1}{9}$ c) $\log_7 \left(49^{-3}\right)$ d) $\lg 0{,}01$

6 In einer Nährlösung verdoppelt sich eine Bakterienkultur alle 8 Stunden von anfangs 3 g Bakterien. Berechnen Sie die Masse an Bakterien nach

a) 40 Stunden,

b) 3 Tagen,

c) einer Woche.

7 Skizzieren Sie den Verlauf der Graphen zu den folgenden Funktionen anhand ihrer charakteristischen Eigenschaften.

a) $f: x \mapsto 1{,}5^x$ d) $i: x \mapsto 2^x$

b) $g: x \mapsto \left(\frac{2}{3}\right)^x$ e) $k: x \mapsto 1{,}2^x$

c) $h: x \mapsto 1{,}5^{-x}$

8 In einem See verringert sich die Lichtintensität im Wasser pro Meter um 8 %.

a) Wie viel Prozent der Intensität von Licht über dem Wasser ist in einer Wassertiefe von 4 Meter noch vorhanden?
Wie viel Prozent sind es allgemein in einer Tiefe von x Metern?

b) In welcher Wassertiefe ist die Lichtintensität auf die Hälfte abgesunken?

9 Zeigen Sie durch Umformen, dass die Gleichungen gelten.

a) $2 \cdot \lg(x) - \lg(2x) = \lg\left(\frac{x}{2}\right)$

b) $2 \cdot (\lg(2) + 1) - \lg(40) = 1$

ABITURVORBEREITUNG

Machen Sie sich Notizen, bei welchen Aufgaben Sie noch größeren Übungsbedarf haben.
Die Lösungen finden Sie auf Seite 206, aber arbeiten Sie zunächst möglichst ohne nachzulesen!

Eigenschaften von Funktionen

Auf den internationalen Handelsplätzen ist Flexibilität gefragt: Ein Tornado zerstört Teile der Zuckerrohrernte in der Karibik. Also müssen die Preisprognosen korrigiert werden. Die EU senkt überraschend die Einfuhrzölle für Stahl, um die heimische Schwerindustrie zu stützen. Das verändert die internationalen Warenwege. Usw.
Die meisten Börsenprogramme werden mittels spezieller Funktionen modelliert. Um flexibel auf die Schwankungen der internationalen Märkte reagieren zu können, müssen diese Modelle einfach angepasst werden können. Dazu müssen die Eigenschaften der zugrunde liegenden Funktionen gut beschrieben sein.

LÖ Nullstellen: $x_1 = 0$; $x_2 \approx 2{,}9$, $x_3 \approx 7{,}6$; $x_4 \approx 11{,}7$ $\Rightarrow$ an diesen Stellen ist der Zulauf gleich dem Ablauf, Wassermenge unverändert. $0 < x < 2{,}9 \Rightarrow$ Wassermenge nimmt zu (Zulauf > Ablauf) $2{,}9 < x < 7{,}6 \Rightarrow$ Wassermenge nimmt ab (Zulauf < Ablauf) $7{,}6 < x < 11{,}7 \Rightarrow$ Wassermenge nimmt zu; $11{,}7 < x < 12 \Rightarrow$ Wassermenge nimmt ab; Extremstellen: lokales Maximum bei $x_5 \approx 1{,}2$, Minimum bei $x_6 \approx 5{,}4$ und globales Maximum bei $x_7 \approx 11{,}7$; Maximum: Zulauf am stärksten, Minimum: Ablauf am stärksten.

HINWEIS

Möchten Sie einen bestimmten Zahlenbereich, ein sogenanntes *Intervall* angeben, so können Sie die linke und rechte Intervallgrenze in eckigen Klammern notieren. Bei dem *geschlossenen* Intervall $[a; b]$ gehören sowohl der linke Rand a als auch der rechte Rand b dazu, bei dem *offenen* Intervall $]a; b[$ gehören weder a noch b dazu. Analog existieren halboffene Intervalle $]a; b]$ und $[a; b[$.

2.1 Ganzrationale Funktionen

DE Auftrag 1 und 3: Besondere Punkte im Sachzusammenhang, Lösung mit Plotter/TR; Auftrag 2 und 4: Linearfaktoren. Empfehlung: Je einen Auftrag aus beiden Gruppen.

Auftrag 1 Wasserstand

52/1 Kläranlage

Ein zentrales Element einer Kläranlage ist das Belebungsbecken, in das vorgeklärtes Abwasser hineinfließt und nach der Aufarbeitung wieder abfließt. Wie groß ist die Differenz aus zu- und abfließender Wassermenge in m^3 pro Stunde?

Für das abgebildete Klärwerk beschreibt die Funktion f mit der Gleichung $f(t) = -0{,}09 \cdot t^4 + 2 \cdot t^3 - 13{,}1 \cdot t^2 + 23{,}5 \cdot t$ in den ersten zwölf Stunden des Tages, sprich im Intervall [0; 12], die Flüssigkeitsdifferenz.

Zeichnen Sie den Graphen von f. Benennen Sie markante Punkte und erläutern Sie ihre Bedeutung für den Flüssigkeitsstand im Belebungsbecken.

Geben Sie die Zeitintervalle an, in denen die Flüssigkeitsmenge zu- bzw. abnimmt.

Auftrag 2 Funktionensteckbriefe

Skizzieren Sie die Graphen der folgenden Funktionen mit einem Funktionenplotter (mehr dazu unter 052-1):

$f_1(x) = x^4 + 2x^2$

$f_2(x) = 0{,}75 \cdot (x-2)^2 \cdot (x-1) \cdot (x+1)$

$f_3(x) = -x^3 + 1$

$f_4(x) = 0{,}5x^3 - 3{,}5x^2 + 6x$

$f_5(x) = x^3 - 3x^2 + 3x - 1$

LÖ Bspw.: gemeinsame Punkte: $f_{1,4}$: $(0|0)$; $f_{2,3,5}$: $(1|0)$; f_1 ist achsensymmetrisch, $f_{3,4,5} \Rightarrow$ punktsymmetrisch zum Wendepunkt; $f_{1,3,5}$ haben je eine Nullstelle; f_2,4 je drei Nullstellen $\Rightarrow$ Funktion n-ten Grades hat höchstens n Nullstellen.

Finden Sie möglichst viele Eigenschaften dieser Graphen und notieren Sie Übereinstimmungen der verschiedenen Graphen.

Überprüfen Sie Ihre gewonnenen Ergebnisse an weiteren Beispielen. Formulieren Sie mögliche Zusammenhänge zwischen Graph und Funktionsterm.

Auftrag 3 Kosten-Gewinn-Rechnung

In den Wirtschaftswissenschaften wird versucht, wirtschaftliche Vorgänge durch mathematische Modelle zu erfassen.
Für Kostenfunktionen K werden dabei häufig ganzrationale Funktionen dritten Grades wie im folgenden Beispiel benutzt.

Beispiel:
Die Kostenfunktion K für Herstellung und Vertrieb von x Einheiten einer Ware ist gegeben durch $K(x) = 0{,}01\,x^3 - x^2 + 50\,x + 720$.

Skizzieren Sie den Graphen der Funktion mithilfe eines Funktionenplotters und geben Sie eine sinnvolle Definitionsmenge an. **LÖ** $D_K = x \in \mathbb{N}_0$
Benennen Sie markante Punkte und interpretieren Sie ihren Realitätsbezug.
Durch welche Funktion lässt sich der Gewinn G berechnen, wenn eine Wareneinheit zu 53 Geldeinheiten verkauft wird? Beschreiben Sie den Verlauf des Graphen der Gewinnfunktion G und interpretieren Sie besondere Stellen.

Auftrag 4 Was gehört wozu?

Fast alle Funktionsterme der unten gezeichneten Graphen sind aus den gleichen Faktoren zusammengesetzt, allerdings in unterschiedlicher Anzahl. Die Faktoren sind folgende Terme: x, $(x + 1)$, $(x - 1)$, $(x + 2)$, $(x - 2)$.

Multiplizieren Sie zum Beispiel den ersten und den dritten Term, so erhalten Sie den Funktionsterm $x \cdot (x - 1)$, der zum ersten Graph gehört.

Finden Sie heraus, welche Terme jeweils wie oft verwendet wurden.
Stellen Sie einen Zusammenhang zwischen der Gestalt der Funktionsgleichung und den markanten Punkten des zugehörigen Graphen her.

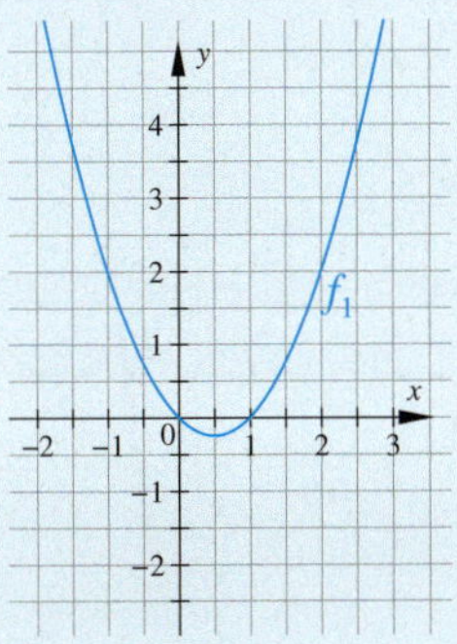

53/1

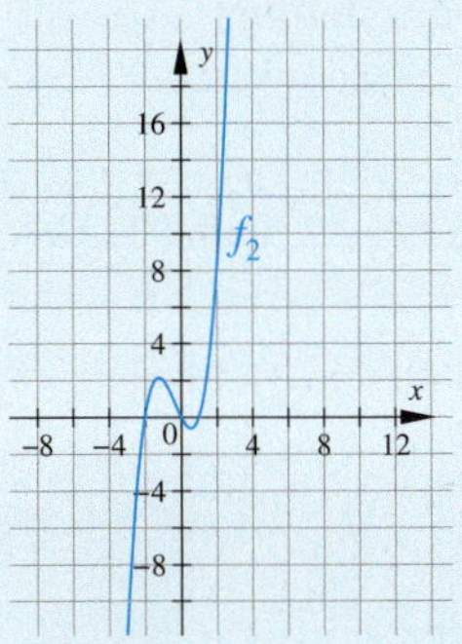

53/2

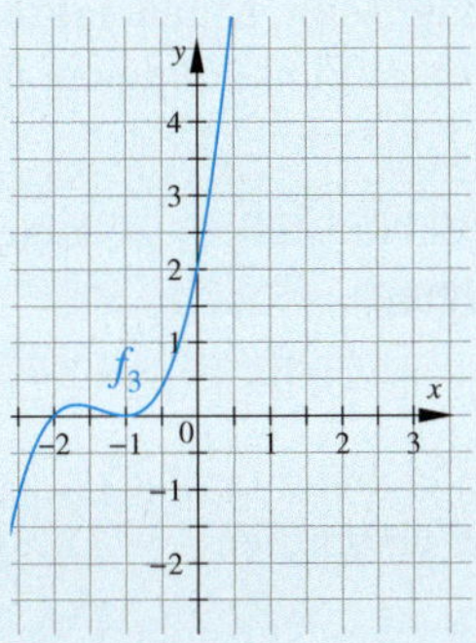

53/3

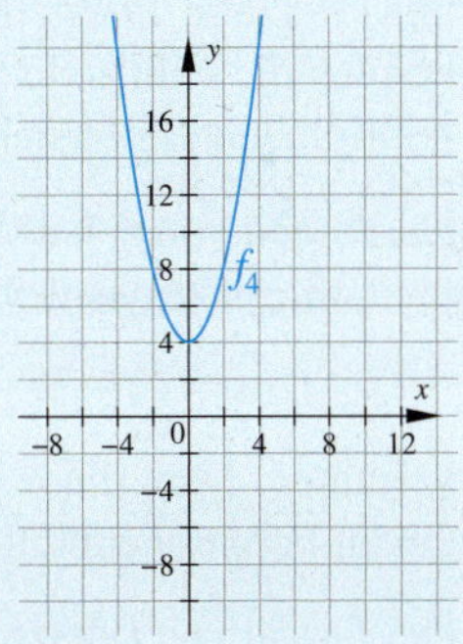

53/4

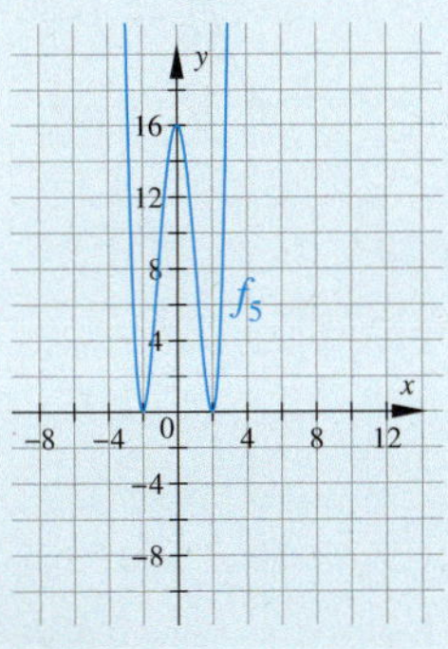

53/5

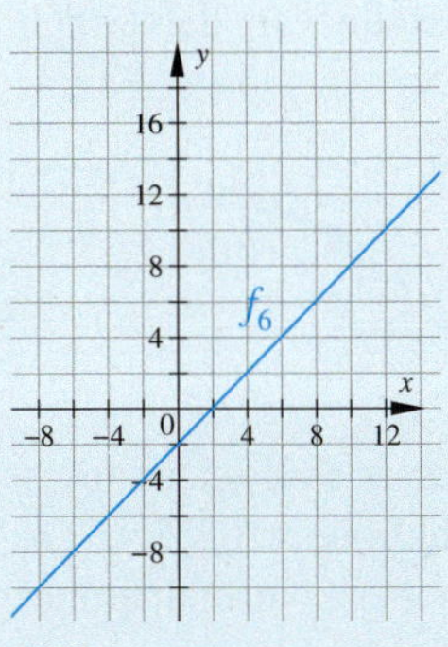

53/6

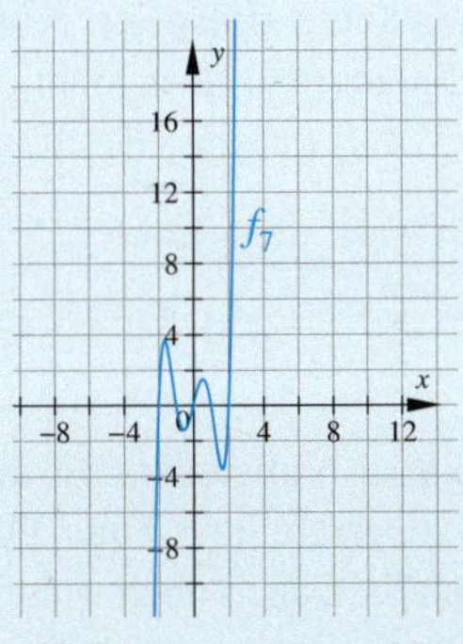

53/7

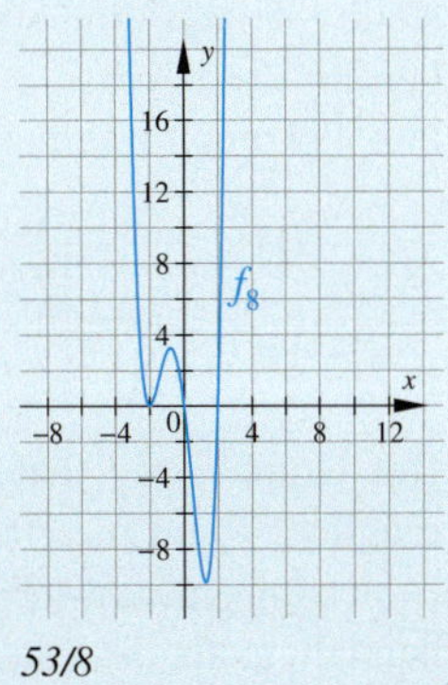

53/8

Aufträge

LÖ Wendestelle bei $x \approx 33{,}3 \Rightarrow$ Kosten steigen ab hier stärker an; $(0|720) \Rightarrow$ bereits bei 0 produzierten Stücken: Kosten von 720 €
$G(x) = 53\,x - (0{,}01\,x^3 - x^2 + 50\,x + 720) = 0{,}01\,x^3$ TIPP $- x^2 - 3\,x + 720$

Sie können auch einen GTR oder ein CAS (Computer-Algebra-System) verwenden.

▶ **Auftrag 4** wird bei der Erarbeitung verwendet.

▶ Ganzrationale Funktionen

Sie kennen bereits lineare und quadratische Funktionen sowie Potenzfunktionen. Als **ganzrationale Funktionen** werden Funktionen bezeichnet, die aus mehreren Potenzfunktionen zusammengesetzt sind.

Definition 2.1 **Ganzrationale Funktion**

Eine Funktion wie $f(x) = 2x^5 + 4x^3 - x^2 + 0{,}5$, die aus Potenzfunktionen mit natürlichen Exponenten zusammengesetzt ist, heißt ganzrationale Funktion.
Der höchste vorkommende Exponent heißt **Grad** der Funktion.
Die Stellen, an denen $f(x) = 0$ gilt, an denen der Graph von f also die x-Achse schneidet, heißen **Nullstellen**.

Linearfaktordarstellung

ZUR ERINNERUNG
Lineare Funktionen:
$f(x) = mx + b$
m: Steigung
b: y-Achsenabschnitt

Der Graph von f_6 gehört zu einer linearen Funktion. Ihre Steigung ist 1. Da der Graph die y-Achse bei -2 schneidet, ist der y-Achsenabschnitt -2, und die Funktion hat die Gleichung

$$f_6(x) = x - 2.$$

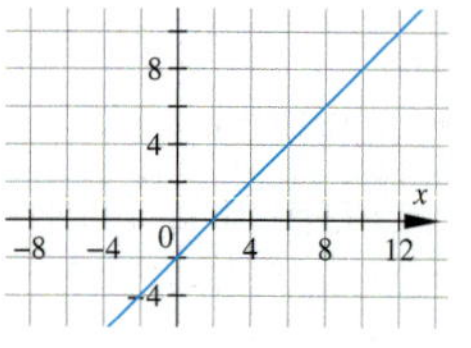

54/1

Sie erkennen, dass der Graph von f_6 die x-Achse bei 2 schneidet. Dort hat er also eine Nullstelle. Die Funktion hat die Gestalt

$$f(x) = \left(x - x_{\text{Nullstelle}}\right).$$

Setzen Sie für x die Nullstelle ein, so ergibt sich $f(x) = 0$.

ZUR ERINNERUNG
Satz vom Nullprodukt:
Ein Produkt ist genau dann 0, wenn mindestens einer der Faktoren 0 ist.

Die beiden Faktoren der quadratischen Funktion f_1 mit $f_1(x) = x \cdot (x - 1)$ haben die Form $(x - x_{\text{Nullstelle}})$ mit den Nullstellen 0 und 1. Diese Darstellung heißt **Linearfaktordarstellung**. Aus ihr können die Nullstellen einer Funktion leicht abgelesen werden. Ausmultipliziert ergibt sich $f_1(x) = x^2 - x$.

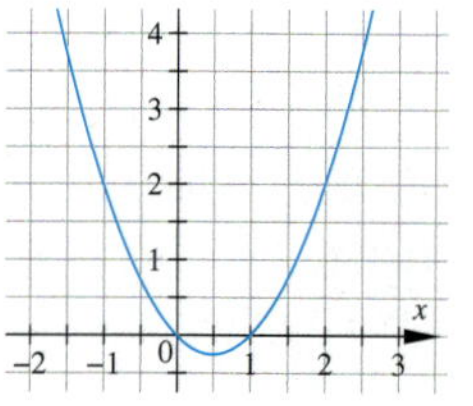

54/2

Der Graph von f_2 hat drei Nullstellen, sie liegen bei -2, 0 und 1. Das lässt als Funktionsgleichung

$$f_2(x) = (x + 2) \cdot x \cdot (x - 1) = x^3 + x^2 - 2x$$

vermuten. Dass diese Gleichung richtig ist, können Sie grafisch mit einem Funktionenplotter überprüfen.

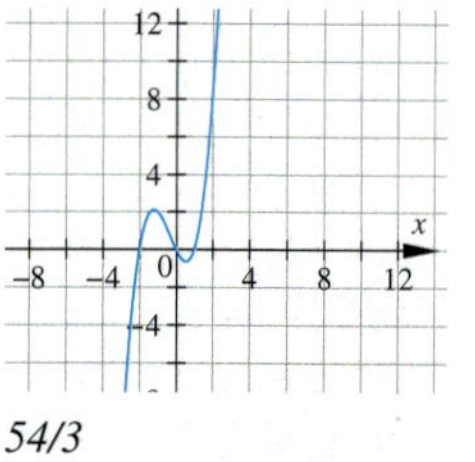

54/3

Der Graph von f_3 hat nur zwei Nullstellen, ist aber keine Parabel. Als „Bausteine" kommen nur $(x + 2)$ und $(x + 1)$ in Frage. Bei der Nullstelle -1 liegt eine sogenannte **doppelte Nullstelle** vor, der Graph berührt die x-Achse, schneidet sie aber nicht. Der zugehörige Faktor $(x + 1)$ kommt zweimal vor, f_3 hat die Gleichung

$$f_3(x) = (x + 2) \cdot (x + 1) \cdot (x + 1)$$
$$= (x + 2) \cdot (x + 1)^2 = x^3 + 4x^2 + 5x + 2.$$

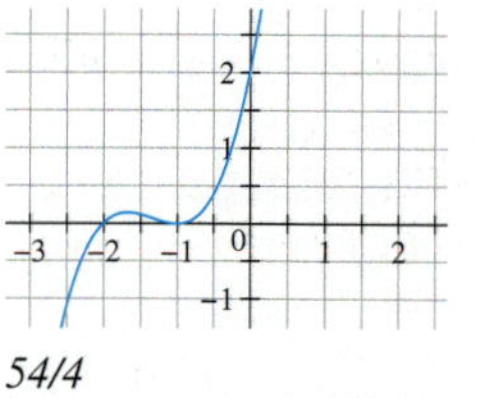

54/4

Der Graph von f_4 hat keine Nullstellen. In diesem Fall ist es nicht möglich, eine Linearfaktordarstellung einer Funktion anzugeben. Da es sich um eine um 4 Einheiten nach oben verschobene Normalparabel handelt, lautet die Funktionsgleichung $f_4(x) = x^2 + 4$.

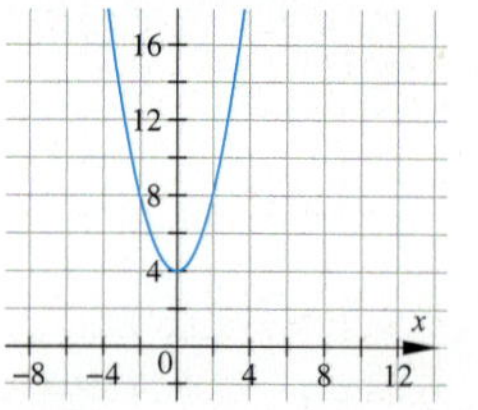

54/5

Auf diese Weise können Sie die anderen Graphen untersuchen und erhalten die folgenden Funktionsgleichungen:

$f_5(x) = x^4 - 8x^2 + 16$; $f_6(x) = x - 2$; $f_7(x) = x^5 - 5x^3 + 4x$;
$f_8(x) = x^4 + 2x^3 - 4x^2 - 8x$

Die Anzahl der Nullstellen einer ganzrationalen Funktion kann nicht größer sein als der Grad der Funktion, da in der Linearfaktordarstellung x nur so oft vorkommt, wie die Funktion Nullstellen hat. Die Anzahl der Nullstellen kann aber durchaus kleiner sein als der Grad der Funktion. Der Graph von f_4 hat z. B. keine Nullstellen

TIPP
Zeichnen Sie als Probe die Graphen mit einem Funktionenplotter und vergleichen Sie sie mit den Graphen von f_1 bis f_8. Unter 055-1 wird das Ausmultiplizieren ausführlich dargestellt.

Hoch- und Tiefpunkte

Punkte, an denen der Graph von steigend auf fallend oder umgekehrt von fallend auf steigend wechselt, sind die Hoch- und Tiefpunkte.

Die Abbildung 55/1 veranschaulicht dies exemplarisch:

Der Graph fällt bis zum Tiefpunkt $T_1(-1|-1)$, von dort steigt er bis zum Hochpunkt $H_1(0|0)$, fällt dann bis zum Tiefpunkt $T_2(1|-1)$ und steigt dann wieder.

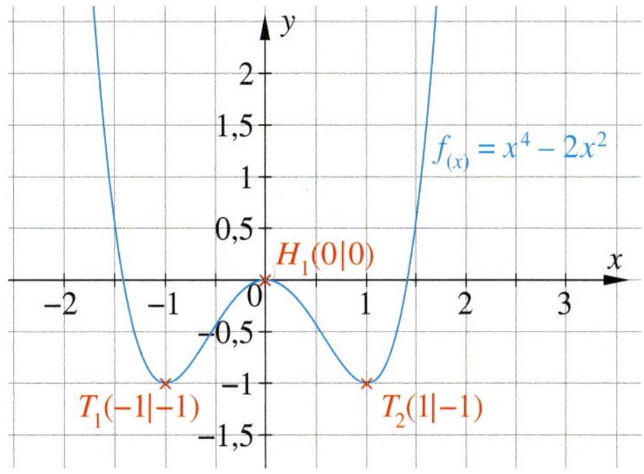

55/1

> **Satz 2.1**
> Eine ganzrationale Funktion vom Grad n kann höchstens n Nullstellen und höchstens $n - 1$ Hoch- und Tiefpunkte haben.

Symmetrie

Der Funktionsgraph in Bild 55/2 ist **achsensymmetrisch** zur y-Achse. In der zugehörigen Funktionsgleichung kommen nur gerade Exponenten vor. Dies gilt z. B. für den Graphen von f_5 mit $f_5(x) = x^4 - 8x^2 + 16$.
Der Graph in Bild 55/3 ist **punktsymmetrisch** zum Ursprung.
In der zugehörigen Funktionsgleichung kommen nur ungerade Exponenten vor.
Dies gilt z. B. für den Graphen von f_7 mit $f_7(x) = x^5 - 5x^3 + 4x$.

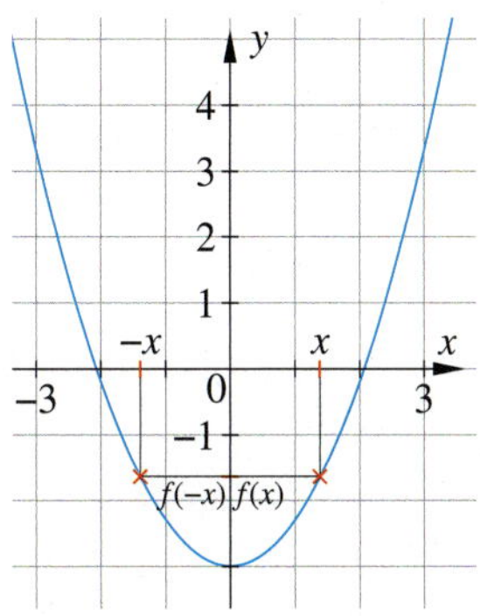

55/2 achsensymmetrisch zur y-Achse

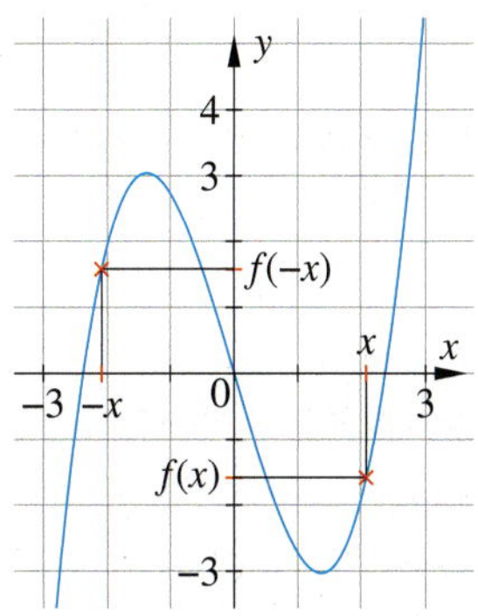

55/3 punktsymmetrisch zum Ursprung

DE Symmetrie und Wertetabelle: S. 57 Aufg. 10

> **Satz 2.2**
> Kommen bei einer ganzrationalen Funktion nur gerade Exponenten vor, so ist ihr Graph **achsensymmetrisch** zur y-Achse. Es gilt $f(-x) = f(x)$.
> Kommen nur ungerade Exponenten vor, so ist der Graph **punktsymmetrisch** zum Ursprung. Es gilt $f(-x) = -f(x)$.

HINWEIS
0 ist in der Potenz x^0 ein gerader Exponent! Es gilt z. B.: $3x^3 + 7x^0 = 3x^3 + 7$. Hier kommen gerade und ungerade Exponenten vor. Folglich ist der Graph **nicht** punktsymmetrisch zum Ursprung – wohl aber zu $P(0|7)$.

Ganzrationale Funktionen mit achsensymmetrischem Graphen (bzgl. der y-Achse) werden als *gerade*, Funktionen mit punktsymmetrischem Graphen (bzgl. des Koordinatenursprungs) als *ungerade* bezeichnet.

Aufgaben

Trainieren Anwenden Vernetzen

ZUR ERINNERUNG
Lösungsformeln für quadratische Gleichungen:

p-q-Formel:
$x^2 + px + q = 0$
$x_{1/2} = -\frac{p}{2} \pm \sqrt{\left(\frac{p}{2}\right)^2 - q}$

abc-Formel:
$ax^2 + bx + c = 0$
$x_{1/2} = \frac{-b \pm \sqrt{b^2 - 4ac}}{2a}$

1 Geben Sie jeweils alle Nullstellen der Funktion an.

a) $f(x) = (x-2)^2$ c) $f(x) = (x-3)(x+1)$ e) $f(x) = 6x^2 - 42x + 72$
b) $f(x) = x(x+1)^2$ d) $f(x) = x^2 - 4$ f) $f(x) = -x^2 - 7$

LÖ a) 2 (doppelt) b) −1 (doppelt); 0 c) 3; −1 d) 2; −2 e) 3; 4 f) keine NST

2 Geben Sie einen möglichen Funktionsterm an, sodass die Funktion alle angegebenen Nullstellen hat.

a) 1; 2 $x^2 - 3x + 2$ c) 0; 5 $x^2 - 5$ ✗   e) 0; $\sqrt{2}$ $x \cdot (x^2 - 2)$
b) −1; 1 $x^2 - 1$ d) 0; 2009 $x^2 - 2009x$ f) keine $x^2 + 1$

3 Finden Sie einen möglichen Funktionsterm dritten Grades, sodass die Funktion alle angegebenen Nullstellen hat.

a) 1; 2; 3 $(x-1)(x-2)(x-3)$ c) 0; 2 $x^2 \cdot (x-2)$ e) −1; 1 $(x-1)(x+1)^2$
b) 2; −4; 8 $(x-8)(x-2)(x+4)$ d) 0,2 $(x-0{,}2)^3$ f) π $(x-\pi)^3$

4 Weisen Sie durch Termumformungen nach, dass die angegebene Funktion ganzrational ist.

a) $f(x) = 2 \cdot x \cdot (x+3) \cdot (x-3)$ $2x^3 - 18x$ d) $f(x) = 8 \cdot \frac{x}{2} \cdot \frac{x^2}{4}$ x^3
b) $f(x) = x^2 \cdot (x^2 + x) \cdot (x-8)$ $x^5 - 7x^4 - 8x^3$ e) $f(x) = (x+2)^2 + 4$ $x^2 + 4x + 8$
c) $f(x) = \frac{1}{2} \cdot \left(x^2 - \frac{1}{4}\right) \cdot (x^3 - 1)$ f) $f(x) = (1-3x) \cdot (3x+1)$ $1 - 9x^2$
c) $0{,}5x^5 - \frac{1}{8}x^3 - 0{,}5x^2 + \frac{1}{8}$

5 Entscheiden Sie, ob die angegebenen Funktionen ganzrational sind oder nicht. Begründen Sie Ihre Entscheidung.

a) $f(x) = (x+2)(x^2-4)$ c) $f(x) = 3^x$ e) $f(x) = (x+2)^8$
b) $f(x) = \frac{1}{3}x$ d) $f(x) = \sqrt{x^4}$ f) $f(x) = 2x^4 + 4x^3 - 2x^2 + \frac{1}{x}$

HINT

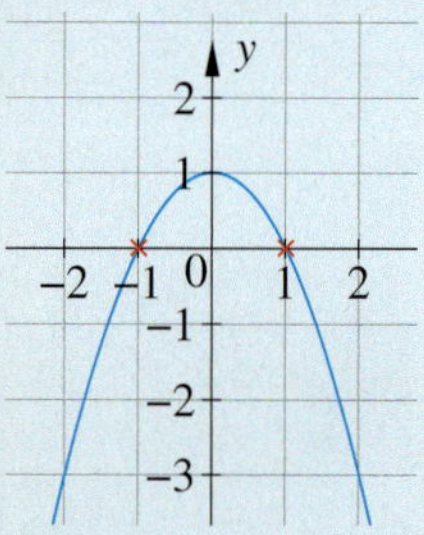

56/1
In this example, the zeros of the function are −1 and 1.

6 Find all zeros of the function, if possible.

a) $f(x) = 4x^2 - 8x + 4$ 1   c) $f(x) = x^4 + 16$ no zeros
b) $f(x) = -4x^3 + 8x^2 - 4x$ 1; 0   d) $f(x) = x^4 - 9$ $\sqrt{3}$; $-\sqrt{3}$

7 Prüfen Sie rechnerisch, ob die Graphen folgender Funktionen symmetrisch zur y-Achse oder zum Ursprung sind. Überprüfen Sie Ihre Ergebnisse mit einem Funktionenplotter.

a) $f(x) = 3x^3 - 8x$ punktsymm.   d) $f(x) = -x^3 + 1$ keine Symm.
b) $f(x) = x^2 + 2x + 1$ keine Symm.   e) $f(x) = 4x^4 + 2x^2 + 1$ achsensymm.
c) $f(x) = (x-1)(x+1)$ punktsymm.   f) $f(x) = (x-1)^2 \cdot (x+1)^2$ achsensymm.

8 Welche ganzrationale Funktion ist gerade?
Skizzieren Sie gegebenenfalls den zugehörigen Graphen .

a) $f(x) = x^2 + 3$ d) $f(x) = (x+3)^2$
b) $f(x) = 4x^2 - 16x + 16$ e) $f(x) = (x+5)(x-5)$
c) $f(x) = x^4 + 2x^3 - 2x^2$ f) $f(x) = x(x^4 - 9)$

LÖ Die Funktionen der Teilaufgaben a) und e) sind gerade.

9 Kombinieren Sie jeweils einen blauen und einen roten Graphenast in einer Skizze zu einem symmetrischen Funktionsgraphen. Notieren Sie dann eine mögliche Funktionsgleichung der Form $f(x) = a \cdot x^n$.

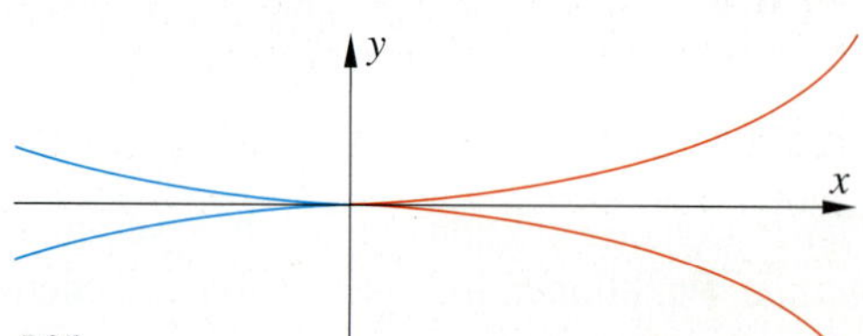

56/2

LÖ

		roter Graph	
		1. Quadrant	4. Quadrant
blauer Graph	2. Quadrant	$f(x) = x^{2k}$	$f(x) = -x^{2k+1}$
	3. Quadrant	$f(x) = x^{2k+1}$	$f(x) = -x^{2k}$

10 Die folgenden Wertetabellen gehören zu einer ganzrationalen Funktion, deren Graph zur y-Achse achsensymmetrisch bzw. zum Ursprung punktsymmetrisch ist.

Achsensymmetrischer Funktionsgraph $\left(y = 0{,}5x^6 - x^4 + 0{,}5\right)$

x	−4	−3	−2	−1	0	1	2	3	4
y	1792,5	284	16,5	0	0,5	0	16,5	284	1792,5

Punktsymmetrischer Funktionsgraph $\left(y = 0{,}5x^5 - x^3\right)$

x	−4	−3	−2	−1	0	1	2	3	4
y	−448	−94,5	−8	0,5	0	−0,5	8	94,5	448

a) Beschreiben Sie schriftlich in eigenen Worten, wie anhand der Werte die Symmetrieeigenschaft der Funktion erkannt werden kann.

b) Im Satz 2.2 stehen zwei Gleichungen. Weisen Sie anhand dieser Gleichungen rechnerisch die Achsen- bzw. Punktsymmetrie in den obigen Tabellen nach.

LÖ

a) gleiche y-Werte für x und $-x$

b) $f(-x) = 0{,}5(-x)^6 - (-x)^4 + 0{,}5 = 0{,}5x^6 - x^4 + 0{,}5 = f(x)$

$f(-x) = 0{,}5(-x)^5 - (-x)^3 = -0{,}5x^5 + x^3 = -\left(0{,}5x^5 - x^3\right) = -f(x)$

11 Skizzieren Sie die Graphen der folgenden Funktionen mithilfe eines Funktionenplotters. Legen Sie sinnvolle Intervalle fest und beschreiben Sie das Monotonieverhalten der Funktionen in diesen Bereichen.

a) $f(x) = \frac{1}{3}x^3 + x^2 + 3$

b) $f(x) = \frac{2}{3}x^3 - x^2 - 12x + 4$

c) $f(x) = x^3 - 2x^2 + 4x - 8$

d) $f(x) = x^3 - 12x^2 + 45x - 50$

e) $f(x) = x^4 - 8x^3 + 10x^2 + 7$

f) $f(x) = x^4 + \frac{8}{3}x^3 - 10x^2 - 24x - 1$

Noch fit?

I Welches Diagramm gehört zu welcher Datenreihe?

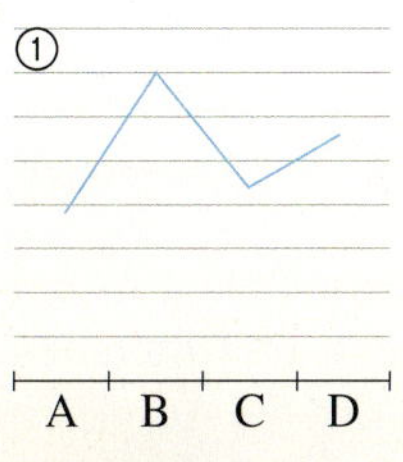

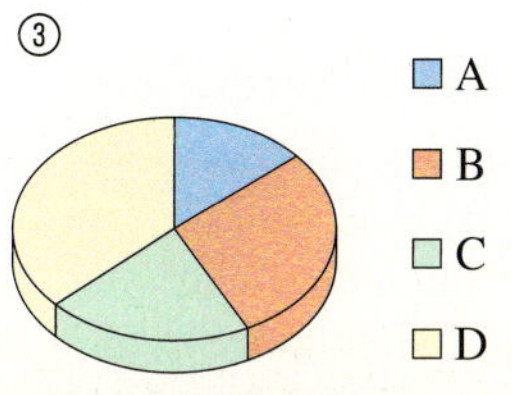

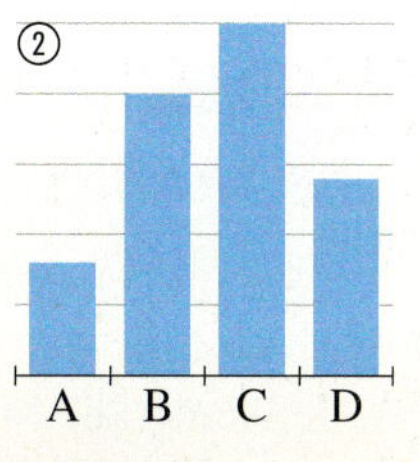

A

A	12
B	25
C	18
D	32

B

A	19
B	35
C	22
D	28

C

A	8
B	20
C	25
D	14

II Die Körpergröße der Schülerinnen und Schüler Ihrer Klasse soll genauer analysiert werden. Überlegen Sie, welcher Diagrammtyp zur Darstellung geeignet ist und berechnen Sie verschiedene Durchschnittsgrößen.

III Erklären Sie sich mit Ihrer Sitznachbarin bzw. Ihrem Sitznachbarn gegenseitig die Begriffe *arithmetisches Mittel*, *Spannweite*, *Median* und *Boxplot*.
Stellen Sie danach die Schuhgrößen der Klasse in einem Boxplot dar und vergleichen Sie das Resultat mit dem Ergebnis von II.

Regression

Die Ausgleichsgerade

Bei der Auswertung von Experimenten werden Messwerte als Punkte in ein Koordinatensystem eingetragen. Sind die betrachteten Größen zueinander proportional, liegen diese Punkte auf einer *Ursprungsgeraden*. Aus Erfahrung wissen Sie, dass Messungen oft ungenau sind, daher liegen manche dieser Punkte möglicherweise nicht auf der erwarteten Geraden. Die sogenannte **Ausgleichsgerade** ist diejenige Gerade, die „möglichst nah" an den eingezeichneten Messwerten liegt. Von folgenden Körpern wurden Masse und Gewichtskraft gemessen:

Gegenstand	Orange	Milchpackung	Ei	Streichholzschachtel	Taschenrechner	Wörterbuch
Masse x [kg]	0,279	1,050	0,071	0,008	0,275	1,105
Gewichtskraft y [N]	2,800	10,300	0,700	0,080	2,730	10,800

Aufgabe

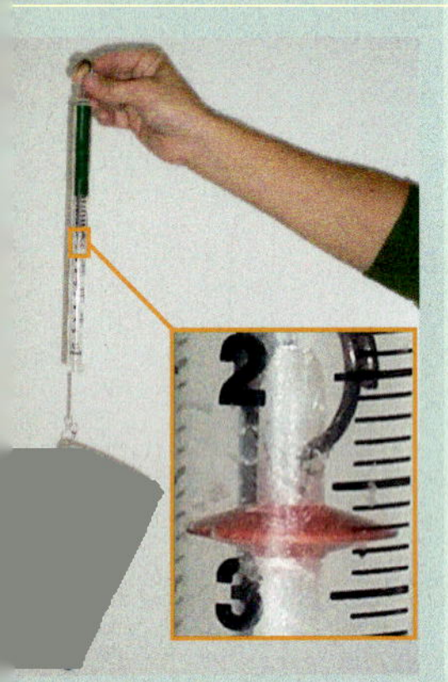

58/1

1 Bestimmen einer Ausgleichsgeraden

a) Stellen Sie die Messwerte in einem Koordinatensystem dar.

b) Legen Sie mit dem Geodreieck „per Augenmaß" eine Gerade durch die Messpunkte, sodass diese „möglichst nah" an der Geraden liegen. Begründen Sie, warum sich hierbei eine Ursprungsgerade am besten eignet.

c) Bestimmen Sie die Zuordnungsvorschrift der in Teil b) gezeichneten Geraden. Vergleichen Sie Ihr Ergebnis mit denen Ihrer Mitschüler.

d) Beschreiben Sie mindestens ein Verfahren, mit dem Sie entscheiden können, welche von zwei vorgeschlagenen Geraden die „bessere" ist.

Verfahren der kleinsten quadratischen Abweichungen

In einer Testgruppe ergab sich die Ausgleichsgerade f mit $f(x) = 9{,}5\,x$. Um zu klären, ob diese gut gewählt ist, muss ein nachprüfbares Maß festgelegt werden:

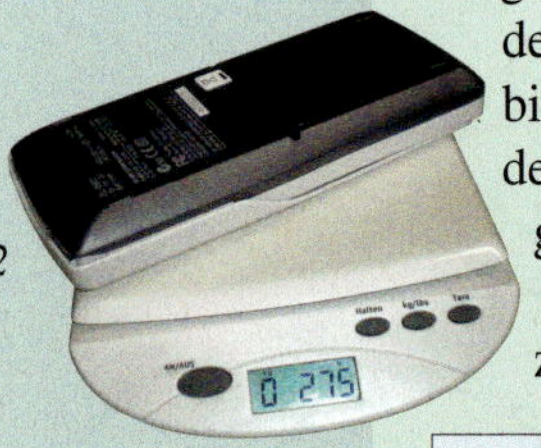

58/2

Vergleichen Sie für jede Masse x den durch die Zuordnungsvorschrift ermittelten Wert $f(x)$ mit dem Messwert für die Gewichtskraft y, indem Sie für alle Messwerte die Differenz $y - f(x)$ bilden. Je kleiner die **Summe dieser Differenzen** ist, umso besser ist die Ausgleichsgerade. Damit sich die Differenzen beim Addieren nicht durch die verschiedenen Vorzeichen gegenseitig aufheben können und um größere Abweichungen stärker zu gewichten, hat sich das Verfahren der **kleinsten quadratischen Abweichungen** bewährt. Die Differenzen $y - f(x)$ werden dabei zuerst quadriert und danach addiert:

Gegenstand	Orange	Milchpackung	Ei	Streichholzschachtel	Taschenrechner	Wörterbuch	Summe
Masse x [kg]	0,279	1,050	0,071	0,008	0,275	1,105	
Gewichtskraft y [N]	2,800	10,300	0,700	0,080	2,730	10,800	
Abstand Gerade-Messwerte: $(y - f(x))$	0,150	0,325	0,025	0,004	0,118	0,303	**0,924**
Abstand quadriert: $(y - f(x))^2$	0,022	0,106	0,001	0,000	0,014	0,092	**0,234**

z. T. ungenau!

Die Abbildung am Rand veranschaulicht für zwei Messwerte den Abstand der Messwerte zu den Funktionswerten. Je geringer die Summe dieser Abstände (und damit auch der Flächeninhalt aller Quadrate) ist, umso „besser“ ist die Gerade gewählt. Die „beste“ Ursprungsgerade der Form $f(x) = mx$ ist diejenige, für welche die Summe der Fehlerquadrate minimal wird.

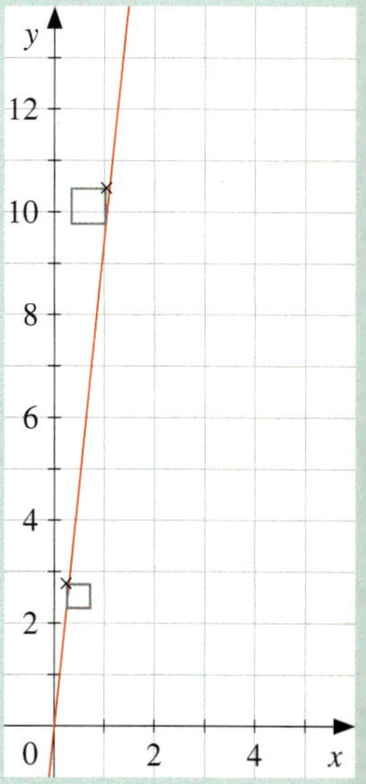

59/1

Eine Tabellenkalkulation kann helfen

Um den folgenden Hinweisen besser folgen zu können, finden Sie unter 059-1 eine bereits vorbereitete Tabelle mit Schritt-für-Schritt-Anleitungen.

Um zu prüfen, ob der Steigungsfaktor $m = 9{,}5$ eine gute Näherung für die Ausgleichsgerade $f(x) = mx$ ist, müssen Sie probieren, ob die Summe der Fehlerquadrate für andere Werte für m eventuell noch kleiner wird. Mittels eines Schiebereglers können Sie schnell erkennen, dass die Summe der Quadrate für $m \approx 9{,}8$ minimal wird. Das entspricht recht gut dem Ortsfaktor $g = 9{,}81\,(\frac{\text{m}}{\text{s}})^2$, den Sie bereits aus der Gleichung $F = m \cdot g$ aus dem Physikunterricht kennen.

5		Gegenstand						
6		Orange	Milchpackung	Ei	Streichholzschachtel	Taschenrechner	Wörterbuch	Summe
7	Masse x in kg	0,279	1,050	0,071	0,008	0,275	1,105	
8	Gewichtskraft y in N	2,800	10,300	0,700	0,080	2,730	10,800	
9	Abstand Gerade-Messwerte (y-f(x))	0,065	0,007	0,004	0,002	0,034	-0,032	0,079
10	Abstand quadriert: (y-f(x))^2	0,004	0,000	0,000	0,000	0,001	0,001	0,006
11								
12								
13						Steigung m:	9,803	

59/2

Jedes Tabellenkalkulationsprogramm besitzt ferner die Möglichkeit, eine Gerade als sogenannten *Trendlinie* in einem Diagramm zusätzlich darzustellen (s. Bild 59/3). Wer nur die Gleichung einer Ausgleichsgerade exakt angeben will, kann die eingebaute Funktion RGP nutzen:
Diese errechnet die Steigung m und ggf. den Achsenabschnitt b der jeweiligen Ausgleichsgerade. In obiger Messreihe ist $b = 0$. Ein Beispiel, bei dem das nicht so ist, finden Sie ebenfalls in der oben angegebenen Datei.
Eine Tabellenkalkulation kann auch die Graphen anderer Funktionstypen als Regressionskurven verwenden. Im Menü für die Trendlinie wählen Sie diejenige Funktionsart aus, die für die vorliegenden Messpunkte am geeignetsten erscheint.

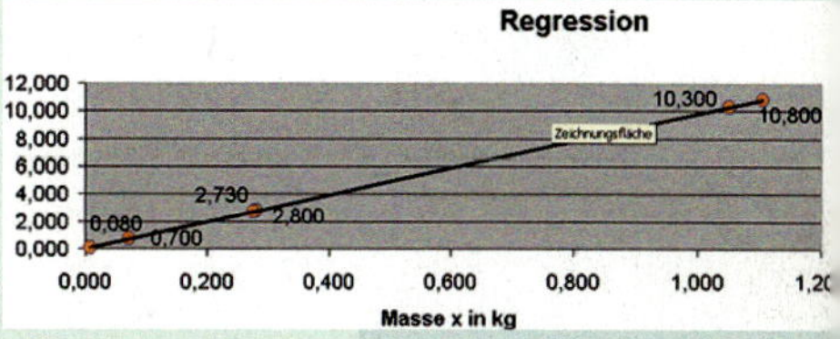

59/3

Aufgaben

2 Testen Sie die lineare Regression an den folgenden Werten:

x	−4,5	−2	3,14	23
y	−18	−12	0,5	48

3 Prüfen Sie, ob die Werte näherungsweise auf einer Parabel liegen.

x	−6	−3	0	3
y	47	12	0	11

4 Finden Sie zu den Werten eine passende Regression.

x	−20	−5	10	25
y	−9200	−100	1400	20700

TIPP
Wer mit einem GTR oder CAS-System arbeitet, findet einige Schritt-für-Schritt-Anleitungen unter 059-2.

12/13 15!

Aufgaben

DE Aufg. 12, 14, 15, 18, 20, 21: Nullstellen, Extrempunkte (21: Wendepunkt) im Sachzusammenhang. Plotten, Nullstellen mit TR.

LÖ a) nur gerade Exponenten
b) 50 m
c) ca. 85 m

LÖ a) z. B. $(x+1)(x-2)(x-1)$, $(x^2-1)(-2x+4)$; $0{,}5x^3-x^2-0{,}5x+1$
b) z. B. $(x+1)^2(x-2)(x-1)$; $x^5 2x^4-2x^3+4x^2+x-2$

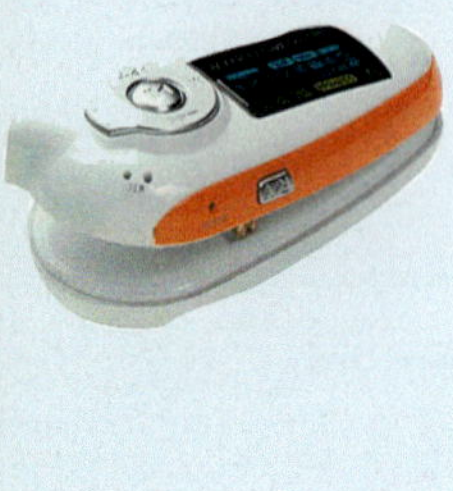

TIPP
Eine Übersicht über verschiedene Freizeitparks in Deutschland finden Sie unter 060-1.

LÖ a) $b(12) = 4{,}9$ ⇒ 4900 Besucher
b) ca. 11300 (16:00)
c) Zeitraum: 14:07–17:38

DE c) Schnittpunkte von Graph (b) mit der Geraden mit der Gleichung $g(x) = 9{,}5$ ermitteln

Trainieren **Anwenden** **Vernetzen**

12 Der Darrieus-Rotor EOLE befindet sich in Le Nordais, Cap-Chat, Canada. Er ist mit 110 Metern Höhe und vier Megawatt installierter Leistung unter den Windkraftanlagen mit vertikaler Rotordrehachse die größte und stärkste Anlage der Welt. Die Rotorblätter dieser Windkraftanlage sind in Form eines Springseils gebogen, die sich näherungsweise durch eine Funktion f mit der Gleichung
$f(x) = 25 - 0{,}0044 \cdot x^2 - 6{,}8 \cdot 10^{-6} \cdot x^4$
beschreiben lässt (eine Einheit entspricht einem Meter). Rast "ist x-Achse"

60/1

a) Wie äußert sich die Symmetrie der Rotorblätter im Funktionsterm?
b) Wie groß ist die weiteste Entfernung von zwei Punkten auf verschiedenen Rotorblättern?
c) Wie weit sind die Befestigungspunkte der Rotorblätter voneinander entfernt? N. ST nicht rechnen!

13 Eine ganzrationale Funktion hat nur die drei Nullstellen $x_1 = -1$, $x_2 = 2$ und $x_3 = 1$.
a) Geben Sie drei ganzrationale Funktionen dritten Grades an, die diese Nullstellen besitzen und skizzieren Sie die zugehörigen Graphen in einem gemeinsamen Koordinatensystem.
b) Geben Sie mindestens zwei weitere Funktionen höheren Grades an, die ebenfalls nur diese Nullstellen besitzen. Erklären Sie Ihre Überlegungen und skizzieren Sie Ihre Beispiele in einem weiteren gemeinsamen Koordinatensystem.

DE a) $k \cdot (x-x_1)(x-x_2)(x-x_3)$; b) doppelte Nullstellenverwenden

14 Ein Unternehmen produziert MP3-Player. Die entstehenden Kosten werden durch die Funktion K mit $K(x) = \frac{1}{80}x^3 - 2x^2 + 80x + 500$ beschrieben. Dabei steht x für die Anzahl der produzierten MP3-Player.
Skizzieren Sie den Graphen der Funktion K und geben Sie eine sinnvolle Definitionsmenge an. Bestimmen Sie die Funktion, die den Gewinn G in Abhängigkeit von der Stückzahl x angibt, wenn ein MP3-Player 35 € kostet. Beschreiben Sie den Verlauf des Graphen der Gewinnfunktion G und interpretieren Sie besondere Stellen.

LÖ $G(x) = 35x - \left(\frac{1}{80}x^3 - 2x^2 + 80x + 500\right)$
größter Gewinn bei $x \approx 94$

15 In einem Freizeitpark, der von 9 Uhr bis 20 Uhr geöffnet ist, wurde die Anzahl b der Besucher in Tausend an einem bestimmten Tag zu verschiedenen Zeiten t untersucht. Die erfassten Daten liegen auf einer Kurve, die näherungsweise durch folgenden Funktionsterm beschrieben werden kann:

$$b(t) = -\frac{1}{20}t^3 + \frac{9}{5}t^2 - \frac{96}{5}t + \frac{125}{2} \text{ für } 10 < t \le 19{,}5.$$

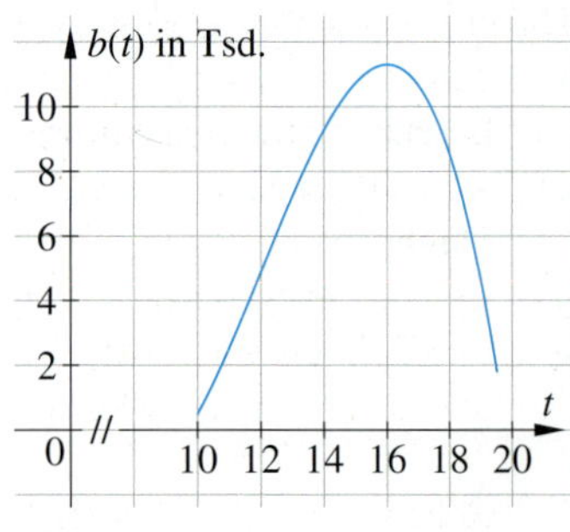

60/2

a) Berechnen Sie die Anzahl der Besucher, die um 12 Uhr im Park sind.
b) Wie viele Besucher befinden sich höchstens im Park? Wann ist das der Fall?
c) Die Imbissbuden im Park können meistens von nur einer Person bedient werden. Aus Beobachtungen weiß man, dass ab etwa 9500 Besuchern eine zweite Person zur Bedienung erforderlich ist. Geben Sie den Zeitraum an, in dem zwei Personen im Imbiss arbeiten sollten. Erläutern Sie Ihr Vorgehen.

c) nicht gerechnet

16 Skizzieren Sie die Graphen folgender Funktionen und finden Sie möglichst viele Eigenschaften.
a) $f_1(x) = 0{,}001x^3 - 0{,}012x^2 + 0{,}005x + 0{,}06$
b) $f_2(x) = -0{,}001x^3 - 0{,}02x^2 - 0{,}005x - 0{,}1$
c) $f_3(x) = -0{,}001x^4 + 0{,}4x^2$
d) $f_4(x) = 0{,}01x^4 + 0{,}2x^2 + 2$

17 Die Abbildung 61/1 zeigt den Querschnitt eines Kelchglases.
Finden Sie eine Funktion für die Flüssigkeitsmenge V in Abhängigkeit von der Füllhöhe h. Berechnen Sie das Volumen für die halbe Füllhöhe. Wie hoch ist das Glas gefüllt, wenn sich im Glas genauso viel Luft wie Flüssigkeit befindet?

LÖ $V(h)=\frac{1}{3}\cdot\pi\cdot r^2\cdot h=\frac{4}{243}\cdot\pi\cdot h^3$ (Strahlensatz: $r=\frac{2}{9}\cdot h$); $V(\frac{h}{2})=37{,}7$; $\frac{1}{2}\cdot V(18)\Rightarrow h=\sqrt[3]{2913}=14{,}3$

Kelchglas
(nicht maßstäblich)

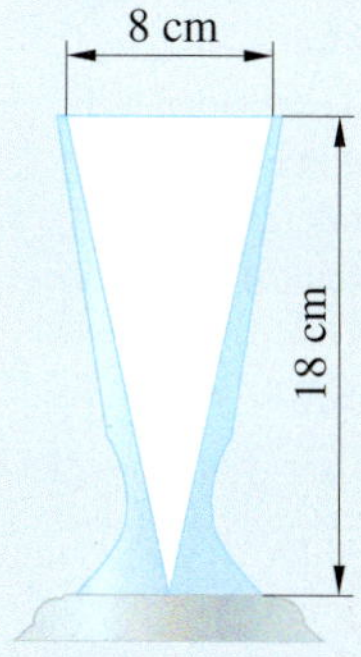

61/1

18 Über einen Fluss soll eine Brücke gebaut werden.
Der Querschnitt der zugehörigen Landschaft wird durch den Graphen der Funktion f mit $f(x)=-\frac{1}{8}x^3+\frac{3}{4}x^2-\frac{15}{8}$ beschrieben. Der durchschnittliche Stand der Wasseroberfläche wird in diesem Modell durch die x-Achse dargestellt. 1 LE entspricht 10 m.

a) Skizzieren Sie den Querschnitt der Landschaft.
b) Bestimmen Sie die Breite und die Tiefe des Flusses.
c) Schiffe, die bis zu einer Höhe von 15 m aus dem Wasser ragen, sollen dazu in der Lage sein, unter der Brücke durchzufahren.
Berechnen Sie die minimale Fahrbahnlänge der Brücke.

LÖ b) Breite: 33,4 m; Tiefe: 18,75 m c) min. Länge: 48,5 m

19 Beschreiben Sie den Verlauf des nebenstehenden Diagramms 61/2 mithilfe mathematischer Fachbegriffe.

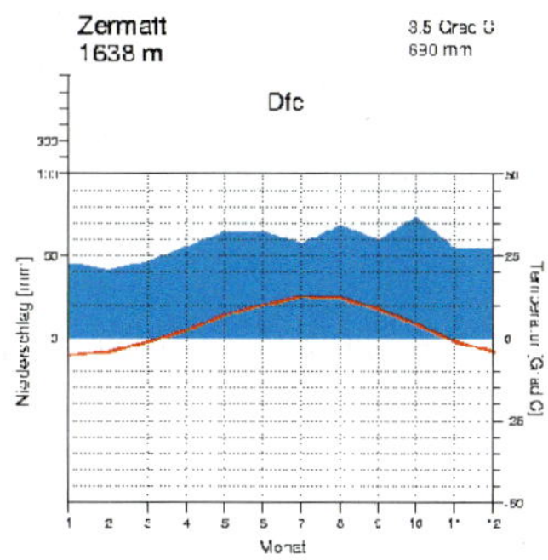

61/2

20 In einem Freizeitpark steht ein Free-Fall-Tower. Nach Wartungsarbeiten werden jeweils zehn Testfahrten durchgeführt und die Höhe der Sitzplätze zu verschiedenen Zeitpunkten protokolliert. Die Messwerte für die Höhe h über dem Boden und die Zeit t seit Beginn einer solchen Testfahrt sind in der nebenstehenden Tabelle angegeben.

a) Wie hoch ist der Turm? mindestens 70 m
b) Überprüfen Sie, dass die ganzrationale Funktion h dritten Grades mit der Gleichung $h(t)=0{,}95\cdot t^3-8{,}02\cdot t^2+2{,}19\cdot t+69{,}97$ das Messergebnis recht gut annähert.
c) Berechnen Sie die Fahrtdauer. $t\approx 4{,}91$ s
d) Wann hat die Fahrgondel etwa ihre größtmögliche Geschwindigkeit erreicht? Erläutern Sie Ihre Überlegungen. bei $t\approx 2{,}8$ s

t in s	h in m
0	70,0
0,5	69,2
1,5	58,4
2,5	40,2
3,5	20,2
4,5	4,1

DE d) Wendepunkt mit GTR

21 Beim Fußballtraining wird ein Freistoß ausgeführt. Die Abwehrmauer steht zehn Meter vom Ausführenden entfernt. Wird der Abstoßpunkt als Koordinatenursprung aufgefasst, so lässt sich die Flugbahn des Balls durch die Funktion f mit der Gleichung $f(x)=-0{,}0004x^3+0{,}3x$ beschreiben.

Dabei entspricht eine Einheit stets einem Meter.

a) Zeichnen Sie den Graphen der angegebenen Funktion.
b) Berechnen Sie den Aufprallpunkt des Balls. ≈ 27,3 m
c) An welcher Stelle ändert sich das Monotonieverhalten der Flugbahn? bei ca. 15,8 m   d) nein $f(10)=2{,}6$ m
d) Könnte der Ball den Abwehrspieler am Kopf treffen?
e) Der Ball überfliegt die Torlinie in 1,50 m Höhe. Tragen Sie das Tor in das Koordinatensystem ein.

61/3

22 Geben Sie, falls möglich, einen Wert für den Parameter t an, sodass die Funktion die maximal mögliche Anzahl an Nullstellen hat, die sich aus ihrem Grad ergibt. Unter www 061-1 finden Sie ein Applet dazu.

a) $f(x)=x^2+tx$
b) $f(x)=x^2+t$
c) $f(x)=x^3+tx^2-tx$
d) $f(x)=2x^3+\frac{1}{4}tx^2-t$
e) $f(x)=t^3x^3+tx^2-2t$
f) $f(x)=x^5+tx^3-tx^2-1$

LÖ a) $t\neq 0$; c) $t<4$ oder $t>0$; e) $-\sqrt[4]{\frac{2}{27}}<t<0$ od. $0<t<\sqrt[4]{\frac{2}{27}}$

HINWEIS
Unterscheiden sich mehrere Funktionen nur durch einen variablen sogenannten *Parameter*, so gehören sie zu einer *Funktionenschar*.

LÖ
a) fällt bis $\frac{k}{2}$
b) fällt zwischen $-\sqrt{k}$ und $\sqrt{k}$
c) $k > 0 \Rightarrow$ fällt bis 0 steigt dann, $k < 0$ $\Rightarrow$ steigt bis 0 fällt dann

INFO
Taucht in der Linearfaktorzerlegung eines Funktionsterms ein Faktor doppelt auf, so heißt die dazugehörige Nullstelle *doppelte Nullstelle*.

Entsprechend heißt eine Nullstelle *k-fache Nullstelle*, wenn der zugehörige Linearfaktor genau *k*-mal auftritt.

DE Aufg. 26, 27, 28: Linearfaktoren

Trainieren Anwenden **Vernetzen**

23 Die nebenstehende Abbildung zeigt die Graphen einiger Potenzfunktionen.
Für x-Werte zwischen 0 und 1 liegt der Graph einer Potenzfunktion höheren Grades unter dem einer Potenzfunktion niedrigeren Grades.

a) Begründen Sie dieses Verhalten.
b) Untersuchen Sie nun die Lage der Graphen verschiedener Potenzfunktionen für x-Werte größer als 1.
Erläutern Sie Ihre Beobachtungen.

62/1

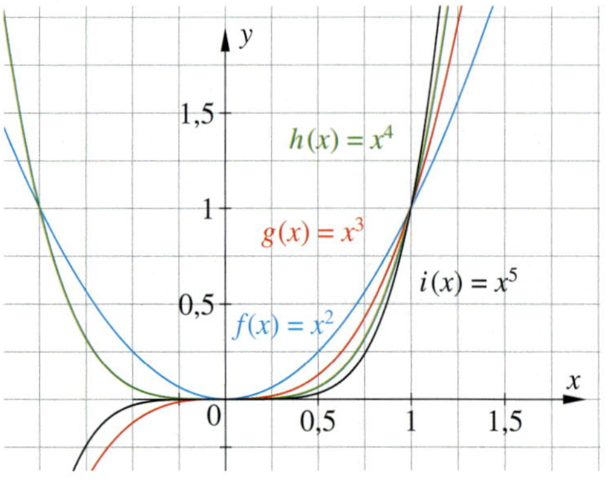

24 Beschreiben Sie sowohl den prinzipiellen Verlauf des Graphen einer Funktion dritten als auch den einer Funktion vierten Grades in einem mathematischen Aufsatz.

25 Untersuchen Sie das Monotonieverhalten der Funktionenschar. Berücksichtigen Sie dabei die Abhängigkeit vom Parameter k.

a) $f_k(x) = x^2 - k \cdot x$ b) $f_k(x) = x^3 - k \cdot x$ c) $f_k(x) = k \cdot x^2 - 4$

26 Von einer Funktion sind einige Eigenschaften, nicht aber der Funktionsterm bekannt. Bestimmen Sie für jede der beschriebenen Funktionen einen Funktionsterm.

a) Eine achsensymmetrische Funktion vierten Grades hat die Nullstellen 1 und 3 und schneidet die y-Achse bei 3. $\frac{1}{3}x^4 - \frac{10}{3}x^2 + 3$
b) Eine Funktion dritten Grades hat eine einfache Nullstelle bei -1 und eine doppelte Nullstelle bei -3. Sie schneidet die y-Achse bei 3. $\frac{1}{3}x^3 + \frac{7}{3}x^2 + 5x + 3$
c) Eine Funktion vierten Grades hat genau die gleichen Nullstellen wie die Funktion $f(x) = x^3 - 4x$. Ihr Graph verläuft durch $(1|6)$. $-2x^4 + 8x^2$

27 Gegeben ist die Funktionenschar f_m mit $f_m(x) = x^2 + mx + 4$.
Finden Sie mindestens einen Wert für den Parameter m, sodass die zugehörige Funktion

a) zwei ganzzahlige Nullstellen hat, $m = 5$ oder $m = -5$
b) eine doppelte Nullstelle hat, $m = 4$ oder $m = -4$
c) gerade ist, $m = 0$
d) an der Stelle $x = 3$ zwei Intervalle mit verschiedenem Monotonieverhalten aufeinander treffen. $m = -6$

28 Der Graph einer ganzrationalen Funktion vierten Grades ist symmetrisch zur y-Achse, geht durch den Punkt $(-1{,}5|-1{,}5)$ und die zugehörige Funktion besitzt Nullstellen bei $x = 3$ und bei $x = 0$. Bestimmen Sie eine Funktionsgleichung. $f(x) = \frac{8}{81}x^4 - \frac{8}{9}x^2$

29 Bestimmen Sie die Bereiche, in denen der Graph der Funktion f oberhalb des Graphen der Funktion g liegt.

a) $f(x) = x^2$ $g(x) = 3x^3$ für $x < 0$ sowie für $0 < x < \frac{1}{3}$
b) $f(x) = x^3 + 4$ $g(x) = 3x^2 + 2$ für $(1-\sqrt{3}) < x < 1$ sowie $x > (1-\sqrt{3})$
c) $f(x) = x^4 + 4x^2$ $g(x) = 3x^3 + 2x$ für $x < 0$ sowie $x > 1$

30 Bestimmen Sie die fehlenden Parameter der angegebenen Zuordnungsvorschrift $f(x) = 0{,}1x^5 + 2x^3 + ax + b$ so, dass der Graph durch die Punkte $(2|23{,}2)$ und $(-1|-7{,}1)$ verläuft.

LÖ $a = 3$; $b = -8$ **DE** lineares Gleichungssystem lösen

31 Eine Brücke verbindet die Punkte $A(0|4)$ und $B(90|8{,}5)$.

a) Bestimmen Sie die Länge und den Steigungswinkel der Brücke.

b) Die Brücke ist durch ein schweres Erdbeben zerstört worden. Es wird erwogen, ihr beim Wiederaufbau durch eine Parabelkrümmung mehr Stabilität zu verleihen.
Beurteilen Sie, ob dazu die Funktion zu $f(x) = -\frac{1}{600} \cdot (x - 60)^2 + 10$ in Frage käme.
Prüfen Sie auch, welche durchschnittlichen Steigungen sich bei dieser Brückenform ergäben.

LÖ a) Länge 90,10 m Steigung 0,05; Winkel 2,9°
b) $m(A, S) = 10\,\%$, $m(S, B) = -5\,\%$. Der Bogen müsste flacher sein.

DE zu 31:
a) Annahme: Brücke verbindet die beiden Punkte linear; Länge der Brücke: Pythagoras

32 Klimadiagramm
Bestimmen Sie eine Funktionsvorschrift, die den Verlauf der nebenstehenden Diagrammkurve näherungsweise beschreibt.

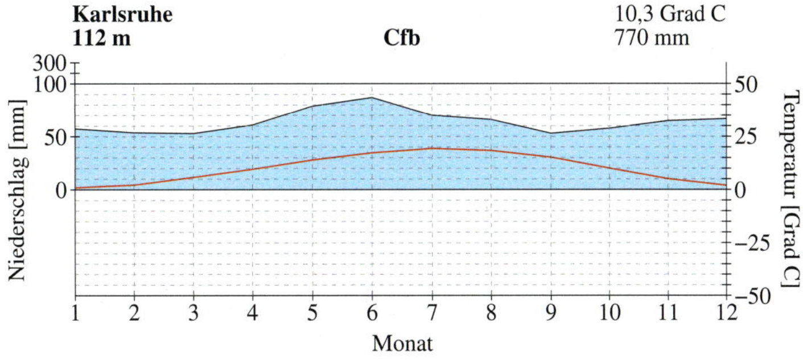

63/1

DE zu 32: Mithilfe eines GTR kann z. B. eine Regression mithilfe einer ganzrationalen Funktion 4. Grades durchgeführt werden.

33 Die abgebildeten Klimadiagramme gehören zu folgenden Orten:
- Izmir (Türkei)
- Budapest (Ungarn)
- Angmagssalik (Grönland)

Ordnen Sie korrekt zu. Was haben die Graphen gemeinsam? Wo gibt es Unterschiede?

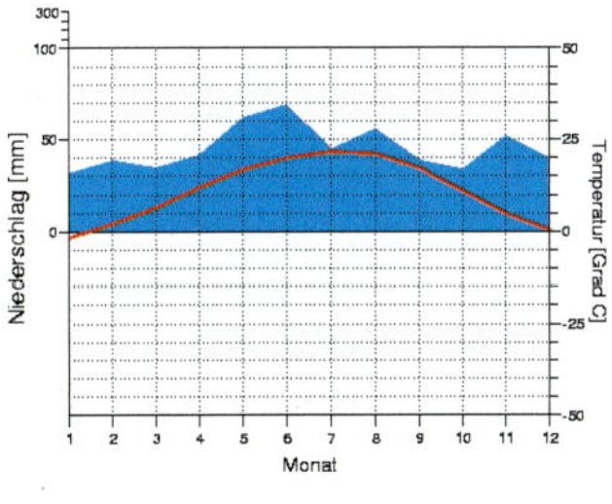

63/2

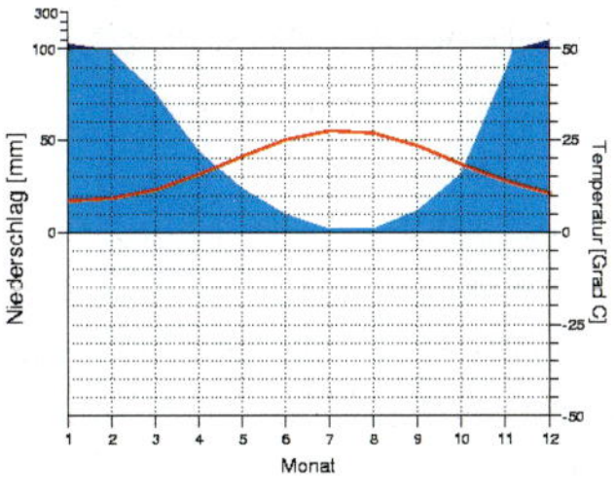

63/3

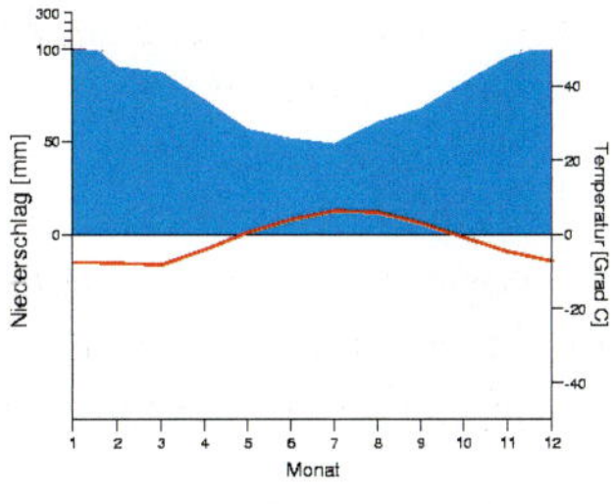

63/4

34 In der Technischen Universität München gibt es zwei Parabelrutschen. In einer dieser Rutschen wurde folgendes Experiment durchgeführt: Am oberen Ende der Rutsche wird ein Ball platziert und losgelassen, sodass er die Rutsche hinunterrollt.
Mit dem Start des Balls wird eine Präzisionsuhr in Gang gesetzt. Auf der Rutsche sind in einem Abstand von je zwei Metern Lichtschranken montiert, die je ein kurzes Signal an die Uhr senden, sobald der Ball sie passiert. Diese Messwerte können Sie der Tabelle am rechten Rand entnehmen.

a) Visualisieren Sie die Messwerte in einem Koordinatensystem.

b) Zeichnen Sie eine mögliche Messkurve durch die gegebenen Punkte.

c) Beschreiben Sie den Verlauf der Kurve.

d) Geben Sie eine ganzrationale Funktion an, deren Graph sich „möglichst gut“ an die eingetragenen Messwerte annähert.

www 063-1

t in s	s in m
0	0
0,45	2
0,7	4
0,9	6
1,05	8
1,20	10
1,35	12
1,45	14
1,60	16

63/5 Parabelrutschen

DE 34 d) nur, wenn man auf nichtlineare Regression eingehen möchte

LÖ d) Beispiel: $f(x) = 5{,}43\,x^2 + 1{,}78\,x$

Lückenlosigkeit der reellen Zahlen

HINWEIS
Sämtliche Arbeitsaufträge auf dieser Doppelseite sind darauf ausgerichtet, dass Sie die Zusammenhänge mit eigenen Worten möglichst anschaulich beschreiben oder begründen.

Eine der großen Stärken des mathematischen Denkens ist die Fähigkeit, selbst zunächst paradox anmutende Phänomene durch logische Überlegungen erfassen zu können.
Ein derartiges Paradox bezüglich der reellen Zahlen soll in der Folge von Ihnen anhand einiger Phänomene untersucht werden …

Phänomen 1

In der Abbildung sind von O ausgehend zwei verschieden lange Strecken $\overline{OB}$ und $\overline{OQ}$ gezeichnet. Durch zwei parallele Linien AP und BQ erhalten A und B jeweils genau einen Partner auf der anderen Strecke. Alle Punkte der beiden Strecken können auf diese Weise miteinander „gepaart" werden, sodass die beiden Strecken gleich lang sein müssen. Aber sie sind es sicher nicht!
Wenn $\overline{OB}$ und $\overline{OQ}$ gleich viele Punkte enthalten, da jeder Punkt der einen Strecke genau einen Partner auf der anderen Strecke besitzt und umgekehrt, liegen die Punkte auf der längeren Strecke dann etwa nicht so dicht beieinander, sodass Lücken zwischen ihnen vorhanden sind?

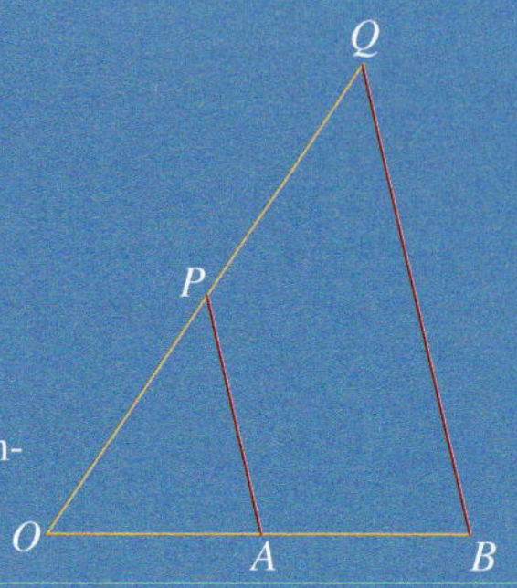

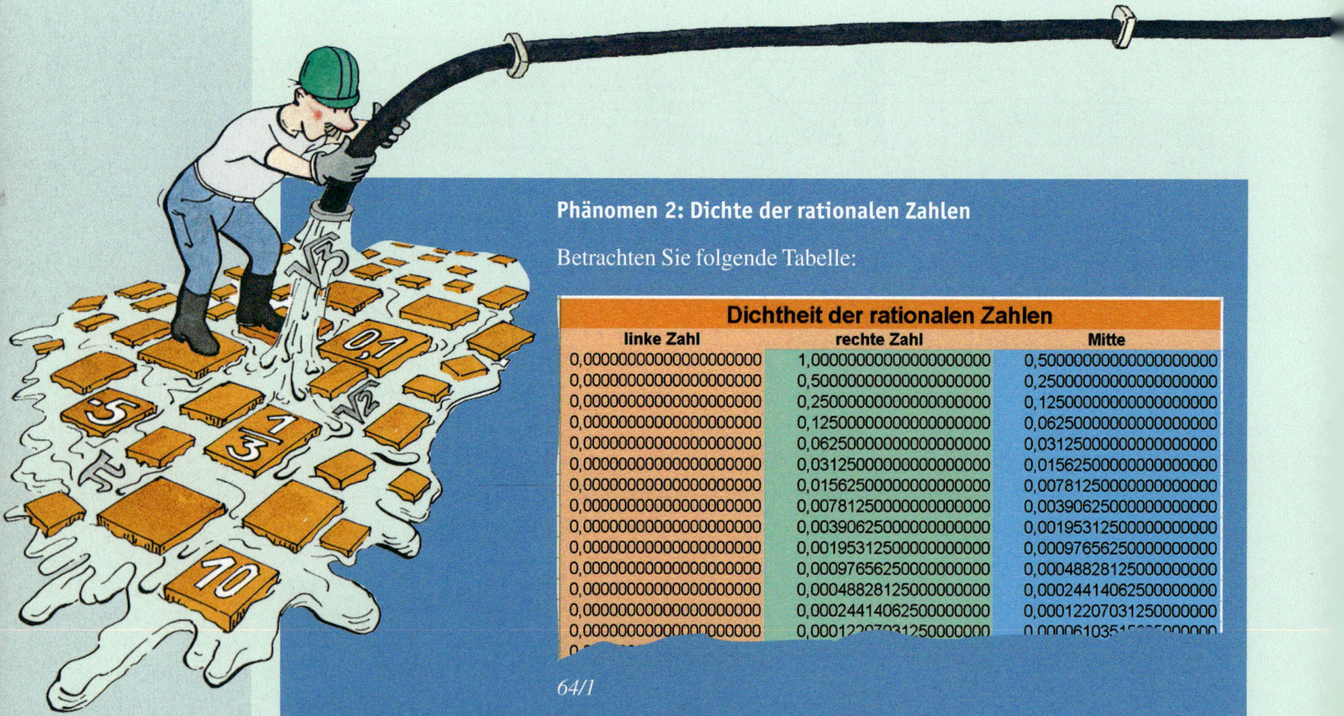

Phänomen 2: Dichte der rationalen Zahlen

Betrachten Sie folgende Tabelle:

Dichtheit der rationalen Zahlen

linke Zahl	rechte Zahl	Mitte
0,00000000000000000000	1,00000000000000000000	0,50000000000000000000
0,00000000000000000000	0,50000000000000000000	0,25000000000000000000
0,00000000000000000000	0,25000000000000000000	0,12500000000000000000
0,00000000000000000000	0,12500000000000000000	0,06250000000000000000
0,00000000000000000000	0,06250000000000000000	0,03125000000000000000
0,00000000000000000000	0,03125000000000000000	0,01562500000000000000
0,00000000000000000000	0,01562500000000000000	0,00781250000000000000
0,00000000000000000000	0,00781250000000000000	0,00390625000000000000
0,00000000000000000000	0,00390625000000000000	0,00195312500000000000
0,00000000000000000000	0,00195312500000000000	0,00097656250000000000
0,00000000000000000000	0,00097656250000000000	0,00048828125000000000
0,00000000000000000000	0,00048828125000000000	0,00024414062500000000
0,00000000000000000000	0,00024414062500000000	0,00012207031250000000
0,00000000000000000000	0,0001[illegible]3125000000	0,000061035[illegible]000000
0,[illegible]		

64/1

Erstellen Sie eine eigene derartige Tabelle mit einer Tabellenkalkulation und prüfen Sie folgende Stellungnahme:
Wenn auch die Berechnung mit der Tabellenkalkulation wegen der dort hinterlegten endlichen Stellenzahl der Dezimalbruchdarstellung bzw. der beschränkten Größe des Exponenten in der wissenschaftlichen Notation an ihre Grenzen stößt, ist es prinzipiell doch möglich, immer weiter zu rechnen. Es ist anschaulich schwer fassbar, dass trotzdem noch Platz für weitere Zahlen auf der Zahlengeraden sein soll.

Phänomen 3: Wurzelkreise

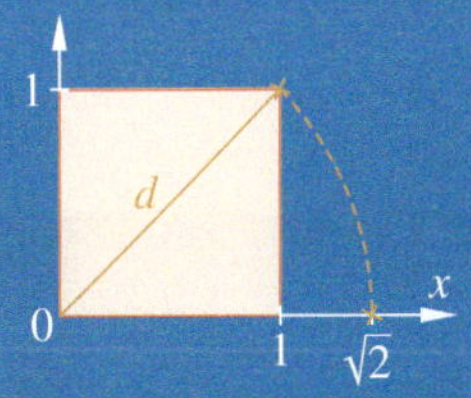

65/1

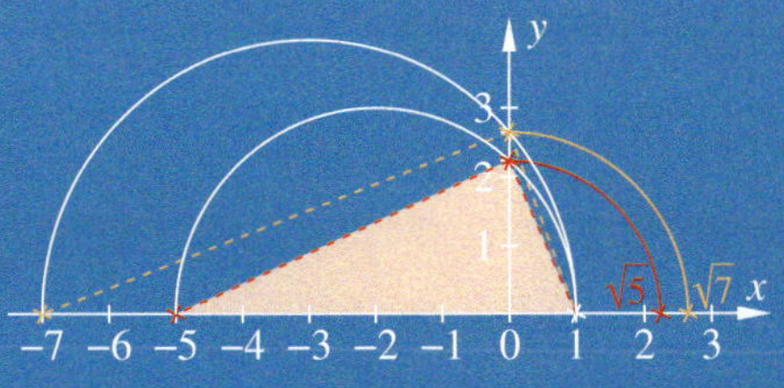

65/2

Erläutern Sie: Mithilfe dieser Zeichnungen kann man einerseits erkennen, dass die rationalen Zahlen Lücken hinterlassen und andererseits, dass die irrationalen diese Lücken füllen.

TIPP
Bild 65/2 ist am besten zu verstehen, wenn Sie sich an den *Höhensatz* und den *Satz des Thales* erinnern.

Phänomen 4: Intervallschachtelung

Reichen die reellen Zahlen, um jedem Punkt der Zahlengeraden eine Zahl zuzuordnen? Betrachten Sie folgendes Beispiel:
P liegt irgendwo zwischen 1 und 2. Das Intervall, in dem *P* liegt, wird jeweils halbiert. Wenn *P* dabei noch nicht von einer Intervallgrenze selbst, also von einer rationalen Zahl, getroffen wird, liegt es weiterhin in einem der beiden Teilintervalle.

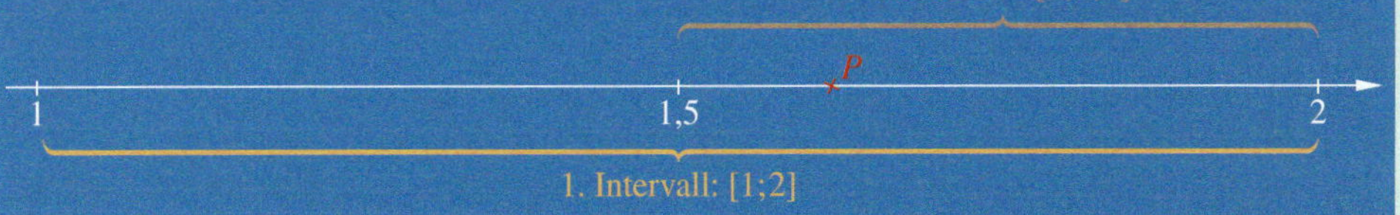

Beschreiben Sie, was geschieht, wenn das immer weiter fortgesetzt wird.
Daraus ergibt sich, dass die reellen Zahlen lückenlos sind. Erklären Sie das in eigenen Worten.

ZUR ERINNERUNG
Reelle Zahlen werden entweder durch Intervallschachtelungen dargestellt oder durch Dezimalzahlen mit unendlich vielen, auch nichtperiodischen, Nachkommastellen.

Aufgaben

1 Erläutern Sie, wie die Gleichmächtigkeit der Menge der positiven rationalen Zahlen und der Menge der natürlichen Zahlen mithilfe der Abbildung gezeigt werden kann.
Stellen Sie sich dabei die Brüche vor mit Nenner 1 in der ersten Zeile hingeschrieben, in der zweiten Zeile die Brüche mit dem Nenner 2, usw.

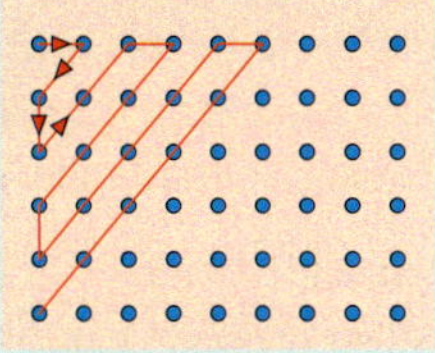
65/3

2 Weisen Sie nach, dass die Menge der irrationalen Zahlen als Teilmenge der reellen Zahlen überabzählbar unendlich ist.

3 Zeigen Sie anhand der Abbildung, dass die Menge aller Punkte auf einem Kreis *k* gleichmächtig zur Menge aller Punkte auf einer Geraden *g* ist.

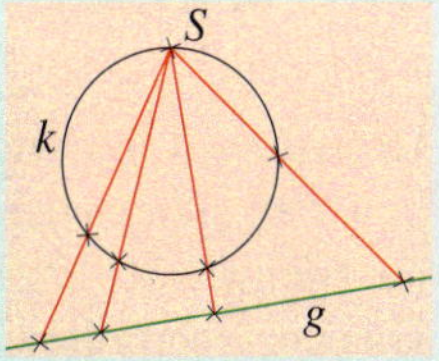

65/4

TIPP
Eventuell haben Sie bereits bei der ersten Einführung der reellen Zahlen das *Cantor'sche Diagonalverfahren* kennengelernt. Unter 065-1 finden Sie noch einmal die entsprechende Darstellung.

2.2 Funktionen transformieren

Auftrag 1 Verschieben und Zerren – wie gehabt?

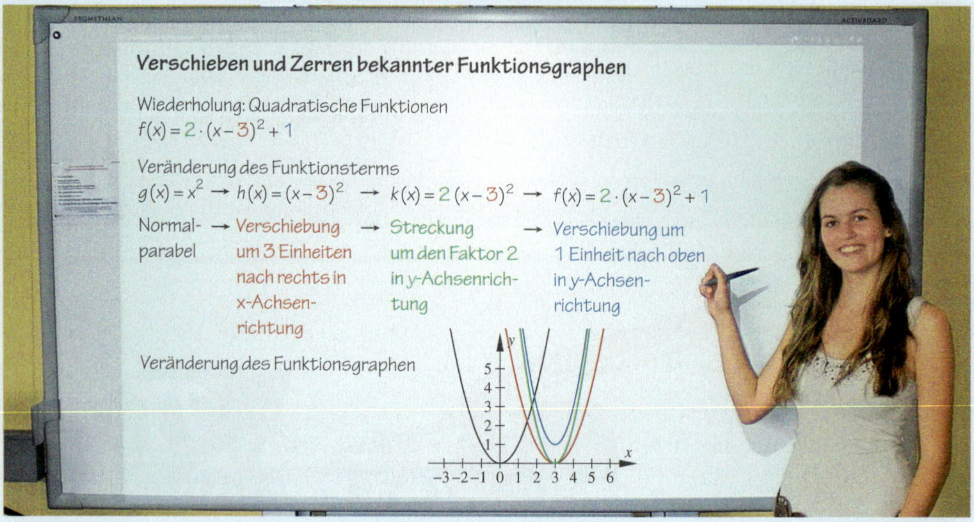

66/1

Setzen Sie das begonnene Tafelbild fort, indem Sie untersuchen, ob und wie sich die Aussagen und die Graphen verändern, wenn Sie statt des Exponenten 2 eine beliebige ganze Zahl einsetzen. Nicht nur die Graphen der Potenzfunktionen, auch die anderer Funktionstypen lassen sich verschieben und strecken. Finden Sie entsprechende Funktionsgleichungen für eine Exponentialfunktion mit der Basis zwei und für die Sinusfunktion.

LÖ Potenzfunktionen:
$f(x) = x^n \Rightarrow$
$g(x) = 2x^n \Rightarrow$
$h(x) = 2(x-3)^n \Rightarrow$
$i(x) = 2(x-3)^n + 1$
Exponentialfunktionen:
$f(x) = 2x \Rightarrow$
$g(x) = 2 \cdot 2^x \Rightarrow$
$h(x) = 2 \cdot 2^{x-3} \Rightarrow$
$i(x) = 2 \cdot 2^{x-3} + 1$
Sinusfunktion:
$f(x) = \sin(x) \Rightarrow$
$g(x) = 2 \cdot \sin(x) \Rightarrow$
$h(x) = 2 \cdot \sin(x-3) \Rightarrow$
$i(x) = 2 \cdot \sin(x-3) + 1$
Die Veränderungen der Funktionsgraphen entsprechen den Veränderungen der Funktionsgraphen bei der Normalparabel, auch wenn das Aussehen der Funktionsgraphen verschieden ist.

Auftrag 2 Riesenräder

Den Einheitskreis können Sie sich wie ein Riesenrad vorstellen, das den Radius 1 hat. Die Gondel, in der Sie sitzen, beginnt ihre Fahrt im Punkt (1 | 0), das Riesenrad dreht sich gegen den Uhrzeigersinn.

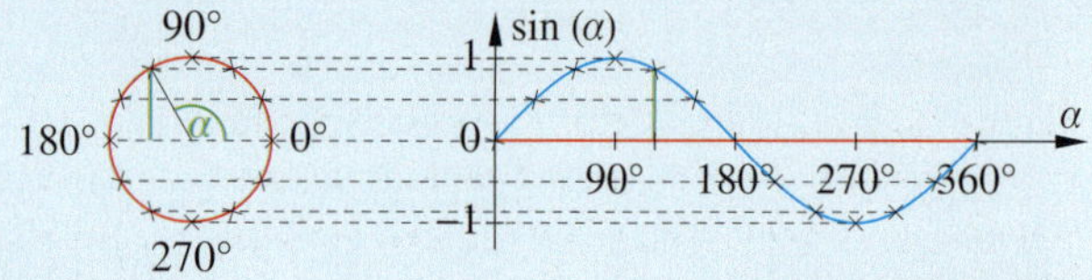

66/2

Nach einem Viertel der Fahrtzeit ist die oberste Stelle erreicht, nach der Hälfte befinden Sie sich wieder auf Erdbodenhöhe und nach einer Umrundung, bei der Sie einen Weg der Länge 2π zurücklegen, sind Sie wieder am Ausgangspunkt. Die Höhe über bzw. unter dem Erdboden wird also durch die Werte der Sinusfunktion mit $f(x) = \sin(x)$ angegeben.

Beschreiben Sie für folgende Funktionen das mathematische Riesenrad:

$f_1(x) = \sin(x) + 1$

$f_2(x) = 2 \cdot \sin(x)$

$f_3(x) = \sin(2 \cdot x)$

$f_4(x) = \sin\left(x + \frac{\pi}{2}\right)$

$f_5(x) = 2 \cdot (\sin(2 \cdot x))$

$f_6(x) = \sin\left(2 \cdot \left(x + \frac{\pi}{2}\right)\right)$

Untersuchen Sie, wie sich Form und Lage der Sinuskurve ändern, wenn die Parameter a, b, c und d im allgemeinen Funktionsterm $f(x) = a \cdot \sin(b(x - c)) + d$ verändert werden. Formulieren Sie, wie Sie am Funktionsterm die Amplitude, die Periode und die Verschiebung ablesen können. Überprüfen Sie, inwiefern diese Veränderungsregeln auch auf andere Funktionstypen übertragbar sind.

LÖ $f_1(x) = \sin(x) + 1$
$\Rightarrow M(0|1)$, $r = 1$, Start: $(1|0)$; Umrundung: 2π
$f_2(x) = 2 \cdot \sin(x)$
$\Rightarrow M(0|0)$, $r = 2$, Start: $(2|0)$; Umrundung: 2π
$f_3(x) = \sin(2 \cdot x)$
$\Rightarrow M(0|0)$, $r = 1$, Start: $(1|0)$; Umrundung: π
$f_4(x) = \sin\left(x + \frac{\pi}{2}\right)$
$\Rightarrow M(0|0)$, $r = 1$, Start: $(1|1)$; Umrundung: 2π
$f_5(x) = 2 \cdot \sin(2 \cdot x)$
$\Rightarrow M(0|0)$, $r = 2$, Start: $(2|0)$; Umrundung: π
$f_6(x) = \sin\left(2 \cdot \left(x + \frac{\pi}{2}\right)\right)$
$\Rightarrow M(0|0)$, $r = 1$, Start: $(1|1)$; Umrundung: π

DE Untersuchungen zu Form und Lage der Sinuskurve bei Parameteränderung sowie die Übertragung auf andere Funktionstypen sind in der Auftragsbearbeitung im Schülerbuch enthalten.

Auftrag 3 Geldanlagen

Marina legt im Jahr 2003 ihr Geld sechs Jahre bei einer Bank an. Das Gesamtguthaben lässt sich durch eine Funktion f mit der Gleichung $f(t) = 1000 \cdot 1{,}04^t$ darstellen. Wobei t für die Zahl der Jahre steht, während der das Geld angelegt ist. Erläutern Sie, was der Funktionsterm über das Konto aussagt.

67/1

Finden Sie für die folgenden Situationen ebenfalls Funktionen:

Simon hatte bereits drei Jahre früher 1000 €, die er auf der Bank mit 4 % Zinsen pro Jahr anlegen konnte.

Fatih hat 3000 € gespart. Davon legt er 2000 € wie Marina mit 4 % Zinsen pro Jahr an und versteckt weitere 1000 € unter seinem Bett.

Jeder Graph einer Exponentialfunktion kann verschoben und gestreckt werden. Überprüfen Sie diese Aussage mit $g(t) = a \cdot 2^{(t-c)} + d$, indem Sie konkrete Zahlen für a, c und d einsetzen. Inwiefern gelten dieselben Veränderungen auch für weitere Funktionstypen wie ganzrationale oder trigonometrische Funktionen?

Für Tüftler: Erfinden Sie eine Geschichte, wie Tim es geschafft hat, dass sich seine finanzielle Situation durch eine Funktion h mit $h(x) = -5000 \cdot 1{,}06^{(t+1)} - 2000$ beschreiben lässt.

LÖ $f_{\text{Simon}}(t) = 1000 \cdot 1{,}04^{t+3}$

$f_{\text{Fatih}}(t) = 1000 \cdot 1{,}04^t + 1000$

Auftrag 4 Funktionsmaschine

Nicht nur bei quadratischen Funktionen lässt sich der Graph durch bestimmte Änderungen des Funktionsterms verschieben oder strecken.

Stellen Sie sich den Funktionenplotter wie eine Zerr-, Verschiebe- und Spiegelmaschine von Graphen vor. Finden Sie heraus, welche Terme Sie dazu eingeben müssen.

„Füttern“ Sie Ihre Funktionsmaschine mit einem Funktionsterm, z. B.

$\sin(x);\ x;\ \frac{1}{x};\ 2^x;\ \ldots$

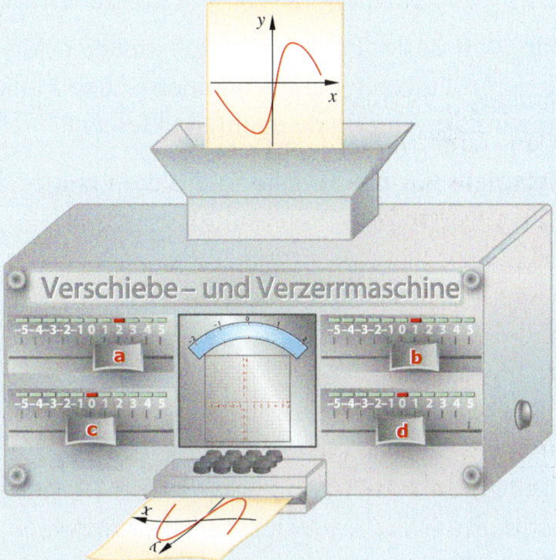

67/2

Verändern Sie jeweils den Funktionsterm so, dass die Graphen
- mit dem Faktor 2 in y-Richtung gestreckt sind (Regler a),
- mit dem Faktor 2 in x-Richtung gestaucht sind (Regler b),
- um 2 Einheiten parallel zur x-Achse nach rechts verschoben sind (Regler c),
- um 2 Einheiten parallel zur y-Achse nach oben verschoben sind (Regler d).

Kombinieren Sie anschließend Verschiebungen und Streckungen.
Mit welchem allgemeinen Funktionsterm mit den Parametern a, b, c und d kann die Funktionsmaschine verschieben, verzerren und spiegeln?

TIPP

Unter 067-1 können Sie Funktionsmaschinen für verschiedene Funktionstypen testen.

► **Auftrag 4** wird bei der Erarbeitung verwendet.

▶ Transformation

Bei quadratischen Funktionen, z. B. Bild 68/1, gilt:

- Addition einer Konstanten d zum Funktionsterm: Verschiebung des Funktionsgraphen um $|d|$ Einheiten nach oben/unten.
- Subtraktion einer Konstanten c beim Argument x: Verschiebung des Funktionsgraphen um $|c|$ Einheiten nach rechts/links.
- Multiplikation des Funktionsterms mit einem postiven Faktor a: Verzerrung des Funktionsgraphen in Richtung der y-Achse. Faktor a negativ: Funktionsgraph an der x-Achse gespiegelt.

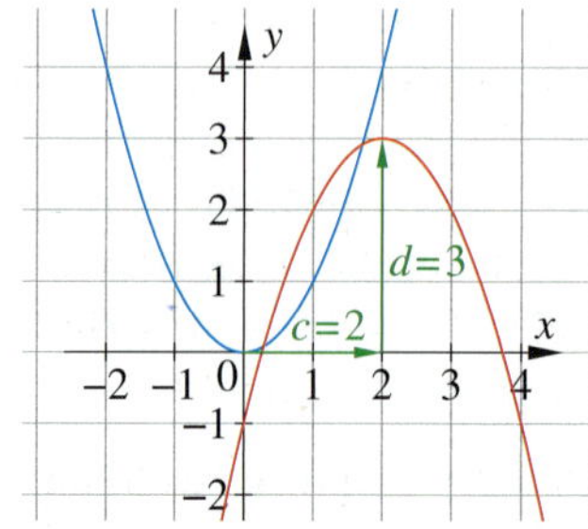

68/1 Für den roten Graphen gilt $c = 2$, $d = 3$ und $a = -1$, also $f(x) = -(x-2)^2 + 3$.

Dies lässt sich auf alle Funktionen übertragen.

Streckung oder Stauchung in y-Achsenrichtung

Die Graphen gehören zu den Funktionsgleichungen $f(x) = \sin(x)$ und $g(x) = 2 \cdot f(x) = 2 \cdot \sin(x)$.

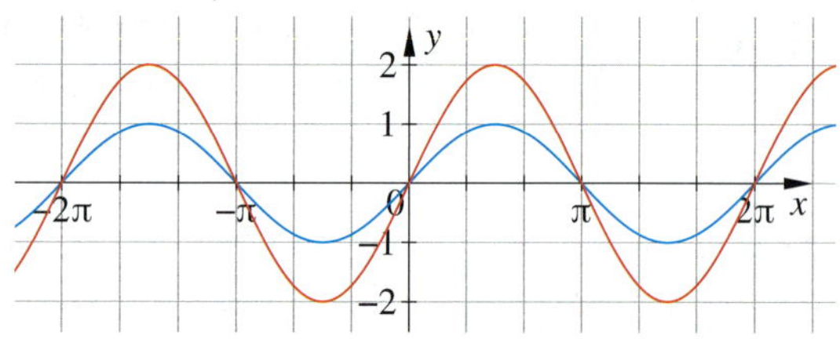

68/2

INFO
Eine Funktion f mit $f(x) = a \cdot \sin(x)$ hat die Amplitude $|a|$.

Der rote Graph ist im Vergleich zum blauen auf das Doppelte in Richtung der y-Achse gestreckt. Seine Auslenkung in x-Achsenrichtung ist gleich. Eigenschaften wie die Punktsymmetrie zum Ursprung, die Periode, die Null- und Extremstellen und das Krümmungsverhalten sind gleich. Alle y-Werte außer den Nullstellen sind doppelt so groß. Die Amplitude ist 2.

Für $a < 0$ ist der Funktionsgraph an der x-Achse gespiegelt. Wird der Betrag von a vergrößert, so vergrößert sich bei trigonometrischen Funktionen auch die Amplitude. Wird $|a|$ verkleinert, so wird die Amplitude ebenfalls kleiner.

Beispiele (für die Streckung mit dem Faktor 2 in y-Achsenrichtung)

$f(x) = x$ $g(x) = 2 \cdot x$	$f(x) = x^3$ $g(x) = 2 \cdot x^3$	$f(x) = \frac{1}{x}$ $g(x) = 2 \cdot \frac{1}{x}$	$f(x) = 2^x$ $g(x) = 2 \cdot 2^x$
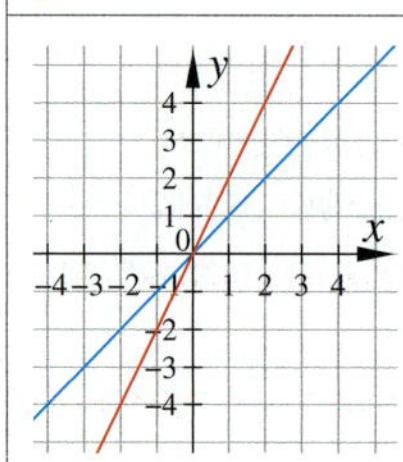 *68/3*	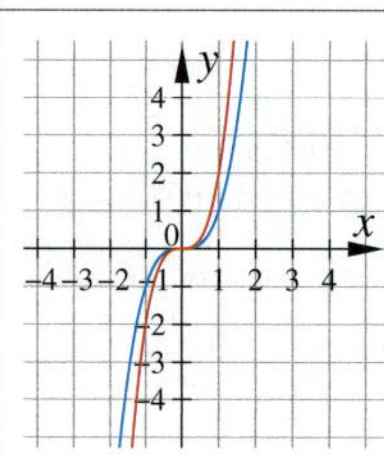 *68/4*	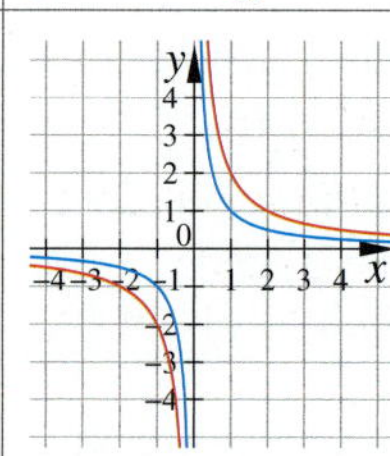 *68/5*	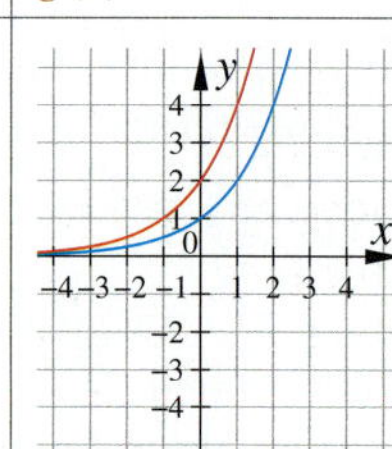 *68/6*

Somit ergibt sich für das Strecken und Stauchen in y-Achsenrichtung:

Satz 2.3

Für Funktionsgraphen von Funktionen g mit $g(x) = a \cdot f(x)$, $a \neq 0$, gilt, dass sie gegenüber dem Graphen der Funktion f …
für $|a| > 1$ in y-Achsenrichtung gestreckt,
für $|a| < 1$ in y-Achsenrichtung gestaucht und
für negatives a zusätzlich an der x-Achse gespiegelt sind.

Streckung oder Stauchung in x-Achsenrichtung

Die Graphen gehören zu den Funktionsgleichungen $f(x) = \sin(x)$ und
$g(x) = f(x) = \sin(2 \cdot x)$.
Der rote Graph ist im Vergleich zum blauen mit dem Faktor 2 in x-Richtung gestaucht. Seine Ausdehnung in Richtung der y-Achse ist gleich geblieben.

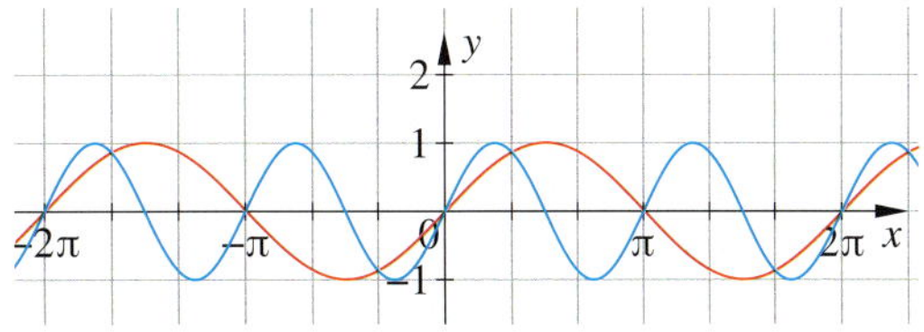

69/1

Farben falsch

Eine Verdopplung des Arguments bewirkt eine Halbierung der Periodenlänge p. Die Veränderung der Periode ändert auch die Lage der Null- und Extremstellen.
Für $b < 0$ ist der Graph zusätzlich an der y-Achse gespiegelt. Wird der Betrag von b vergrößert, so wird bei trigonometrischen Funktionen die Periode kürzer.
Wird $|b|$ verkleinert, so verlängert sich die Periode.
Für $b = 0$ ergibt sich $f(x) = \sin(0) = 0$, der Graph liegt auf der x-Achse.

Satz 2.4 Für Funktionsgraphen von Funktionen g mit $g(x) = f(b \cdot x)$, $b \neq 0$, gilt, dass sie gegenüber dem Graphen der Funktion f für $|b| > 1$ in x-Achsenrichtung gestaucht, für $|b| < 1$ in x-Achsenrichtung gestreckt und für negatives b zusätzlich an der y-Achse gespiegelt sind.

Bei Potenz- und Exponentialfunktionen können Sie die Stauchung/Streckung in Richtung der x-Achse ebenso durch eine Streckung/Stauchung entlang der y-Achse beschreiben:

Beispiele Auswirkung einer Streckung mit dem Faktor 2 in x-Richtung

$f(x) = x$ $g(x) = (2 \cdot x)$	$f(x) = x^3$ $g(x) = (2 \cdot x)^3$	$f(x) = \frac{1}{x}$ $g(x) = \frac{1}{2 \cdot x}$	$f(x) = 2^x$ $g(x) = 2^{2 \cdot x}$
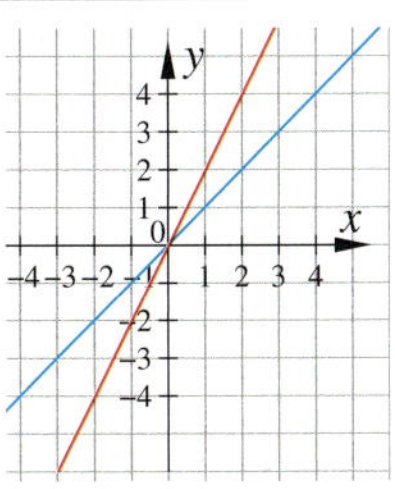 *69/2*	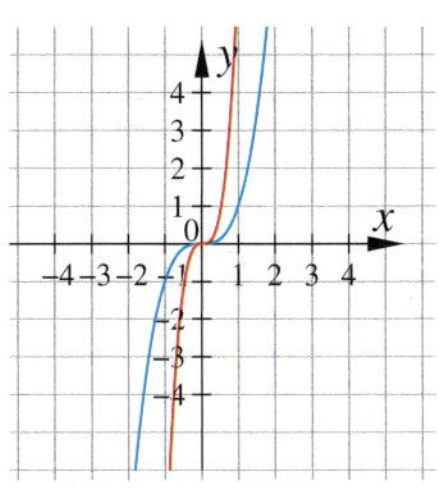 *69/3*	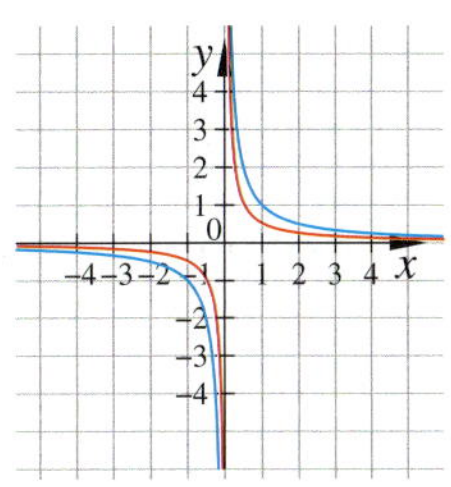 *69/4*	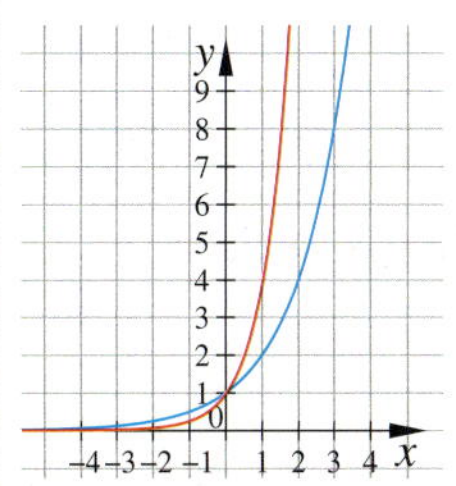 *69/5*
Streckung in y-Richtung mit dem Faktor 2.	Streckung in y-Richtung mit dem Faktor 8, denn $g(x) = (2 \cdot x)^3 = 8x^3$.	Stauchung in y-Richtung mit dem Faktor 0,5, denn $g(x) = \frac{1}{2 \cdot x} = \frac{1}{2} \cdot \frac{1}{x}$.	Auswirkung in y-Richtung durch Änderung der Basis, denn $g(x) = 2^{2x} = (2^2)^x = 4^x$.

Verschiebung um c Einheiten nach links oder rechts

Die Graphen gehören zu den Funktionsgleichungen $f(x) = \sin(x)$ und
$g(x) = \sin(x - 2)$.
Wenn vom Argument x zunächst 2 subtrahiert und dann der Sinus angewendet wird, ist der Funktionsgraph bezüglich der „normalen" Sinuskurve um 2 Längeneinheiten nach rechts verschoben.

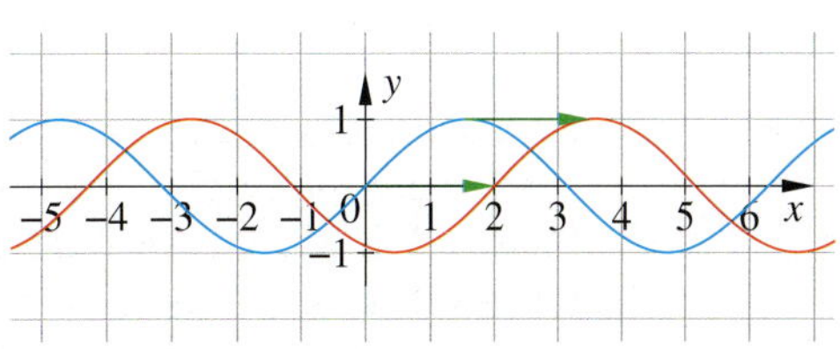

69/6

HINWEIS
Die Verschiebung der Sinuskurve um $\frac{\pi}{2}$ nach links bringt sie zur Deckung mit der Kosinuskurve und die Verschiebung der Kosinuskurve um $\frac{\pi}{2}$ nach rechts bringt sie zur Deckung mit der Sinuskurve.

Insbesondere gilt:

$$\sin\left(x + \frac{\pi}{2}\right) = \cos(x) \quad \text{und} \quad \cos\left(x - \frac{\pi}{2}\right) = \sin(x).$$

Verschiebung um *d* Einheiten nach oben oder unten

Der Graph der Funktion g mit: $g(x) = \sin(x) + 2$ liegt 2 Einheiten über dem Graphen der Sinusfunktion mit $f(x) = \sin(x)$.
Mehrere Regler können auch gleichzeitig verschoben werden.
Dabei kommt es auf die Reihenfolge an, sehen Sie dazu Aufgabe 22 auf S. 74.

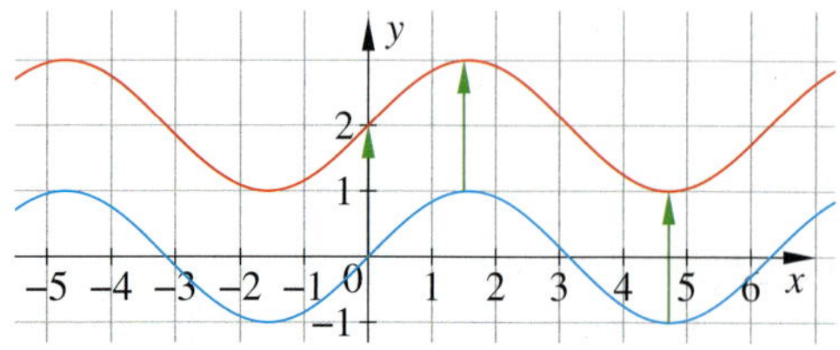

70/1

Beispiele

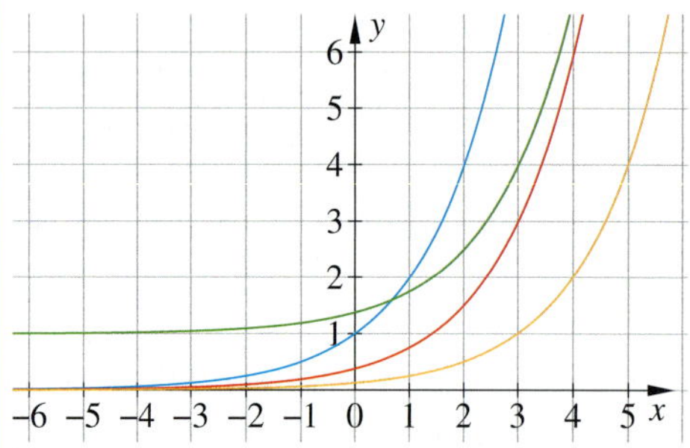

70/2

Grundfunktion f mit $f(x) = 2^x$
Verschiebung nach rechts:
$f_1(x) = 2^{x-3}$
zusätzlich Streckung in y-Achsenrichtung:
$f_2(x) = 3 \cdot 2^{x-3}$
zusätzlich Verschiebung nach oben:
$f_3(x) = 3 \cdot 2^{x-3} + 1$

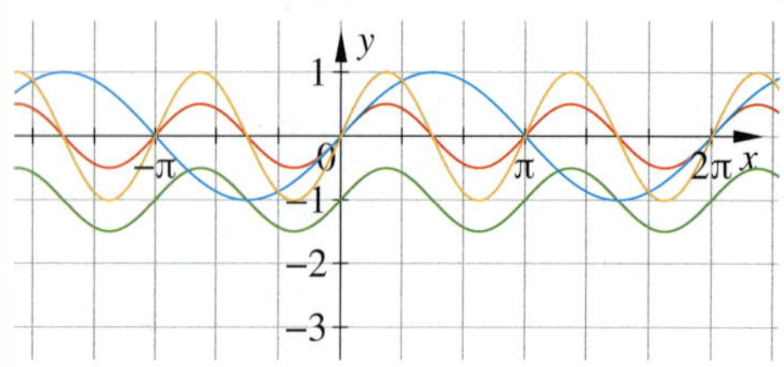

70/3

Grundfunktion f mit $f(x) = \sin(x)$
Stauchung in x-Achsenrichtung:
$f_1(x) = \sin(2x)$
zusätzlich Stauchung in y-Achsenrichtung:
$f_2(x) = 0{,}5 \cdot \sin(2x)$
zusätzlich Verschiebung nach unten:
$f_3(x) = 0{,}5 \cdot \sin(2x) - 1$

HINWEIS
Bei trigonometrischen Funktionen verändern die beiden Regler c und d nicht die Amplitude und die Periodenlänge, aber die Lage der Null- und Extremstellen.

Der Graph einer vorgegebenen Funktion f folgendermaßen verschoben und verzerrt werden:

Satz 2.5

Für den Graphen einer Funktion g mit $g(x) = a \cdot f(b \cdot (x - c)) + d$ bewirken die Parameter a, b, c und d im Vergleich zum Graphen von f folgendes:

- a: Streckung/Stauchung entlang der y-Achse mit $|a|$.
  Für $a < 0$ wird der Graph zusätzlich an der x-Achse gespiegelt.
- b: Streckung/Stauchung entlang der x-Achse mit $\left|\frac{1}{b}\right|$.
  Für $b < 0$ wird der Graph zusätzlich an der y-Achse gespiegelt.
- c: Verschiebung um c in x-Achsenrichtung nach rechts/links.
- d: Verschiebung um d in y-Achsenrichtung nach oben/unten.

Beispiele

Potenzfunktion 4. Grades: $f(x) = x^4$ ergibt $g(x) = a \cdot (b \cdot (x - c))^4 + d$

Exponentialfunktion zur Basis 2: $f(x) = 2^x$ ergibt $g(x) = a \cdot 2^{b \cdot (x-c)} + d$

Sinusfunktion: $f(x) = \sin(x)$ ergibt $g(x) = a \cdot \sin(b \cdot (x - c)) + d$

Für $a = 1$, $b = 1$, $c = 0$, $d = 0$ gilt $f(x) = g(x)$, die Funktionsgraphen sind gleich.

Aufgaben

Trainieren Anwenden Vernetzen

1 Zeichnen Sie die Graphen mithilfe einer Wertetabelle möglichst genau. Überprüfen Sie Ihre Skizze mit dem Funktionenplotter. Vergleichen Sie.

a) $f(x) = x^4 - 1$
b) $f(x) = -x^3 + 1$
c) $f(x) = \frac{1}{x-2}$
d) $f(x) = 2 \cdot x^{-2}$

2 Die Funktionsterme zu den folgenden Graphen haben alle die Gestalt $f(x) = a \cdot (x - c)^n + d$.
Bestimmen Sie die Funktionsterme der folgenden Graphen. Es gilt $a = 1$ oder $a = 2$, $c = 0$ oder $c = 3$ sowie $d = 0$ oder $d = 1$. Die Exponenten n sind -1, -2, 3 und 4.

a) 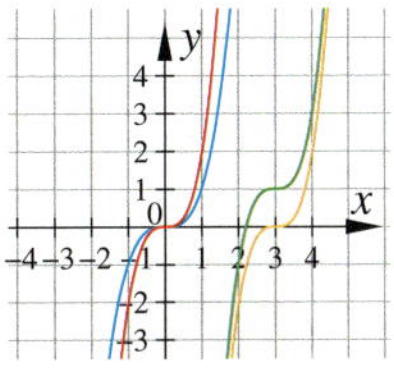

71/1

b) 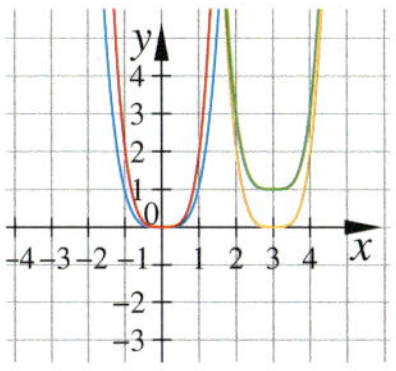

71/2

c) 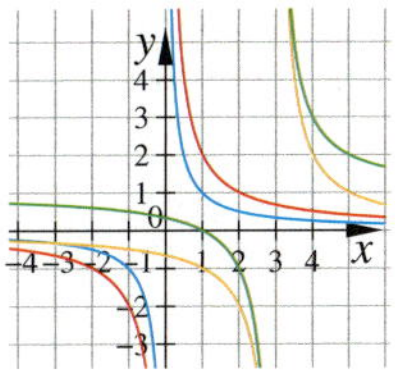

71/3

d) 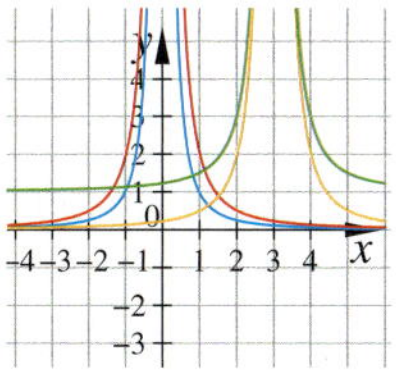

71/4

3 Finden Sie jeweils die zwei Kärtchen, die den gleichen Graphen beschreiben.

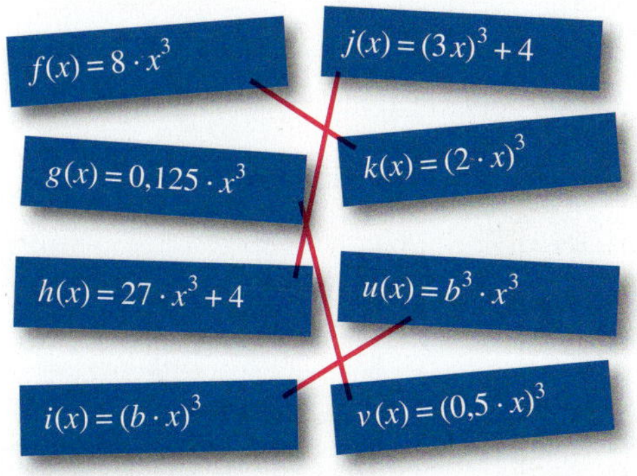

4 Ergänzen Sie: Bei einer Potenzfunktion mit Exponent 3 entspricht eine Streckung um den positiven Faktor $\frac{1}{b}$ in x-Achsenrichtung einer …

LÖ … Streckung um den Faktor b^3 in y-Achsenrichtung

$f(x) = (\frac{1}{3}x)^3$

5 Ordnen Sie die Funktionsgleichungen dem passenden Graphen zu.

a) $f(x) = \frac{1}{10} \cdot x^{-3}$ B
b) $f(x) = -x^4$ R
c) $f(x) = -0{,}5 \cdot x^5$ I
d) $f(x) = 2 \cdot x^4$ E
e) $f(x) = x^{-4}$ L
f) $f(x) = \frac{5}{x}$ N

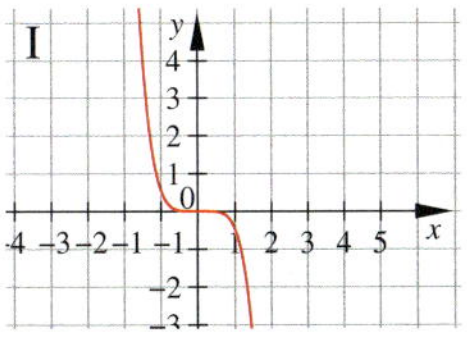

71/5

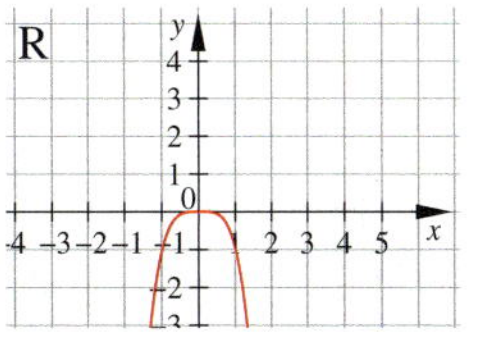

71/6

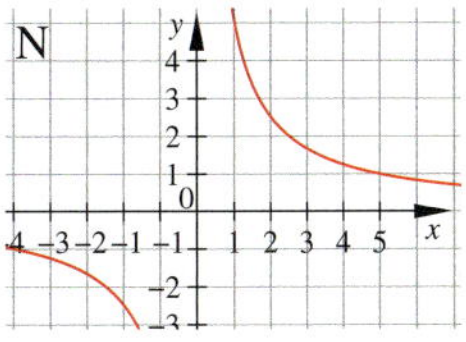

71/7

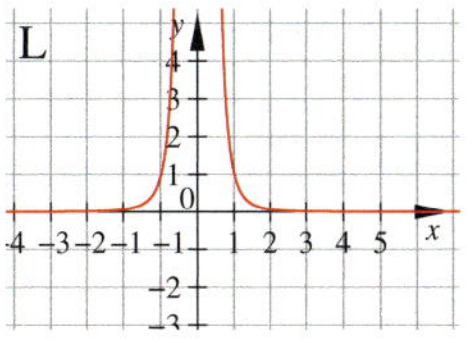

71/8

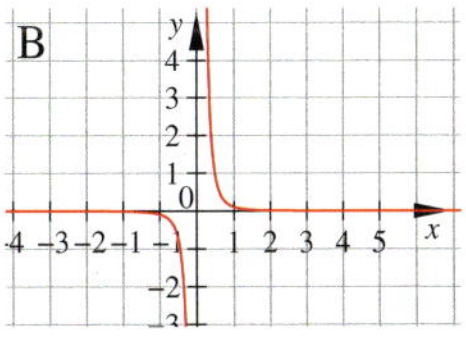

71/9

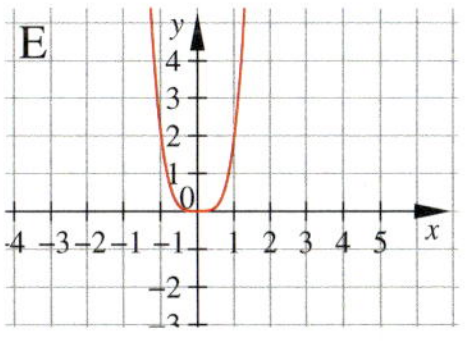

71/10

6 Der Graph von $f(x) = \frac{1}{x^2}$ wird verändert. Geben Sie den Funktionsterm zu dem Graphen an, der jeweils entsteht.

a) Verschiebung um -2 in y-Richtung.
b) Verschiebung um 2 Einheiten in x-Richtung nach rechts. $\frac{1}{(x-2)^2}$
c) Streckung in y-Richtung mit Faktor 2.
d) Streckung in y-Richtung mit dem Faktor 4 und Spiegelung an der x-Achse.

7 Zeichnen Sie den Graphen der Funktion f im angegebenen Intervall. Beschreiben Sie, wie der Graph aus der Sinus- bzw. Kosinuskurve entsteht. Geben Sie die Schnittpunkte mit der x-Achse in dem Intervall an.

a) $f(x) = \cos(x + \pi)$, $[-2{,}5\pi; 5\pi]$
b) $f(x) = \cos(x) + 2$, $[-\pi; 2\pi]$
c) $f(x) = \sin(0{,}5 \cdot x)$, $[-3{,}5\pi; 2{,}5\pi]$
d) $f(x) = 3 \cdot \sin(x)$, $[-2\pi; 2\pi]$

LÖ
a) $(-2{,}5 + k) \cdot \pi$; $k = 0; 1; 2; 3; 4; 5; 6; 7$
b) keine Nullstellen
c) $-2\pi; 0; 2\pi$
d) $-2\pi; -\pi; 0; \pi; 2\pi$

8 Ist der jeweilige Graph von f mit der Kosinuskurve identisch?

a) $f(x) = \sin\left(x + \frac{\pi}{2}\right)$
b) $f(x) = \sin(x) - \frac{\pi}{2}$
c) $f(x) = \sin\left(x - \frac{3\pi}{2}\right)$
d) $f(x) = \sin\left(x + \frac{3\pi}{2}\right)$
e) $f(x) = -\sin(-x)$
f) $f(x) = -\cos(x - \pi)$

LÖ
a) ja
b) nein
c) ja
d) nein
e) nein (Sinuskurve)
f) ja

9 Geben Sie jeweils die Amplitude, die Periode und den Schnittpunkt mit der y-Achse der Funktion f an.

a) $f\colon x \mapsto -2 \cdot \sin(x)$ 2 2π $S(0|0)$
b) $f\colon x \mapsto -\sin(x)$ 1 2π $S(0|0)$
c) $f\colon x \mapsto \cos(x+\pi)$ 1 2π $S(0|-1)$
d) $f\colon x \mapsto \cos(2\pi \cdot x)$ 1 1 $S(0|1)$
e) $f\colon x \mapsto 3 \cdot \cos(2x)$ 3 π $S(0|3)$
f) $f\colon 2 \cdot \pi \cdot x \mapsto 2{,}5 \cdot \cos(x-\pi)$ $2{,}5$ 2π $S(0|-2{,}5)$
g) $f\colon x \mapsto 42 \cdot \sin(\pi \cdot x)$ 42 2π $S(0|0)$
h) $f\colon x \mapsto 3 \cdot \sin(-0{,}5x) + 2$ 3 4π $S(0|2)$

10 Geben Sie eine mögliche Zuordnungsvorschrift für jeden Steckbrief an.

Wanted!
Der Graph der gesuchten Funktion g ist der um 3 Längeneinheiten in y-Achsenrichtung nach oben verschobene Graph von $f(x) = \sin(x)$.

$g(x) = \sin(x) + 3$

Gesucht!
Der Graph der gesuchten Kosinusfunktion u hat die Amplitude 2, die Periode 2π und ist nicht verschoben.

$u(x) = 2 \cdot \cos(x)$

Vermisst!
Der Graph der gesuchten Sinusfunktion v hat die Amplitude 1, die Periode 6, ist nicht verschoben und an der x-Achse gespiegelt.

$v(x) = -\sin(\frac{\pi}{3} \cdot x)$

Der Graph der **Kosinusfunktion** w ist mit dem Faktor 2 entlang der x-Achse gestreckt und um 3 LE in x-Achsenrichtung nach links verschoben.

$w(x) = \cos(0{,}5 \cdot (x+3))$

ZUR ERINNERUNG
Potenzgesetze:
$a^{b+c} = a^b \cdot a^c$
$a^{-x} = \frac{1}{a^x}$

11 Beschreiben Sie, wie der Graph von $f(x) = 2^x$ verschoben und gestreckt bzw. gestaucht wurde. Welche Funktionen haben identische Graphen?

a) $f(x) = 2^x - 4$
b) $g(x) = 0{,}5^x + 4$
c) $h(x) = 2^{x+2}$
d) $i(x) = -2^{x-2}$
e) $j(x) = 4 \cdot 2^x$
f) $k(x) = 4 + 2^{-x}$

LÖ identisch: $g(x)$ und $k(x)$; $h(x)$ und $j(x)$

12 Der Graph von g entsteht aus dem Graphen von $f(x) = 2^x - 1$ durch Verschiebung in y-Achsenrichtung. Es gilt $g(3) = 6$. Um wie viele Einheiten muss der Graph von f verschoben werden? Geben Sie den Term von g an und zeichnen Sie den Graphen im Intervall $[-3; 3]$.

LÖ
$g(x) = 2x - 2$

13 Übertragen Sie die Tabelle in Ihr Heft und ergänzen Sie die Funktionsgleichungen.

	$f(x) = \sin(x)$	$g(x) = x^3 + x^2$	$h(x) = 0{,}5^x$
Der Graph ist an der x-Achse gespiegelt.	$f_1(x) = -\sin(x)$	$g_1(x) = -x^3 - x^2$	$h_1(x) = -0{,}5x$
Der Graph ist um $\frac{4}{3}$ entlang der y-Achse nach unten verschoben.	$f_2(x) = \sin(x) - \frac{4}{3}$	$g_2(x) = x^3 + x^2 - \frac{4}{3}$	$h_2(x) = 0{,}5x - \frac{4}{3}$
Der Graph ist mit dem Faktor 3 entlang der y-Achse gestreckt.	$f_3(x) = 3 \cdot \sin(x)$	$g_3(x) = 3 \cdot x^3 + 3 \cdot x^2$	$h_3(x) = 3 \cdot 0{,}5x$
Der Graph ist mit dem Faktor −2 entlang der y-Achse gestreckt und um 1,5 Längeneinheiten nach links verschoben.	$f_4(x) = -2 \cdot \sin(x+1{,}5)$	$g_4(x) = -2 \cdot ((x+1{,}5)^3 + (x+1{,}5)^2)$	$h_4(x) = -2 \cdot 0{,}5^{(x+1{,}5)}$

14 Look at the graphs shown below. They belong to equations of the following form:
$f(x) = a \cdot \sin(b(x-c)) + d$ or $f(x) = a \cdot (b(x-c))^{-1} + d$.

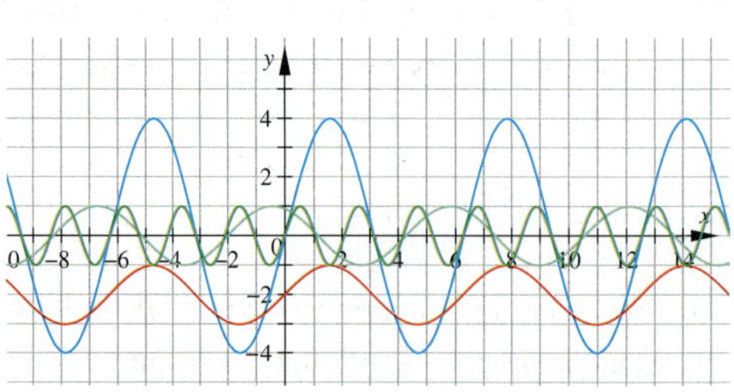

72/1 $f_{\text{rot}}(x) = \sin(x) - 2$
$f_{\text{blau}}(x) = 4 \cdot \sin(x)$
$f_{\text{grün}}(x) = \sin(x+2)$
$f_{\text{blassgrün}}(x) = \sin(3x)$

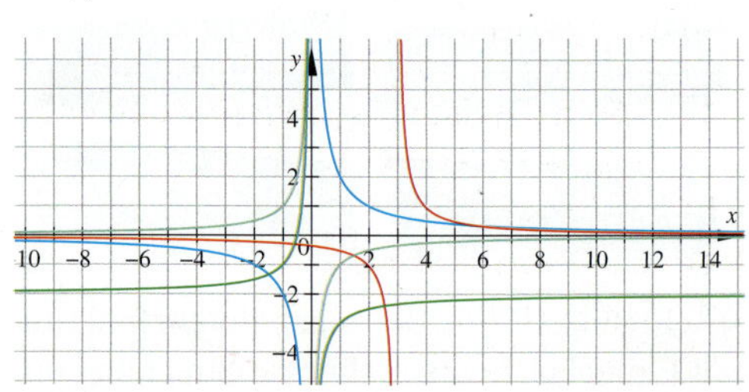

72/2 $f_{\text{rot}}(x) = \frac{1}{x-3}$
$f_{\text{blau}}(x) = \frac{2}{x}$
$f_{\text{grün}}(x) = \frac{-1}{x-2}$
$f_{\text{blassgrün}}(x) = -\frac{1}{x}$

15 Bestimmen Sie einen Funktionsterm, der jeweils zu der Wertetabelle passt.

x	-2	-1	0	1	2	3
$f(x)$	16	1	0	1	16	81
$g(x)$	81	16	1	0	1	16
$h(x)$	11	-4	-5	-4	11	76

x	$-\frac{\pi}{2}$	0	$\frac{\pi}{2}$	π	$\frac{3}{2}\pi$	2π
$i(x)$	-2	0	2	0	-2	0
$j(x)$	-2	-1	0	-1	-2	-1

Noch fit?

I Lösen Sie die quadratische Gleichung mithilfe der Lösungsformel.

a) $x^2 - 2x - 8 = 0$ $-2; 4$

b) $2x^2 - 7x = -6$ $2; \frac{3}{2}$

c) $x^2 + 2x + 4 = 0$ keine Lösung

II Schreiben Sie als Gleichung und lösen Sie möglichst geschickt.

a) Multiplizieren Sie die um vier verkleinerte Zahl mit der um drei vergrößerten Zahl, so erhalten Sie null. $-3; -4$

b) Subtrahieren Sie die Zahl von sechs, so erhalten Sie den Quotienten aus neun und der Zahl. $x = 3$

III Für welchen Wert von d hat die dunkle Fläche den Inhalt 12,83 FE?

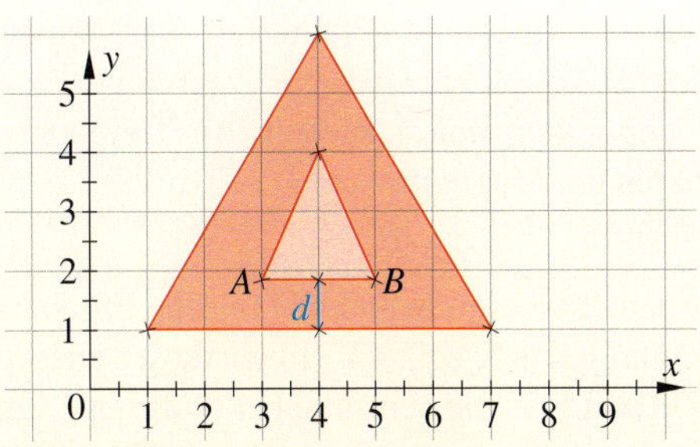

73/1 $d = 1{,}1$ LE

IV Lösen Sie durch „scharfes Hinsehen".

a) $x^2 + 18x + 81 = 0$ -9

b) $y^2 - 144 = 0$ ± 12

c) $3x^2 - 12x + 12 = 0$ 2

d) $2x^2 - \frac{1}{2} = 0$ $\pm\frac{1}{2}$

e) $x^2 + x - 20 = 0$ $4; -5$

Trainieren **Anwenden** Vernetzen

16 Betrachten Sie die Graphen zu $f_1(x) = 2^x$, $f_2(x) = 2^{2x}$, $f_3(x) = 2^{3x}$ und $f_4(x) = 2^{4x}$. Beschreiben Sie die Auswirkung des Faktors im Exponenten auf die Verzerrung des Graphen, die sich in x-Richtung beziehungsweise in y-Richtung ergibt.
Formulieren Sie eine Regel für $f(x) = 2^{bx}$.

17 Zeigen Sie mittels der Definitionen von sin und cos am Einheitskreis:

a) $\sin(\alpha + 90°) = \cos(\alpha)$
bzw. $\sin\left(x + \frac{\pi}{2}\right) = \cos(x)$

b) $\cos(\alpha - 90°) = \sin(\alpha)$
bzw. $\cos\left(x - \frac{\pi}{2}\right) = \sin(x)$

c) $\sin(\alpha - 90°) = -\cos(\alpha)$
bzw. $\sin\left(x - \frac{\pi}{2}\right) = -\cos(x)$

d) $\cos(\alpha + 90°) = -\sin(\alpha)$
bzw. $\cos\left(x + \frac{\pi}{2}\right) = -\sin(x)$

Erläutern Sie dazu die Bedeutungen der farbig eingezeichneten Linien. Führen Sie den Nachweis einmal, indem Sie die Winkel im Gradmaß betrachten. Führen Sie den Nachweis ebenfalls, indem Sie die Winkel im Bogenmaß betrachten.

18 Geben Sie die Extrempunkte an.

a) $f(x) = x^4 + 5$

b) $f(x) = \frac{1}{x^4} + 5$

c) $f(x) = (x + 2)^{11}$

d) $f(x) = 2 \cdot (x - 4)^4 + 1$

e) $f(x) = -(x - c)^6$

f) $f(x) = -(x - c)^8 + d$

Formulieren Sie eine Regel, wann Sie bei Potenzfunktionen mit einem Extrempunkt rechnen. Geben Sie die Koordinaten an.

19 Geben Sie einen Funktionsterm der Form $f(x) = a \cdot \sin(b(x - c)) + d$ an, der jeweils die genannten Bedingungen erfüllt.

a) Die Wertemenge ist $[-1{,}5; 1{,}5]$ und die Nullstellen sind ganzzahlige Vielfache von π.

b) Der Funktionsgraph ist achsensymmetrisch zur y-Achse und alle Funktionswerte sind negativ.

20 Die Graphen von $f(x) = 2 \cdot x^3 + 0{,}3$, $g(x) = 2 \cdot \sin(x + \pi)$ und $h(x) = -2^x$ werden an der x-Achse, an der y-Achse, an beiden Achsen gespiegelt. Finden Sie die passenden Funktionsterme.

LÖ

gespiegelt an:	$f(x)$	$g(x)$	$h(x)$
x-Achse	$-2x^3 - 0{,}3$	$-2 \cdot \sin(x + \pi)$	$2x$ 2^x
y-Achse	$2(-x)^3 + 0{,}3$	$2 \cdot \sin(-x + \pi)$	$-2-x$ -2^{-x}
beide Achsen	$-2(-x)^3 - 0{,}3$	$-2 \cdot \sin(-x + \pi)$	$2-x$ 2^{-x}

LÖ Aufgabe 15
$f(x) = x^4$
$g(x) = (x-1)^4$
$h(x) = x^4 - 5$
$i(x) = 2 \cdot \sin(x)$
$j(x) = \sin(x) - 1$

DE zu Aufgabe 16: Anwendung von Satz 2.4, 4. Beispiel S. 67

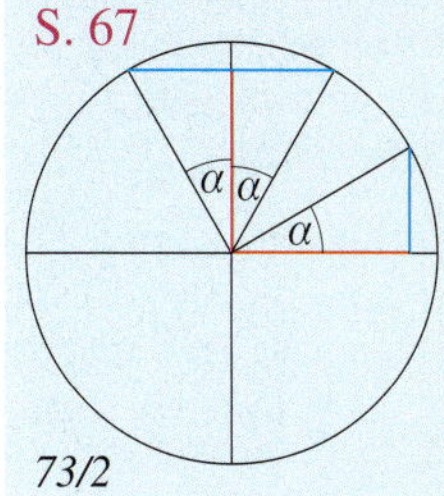

73/2

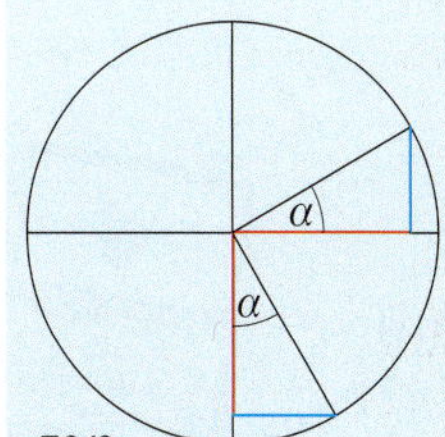

73/3

LÖ
a) $T(0|5)$
b) kein Extrempunkt
c) kein Extrempunkt
d) $T(4|1{,}5)$
e) $H(c|0)$
f) $H(c|d)$

LÖ
a) $f(x) = 1{,}5 \cdot \sin(x)$
b) $f(x) = \sin\left(x - \frac{\pi}{2}\right) - 1{,}5$

Graphen mit dem GTR untersuchen

TIPP
Extrempunkte sind die Punkte, für die die Funktion den größten bzw. kleinsten Wert in einer gewissen Umgebung des x-Wertes annimmt. Parabeln haben genau einen Extrempunkt, ihren Scheitelpunkt.

Mit dem GTR lassen sich Funktionsgraphen auf besondere Punkte wie Extrempunkte oder Schnittpunkte mit den Achsen bzw. anderen Graphen untersuchen. Als Beispiel dienen die Graphen der beiden Funktionen $f(x) = x^2 - 4$ sowie $g(x) = -x - 1$ (siehe Screenshots der gängigen GTR-Modelle).

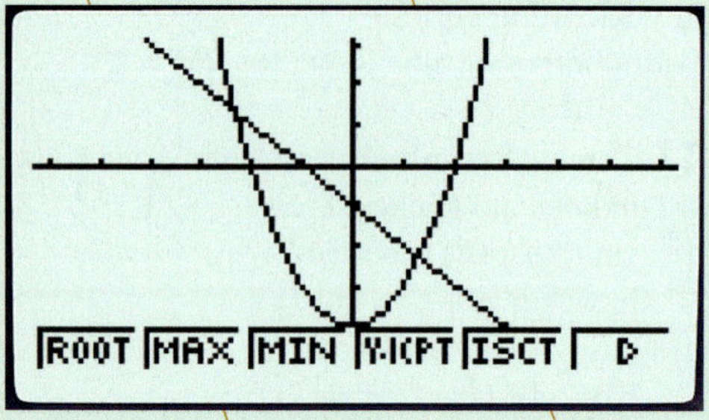

74/1

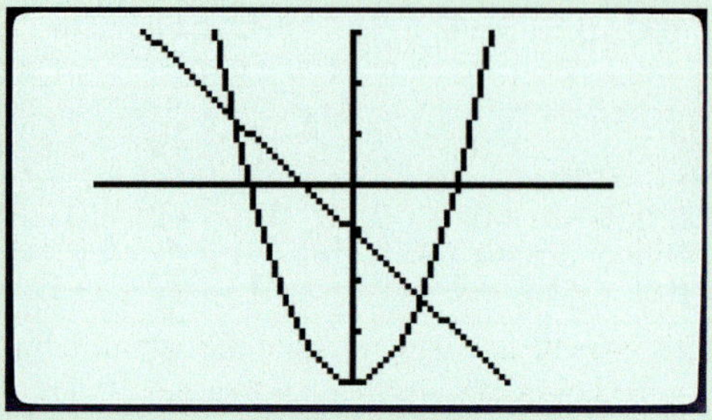

74/2

Schnittpunkte mit der x-Achse und Extrempunkte bestimmen

Um Schnittpunkte mit der x-Achse oder Extrempunkte eines Funktionsgraphen mit Ihrem GTR zu bestimmen, lassen Sie sich zunächst den Graphen zeichnen.

Betätigen Sie die Taste **G-Solv**.
- Mit **ROOT** bestimmen Sie die Schnittpunkte mit der x-Achse.
- Die Befehle **MAX** bzw. **MIN** liefern die Extrempunkte.

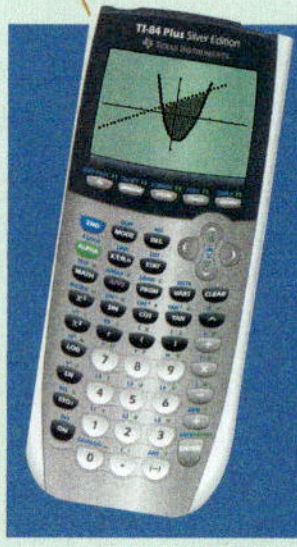

Betätigen Sie die Taste **CALC**.
- **zero** liefert Ihnen die Schnittpunkte mit der x-Achse.
- Die Befehle **minimum** bzw. **maximum** liefern die Extrempunkte.

Geben Sie eine linke und eine rechte Grenze sowie einen Schätzwert an.

Sind mehrere Funktionsgraphen zu sehen, so müssen Sie zusätzlich auswählen, welchen Graphen Sie auf Schnittpunkte mit der x-Achse bzw. auf Extrempunkte untersuchen möchten. Dies geschieht mit den Pfeiltasten und der **ENTER**- bzw. **EXE**-Taste.
Da ein Graph mehrere solche Punkte haben kann, können Sie mit den Pfeiltasten zwischen den verschiedenen Punkten hin- und herwechseln.
Bei Extrempunkten wird zwischen Tief- und Hochpunkten unterschieden. An Tiefpunkten nimmt die Funktion ein Minimum und an Hochpunkten ein Maximum an.
Im Beispiel liegt ein Minimum bei -4 (vgl. Screenshot).

HINWEIS
Die Begriffe *Minimum* und *Maximum* bezeichnen lediglich Funktionswerte (y-Werte). Die zugehörigen Punkte heißen Tiefpunkt bzw. Hochpunkt.

Doch Vorsicht: Da der GTR nur näherungsweise arbeitet, werden manchmal falsche Ergebnisse geliefert! Einer der Screenshots zeigt ein Minimum bei $-5{,}42\,\mathrm{E}-7$. Hinter dieser wissenschaftlichen Notation verbirgt sich die Zahl $-0{,}000\,000\,542$, die sehr nah bei Null liegt. Tatsächlich liegt der Scheitelpunkt direkt auf der y-Achse, also an der Stelle 0, wie der andere Screenshot richtig zeigt. Der GTR ist also nicht unbedingt dazu geeignet, exakte Ergebnisse zu berechnen.

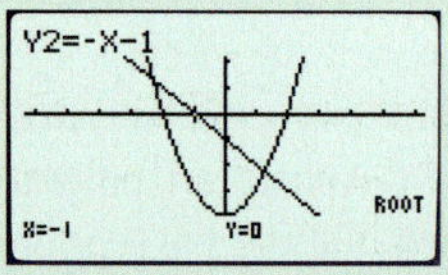

74/3

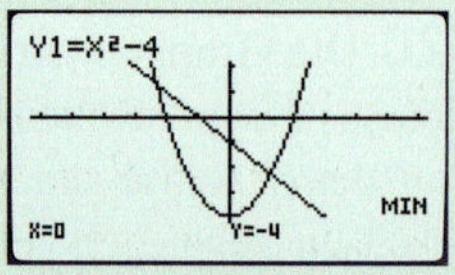

74/4

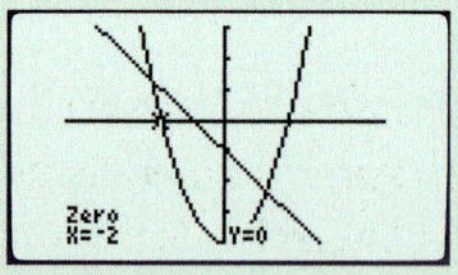

74/5

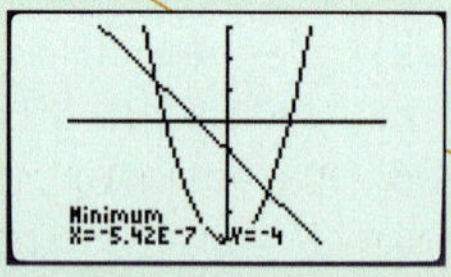

74/6

Schnittpunkte bestimmen

Zum Bestimmen der Schnittpunkte von zwei Funktionsgraphen müssen die entsprechenden Graphen zunächst gezeichnet werden.

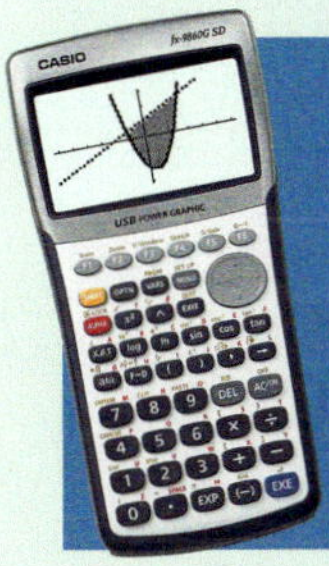

Betätigen Sie die Taste **G-Solv**. Der Befehl **ISCT** liefert Ihnen die Schnittpunkte der Graphen. Bei mehr als zwei Graphen müssen Sie die beiden, deren Schnittpunkte Sie suchen, auswählen.

Betätigen Sie die Taste **CALC**. Nutzen Sie den Befehl **intersect** und wählen Sie dann die beiden Graphen aus, deren Schnittpunkte Sie suchen.

Die Screenshots zeigen, dass die Schnittpunkte der beiden Funktionsgraphen des Beispiels etwa bei $(-2{,}3;1{,}3)$ und $(1{,}3;-2{,}3)$ liegen.

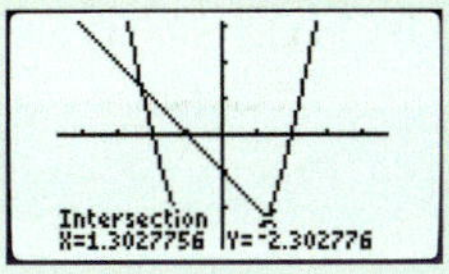

75/1

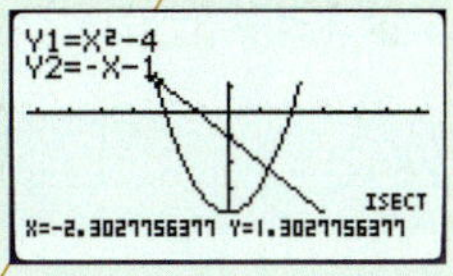

75/2

Aufgaben

1 Bestimmen Sie mit Ihrem GTR die Nullstellen und Extremstellen der Funktion $f(x)=\frac{1}{3}x^3-2x^2+3x-1$. Bestimmen Sie dann die Schnittpunkte des Graphen von f mit der Geraden g, die durch $g(x)=-\frac{2}{3}x+1$ gegeben ist.

LÖ Nullstellen: 0,5; 1,6; 3,9
Extremstellen: 1; 3
Schnittstellen: 1; 2; 3

2 Ermitteln Sie die Schnittpunkte der Graphen folgender Funktionen. Was fällt Ihnen auf?

a) $f(x)=x^2$ $g(x)=\sqrt{x}$ $x=0$ oder $x=1$

b) $f(x)=\frac{4}{x^2}$ $g(x)=\frac{2}{\sqrt{x}}$ $x=\frac{22}{3}$

c) $f(x)=\frac{1}{8}\cdot x^3$ $g(x)=2\cdot\sqrt[3]{x}$
$x=-2\cdot\sqrt{2}$ oder $x=0$ oder $x=2\cdot\sqrt{2}$

LÖ Schnittstelle: $-\frac{2}{3}$

3 Zwei Satelliten bewegen sich auf annähernd parabelförmigen Bahnen. Die Bahn des einen Satelliten wird durch $f(x)=3x^2+2x-3$ beschrieben, die des zweiten durch $g(x)=\frac{3}{4}x^2-x-4$.
Besteht für die Satelliten Gefahr, miteinander zu kollidieren?

Versuchen Sie, diese Frage zu beantworten, indem Sie lediglich eine Funktion untersuchen. Welche Funktion ist dafür nötig?
Welche Form haben Bahnen von Satelliten oder anderen Himmelskörpern wie z. B. Planeten in Wirklichkeit?

75/3

4 Die Funktionen $f(x)=2x^5-x^4-6x^3+2x^2+3{,}5x-7$ und $g(x)=\frac{1}{10}x^4-2x^2$ sind Beispiele für *ganzrationale Funktionen*. Die höchste auftretende Potenz von x gibt dabei den *Grad* der ganzrationalen Funktion an. Daher ist f eine ganzrationale Funktion 5. Grades und g eine ganzrationale Funktion 4. Grades. Jede quadratische Funktion wie z. B. $u(x)=-\frac{1}{3}x^2-3x+1$ ist demnach eine ganzrationale Funktion vom Grad 2 und jede lineare Funktion wie z. B. $v(x)=2{,}7x$ ist eine ganzrationale Funktion 1. Grades.

Untersuchen Sie den Zusammenhang zwischen dem Grad einer ganzrationalen Funktion und der (maximal möglichen) Anzahl an Nullstellen und Extremstellen. Wird diese Anzahl immer erreicht? Gibt es hierbei Unterschiede zwischen geradem und ungeradem Grad?
Nutzen Sie den GTR. **DE** vgl. Satz 2.1, Seite 55

HINWEIS
Ganzrationale Funktionen werden auch *Polynomfunktionen* genannt.

21 Übertragen Sie die Tabelle in Ihr Heft und ergänzen Sie sie.

	$f(x) = a \cdot \sin(x)$	$f(x) = \cos(bx)$	$f(x) = \sin(x - c)$
Periode	2π	$2\frac{\pi}{\lvert b\rvert}$	2π
Amplitude	$\lvert a\rvert$	1	1
Symmetrie	punktsymm.: $(0\vert 0)$ achsensymm.: $x = \frac{\pi}{2}$	achsensymm.: y-Achse punktsymm.: $(\frac{\pi}{2}\vert b;0)$	punktsymm.: $(c\vert 0)$ achsensymm.: $x = c + \frac{\pi}{2}$
Nullstellen im Bereich $[-2\pi; 2\pi]$	$-2\pi; -\pi; 0; \pi; 2$	$r = *$	$r; r-\pi; r-2\pi;$ $r+\pi; r+2\pi$
Extremstellen im Bereich $[-2\pi; 2\pi]$	$-\frac{3}{2}\pi; -\frac{1}{2}\pi; \frac{1}{2}\pi; \frac{3}{2}\pi$	$x_k = (k\lvert\lvert b\rvert - 2) \cdot \pi$ für $k \leq 4\lvert b\rvert$; k aus $\mathbb{N}$	$e; e+\pi; e-\pi;$ $e-2\pi; e-3\pi$

$e = r + \frac{\pi}{2}$

*Rest vom Betrag bei der Division von c durch π.

22 Wählen Sie zwei verschiedenfarbige Arbeitsaufträge und wenden Sie sie auf die Graphen von $f(x) = \frac{1}{x^2}$, $g(x) = 2^x$ oder $h(x) = \sin(x)$ an.

Streckung mit dem Faktor $\frac{1}{3}$ in x-Achsenrichtung.

Stauchung mit dem Faktor 3 in y-Achsenrichtung.

Verschiebung um 2 Einheiten in y-Achsenrichtung.

Verschiebung um 2 Einheiten in x-Achsenrichtung.

Vertauschen Sie nun die Reihenfolge der Arbeitsaufträge und vergleichen Sie die zugehörigen Funktionsterme. Nehmen Sie Stellung zu der Aussage: „Erst verschieben, dann strecken."

23 Gegeben sind die folgenden Situationen und Tabellen.

I. Nach 30 Jahren ist die Hälfte des radioaktiven Stoffes ^{137}Cs zerfallen.
II. Bei guter Pflege wird unsere Sonnenblume bis zu 3 m hoch.
III. Bei uns wird Ihr Sparguthaben mit sensationellen 6% pro Jahr verzinst!
IV. Vorsicht beim Tauchen: In 10 m Tiefe hat sich der Druck fast verdoppelt.

Tabelle 1

IV =

0	1	2	3	4	5	6	7	8	9	10	11	12
1013	1111	1209	1307	1405	1503	1601	1699	1797	1895	1993	2091	2189

Tabelle 2

III =

0	1	2	3	4	5	6	7	8	9	10
100	106	112,36	119,1	126,25	133,82	141,85	150,36	159,38	168,95	179,08

Tabelle 3

I =

0	10	20	30	40	50	60	70	80	90	100
200	158	126	100	79	62	50	39	31	25	20

Tabelle 4

II =

0	2	4	6	8	10	12	14	16	18	20	22	24	26
0,5	1,1	1,56	1,9	2,17	2,37	2,52	2,63	2,72	2,79	2,84	2,88	2,91	2,93

Ordnen Sie die Tabellen den Situationen zu. Geben Sie jeweils sinnvolle Einheiten an. Wie lautet die Zuordnungsvorschrift bei Situationen mit exponentiellem Wachstum?

24 Graphenausschnitte

a) Geben Sie verschiedene Funktionstypen an, die für die Graphen in Frage kommen.

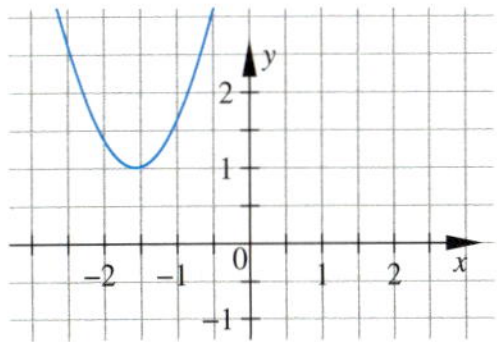

77/1 Parabel

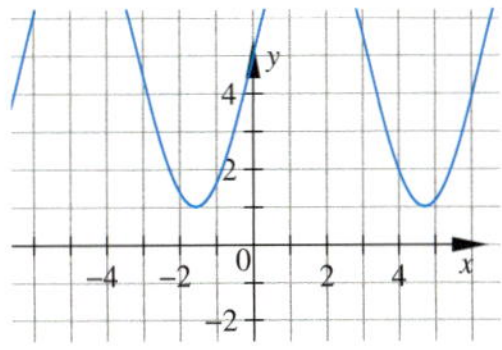

77/2 ganzrat. Fkt. 5. Grades

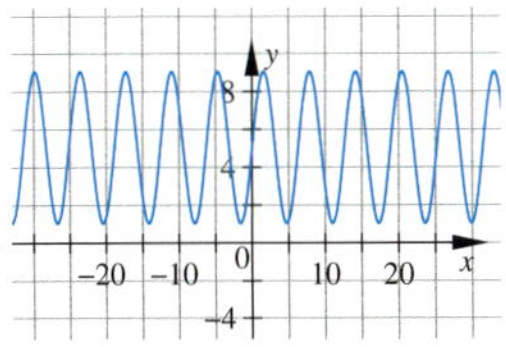

77/3 Sinus oder Kosinus

b) Welcher Funktionstyp kommt in Frage, wenn die Graphen dieselbe Funktion darstellen?

c) Betrachten Sie die Graphen von f und g mit $f(x) = 2^x + 20$ und $g(x) = (x - 15)^{-2}$ mit Ihrem Funktionenplotter. Erklären Sie, warum die Fenstereinstellung große Bedeutung hat.

d) Überlegen Sie sich Möglichkeiten, wie überprüft werden kann, ob man einen aussagekräftigen Bildschirmausschnitt gewählt hat.

LÖ
b) sin oder cos
c) Graph (f): evtl. nicht zu erkennen
Graph (g): evtl. ungünstiger Ausschnitt

25 Gespenster b) Grad (f) = 6; $f(x) = -\frac{1}{500} \cdot x^6 + \frac{27}{250} \cdot x^4 - \frac{33}{22} \cdot x^2 + 5$

a) Erklären Sie mit den „Gespenster"-Graphen, wie man sich das Strecken von Funktionsgraphen vorstellen muss.

b) Die Konturen der abgebildeten Gespenster basieren auf dem Graph der Funktion f mit $f(x) = -\frac{1}{500} \cdot (x-5)^2 \cdot (x+5)^2 \cdot (x-2) \cdot (x+2)$. Geben Sie den Grad von f an und vereinfachen Sie den Funktionsterm.

c) Vergleichen Sie die Lage und das Aussehen der Gespenster-Graphen mit dem Graphen von f.

$f_1(x) = -\frac{1}{50} \cdot (x-5)^2 \cdot (x+5)^2 \cdot (x-2) \cdot (x+2)$

$f_2(x) = -\frac{1}{500} x^6 + \frac{27}{250} x^4 - \frac{33}{20} x^2 + 15$

$f_3(x) = -\frac{1}{500} \cdot (x-7)^2 \cdot (x+3)^2 \cdot (x-4) \cdot (x+0)$

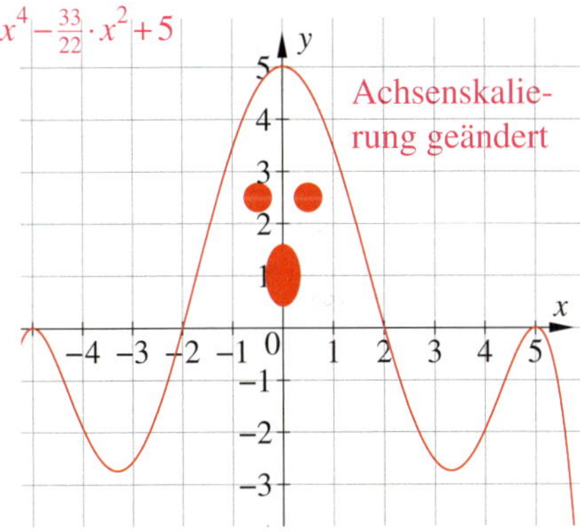

77/4 c) Grad (f_1) mit Faktor 10 in y-Richtung gestreckt; Grad (f_2) um 10 in y-Richtung nach oben verschoben; Grad (f_3) um 2 in x-Richtung nach rechts verschoben

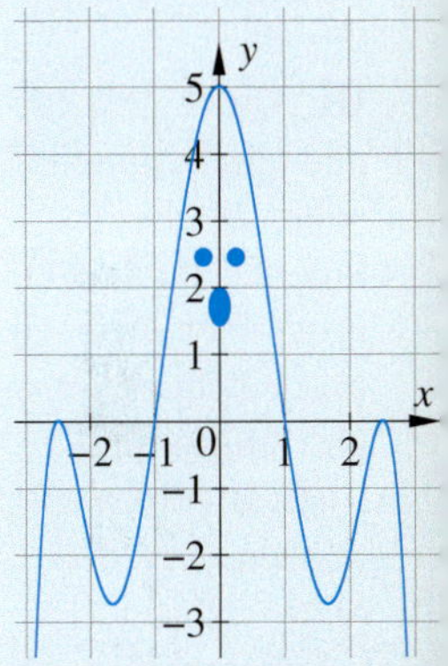

77/5

d) Erfinden Sie eigene „Gespenster" und lassen Sie sie im Koordinatensystem „spuken".

Trainieren Anwenden **Vernetzen**

26 Schätzwerte für quantitatives Steigungsverhalten

a) Geben Sie jeweils einen Schätzwert für die Steilheit der Sinuskurve in den Punkten mit den x-Koordinaten $0; \frac{\pi}{4}; \frac{\pi}{2}; \frac{3}{4} \cdot \pi; \pi; \frac{3}{2} \cdot \pi; 2 \cdot \pi$ an. Vergleichen Sie mit den Werten der Kosinusfunktion an diesen Stellen.

b) Geben Sie jeweils einen Schätzwert für die Steilheit der Kosinuskurve in den Punkten mit den x-Koordinaten $0; \frac{\pi}{4}; \frac{\pi}{2}; \frac{3}{4} \cdot \pi; \pi; \frac{3}{2} \cdot \pi; 2 \cdot \pi$ an. Vergleichen Sie mit den Werten der Sinusfunktion an diesen Stellen.

DE Erste anschauliche Begegnung der Schülerinnen und Schüler mit der Beziehung sin' = cos und cos' = sin

27 Zu welchem Punkt bzw. zu welcher Gerade ist der Graph symmetrisch?

a) $f(x) = \frac{1}{x^{13}} + 5$ punktsymm. zu $P(0|5)$

b) $f(x) = x^{-4} - 5$ achsensymm. zur y-Achse

c) $f(x) = \frac{1}{(x-3)^2} + 5$ achsensymm zu $x = 3$

d) $f(x) = \frac{-2}{(x+4)^{13}}$ punktsymm. zu $P(-4|0)$

e) $f(x) = \frac{1}{(x+17)^{42}} - 3$ achsensymm. zu $x = -17$

f) $f(x) = \frac{1}{(x+17)^{41}} - 3$ punktsymm. zu $P(-17|3)$

g) $f(x) = \frac{1}{(x-2)^n}$

h) $f(x) = \frac{2}{(x-3)^n} - 4$

DE für g) und h) Fallunterscheidungen für n ungerade ($\neq 1$); n gerade ($\neq 0$); $n = 0$; $n = 1$

Überlegen Sie sich weitere Beispiele und formulieren Sie Merkregeln für das Erkennen der Symmetrieeigenschaften von Potenzfunktionen.

28 Zusammenhänge zwischen Funktionstermen

a) Untersuchen Sie die Bedeutung der Parameter r, s und t für das Aussehen des Graphen von $f_1(x) = \frac{r+sx}{x-t}$.

b) $f_2(x) = \frac{a}{x-c} + d$ beschreibt ebenfalls die Funktion f_1.
Bestimmen Sie den Zusammenhang, der zwischen den Parametern von f_1 und f_2 besteht.

LÖ
a) $f_1(x) = \frac{r+st}{x-t} + s$
b) $t = c$; $s = d$; $r = a - cd$

29 Bestimmen Sie die Zahl der Nullstellen der ganzrationalen Funktion f mit $f(x) = (x-2)^2 \cdot (x+2)^2 + d$ in Abhängigkeit von der Variablen d.

$d = 0$: 2 und -2; $d > 0$: keine; $d < 0$: $\pm\sqrt{4+\sqrt{-d}}$ und $\pm\sqrt{4-\sqrt{-d}}$

30 Die Sinuskurve ist mit dem Faktor 2 in y-Richtung gestreckt, um 3 Längeneinheiten in y-Achsenrichtung nach unten verschoben und nicht in x-Achsenrichtung verschoben.
Der Punkt $P(1|-1)$ soll auf dem Graphen liegen.
Gesucht ist die Periode einer der Sinusfunktionen, die alle möglichen Bedingungen erfüllt.

DE Ansatz:
$2 \cdot \sin(b) - 3 = -1$

LÖ unendlich viele Lösungen:
$b = \frac{\pi}{2} + k \cdot 2\pi$ mit k aus $\mathbb{Z}$

31 Riesenrad

a) Das London Eye ist eines der beeindruckendsten Riesenräder der Erde. Unter 078-1 finden Sie weiterführende Informationen.
Überprüfen Sie, ob $f(t) = 67{,}68 \cdot \sin\left(\frac{\pi}{15} \cdot x + 1{,}5\pi\right) + 67{,}68$ eine Funktionsgleichung für die Zuordnung Zeit ↦ Höhe einer Webcam ist, die unten an einer Gondel hängt..
Bei der Erklärung hilft es, die Riesenradfahrt von London Eye mit einer „Fahrt" auf dem Einheitskreis zu vergleichen.
Finden Sie damit eine Erklärung für die Funktionsvorschrift.

b) Wie ändert sich die Zuordnungsvorschrift, wenn die Riesenradfahrt
- eine Stunde dauert?
- von einer Videokamera auf Schulterhöhe gefilmt wird?
- auf einem Riesenrad mit 100 m Durchmesser stattfindet?

b) 1. $f(x) = 67{,}68 \cdot \sin\left(\frac{\pi}{30} \cdot (x+22{,}5)\right) + 67{,}68$
2. $f(x) = 67{,}68 \cdot \sin\left(\frac{\pi}{15} \cdot (x+22{,}5)\right) + 69{,}28$
3. $f(x) = 50 \cdot \sin\left(\frac{\pi}{15} \cdot (x+22{,}5)\right) + 50$

DE Die Schülerinnen und Schüler sollen die Bedeutung der Parameter im mathematischen Modell (Funktionsgleichung) für die Realität erläutern können: z. B. doppelte Amplitude = Durchmesser des Riesenrades etc.

32 Bestimmen Sie jeweils den Funktionsterm, der alle fünf Graphen beschreibt.

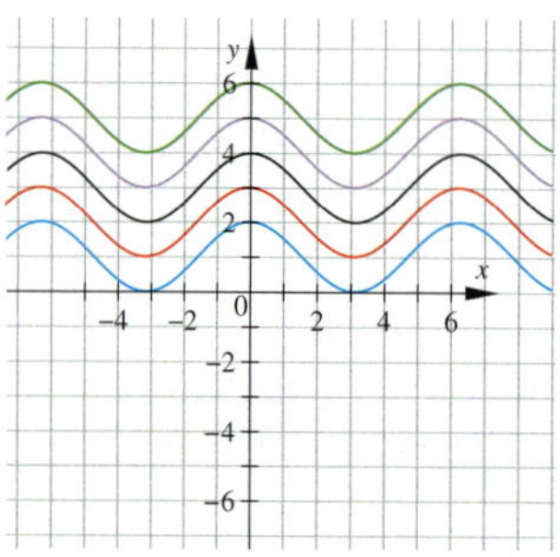

78/1

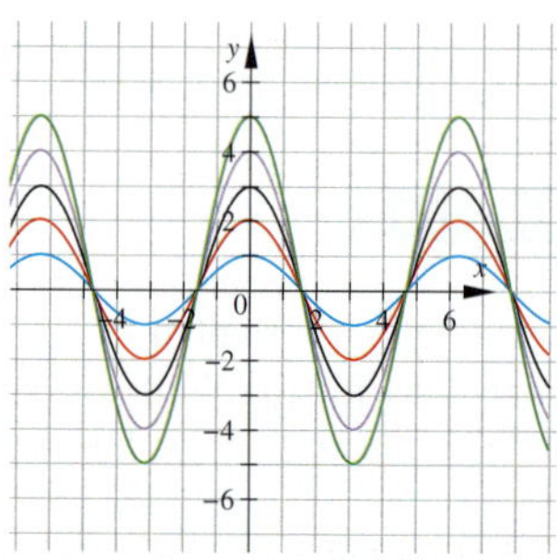

78/2

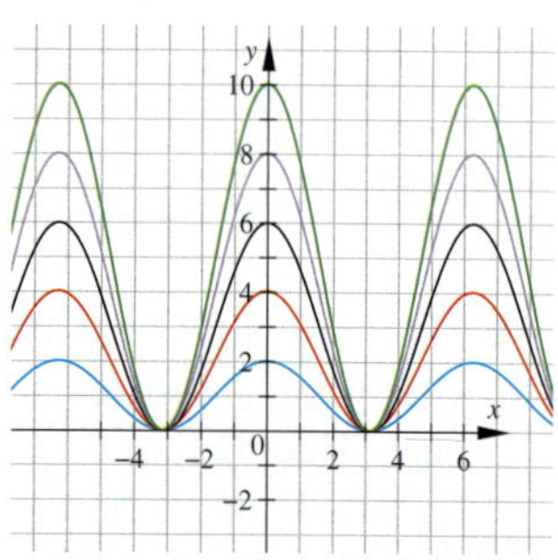

78/3

LÖ
Abb. links:
$f_t(x) = \cos(x) + t$
Abb. Mitte:
$f_t(x) = t \cdot \cos(x)$
Abb. rechts:
$f_t(x) = t \cdot \cos(x) + t$

33 Unter 078-2 finden Sie einen Funktionenplotter mit Schiebereglern für die ganzrationale Funktion f mit $f(x) = ax^5 + bx^4 + cx^3 + dx^2 + ex + f$.
Untersuchen Sie den Einfluss der Parameter a, b, c, d und e und schreiben Sie darüber einen mathematischen Aufsatz.

34 Zur Reihenfolge bei mehreren Parametern. Begründen Sie die folgenden Aussagen.

a) Aus dem Graphen der Funktion f erhält man den der Funktion g mit dem Term $g(x) = a \cdot f(x) + b$ nach der Regel „Punkt vor Strich", bzw. „Erst strecken, dann verschieben".

b) Für die vier Parameter a, b, c und d im Funktionsterm $a \cdot f(b(x-c)) + d$ ist es egal, ob zuerst a und b oder zuerst c und d berücksichtigt werden.

DE vgl. Aufgabe 22 auf Seite 76

▶ Wir fassen zusammen

Ganzrationale Funktion

Eine Funktion wie $f(x) = 2x^5 + 4x^3 - x^2 + 0{,}5$, die aus Potenzfunktionen mit natürlichen Exponenten zusammengesetzt ist, heißt ganzrationale Funktion.
Der höchste vorkommende Exponent heißt **Grad** der Funktion.
Die Stellen, an denen $f(x) = 0$ gilt, an denen der Graph von f also die x-Achse schneidet, heißen **Nullstellen**.
Eine ganzrationale Funktion vom Grad n kann höchstens n Nullstellen und höchstens $n - 1$ Hoch- und Tiefpunkte haben.

Enthält eine ganzrationale Funktion nur gerade Exponenten, so ist ihr Graph **achsensymmetrisch** zur y-Achse. Es gilt $f(-x) = f(x)$.
Enthält sie nur ungerade Exponenten, so ist Ihr Graph **punktsymmetrisch** zum Ursprung. Es gilt $f(-x) = -f(x)$.

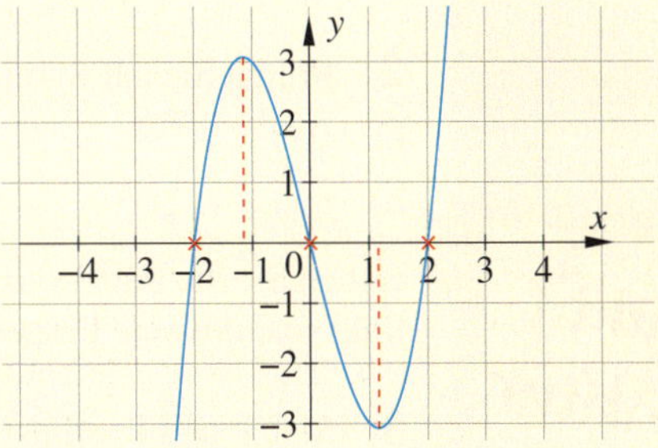

79/1

Graph von f mit $f(x) = x^3 - 4x$. Die Nullstellen liegen bei -2, 0 und 2. Der Graph ist symmetrisch zur y-Achse.

Sinus- und Kosinusfunktion

Die Funktion f mit $f(\alpha) = \sin(\alpha)$ heißt **Sinusfunktion**. Sie ist eine **periodische** Funktion mit der Periodenlänge 360°. Es gilt:
$\sin(\alpha) = \sin(\alpha + k \cdot 360°)$ mit $k \in \mathbb{Z}$.
Die Sinuskurve ist punktsymmetrisch zum Ursprung.

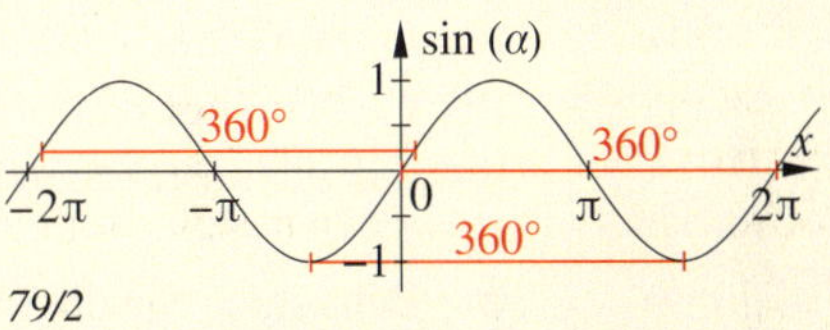

79/2

Die Funktion f mit $f(\alpha) = \cos(\alpha)$ heißt **Kosinusfunktion**.
Sie ist periodisch mit der Periodenlänge 360°.
$\cos(\alpha) = \cos(\alpha + k \cdot 360°)$ mit $k \in \mathbb{Z}$.
Die Kosinuskurve ist achsensymmetrisch zur y-Achse. Es gilt:
$\sin(\alpha) = \cos(\alpha - 90°)$ und $\cos(\alpha) = \sin(\alpha + 90°)$

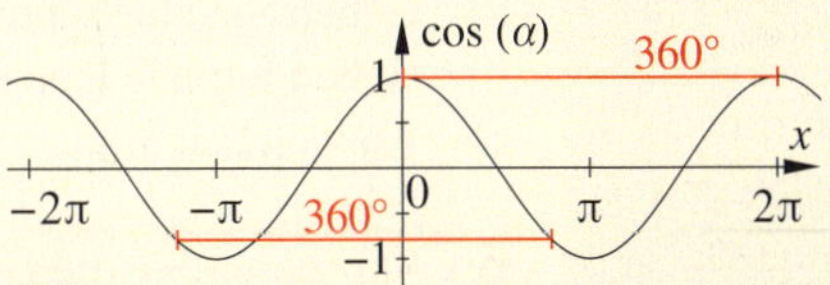

79/3

Bogenmaß

Der Winkel α kann eindeutig mithilfe der Länge des Bogens x auf dem Einheitskreis ($r = 1$) angegeben werden.
Es gilt: $\frac{x}{2\pi} = \frac{\alpha}{360°}$. x heißt Bogenmaß.

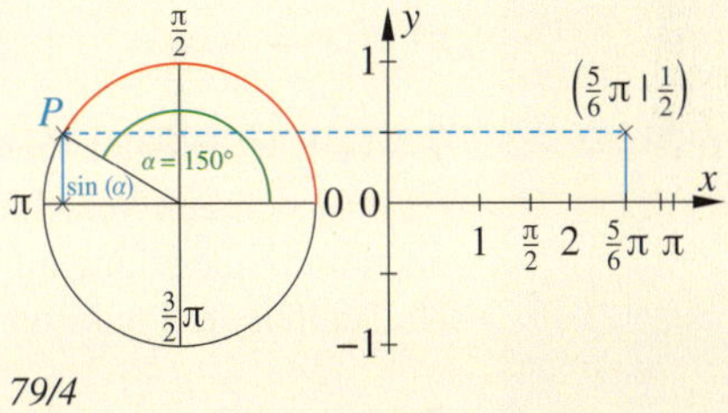

79/4

Verschieben und Strecken von Funktionsgraphen

Für den Graphen einer Funktion g mit $g(x) = a \cdot f(b \cdot (x - c)) + d$ bewirken die Parameter a, b, c und d im Vergleich zum Graphen von f folgendes:

a: Streckung/Stauchung entlang der y-Achse mit $|a|$.
Für $a < 0$ wird der Graph zusätzlich an der x-Achse gespiegelt.

b: Streckung/Stauchung entlang der x-Achse mit $\left|\frac{1}{b}\right|$.
Für $b < 0$ wird der Graph zusätzlich an der y-Achse gespiegelt.

c: Verschiebung um c in x-Achsenrichtung nach rechts/links.

d: Verschiebung um d in y-Achsenrichtung nach oben/unten.

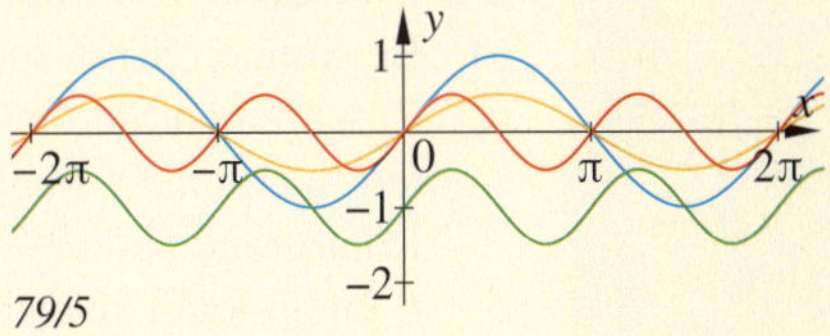

79/5

$f(x) = \sin(x)$
$f_1(x) = 0{,}5 \cdot \sin(x)$
$f_2(x) = 0{,}5 \cdot \sin(2x)$
$f_3(x) = 0{,}5 \cdot \sin(2x) - 1$

Test

1 Bestimmen Sie die Nullstellen.

a) $f(x) = x^4 - 8x$

b) $f(x) = 2x^5 - 6x^4 + 2x^3$

c) $f(x) = -x^4 - 4x^2 - 4$

d) $x(x - 18) = 0$

e) $(x - 3)(x + 1)(x - 2) = 0$

f) $f(x) = \frac{1}{5} \cdot (x + 1{,}2) \cdot (x^2 - 64) \cdot (x^2 + 16)$

2 Prüfen Sie auf Symmetrie.

a) $f(x) = 4x^3 - x$

b) $f(x) = -x^4 + 3$

c) $f(x) = x^4 - x^3 + x^2 - x$

d) $f(x) = (x - 2)^3 - 1$

Geben Sie die Funktionsterme und die Symmetrie an, wenn die Graphen um 2 Einheiten nach links und um eine Einheit nach oben verschoben sind.

3 Sinus- und Kosinusfunktion

a) Geben Sie die Stellen an, an denen die beiden Funktionen im Intervall $[-\pi; 2\pi]$ die x-Achse schneiden.

b) An welchen Stellen im Intervall haben beide Funktionen denselben Funktionswert?

4 Skizzieren Sie einen Funktionsgraphen mit folgenden Eigenschaften:
Bis zur Stelle $x = -1$ ist der Graph der Funktion streng monoton steigend und rechtsgekrümmt. Bis $x = 0{,}5$ ist er dann fallend, wobei er ab $x = 1{,}5$ erneut streng monoton steigend ist. Zwischen den Nullstellen der Funktion 0,5 und 1,5 besitzt der Graph einen Hochpunkt.

5 Betrachten Sie die Funktion $x \mapsto 2\cos(2x)$ auf dem Intervall $[0; 2\pi[$.

a) Geben Sie alle Schnittpunkte des Graphen mit den Koordinatenachsen an.

b) Geben Sie alle Hoch- und Tiefpunkte an.

c) An welchen Stellen wechselt das Krümmungsverhalten des Graphen?

6 Skizzieren Sie die Graphen der Funktionen und bestimmen Sie jeweils markante Punkte.

a) $f(x) = 2\sin(x) + 2$

b) $f(x) = -\cos(x^2)$

c) $f(x) = 0{,}8\sin(x)\cos(x)$

d) $f(x) = \sin(2x) + \cos(x)$

7 Geben Sie den zugehörigen Funktionsterm zu dem Graphen an, der aus dem Graphen von $f(x) = 2x^2$ durch Verschiebung um 2 Einheiten nach links, Verschiebung um 2 Einheiten nach oben und Spiegelung an der x-Achse entsteht. Kontrollieren Sie mit dem GTR. Geben Sie die Nullstellen der Funktion an.

8 Zwei Konten werden beschrieben durch $f_1(t) = 2000 \cdot 1{,}03^t$ und $f_2(t) = K \cdot 1{,}03^{(t+5)}$.

a) Bestimmen Sie K so, dass gilt: $f_1(t) = f_2(t)$.

b) Beschreiben Sie die „Geschichte" beider Konten und erläutern Sie, weshalb sie trotz unterschiedlichem Funktionsterm, also unterschiedlicher „Geschichte", immer den gleichen Kontostand aufzeigen.

c) f_1 und f_2 kann man sich durch Transformationen aus $f(t) = 1725{,}22 \cdot 1{,}03^t$ entstanden denken. Welche Transformationen führen bei Exponentialfunktionen demnach zum gleichen Ergebnis?

9 Ermitteln Sie zu den Graphen jeweils einen Funktionsterm der Form $f(x) = a \cdot \sin(b(x + c)) + d$.

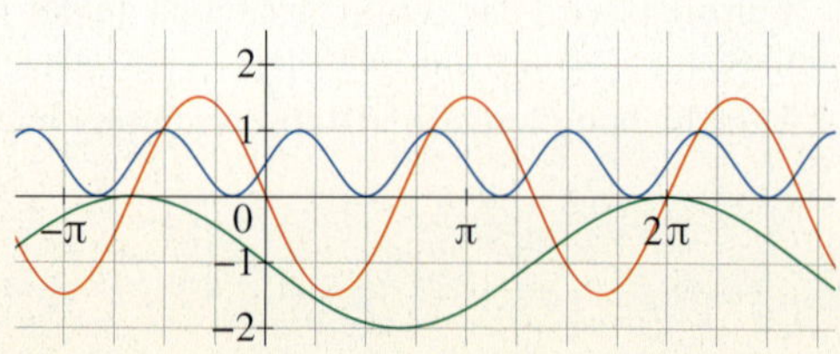

80/1

ABITURVORBEREITUNG
Machen Sie sich Notizen, bei welchen Aufgaben Sie noch größeren Übungsbedarf haben.
Die Lösungen finden Sie auf Seite 208, aber arbeiten Sie zunächst möglichst ohne nachzulesen!

Änderungsraten und Ableitung

Häufig werden nicht nur Informationen über den Funktionswert an einer Stelle, sondern auch über das Änderungsverhalten an dieser Stelle benötigt. Dabei helfen die Begriffe Änderungsrate und Ableitung.

DE Sekantensteigungen können vor Erarbeitung der Ableitung anhand der Aufgaben 1, 3, 7, 18, 19, 27 geübt werden. Teilweise leiten diese Aufgaben zum Begriff der momentanen Änderungsrate über.

3.1 Momentane Änderung und Ableitung

Auftrag 1 Funktionenmikroskop

Die Bilderfolge zeigt den Graphen der Funktion f mit $f(x) = x^2$ in einer Umgebung des Punktes $P(1|1)$ in zunehmender Vergrößerung. In Bild 6 scheint der Graph eine Gerade zu sein. Ermitteln Sie die Gleichung dieser Geraden. Überprüfen Sie, welche Punkte des Graphen auf dieser Geraden liegen.

Erstellen Sie mithilfe eines Funktionenplotters, GTR oder eines CAS auch für andere Punkte solche Bilderserien und bestimme die zugehörigen Geradengleichungen.
Können Sie die Ergebnisse auch ohne das „Mikroskop" vorhersagen?

TIPP

Beschreiben Sie sich gegenseitig möglichst genau, was Sie sehen und welche Schlussfolgerungen Sie ziehen. Die direkte Zwiesprache untereinander ist häufig besser als der „Dialog" mit sich selbst.

DE Ableitung als Steigung der Näherungsgeraden. Tangente als gute Näherung in der Umgebung von P! Berechnung der Steigung der Näherungsgeraden durch immer kleinere Intervalle. (Sekantensteigungen).

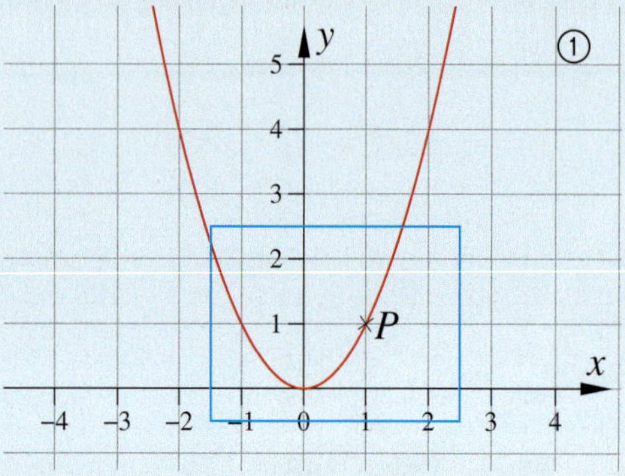

82/1

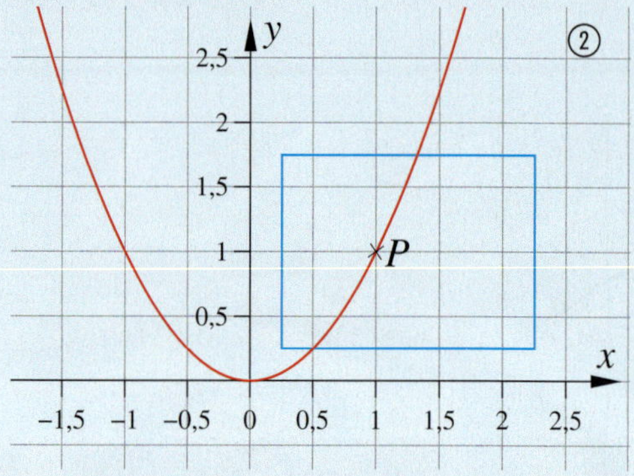

82/2

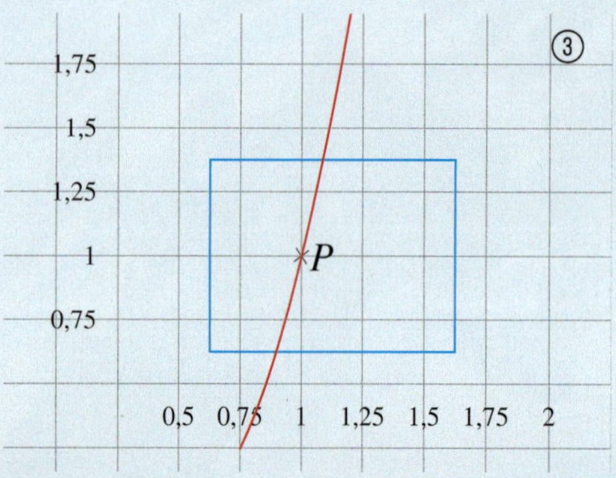

82/3

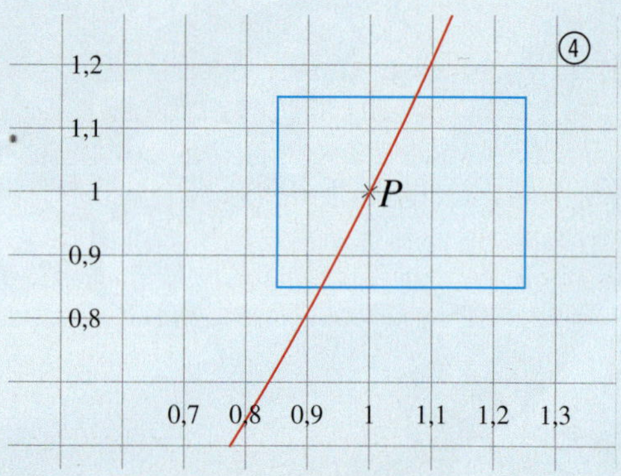

82/4

DE Die Meinung, die Parabel sei in Bild 6 wirklich eine Gerade, wird durch Einsetzen von $x = 0{,}975$ in die Funktionsgleichung widerlegt: Auf der Parabel der Punkt liegt $Q'(0{,}975|0{,}950625)$, was um 0,000625 oberhalb von Q ist.

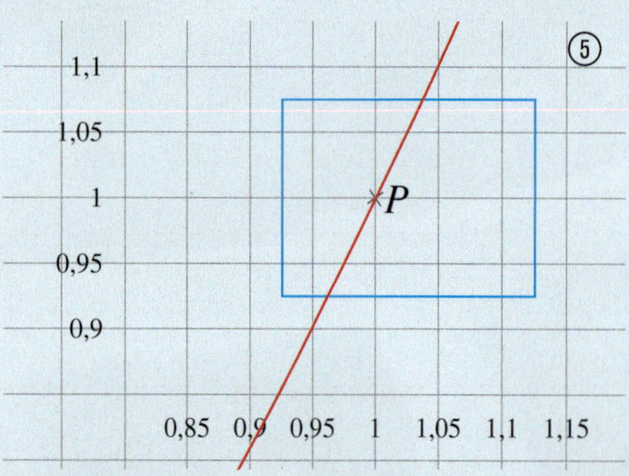

82/5

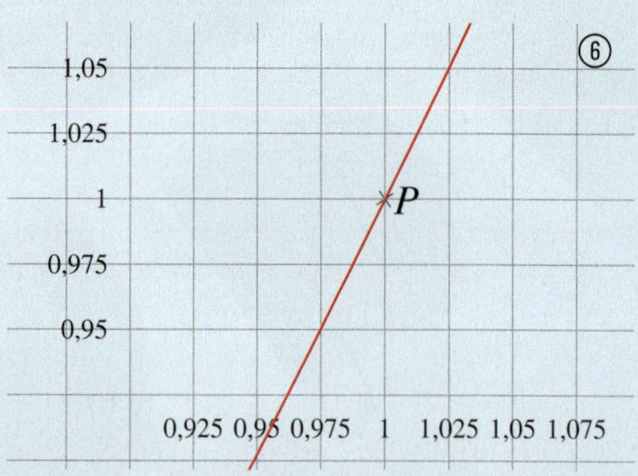

82/6

LÖ Liest man den Punkt $Q(0{,}975|0{,}95)$ ab, so hat die Gerade durch P und Q die Gleichung $y = 2x - 1$. Das ist die Tangente in P.

Aufträge

X AB

Auftrag 2 Noch einmal winken

Jessika hat ihren Freund zur Regionalbahn gebracht. Der Zug setzt sich in Bewegung und Jessika steigt auf ihren Roller. „Ob ich ihm an der Schranke noch zuwinken kann?" Schätzen Sie anhand der folgenden Angaben, ob Jessika eine Chance hat:
Sie braucht in der Regel ca. 4 Minuten bis zur Schranke. Der Zug hat eine Beschleunigungsphase von 20 Sekunden. Danach fährt er mit gleichmäßiger Geschwindigkeit weiter. Bis zur Schranke sind es auf der Bahnstrecke etwa 4 km. Während der Beschleunigungsphase ist die Zeit-Weg-Funktion des Zuges gegeben durch:

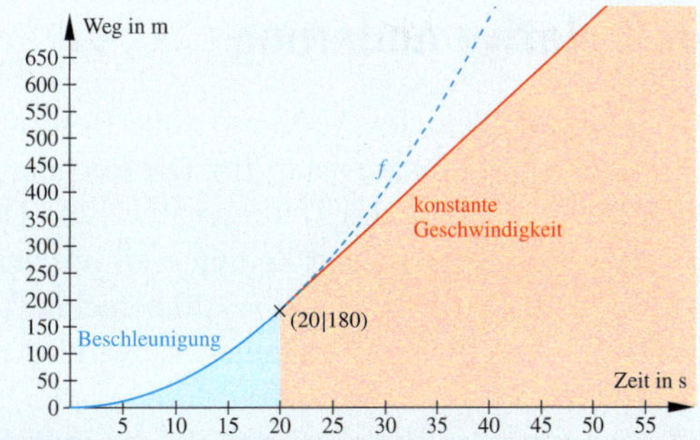

83/1

$f(x) = 0{,}45 \cdot x^2$.
x: Zeit in Sekunden
$f(x)$: Weg in Metern

Viola: „In 20 Sekunden legt der Zug 180 m zurück, dann fährt er also mit einer Geschwindigkeit von $9\,\frac{\text{m}}{\text{s}}$. Das entspricht ca. $32\,\frac{\text{km}}{\text{h}}$. Er erreicht die Schranke folglich nach ca. $\frac{4}{32}$ Stunden. Das sind ca. 7 Minuten. Voilà, das schafft sie locker!"

Begründen Sie, warum diese Schätzung sehr ungenau ist und sich Jessika darauf lieber nicht verlassen sollte.
Besimmen Sie die Geschwindigkeit, die der Zug nach 20 Sekunden erreicht, genauer und lösen Sie Jessikas Problem.

83/2

Auftrag 3 Wie groß werden Sie?

Die Grafik zeigt den durchschnittlichen Verlauf des Wachstums von Mädchen und Jungen zwischen ihrem 1. und 18. Lebensjahr.
Vergleichen Sie den Verlauf der Kurven und ermitteln Sie die durchschnittliche Größenzunahme pro Jahr für Mädchen und Jungen.
Bei Jungen wird mit Beginn der Pubertät ein Wachstumsschub beobachtet. Wie groß ist ihre durchschnittliche Größenzunahme pro Jahr in diesem Zeitraum?
Beide Kurven können im Bereich $14 < x < 18$ durch eine Parabel angenähert werden. Die Funktionsgleichung lautet für Mädchen:
$g(x) = -0{,}31\,x^2 + 11{,}1\,x + 69{,}76$.
Für Jungen ergibt sich:
$f(x) = -0{,}56\,x^2 + 21{,}6\,x - 27{,}24$.

Zeichnen Sie die Graphen dieser Funktionen. Ermitteln Sie mit einer Wertetabelle möglichst genau die Wachstumsgeschwindigkeit am 16. Geburtstag für Mädchen und Jungen. Stellen Sie sich vor, Sie würden mit dieser Geschwindigkeit ab Ihrem 16. Geburtstag weiterwachsen. Wie groß wären Sie dann mit 21? Ist diese Schätzung realistisch?

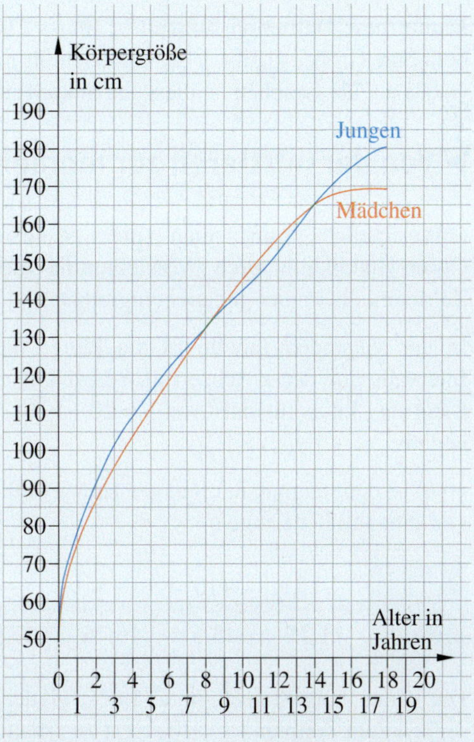

83/3

DE Ertrag: Problematisierung der Durchschnittsgeschwindigkeit, ev. Durchschnitte für kleinere Intervalle, Erkennen und Benennen des neuartigen Problems. Impuls: Durchschnitte für noch kleinere und beidseitige Sekanten berechnen.

TIPP
Wer lieber erst anhand der Zeichnung probiert, bevor er rechnet, findet ein passendes Arbeitsblatt unter 083-1.

▶ **Auftrag 2** wird bei der Erarbeitung verwendet.

► Relative Änderung

TIPP
Unter 084-1 finden Sie ein Angebot zur Wiederholung von Grundlagen bzgl. Geraden und Steigung.

Das Kernproblem des Auftrags ist die Bestimmung der Geschwindigkeit genau am Ende der Beschleunigungsphase nach 20 s. Die Rechnung aus dem Auftrag liefert nur die Durchschnittsgeschwindigkeit für das Zeitintervall $[0, 20]$. Dort wird aber beschleunigt. Sie erhalten bessere Näherungen, wenn Sie das Zeitintervall verkürzen. Wenn Sie zugleich Durchschnittsgeschwindigkeiten für Intervalle nach $x = 20$ berechnen, erkennen Sie, wie gut die Näherung bereits ist, denn davor ist die Durchschnittsgeschwindigkeit kleiner, danach größer als der gesuchte Wert:

Berechnung der Durchschnittsgeschwindigkeit im Intervall $[10; 20]$

$f(10) = 0{,}45 \cdot 10^2 = 45$ also $v = \frac{180\text{ m} - 45\text{ m}}{20\text{ s} - 10\text{ s}} = 13{,}5\,\frac{\text{m}}{\text{s}}$.

INFO
Eine Gerade durch zwei Punkte eines Graphen heißt **Sekante**.

Genau so, nämlich $\frac{\text{Differenz der } y\text{-Werte}}{\text{Differenz der } x\text{-Werte}}$, wird die Steigung einer Geraden durch zwei Punkte berechnet.
Am Graphen ist 13,5 also die **Steigung der Sekante** durch die Punkte $(10|45)$ und $(20|180)$.

Berechnung der Durchschnittsgeschwindigkeit im Intervall $[20; 30]$

Es wird hierbei so getan, als gebe die blaue Parabel auch **nach** $x = 20$ noch die Bewegung des Zuges an. Die Sekante durch $(20|180)$ und $(30|405)$ hat die Steigung $m = \frac{225}{10} = 22{,}5$. Die Geschwindigkeit bei 20 s liegt also zwischen $13{,}5\,\frac{\text{m}}{\text{s}}$ und $22{,}5\,\frac{\text{m}}{\text{s}}$. Der Zug fährt nach 20 s also sicher deutlich schneller als $9\,\frac{\text{m}}{\text{s}}$.

TIPP
Der y-Wert einer Funktion f an einer Stelle a ist $f(a)$. Deshalb lässt sich ein Punkt A, der auf dem Graphen von f liegt, als $A(a|f(a))$ schreiben.

Definition 3.1 Differenzenquotient
Sind $B(b|f(b))$ und $A(a|f(a))$ zwei unterschiedliche Wertepaare einer Funktion f, so heißt der Term $m = \frac{f(b) - f(a)}{b - a}$ Differenzenquotient von f im Intervall $[a; b]$.

Damit diese Definition sinnvoll ist, muss f überall auf $[a; b]$ definiert sein. Beschreibt f eine beliebige Größe, so gibt m die durchschnittliche, mittlere bzw. **relative Änderungsrate** dieser Größe an, am Graphen ist diese als **Sekantensteigung** sichtbar.

► Von der mittleren zur momentanen Änderungsrate

TIPP
Unter 084-2 finden Sie einige interaktive Materialien, rund um mittlere Änderungsraten.

Offensichtlich kann man die gesuchte Geschwindigkeit durch Verkleinerung des Zeitintervalls immer genauer eingrenzen.

In der folgenden Tabelle ist die Länge des Intervalls auf der x-Achse mit h bezeichnet. Liegt das Intervall links von $x = 20$, so ist h negativ.

$m(h)$ ist die Steigung der Sekante zum jeweiligen Intervall der Länge h.

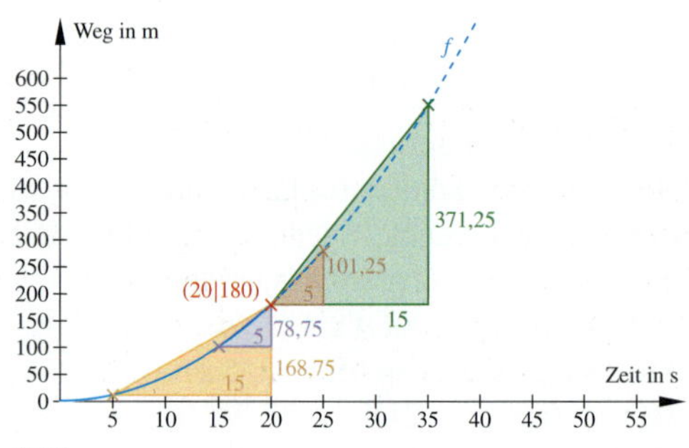

84/1

DE Es muss unbedingt anklingen, weshalb man nicht $h = 0$ einsetzen darf.

h	−15	−10	−5	−1		1	5	10	15
$m(h)$	11,25	13,5	15,75	17,55		18,45	20,25	22,5	24,75

Die Versuchung ist groß, in die Lücke ☐ der Tabelle $h = 0$ einzusetzen, um so die Geschwindigkeit zum Zeitpunkt $x = 20$ selbst zu erhalten. Der Zähler würde 180 – 180 lauten, der Nenner 0. Insgesamt ein unsinniger und undefinierter Bruch. Das ist auch logisch:

h-Methode AB 4x und 3 Lösungen

Erarbeitung

In einem „Moment“, der keine Zeitspanne ist, gibt es keine Bewegung, also auch keine Geschwindigkeit oder Steigung!
Wenn wir sagen, der Zug wird immer schneller, dann glauben wir dennoch, dass da etwas ist, was sich von Moment zu Moment unterscheidet.
Zu fassen ist diese **Momentangeschwindigkeit** nur durch ständige Verkleinerung von h.

▶ Der Grenzübergang $h \to 0$

Für $h = 15$ war $m(15) = \frac{f(20+15) - f(20)}{15} \approx 10{,}1$. Allgemein ist dann $m(h) = \frac{f(20+h) - f(20)}{h}$. Liegt das Intervall links von $x = 20$, so ist h einfach negativ.

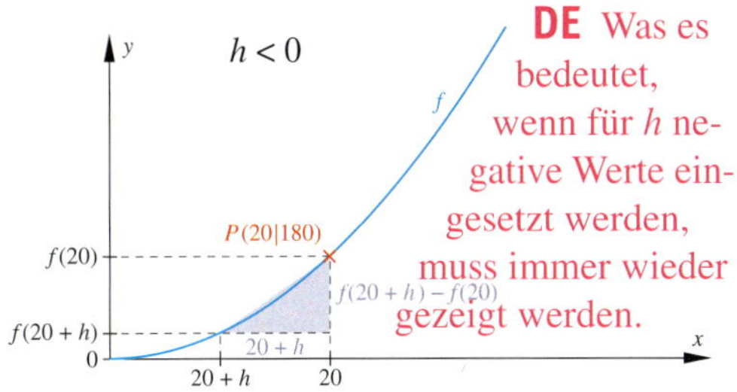

85/1

DE Was es bedeutet, wenn für h negative Werte eingesetzt werden, muss immer wieder gezeigt werden.

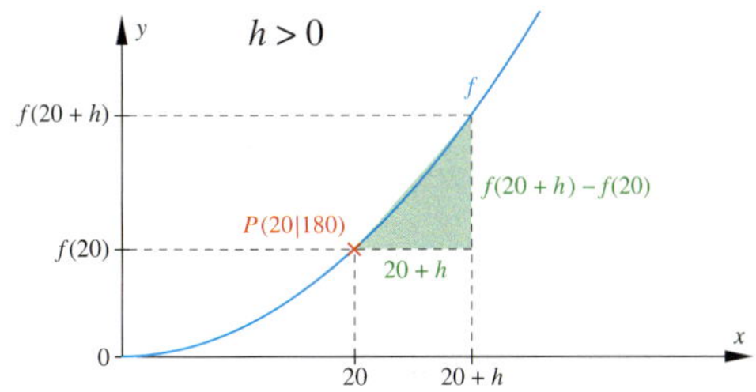

85/2

TIPP
Unter 085-1 finden Sie eine Datei, mit deren Hilfe Sie die Veränderung der Intervallbreite h dynamisch nachvollziehen können. Weitere Übungen zur „h-Methode“ finden sie unter 085-2.

Diesem Bruch können Sie zunächst nicht ansehen, was bei immer kleinerem h geschieht. Störend ist vor allem, dass der Nenner dieses Bruches für immer kleinere h auf Null zuläuft. Das Problem „der Nenner wird Null“ lässt sich durch eine algebraische Umformung umgehen:

$$m(h) = \frac{f(20+h) - f(20)}{h}$$

$$= \frac{0{,}45\,(20+h)^2 - 0{,}45 \cdot 20^2}{h}$$ Einsetzen der Funktionsvorschrift

$$= \frac{0{,}45\left(20^2 + 40h + h^2 - 20^2\right)}{h} = \frac{0{,}45 \cdot 40h + 0{,}45 \cdot h^2}{h}$$ Ausmultiplizieren

$$= \frac{h \cdot (0{,}45 \cdot 40 + 0{,}45 \cdot h)}{h}$$ Kürzen

$$= 0{,}45 \cdot 40 + 0{,}45 \cdot h = 18 + 0{,}45\,h$$ Zusammenfassen

An $m(h) = 18 + 0{,}45h$ ist leicht zu erkennen, dass $m(h)$ bei immer kleinerem Betrag von h beliebig nahe an 18 liegt. Für dieses Annähern von $m(h)$ an den Wert 18, wenn h gegen Null strebt, gibt es die Schreibweise: $\lim\limits_{h \to 0} m(h) = \lim\limits_{h \to 0} \frac{f(20+h) - f(20)}{h} = \lim\limits_{h \to 0} (18 + 0{,}45h) = 18$.

Die Momentangeschwindigkeit kann also als **Grenzwert der Durchschnittsgeschwindigkeit** berechnet werden, wenn die Länge des Zeitintervalls gegen Null strebt. Zugleich wird die Zahl 18 am Graphen als die Steigung im Punkt (20|180) angesehen. Der Zug fährt folglich 18 $\frac{m}{s}$. Das entspricht 64,8 $\frac{km}{h}$. Wohl eher ein Bummelzug … Dieser Grenzwert des Differenzenquotienten heißt **Ableitung der Funktion f an der Stelle 20** und wird mit $f'(20)$ bezeichnet.

INFO
$\lim\limits_{h \to 0}$ spricht man:
„Limes h gegen 0“.
limes (lat.): Grenze
Der Grenzwall, den die Römer an den Grenzen ihres Reiches errichteten, hieß „Limes“.

Definition 3.2 **Ableitung – differenzierbar**
Die Ableitung $f'(a)$ einer Funktion f an einer Stelle a ihres Definitionsbereichs ist der Grenzwert des zugehörigen Differenzenquotienten:

$$f'(a) = \lim_{h \to 0} \frac{f(a+h) - f(a)}{h}$$ Differentialquotient

Sie gibt den Wert der Steigung des Graphen der Funktion f an der Stelle a an. Besitzt eine Funktion an einer Stelle a eine Ableitung, so heißt die Funktion an dieser Stelle differenzierbar.

HINWEIS
Eine Funktion muss nicht überall eine Ableitung besitzen. Siehe Aufgabe 36.

nur so: ↑ h kann pos. und neg. sein

▶ Tangente in einem Punkt des Graphen

Tangente in einem Punkt des Graphen
Im Beispiel erreicht der Zug nach 20 Sekunden eine Geschwindigkeit von 18 $\frac{m}{s}$, mit der er nun konstant weiter fährt. Im Zeit-Weg-Diagramm ist der Graph nach $x = 20$ eine Gerade, deren Steigung der Steigung des Graphen von f im Punkt $(20|180)$ entspricht.
Diese Gerade macht somit die Steigung der Parabel in diesem Punkt „sichtbar", sie veranschaulicht, welche Richtung oder Tendenz die Kurve in diesem Punkt hat.

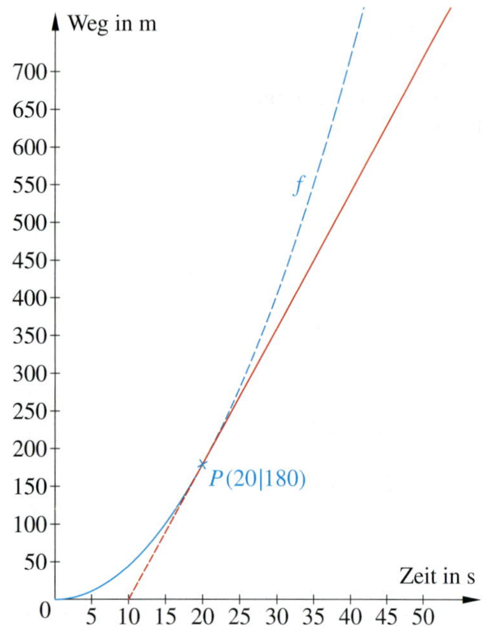

86/1

Definition 3.3 **Tangente**
Die Gerade durch den Punkt $P(a|f(a))$ mit der Steigung $m = f'(a)$ heißt Tangente am Graphen der Funktion f im Punkt $P(a|f(a))$.

HINWEIS
Im Gegensatz zur Kreistangente kann die Tangente an einem Graphen mehr als einen Punkt mit dem Graphen gemeinsam haben. In den Aufgaben 23 und 24 beschäftigen Sie sich damit.

Die Tangente ist auch diejenige Gerade, an welche sich die Sekanten annähern, wenn sich die Intervallbreite h immer stärker der Null nähert (siehe Bild 86/2).

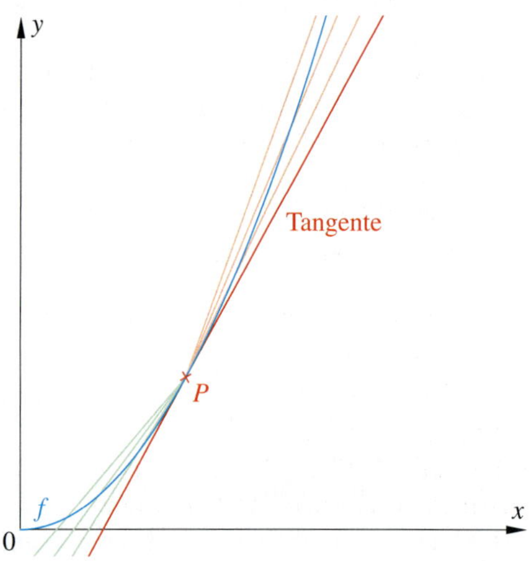

86/2

Berechnung der Tangentengleichung

Wie groß ist der Steigungsfaktor m?
$m = f'(20) = 18$. Dies wurde auf Seite 85 bestimmt.

Wie groß ist der Achsenabschnitt n?
Die Tangente verläuft hier durch $P(20|180)$. Einsetzen der Koordinaten des Punktes P in die Geradengleichung $y = mx + n$ ergibt:
$180 = 18 \cdot 20 + n$. Also ist $n = -180$.
Damit hat die Tangente die Gleichung $y = 18x - 180$.

TIPP
Wer nicht mehr ganz fit bei der Berechnung von Geradengleichungen ist, findet unter www 086-1 eine ausführliche Wiederholung und Übung.

Es lässt sich zeigen, dass die Tangente diejenige Gerade ist, welche in der Nähe des Berührpunktes die beste Näherung an den Graphen darstellt.

Schafft es Jessika zu winken?

Dazu müssen Sie berechnen, nach wie vielen Sekunden der Zug die ca. 4000 m bis zur Schranke zurückgelegt hat. Dabei ist für den zurückgelegten Weg jenseits $x = 20$ s ausschließlich noch die Betrachtung der Tangentengleichung entscheidend:

$$4000 = 18 \cdot x + 180$$
$$x \approx 232 \text{ s} = 3 \text{ min } 52 \text{ s}.$$

Jessika hat also eine Chance, muss sich aber beeilen.

DE Begriff der Normalen: anhand Aufgabe 20 auf S. 118
Orthogonale Geraden auch in Kap. 5.2, z. B. Aufgabe 1

nur: 11, 9, 15

DE Aufgaben 1–3: Differenzenquotient bzw. mittlere Änderungsrate.

Aufgaben

Trainieren Anwenden Vernetzen

1 Die Tabelle zeigt Weltbevölkerungszahlen seit 1960 in Millionen.

	Europa	Afrika	Amerika	Asien	Ozeanien	gesamt
1960	604 5,2	282	423	1699	16	3024 67,3
1970	656 3,6	364	517	2140	20	3697 74,5
1990	721 0,7	637	727	3169	27	5280 80,6
2000	728 0,0	812	838	3676	31	6086 75,8
2005	728 0,0	906	892	3905	31	6465 75,0
2006	728 2,7	925	903	3951	31	6540 76,4

a) Bestimmen Sie die mittlere Änderungsrate für die Bevölkerung der Erde (von Europa; von Asien) für die angegebenen Zeiträume.

b) Bestimmen Sie die mittleren Änderungsraten für die Bevölkerung der Erde und der einzelnen Erdteile für den Zeitraum von 1960 bis 2006.

c) Veranschaulichen Sie die Dynamik der Entwicklung mit einer Grafik.

2 Berechnen Sie die Steigungen der eingezeichneten Sekanten.
In welchem Bereich ist die durchschnittliche Steigung am größten?
Prüfe, ob es Stellen gibt, an denen der Graph steiler ist als alle berechneten Sekanten.

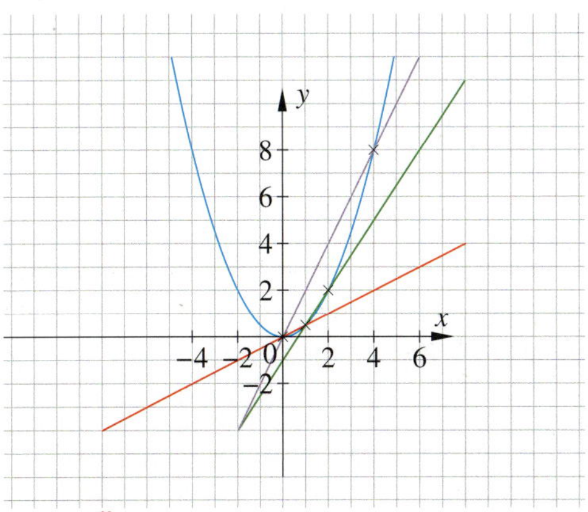

87/1 **LÖ** rot $m = 0{,}5$; grün $m = 1{,}5$ violett $m = 2$

3 Für eine Fahrt des TGV von Stuttgart nach Karlsruhe wurde ein Messprotokoll erstellt, bei dem in regelmäßigen Zeitabständen die gefahrene Strecke notiert wurde.

min	0	5	10	15	20	25	30	35
km	0	3	10	30	51	68	75	80

36 84 240 252 204 84 60

a) Ermitteln Sie die Durchschnittsgeschwindigkeiten in den verschiedenen Zeitabschnitten.

b) Wie groß ist die durchschnittliche Geschwindigkeit in dem Abschnitt, in dem der TGV durch den Bahnhof Vaihingen/Enz (nach 27,5 km) fährt?

c) Beschreiben Sie, wie vorgegangen werden kann, um die Durchfahrtsgeschwindigkeit durch Vaihingen/Enz noch genauer zu erhalten.

87/1 TGV wird französisch ausgesprochen: [teʒe've:].

LÖ
b) $240\,\frac{km}{h}$.
c) Weitere Messungen, oder Kurve durch die vorhandenen Punkte zeichnen und aus ihr weitere Werte ablesen.

4 „Bei einer linearen Funktion ist das Ableiten ganz einfach!“ Was halten Sie von dieser Aussage? Wählen Sie einige Stellen aus und geben Sie die jeweilige Ableitung an.

a) $y = x$
b) $y = -x$
c) $y = 2x - 3$
d) $y = 2x + \frac{3}{7}$
e) $y = -0{,}5x + 2$
f) $y = 3$

DE Durchaus auch eine Ableitung berechnen lassen. Bestätigung des Algorithmus, weil er zum erwarteten Ergebnis führt.

5 Am Stammtisch schimpft ein Autofahrer über ein Bußgeld für zu schnelles Fahren: „Das Radargerät kann nicht funktioniert haben! Angeblich soll ich mit einer Geschwindigkeit von $180\,\frac{km}{h}$ gefahren sein. Dabei habe ich für eine Strecke von 50 km mehr als 30 Minuten gebraucht!“ Nehmen Sie zu dieser Aussage Stellung.

www 087-1

6 Skizzieren Sie jeweils den Graphen folgender Funktionen im Bereich $-1{,}5 \leq x \leq 2{,}5$. Bestimmen Sie für die Stelle $a = 1$ die Sekanten zu $h = -2, -1, -\frac{1}{2}, \frac{1}{2}, 1, 2$.

Berechnen Sie nun auch die Steigungen der Sekanten zu $h = \pm\frac{1}{10}$, $h = \pm\frac{1}{100}$ usw., bis Sie erkennen, an welchen Wert sich die Sekantensteigungen annähern.

a) $f(x) = x^2$
b) $f(x) = x^3$

DE Grenzwert durch Probieren

h	−2	−1	−0,5	−0,1	−0,01	0,01	0,1	0,5	1	2
a)	0	1	1,5	1,9	1,99	2,01	2,1	2,5	3	4
b)	1	1	1,75	2,71	3	3	3,03	4,75	7	13

LÖ

	P_1	P_2	P_3	P_4	P_5
Sek.	−3	−1	2	5	
Tan.	−4	−2	0	4	6

DE Aufgaben 7 bis 10: Grenzwert des Differenzenquotienten.

7 Gegeben ist die Funktion $f: x \mapsto (x-2)^2 - 4$.

a) Zeichnen Sie den Graphen von f.

b) Bestimmen Sie die Steigung der Sekanten durch je zwei benachbarte Punkte: $P_1(0|f(0))$, $P_2(1|f(1))$, $P_3(2|f(2))$, $P_4(4|f(4))$, $P_5(5|f(5))$.

c) Vergleichen Sie die Sekantensteigungen mit der Steigung der Tangenten in den gegebenen Punkten.

DE Verständnis absichern.

8 Skizzieren Sie den Graphen zu $y = x^2 - 4$. Schreiben Sie den Differenzenquotienten für die Stelle $a = 1$ auf und kennzeichnen Sie die darin vorkommenden Symbole in der Zeichnung.

DE/LÖ Rechenaufwand in d) wg. $a = 0$ gering.
e) Konstante Fkt.: Problem für Schülerinnen und Schüler.
a) 12 d) 7
b) 0 e) 0
c) 5 f) −21

9 Ermitteln Sie die Ableitung $f'(a)$ an der angegebenen Stelle a.

a) $f(x) = 3x^2$ $a = 2$
b) $f(x) = x^2 - 2x$ $a = 1$
c) $f(x) = 5x - 1$ $a = 6$
d) $f(x) = x^3 - 5x^2 + 7x$ $a = 0$
e) $f(x) = 5$ $a = 27$
f) $f(x) = 4x^2 - 5x + 2$ $a = -2$

10 Ermitteln Sie die Ableitung $f'(a)$ an den Stellen $a = -3; -2; -1; 0; 1; 2$ und 3.

Tipp: Bei symmetrischen Graphen haben Sie nur die halbe Arbeit!

a) $f(x) = x^2$
b) $f(x) = x^2 + 1$
c) $f(x) = x^3$
d) $f(x) = -x^3$

11 Welche Bedeutung hat die mittlere Änderungsrate (bzw. die momentane Änderungsrate)

a) … der Höhe des Wasserspiegels einer leerlaufenden Badewanne in Abhängigkeit von der Zeit?

b) … der Temperatur in einer Tasse Kaffee in Abhängigkeit von der Zeit?

c) … der Temperatur einer der Gefriertruhe entnommenen Speise in Abhängigkeit von der Zeit?

d) … der Anzahl der Autos, die eine Messstelle passiert haben, in Abhängigkeit von der Zeit?

e) … der Höhe bei einer Rutschbahn in Abhängigkeit vom waagerecht zurückgelegten Weg?

f) … der Flugstrecke eines Flugzeugs in Abhängigkeit von der Zeit?

DE zu 12: Grenzwert des Differenzenquotienten mit Wertetabelle. Systematischer: s. S. 92, Aufg. 28, S. 106 Aufg. 25, 26 und S. 111.

12 Bilden Sie den Differenzenquotienten für die Punkte mit den x-Werten $x = 2$ und $x = 2 + h$ und ermitteln Sie so die Ableitung an der Stelle $x = 2$.

Tipp: Nicht immer lässt sich die Variable h kürzen, sodass der Wert des vereinfachten Differenzenquotienten für $h = 0$ berechnet werden kann. In diesen Fällen hilft eine Wertetabelle.

a) $f(x) = \frac{1}{x^2}$ −0,5
b) $f(x) = \sqrt{x}$ 0,35
c) $f(x) = 2^x$ 2,77

Noch fit?

I Lösen Sie die Gleichungen:

a) $x^2 + 6x = 0$
b) $x^2 + 6x + 9 = 0$
c) $x^2 - 49 = 0$
d) $x^2 + 4x = 2$
e) $x^2 - 3x + 5 = -x^2$
f) $x(x - 2{,}5)(2x + 3) = 0$

II Geben Sie sämtliche Nullstellen der Funktion an und schreiben Sie den Funktionsterm als Produkt von Linearfaktoren:

a) $f(x) = x^2 - 10x + 25$
b) $g(x) = 3x^2 - 75$
c) $h(x) = x^3 + 7x^2 - 36$
d) $k(x) = x^4 - 2x^2 + 1$

III $f(x) = 2x^2 - 8x + c$

a) Geben Sie an, für welche Werte von c die Funktion f zwei Nullstellen hat.

b) Gibt es einen Wert von c, sodass eine Nullstelle der Funktion f bei $x = 16$ liegt?

IV Eine Münze wird zweimal geworfen, anschließend wird notiert, ob dabei mindestens einmal Zahl gefallen ist. Dies ist in 85 % aller Experimente der Fall. Überprüfen Sie, ob die Münze ideal ist, also mit gleicher Wahrscheinlichkeit Wappen oder Zahl zeigt.

DE Bei Aufgaben 14, 15, 17, 22, 25, 30, 31: Berechnungen mithilfe des Differentialquotienten. Bei Aufgaben 16 und 18–21: qualitative Analyse anhand der Funktionsgraphen.

13 Find an equation of the tangent line to the curve at point $P(a\,|\,f(a))$.

a) $f(x) = x^2$; $a = -1$ $y = -2x - 1$
b) $f(x) = x^2 - 2x$; $a = 3$ $y = 4x - 9$
c) $f(x) = -x^2$; $a = -1$ $y = 2x + 1$
d) $f(x) = \frac{1}{x}$; $a = 2$ $y = -0{,}25x + 1$
e) $f(x) = x^3$ $a = 1$ $y = 3x - 2$
f) $f(x) = x^3$ $a = -1$ $y = 3x + 2$

LÖ/DE Ergebnis von e) und f) an Skizze des Graphen von f verdeutlichen.

Trainieren **Anwenden** Vernetzen

14 Die Bewegung eines Schlittens wird durch die Funktion s mit $s(t) = \frac{1}{2}t^2$ ($t \geq 0$ in Sekunden, $s(t)$ in Meter) beschrieben.

a) Bestimmen Sie die Durchschnittsgeschwindigkeit während der ersten 2, der ersten 3 und der ersten 5 Sekunden.
b) Bestimmen Sie die Momentangeschwindigkeit nach 2, 3 und 5 Sekunden.

LÖ
a) 1; 1,5; 2,5
b) 2; 3; 5

15 Die Europabrücke bei Innsbruck war bis 2004 die höchste Brücke Europas. Von der Brücke geht es bis zum Fluss Sill 190 m in die Tiefe. Die ersten drei Sekunden eines Bungee-Sprungs von der Europabrücke verlaufen im freien Fall. Diese Bewegung wird durch die Funktion s mit $s(t) = 4{,}905\,t^2$ ($t \geq 0$ in Sekunden, $s(t)$ in Meter) beschrieben. 44,145

a) Welche Strecke legt ein Springer während dieser Zeit zurück? 44 m
b) Welche Geschwindigkeit erreicht er nach 1, 2 bzw. 3 Sekunden?
c) Wie groß ist seine Durchschnittsgeschwindigkeit während dieser Phase?

b) 1: $9{,}81\,\frac{m}{s} = 35\,\frac{km}{h}$; 2: $19{,}62\,\frac{m}{s} = 71\,\frac{km}{h}$; 3: $29{,}43\,\frac{m}{s} = 106\,\frac{km}{h}$
c) $14{,}72\,\frac{m}{s} = 53\,\frac{km}{h}$

89/1 *Europabrücke*

16 Folgende Temperaturen werden gemessen:

6:00	9:00	12:00	15:00	18:00	21:00	24:00
9 °C	10 °C	15 °C	18 °C	20 °C	16 °C	9 °C

Der Temperaturverlauf wird durch die Funktion f mit folgender Gleichung angenähert: $y = 0{,}000257\,t^4 - 0{,}03\,t^3 + 0{,}845\,t^2 - 7{,}55\,t + 30$.

a) Zeichnen Sie die Datenpaare und den Graphen von f in ein Koordinatensystem.
b) Berechnen Sie für die Zeiträume die mittlere Temperaturänderung pro Stunde.
c) Zu welchen Zeiten ist die momentane Temperaturänderung am größten?
d) Wie gut nähert die Funktion f den tatsächlichen Sachverhalt an?

DE zu 16: c) anschaulich beantworten.

LÖ c) ca. 12:00. d) Die Funktion passt gut bis kurz vor 24:00 Uhr.

17 Der größte Anteil der monatlichen Autokosten ist der Wertverlust, den ein neues Auto vom ersten Tag an erleidet. Auch wenn Kilometerstand, Pflegezustand und Extras beim Wiederverkaufswert des Autos eine gewisse Rolle spielen, ergibt sich der Richtwert aus dem Alter des Fahrzeugs. Die Funktionsgleichung $f(x) = 0{,}3x^2 - 4x + 20{,}9$ beschreibt für die ersten sechs Jahre näherungsweise den geschätzten Wiederverkaufswert in 1000 € für ein Auto, dessen Neupreis 20 900 € beträgt. Die Variable x gibt das Alter des Autos in Jahren an.

a) Stellen Sie den Wiederverkaufswert des Fahrzeugs in Abhängigkeit vom Alter für die ersten fünf Jahre in einem Koordinatensystem grafisch dar.
b) Wie groß ist der Wertverlust zwischen dem 2. und 5. Jahr? 5700 €
c) Wie groß ist der durchschnittliche Wertverlust pro Jahr für ein zwei oder fünf Jahre altes Auto?
d) Wie groß ist der tägliche Wertverlust, wenn das Auto gerade 1 Jahr alt ist? Wie groß ist dieser Verlust, wenn das Auto gerade 5 Jahre alt ist?
e) Ist die Frage nach dem täglichen Wertverlust sinnvoll? Erläutern Sie Ihre Überlegungen.

89/2

c) 2 Jahre: 3400 €; 5 J.: 2500 €; d) $f'(1) = -3{,}4$ (umgerechnet auf Tagesabnahme: $3400/365 = 9{,}32\,\frac{€}{Tag}$); $f'(5) = -1$ (umgerechnet: $2{,}74\,\frac{€}{Tag}$)

LÖ a)

x	$f(x)$
0	20,90
1	17,20
2	14,10
3	11,60
4	9,70
5	8,40

Geschwindigkeitsmessung

Chrissie Wellington siegte 2007 beim Ironman der Frauen auf Hawaii in einer Zeit von 9 Stunden, 8 Minuten und 45 Sekunden.
Wie groß war ihre Durchschnittsgeschwindigkeit auf der Gesamtstrecke?
Recherchieren Sie, welche Durchschnittsgeschwindigkeiten sie in den drei Einzeldisziplinen erzielte.
Interessieren Sie sich für noch kleinere Teilstrecken, so gibt es verschiedene Methoden, die Durchschnittsgeschwindigkeit auf Teilstrecken zu messen.

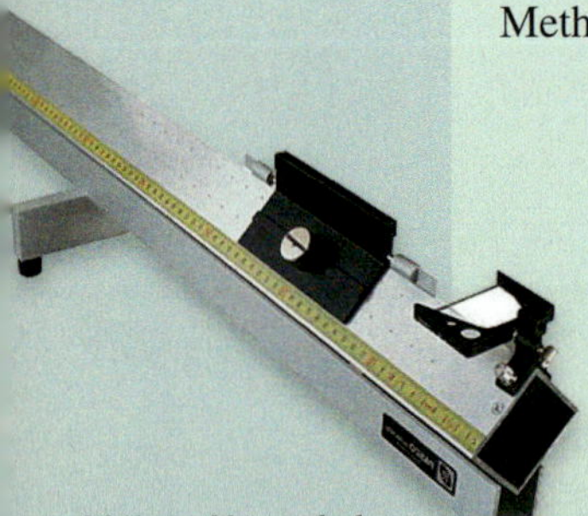

90/1 Luftkissenbahn

Auftrag

Aus dem Physikunterricht kennen Sie verschiedene Versuchsanordnungen, um Geschwindigkeiten möglichst genau zu messen. Informieren Sie sich über diese Methoden.
Welche Voraussetzungen liegen dieser Messmethode zugrunde?
Warum verwendet man in diesem Zusammenhang häufig eine Luftkissenbahn (siehe Bild 90/1)?

Für recht gute Messergebnisse reicht beispielsweise auch eine Digitalkamera (nach Möglichkeit auf einem Stativ), die kurze Fotosequenzen aufnehmen kann. Eine Fotosequenz besteht aus vielen Einzelbildern, die in gleichen Zeitabständen aufgenommen wurden. Die Zeitabstände können an der Kamera eingestellt werden.

Mittlerweile gibt es schon Spielzeug-Radarpistolen zu kaufen, die bei Geschwindigkeiten bis 150 km/h recht brauchbare Ergebnisse liefern.

Für die Streckenmessung genügt es, einen gut ablesbaren Meterstab oder ein Maßband auf den Boden zu legen, bevor man mit der Aufnahme beginnt.
Nun kann man durch Vergleichen von zwei Bildern die Streckenlänge bestimmen, um die sich ein Punkt bewegt hat. Teilt man diese durch die Zeitdifferenz zwischen den beiden Bildern, so erhält man die durchschnittliche Geschwindigkeit in diesem Intervall.
Wie schnell war die Läuferin, wenn die Digitalkamera die Bilder im Abstand von 0,3 s aufnahm?

Mit einer Digitalkamera oder auch einer digitalen Videokamera können Sie ein Video aufnehmen. Diese Videos müssen ebenso mithilfe einer Software in Einzelbilder zerlegt werden. Die Zeitabstände zwischen den Einzelbildern sind viel geringer als bei der Aufnahme von Fotosequenzen. Um die Zeitdifferenz zwischen zwei Einzelbildern zu bestimmen, gibt es mehrere Möglichkeiten:

- ▶ Man kann in einer eigenen Videosequenz eine sehr genaue Uhr, am besten eine Digitaluhr, filmen und die Einzelbilder betrachten. Vergleicht man z. B. die Uhrzeit auf dem ersten und elften Bild, lässt sich daraus die Zeitdifferenz zwischen zwei Einzelbildern bestimmen.
- ▶ Man dividiert die Gesamtdauer der Videosequenz durch die Gesamtzahl der Einzelbilder.

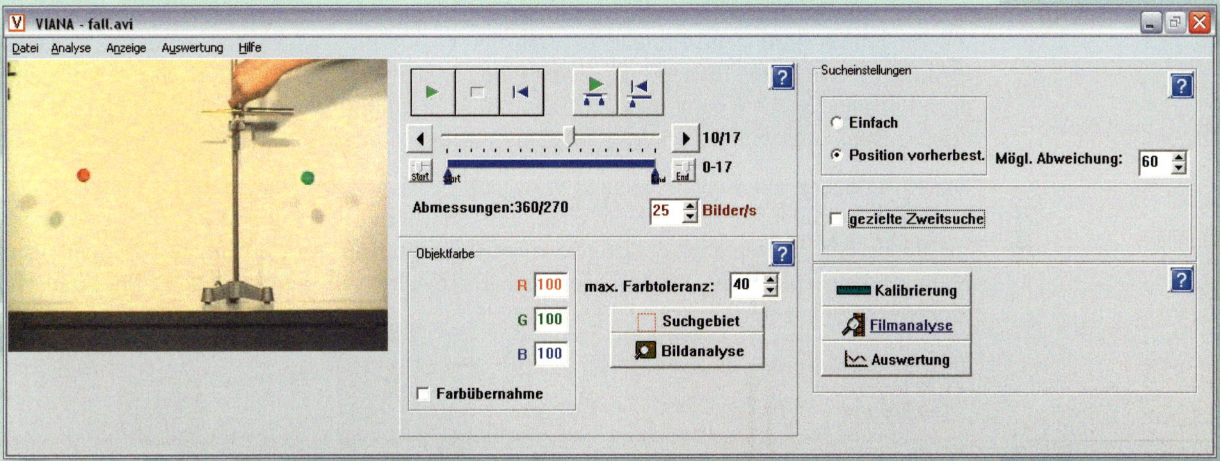

Sehr komfortabel kann man ein aufgenommenes Video analysieren und damit die Geschwindigkeiten einzelner Punkte messen, wenn man Software zur Videoanalyse zur Verfügung hat. Mit diesen Programmen kann man in den Einzelbildern Messpunkte setzen und diese Messpunkte dann grafisch oder rechnerisch auswerten lassen.
Mithilfe eines solchen Programms können Sie auch eine bekannte Strecke auf dem Video kalibrieren. Manche Programme setzen die Messpunkte automatisch aufgrund einer Farberkennung. Sehr hilfreich ist eine tabellarische Aufstellung der Messwerte, die dann elektronisch (z. B. in einem Tabellenkalkulationsprogramm) weiterverarbeitet werden können.

Software zur Videoanalyse finden Sie unter www 091-1.

Auftrag

Messen Sie mit einer der oben genannten Methoden die Durchschnittsgeschwindigkeit
- eines 100-m-Läufers,
- eines Radfahrers,
- eines Zuges,
- einer Kugel beim Bowling,
- eines herabfallenden Softballs.

Wie ändert sich diese Durchschnittsgeschwindigkeit, wenn Sie die Zeitintervalle verkleinern?

DE Die Aufgaben 18, 19 und 21 dienen der Festigung der Bedeutung der momentanen Änderungsrate am Graph

92/1

DE Viel Modellierung – die Rechnung ist relativ einfach.

LÖ $s_{Motorrad}(t) = 1{,}5\,t^2$ (Parabel) Bewegung des Trucks konstant (Gaspedal blockiert, also Gerade). Berührpunkt der Gerade ist $P(10|150)$ an die Parabel (Truck berührt nach 10 s das Nummernschild bei 150 m). Momentangeschwindigkeit des Motorrads bei P ist $30\,\frac{m}{s} = 108\,\frac{km}{h}$. Gleichung der Tangente für den Truck lautet $y = 30t - 150$. Das Motorrad muss 150 m vor dem Truck losfahren.

18 Im Schaubild wird die Flughöhe einer Rakete nach dem Start veranschaulicht. Die Geschwindigkeit der Rakete ergibt sich aus überwundener Höhe je Zeit. 092-1

a) Beschreiben Sie den Verlauf des Fluges im Zeitraum von 0 bis 500 Sekunden.

b) Berechnen Sie die mittleren Geschwindigkeiten in 50 Sekunden langen Intervallen und beschreiben Sie, wie Sie vorgehen.

c) Geben Sie eine Näherung für den Zeitpunkt an, an dem die Rakete am schnellsten an Höhe gewinnt. Welche Geschwindigkeit hat sie in diesem Moment?

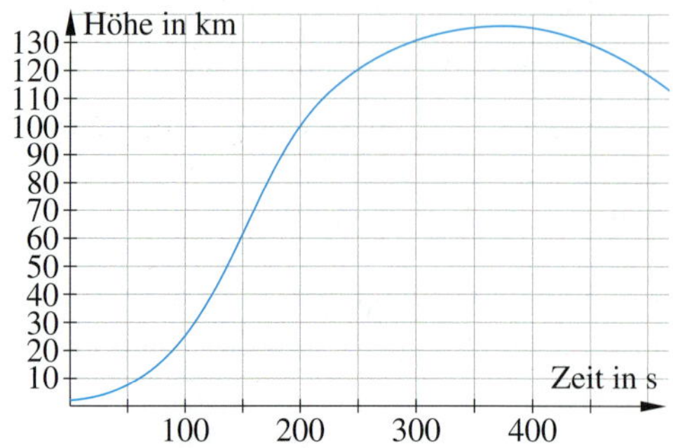

92/2

LÖ 18 c) Die Kurve hat ihre größte Steigung in $P(160|70)$. Benachbarte Kurvenpunkte sind $Q(150|62)$ und $R(170|79)$. Näherungswert für die Momentangeschwindigkeit: $850\,\frac{m}{s}$.

19 Ein großes Hollywood-Filmstudio produziert gerade einen neuen Actionfilm für die ganze Familie. Ein wichtiges Element derartiger Filme ist natürlich die obligatorische Verfolgungsjagd. Folgende Szene kommt dabei vor: Ein schwerer, führerloser Truck fährt mit blockiertem Gaspedal auf den Helden zu. Dieser flieht auf einem Motorrad.

Damit die Szene möglichst spannend wird, soll der Truck das hintere Nummernschild des Motorrads berühren, bevor der Held entkommt. Die Berührung soll am Standort der Kamera stattfinden. Stuntmen planen derartige Szenen äußerst genau, weil sie entgegen der gängigen Meinung keine planlosen Draufgänger sind. Dazu wird von dem startenden Motorrad ein Messprotokoll angefertigt:

t (in Sekunden)	0	5	10	15	20
s (in Meter)	0	37,5	150	337,5	600

92/4

Ferner muss bei der Planung des Stunts berücksichtigt werden, dass die günstigste Stelle für die Kamera sich 150 m vom Startplatz des Motorrads entfernt befindet.
Das Stunt-Team benötigt nun die Antwort auf folgende Frage: Wie schnell muss der Truck fahren und wann muss der Held starten, damit der Stunt gelingt?

20 Der Pegelstand eines Hochwassers wurde über zwei Tage protokolliert.

Datum	12.2.	12.2.	12.2.	12.2.	12.2.	12.2.	13.2.	13.2.	13.2.	13.2.	13.2.	13.2.	14.2.
Uhrzeit	0:00	6:00	8:00	12:00	16:00	20:00	0:00	6:00	8:00	12:00	16:00	20:00	0:00
Pegel	6,19	6,27	6,30	6,28	6,21	6,10	5,98	5,84	5,80	5,75	5,72	5,74	5,78

a) Skizzieren Sie den Verlauf des Hochwassers über die Dauer von 2 Tagen. Wann wurde der Höchststand erreicht? Wie hoch war der Pegel nach 48 Stunden?

b) Wie groß war der durchschnittliche Stundenanstieg bis zum Höchststand?

c) Der Pegelstand kann näherungsweise durch die Funktion f mit $f(t) = 0{,}3 \cdot \cos\left(\frac{\pi}{31} \cdot (t-8)\right) + 6$ (t in Stunden, $f(t)$ in Meter) beschrieben werden. Schätzen Sie mithilfe dieser Funktion den Zeitpunkt ab, an dem der Pegel am stärksten fiel. Wie groß war die momentane Abnahme zu diesem Zeitpunkt?

d) Beurteilen Sie die Güte der Näherungsfunktion im Verlauf der 48 Stunden.

DE/LÖ b) $1{,}4\,\frac{cm}{h}$; c) Ohne GTR oder Plotter, der die Ableitung zeichnet, nicht lösbar! $f'(23{,}5) = -0{,}03$; d) Ggf. Tabellenfunktion des TR nutzbar.

Tangentengl.: 24a f1

21 Die Wurfbahn eines Speers entspricht ungefähr einer Parabel. Die zu einem Wurf gehörige Funktionsgleichung lautet

$$f(x) = -\frac{1}{60}x(x-70) + 1{,}7.$$

Dabei gibt x die Entfernung vom Abwurfpunkt und y die aktuelle Höhe über dem Erdboden (jeweils in Metern) an. Skizzieren Sie die Wurfparabel.
Wo trifft der Speer auf?
In welchem Winkel zum Erdboden bleibt er stecken?

93/1 Steffi Nerius feiert ihren Sieg im Speerwurf bei der WM 2009 in Berlin. Ein Wurf über 67,30 m brachte ihr Gold. 093-1

DE/LÖ Umrechnung Steigung in Winkel! Rechte Nullstelle:
$35 + \sqrt{1327} \approx 71{,}428$
$f'(71{,}43) \approx -1{,}2143$ entspricht etwa 50°.

Trainieren Anwenden **Vernetzen**

22 Beschreiben Sie Ihr Vorgehen bei der Konstruktion einer Kreistangente und bei der „Konstruktion" der Tangente an einen Funktionsgraphen.

Aufgaben 22–25 bieten Vertiefungen und Übungen zur Tangente.

23 Kreis- und Kurventangente streiten, wer den Namen Tangente zu Recht trägt. Schreiben Sie ein Streitgespräch zum Thema „Nur ich bin eine echte Tangente".

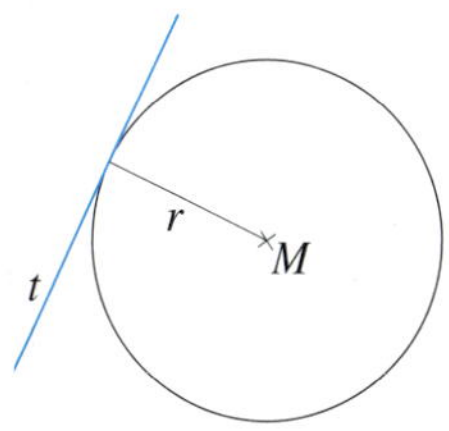

93/2

24 Gegeben sind die Funktionen f_1 bis f_5 mit folgenden Funktionsvorschriften:
$f_1(x) = x^2$, $f_2(x) = x^3$, $f_3(x) = \frac{1}{x}$, $f_4(x) = \frac{1}{x^2}$.

a) Geben Sie die Gleichungen der Tangenten im Punkt $P(1\,|\,f(1))$ an den Graphen der jeweiligen Funktion an.
b) Untersuchen Sie, ob die Tangenten die Graphen in einem weiteren Punkt schneiden und geben Sie gegebenenfalls die Koordinaten des Schnittpunkts an.
c) Überlegen Sie, welche Bedingungen erfüllt sein müssen, damit ein Graph geschnitten wird oder sicher nicht geschnitten wird.

DE/LÖ Ableitung von f_3 und f_4: Im Zähler gleichnamig machen. Anleitung erforderlich!
a) t_1: $y = 2x - 1$
t_2: $y = 3x - 2$
t_3: $y = -x - 2$
t_4: $y = -2x - 3$
b) Bei t_2 und t_4 Schnittpunkte $S_2(-2\,|\,-8)$ und $S_4(-0{,}5\,|\,4)$.

25 Für die Gleichung einer Tangente in einem Punkt $P(a\,|\,f(a))$ an einen Graphen einer Funktion f gibt es folgende Formel: $y = f'(a)\cdot(x-a) + f(a)$. **DE** Für 10.-Klässler anspruchsvoll.
Überprüfen Sie die Gültigkeit der Formel für f: $f(x) = x^2$ und $P(2{,}5\,|\,6{,}25)$.
Hinweis: Aufgabe 28 auf Seite 119 beschäftigt sich mit der Allgemeingültigkeit dieser Formel.

26 Gregor Mendel entdeckte durch umfangreiche Versuchsreihen mit Erbsen die Regeln der Vererbung, die heute als Mendelsche Regeln bekannt sind.
Seine detaillierten Aufzeichnungen über glatte und runzlige Erbsen zeigen, dass bei der Vererbung des Merkmals „glatt"
$y = 2p(1-p) + p^2 = 2p - p^2$ gilt, wobei p die relative Häufigkeit von glatten Erbsen der Elterngeneration und y die relative Häufigkeit von glatten Erbsen in der Tochtergeneration angibt.

Die Eigenschaft „glatt" ist dominant, „runzlig" ist rezessiv.
a) Stellen Sie das Verhältnis y in Abhängigkeit von p grafisch dar $(0 < p < 1)$.
b) Interpretieren Sie anhand des Graphen den Begriff „Empfindlichkeit", d. h. wie ändert sich y durch kleine Änderungen von p?
Wie hängt diese Empfindlichkeit von p ab?

93/2 Gregor Mendel (1822–1884)

LÖ b) „Empfindlichkeit" entspricht lokaler Änderungsrate. E geringer, je größer p ist.

94/1

LÖ c) in F abgelesen: $m = -11{,}5$, in H: $m = -6{,}5$. Bei $-6{,}5$: Bis zur Landung $t = 77$ min. Bei $-11{,}5$: $t = 43$ min.

DE Anschaulicher Umgang mit Steigung in einem Punkt und Tangenten.

27 In Segelflugzeugen werden spezielle Flugschreiber eingebaut, die die Flughöhe in Abhängigkeit von der Flugzeit anzeigen.

a) Berechnen Sie die mittlere Steiggeschwindigkeit zwischen den Punkten A und C sowie die mittlere Sinkgeschwindigkeit zwischen E und G.

b) Suchen Sie Punkte zwischen A und C bzw. zwischen E und G, für die die momentane Steig- bzw. Sinkgeschwindigkeit genauso groß ist wie die in a) errechneten Geschwindigkeiten. Suchen Sie die Punkte mit maximaler Steig- und minimaler Sinkgeschwindigkeit.

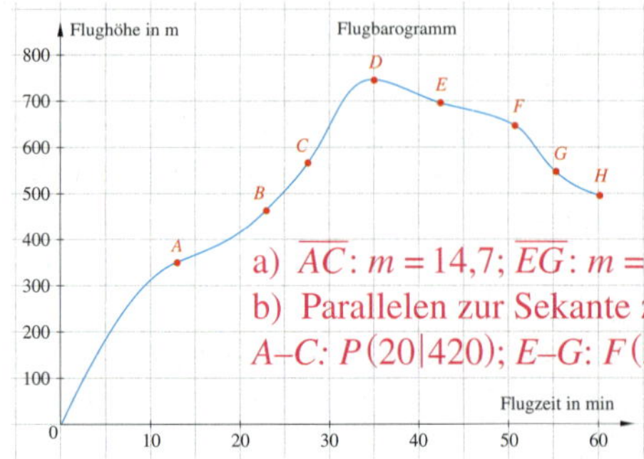

a) $\overline{AC}$: $m = 14{,}7$; $\overline{EG}$: $m = 11{,}5$.
b) Parallelen zur Sekante zeichnen!
A–C: $P(20|420)$; E–G: $F(51|650)$.

94/2

c) Vergleichen Sie die momentanen Sinkgeschwindigkeiten in den Punkten F und H. Nach welcher Zeit würde das Segelflugzeug landen, wenn es die Sinkgeschwindigkeit beibehalten würde, die es im Punkt H hat? Um wie viel Prozent würde sich die Gesamtflugzeit verkürzen, wenn das Segelflugzeug ab H bis zur Landung mit der maximalen Sinkgeschwindigkeit im Punkt F weiterfliegen würde?

28 Es gilt $\lim\limits_{h \to 0} \frac{3^h - 1}{h} \approx 1{,}1$. Nutzen Sie dies, um die Ableitung von $f(x) = 3^x$ an den Stellen 2 und 5 zu berechnen.

148 Neue pro Minute

Die Schätzungen der UNO basieren auf Fruchtbarkeit und Sterblichkeit. Die UN-Bevölkerungsagentur geht davon aus, dass die Menschheit derzeit pro Minute um 148 Erdenbürger zunimmt. Diese Zahl ergibt sich aus 247 Geburten minus 99 Todesfälle in der Minute.

94/3 Quelle: Südwestpresse, 12. 10. 1999

Heute leben etwa 6,7 Milliarden Menschen auf der Erde. Jedes Jahr kommen schätzungsweise 80 Millionen Erdenbürger hinzu. Schon 2012 wird die Weltbevölkerung voraussichtlich die Sieben-Milliarden-Marke überschreiten und im Jahr 2025 acht Milliarden Menschen umfassen. Dies geht aus dem DSW-Datenreport 2008 hervor, den die Deutsche Stiftung Weltbevölkerung (DSW) veröffentlicht hat.

94/4

29 Seven billion day **DE** Kein Funktionsterm, nur grafisch arbeiten

Am 12. Oktober 1999 war „the day of 6 billion" – der Tag, an dem die Bevölkerungszahl von 6 Milliarden Einwohnern auf der Erde überschritten wurde.

Während laut Grafik ein Überschreiten der Sieben-Milliarden-Marke im Jahr 2013 passieren wird, sagen dies neuere Schätzungen bereits für 2012 voraus.

a) Schätzen Sie die Bevölkerungszahlen der Jahre 1900, 2000 und Ihres Geburtsjahres.

b) Berechnen Sie die jährliche Zunahme der Weltbevölkerung in den letzten Jahrhunderten. Welche jährliche Zunahme entnehmen Sie der Grafik für die erste Hälfte des 21. Jahrhunderts?

c) Ermitteln Sie die jährliche Zunahme im Jahr 1999. Wie groß war die Zunahme am 12. 10. 1999? Wie viele Menschen kamen pro Sekunde an diesem Tag dazu?
Vergleichen Sie Ihren Wert mit den Angaben aus dem Zeitungsartikel der Südwestpresse vom 12. 10. 1999. Ermitteln Sie auch die Zunahme pro Minute in verschiedenen Zeitepochen und vergleichen Sie diese.

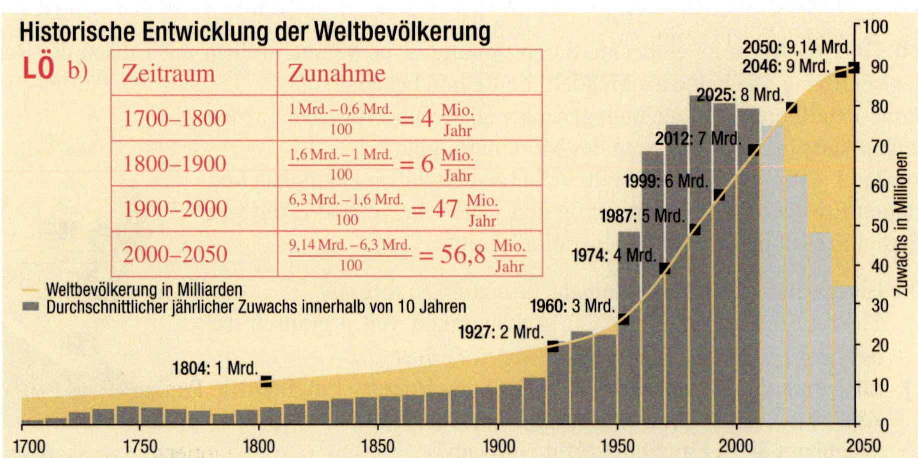

LÖ b)

Zeitraum	Zunahme
1700–1800	$\frac{1\text{ Mrd.} - 0{,}6\text{ Mrd.}}{100} = 4\ \frac{\text{Mio.}}{\text{Jahr}}$
1800–1900	$\frac{1{,}6\text{ Mrd.} - 1\text{ Mrd.}}{100} = 6\ \frac{\text{Mio.}}{\text{Jahr}}$
1900–2000	$\frac{6{,}3\text{ Mrd.} - 1{,}6\text{ Mrd.}}{100} = 47\ \frac{\text{Mio.}}{\text{Jahr}}$
2000–2050	$\frac{9{,}14\text{ Mrd.} - 6{,}3\text{ Mrd.}}{100} = 56{,}8\ \frac{\text{Mio.}}{\text{Jahr}}$

94/5

c) Tangentensteigung grafisch: 74 Mio pro Jahr, ergibt 2,35 pro Sekunde.

d) Informieren Sie sich, wie viele Menschen derzeit auf der Erde leben und wie ihre Zahl pro Sekunde anwächst. Hilfe dazu finden Sie unter www 095-1. Errechnen Sie aus diesen Daten den „day of 7 billion“. Können Sie sogar die Uhrzeit angeben, zu der dieses Ereignis eintreten wird?

e) Untersuchen Sie die Entwicklung der Bevölkerung in verschiedenen Kontinenten und Ländern. Vergleichen und versuchen Sie, die Unterschiede, die Ihnen auffallen, zu erklären.

30 Minigolf

Die Ränder der Mathematik-Station einer Minigolfbahn sind durch die Graphen der zwei Funktionen f und g beschrieben:

$f(x) = x^3 + x$ und $g(x) = -(x-4)^3 - (x-4)$.

Der erste Spieler hat den Ball K_1 so geschlagen, dass sie am Graphen der Funktion f entlang läuft. Der Ball K_2 des zweiten Spielers rollt am Graphen von g entlang.

Welcher der beiden Bälle trifft das Loch $A(1{,}9\,|\,1{,}9)$?

K_1 trifft das Loch, K_2 verfehlt oberhalb

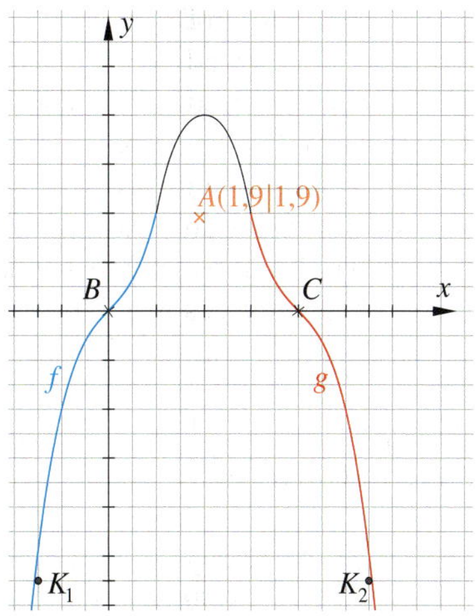

95/1

DE/LÖ Berechnung von $g'(4)$ NICHT aufwändig. Tangente an f in B: $t_f(x) = x$. A liegt auf dieser Tangente. Tangente an g in C: $t_g(x) = -x+4$. A liegt nicht auf dem Graphen von g.

31 Die Form einer Rutschbahn entspricht dem Graphen zu $f(x) = x^3 + 2x^2$ für $-1{,}3 \le x \le 0{,}1$.

Jemand lässt einen Ball die Rutschbahn herabrollen. Im Punkt $P(0{,}1\,|\,f(0{,}1))$ verlässt der Ball die Rutschbahn. Wenn es ab dem Verlassen der Rutschbahn keine Erdanziehung gäbe, flöge der Ball entlang einer Geraden weiter.

a) Welche Bedeutung hat diese Gerade?

b) Berechnen Sie die Gleichung dieser Geraden.

LÖ Tangente in P an den Graphen von f. $f'(0{,}1) = 0{,}43$. Tangente: $y = 0{,}43x - 0{,}22$

32 Ableitung grafisch darstellen

a) Zeichnen Sie den Graphen der Funktion $f\colon x \mapsto x^2 - 4x + 1$.

b) Legen Sie eine Tabelle an, bei der Sie verschiedenen Werten von x die jeweilige Ableitung zuordnen.

c) Stellen Sie die Tabelle von b) grafisch dar.

d) Vergleichen Sie die beiden Graphen miteinander.

DE Aufgabe 32 bietet bereits eine Überleitung zur Ableitungsfunktion.

33 Skizzieren Sie den Graphen einer Funktion f, deren Ableitung an verschiedenen Stellen die folgenden Werte annimmt.

a)

a	−2	−1	0	1	2	3
$f'(a)$	−7	−5	−3	−1	1	3

b)

a	−1,5	−1	−0,5	0	0,5	1	1,5	2
$f'(a)$	−0,75	−1	−0,75	0	1,25	3	5,25	6

34 Betrachten Sie den Graph der Funktion f mit $f(x) = \frac{1}{x}$.

a) Begründen Sie mithilfe des Differenzenquotienten für die Punkte $P(a\,|\,f(a))$ und $Q(b\,|\,f(b))$, dass f streng monoton fallend ist.

b) Erklären Sie, weshalb es nicht sinnvoll ist, den Differenzenquotienten zu Punkten mit $a < 0$ und $b > 0$ zu bilden.

Änderungsraten und Ableitung mit dem GTR

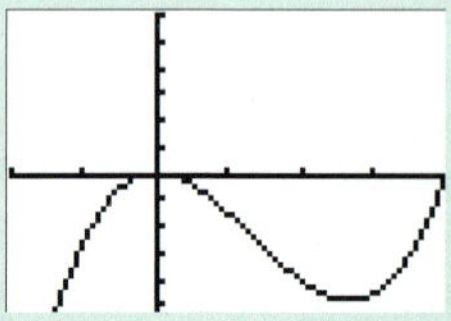

96/1

Häufig kommt es vor, dass Sie die Ableitung einer Funktion nicht bestimmen können, weil der Funktionsterm zu kompliziert ist. Hier kann Ihnen der GTR wertvolle Dienste leisten und Ihnen Steigungen angeben, Tangenten einzeichnen und deren Gleichungen berechnen oder sogar eine Ableitungsfunktion zeichnen lassen.

Gegeben ist die Funktion f mit $f(x) = 0{,}5\,x^3 - 2\,x^2$. Wählen Sie mit den WINDOW-Einstellungen oder ZOOM-Funktionen einen Bereich aus, der die wichtigsten Merkmale des Graphen von f gut wiedergibt, z. B.: $-2 \le x \le 5$ und $-7 \le y \le 6$.

TIPP

Um etwa $f'(10)$ zu bestimmen, muss das WINDOW entsprechend erweitert werden. In den Screenshots wird z. B. $f'(1) = -2{,}5$ angegeben.

Steigung an einer Stelle

Wie Sie sicherlich schon wissen, kann Ihr GTR Funktionswerte, Maxima, Minima oder auch Schnittpunkte zweier Graphen bestimmen. Ihr GTR kann aber auch die Ableitung an einer Stelle x_0 des Definitionsbereichs angeben. Die meisten Taschenrechner verwenden den Befehl **Derivative** (*engl.* für *Ableitung*) bzw. das Symbol *dy/dx*, um die Ableitung des Graphen an der Stelle x zu bestimmen.

Nach Eingabe eines x-Wertes wird Ihnen der Wert der Ableitung (also auch die Steigung des Graphen) an dieser Stelle ausgegeben.
So können Sie z. B. $f'(1), f'(-1{,}5), f'(4), f'(10)$ bestimmen.

Übrigens: Die Schreibweise *dy/dx* statt $f'(x)$ geht auf Gottfried Wilhelm Leibniz (1646–1716), einen der Entdecker der Differentialrechnung, zurück. In der Physik werden Ableitungen noch heute oft so geschrieben. www 096-1

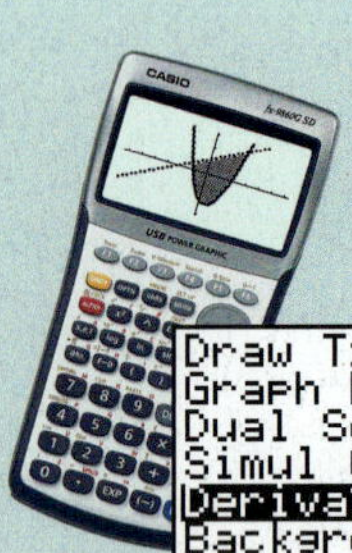

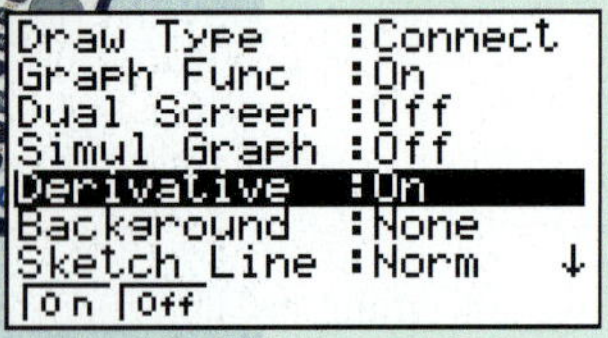

96/2

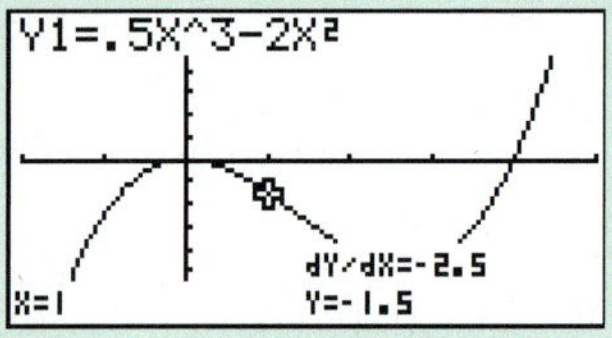

96/3

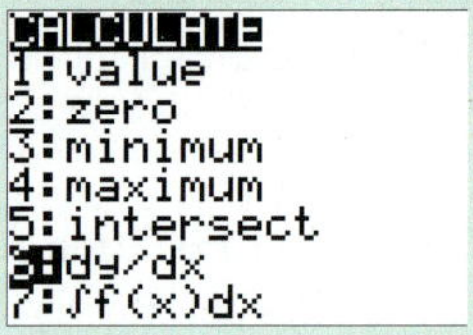

96/4

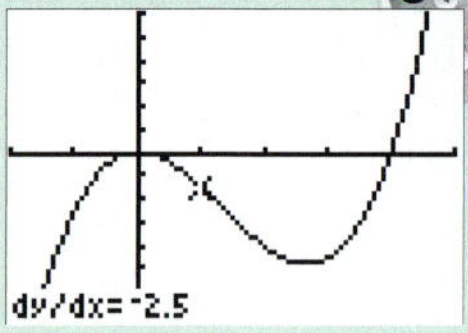

96/5

Tangente an einer Stelle zeichnen lassen

Ihr GTR bietet Ihnen auch die Möglichkeit, eine Tangente in einem bestimmten Punkt des Graphen zu zeichnen. Dies geschieht bei gängigen Modellen z. B. über das **DRAW**-Menü oder über den **Sketch**-Befehl im Grafikfenster. Wählen Sie hier die Tangentenoption aus, so erscheint nach Eingabe der Stelle x_0 die Tangente an dieser Stelle. Manche GTR-Typen geben sogar die ganze Tangentengleichung an.

Die Screenshots zeigen die Tangente an der Stelle $x = 1$.

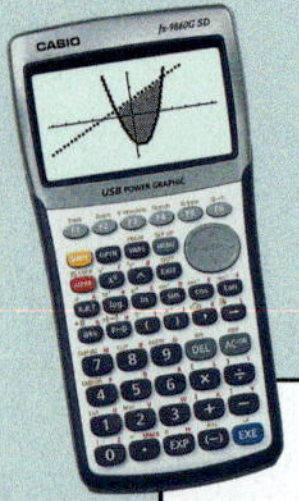

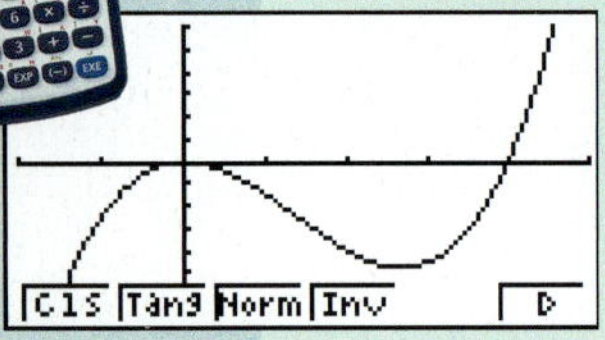

96/6

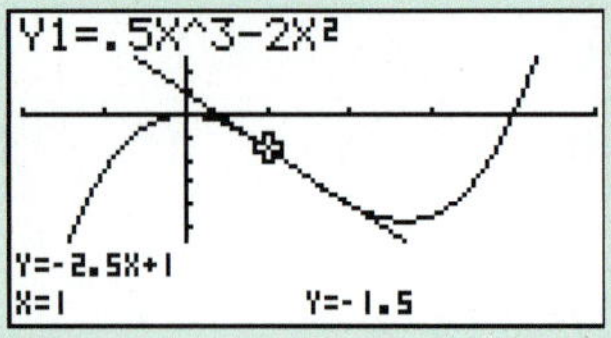

96/7

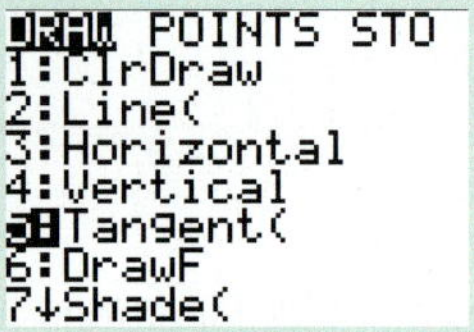

96/8

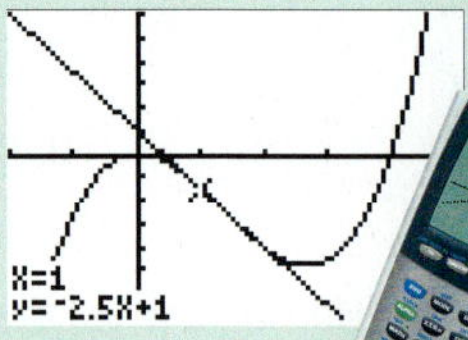

96/9

Ableitungsfunktion zeichnen lassen

An welcher Stelle x_0 hat die Funktion $f(x) = 0{,}5\,x^3 - 2\,x^2$ die Ableitung 5?
Sie könnten durch Probieren den Ableitungswert für verschiedene x-Werte berechnen lassen. Eleganter und genauer ist jedoch, die Ableitungsfunktion $f'(x)$ zu untersuchen. Ihr GTR kann Ihnen zu einer vorgegebenen Funktion den Graphen der Ableitungsfunktion zeichnen. Den zugehörigen Funktionsterm kann er hingegen nicht bestimmen, dafür wird ein CAS (Computeralgebrasystem) benötigt.

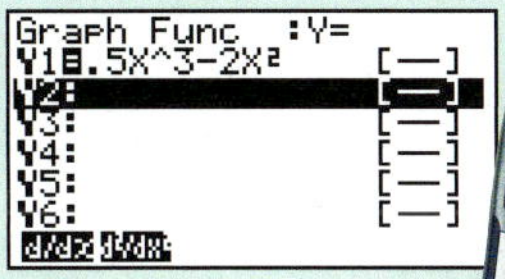

97/1

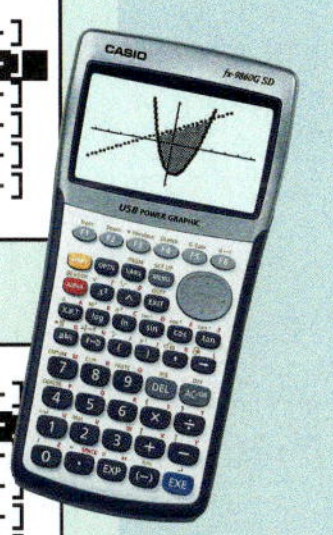

Um den Graphen der Ableitungsfunktion $f'(x)$ zeichnen zu lassen, wird diese als neue Funktion eingegeben. Hier wird beim GTR ebenfalls teilweise die Schreibweise *dy/dx* oder *d/dx* oder aber der englische Begriff **Derivative** benutzt.

97/2

Die Stellen mit der Ableitung 5 können Sie direkt bestimmen. Sie können auch den Graphen der Ableitungsfunktion mit der waagerechten Geraden mit der Gleichung $y = 5$ schneiden. Benutzen Sie dazu den **Intersection**-Befehl (wird auch mit **ISCT** abgekürzt). Diese Methode hat den Vorteil, dass Sie auf einen Blick sehen, wie viele Stellen mit $f'(x) = 5$ es gibt (sofern der Bildausschnitt richtig gewählt ist). Der GTR liefert die beiden Stellen: $x_1 \approx -0{,}93$ sowie $x_2 \approx 3{,}59$.

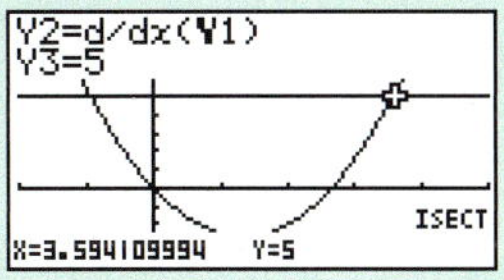

97/3

Aufgaben

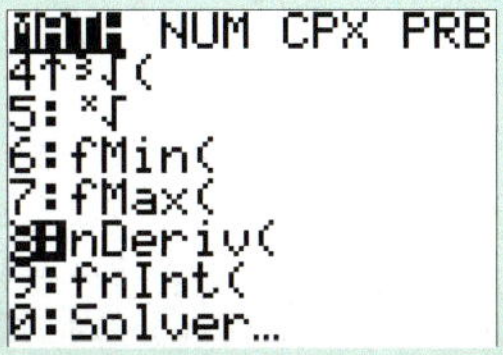

97/4

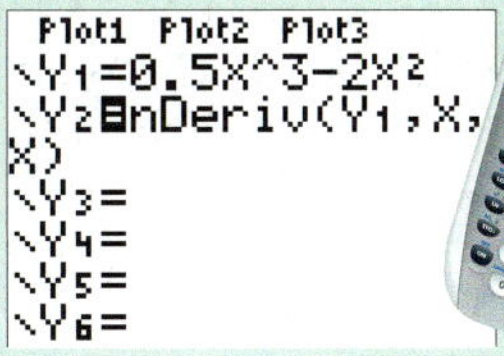

97/5

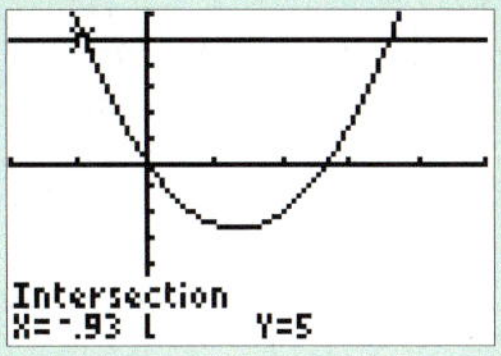

97/6

1 Gegeben sind die Funktionen f, g und h mit folgenden Vorschriften:

$$f(x) = \tfrac{1}{4}x^3 - 2x \qquad g(x) = -\tfrac{4}{x} + 2 \qquad h(x) = \tfrac{1}{4}x - 2\sqrt{x}$$

a) Bestimmen Sie jeweils die Ableitung an den Stellen 2 sowie 3, 4 und $\sqrt{7}$.
b) An welcher Stelle nimmt f die Ableitung 4 an?
c) An welcher Stelle verläuft der Graph von g parallel zur ersten Winkelhalbierenden?
d) An welcher Stelle haben die Graphen von f und h dieselbe Steigung?

2 Wie lautet die Gleichung der Tangente t an den Graphen der Funktion f mit $f(x) = (2 - x)^3$ im Punkt $P(3|-1)$?
Gibt es Stellen, an denen der Graph von f parallel zur Tangente t verläuft?

3 An welchen Stellen stimmt die Funktion $f(x) = x^2 - 5x + 3$ mit ihrer Ableitung überein? Was bedeutet dies anschaulich?

4 Die Funktion $S(t) = \frac{5000\,t}{t+4}$ gibt für $t \geq 0$ die Anzahl der verkauften Tageszeitungen „Das Blatt" zur Zeit t an (t in Stunden nach Erscheinen).
a) Bestimmen Sie die Änderungsrate zum Zeitpunkt $t = 3$.
b) Ab welchem Zeitpunkt werden weniger als dreihundert Exemplare pro Stunde verkauft?

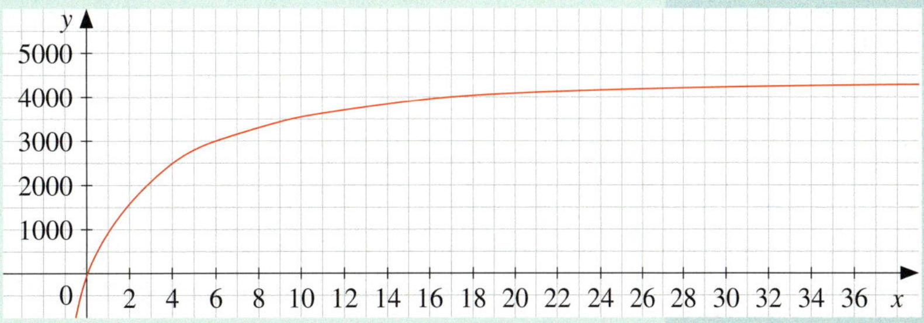

97/1

3.2 Die Ableitungsfunktion

Auftrag 1 Überflieger

Der seit 2007 eingesetzte Airbus A 380 ist das größte Passagierflugzeug der Welt. Er wird in Toulouse (Frankreich) und Hamburg-Finkenwerder gebaut.
Die Triebwerke des A 380 liefern eine Schubkraft von maximal 311 kN. Seine Masse kann beim Start bis zu 560 t betragen.

Daraus lässt sich seine Zeit-Ort-Funktion beim Start näherungsweise bestimmen:
$s(t) = 0{,}28\, t^2$ (s in Metern, t in Sekunden)

98/1

Wie groß ist die Geschwindigkeit 30 Sekunden nach Beginn des Startvorgangs?
Um abzuheben, muss das Flugzeug eine Geschwindigkeit von 280 $\frac{\text{km}}{\text{h}}$ erreichen. Wie lange dauert das? Wie lang muss demnach eine geeignete Startbahn sein?

098-1

DE $280\,\frac{\text{km}}{\text{h}} = 77{,}8\,\frac{\text{m}}{\text{s}}$
Die Gleichung $s'(t) = 77{,}8$ muss gelöst werden. Lösen durch Probieren, also Ableitungen an verschiedenen Stellen berechnen. Faktisch betrachten die Schülerinnen und Schüler damit die Wertetabelle der Ableitungsfunktion, es entsteht die Motivation, die Ableitungsfunktion zu betrachten.
Ergebnis: Rollfeldlänge 5,4 km. In Wirklichkeit werden für den A380 3,3 km angegeben. Die Vernachlässigung des Luftwiderstandes ist beim Startvorgang sicher ungeeignet.

HINWEIS
Die Geschwindigkeit ist die Änderung des Weges nach der Zeit.

Auftrag 2 Formelsuche

Mithilfe der Ableitung können Sie z. B. die Änderungsrate zu einer bestimmten Zeit oder die Steigung der Tangente an den Funktionsgraphen in einem bestimmten Punkt bestimmen. Für jede interessante Stelle müssen Sie eine neue Berechnung durchführen … oder Sie finden eine allgemeine Formel, in die Sie nur noch den jeweiligen x-Wert einsetzen müssen.
Finden Sie eine allgemeine Ableitung für jeden x-Wert für folgende Funktionen:

$$f_1(x) = x,\ f_2(x) = x^2,\ f_3(x) = x^3 \text{ und } f_4(x) = \tfrac{1}{x}$$

Fassen Sie die sich ergebenden Terme als Funktionsterme auf. Vergleichen Sie die Funktionsgraphen der abgeleiteten Funktionsterme mit denen der Ausgangsfunktionen und beschreiben Sie die Zusammenhänge.

DE Man kann mit Auftrag 1 die Ableitungsfunktion motivieren, und danach Auftrag 2 bearbeiten.

AB

Auftrag 3 Schnell – schneller – zu schnell?
Leon wurde auf der Landstraße gestoppt. Mit dem Verkehrspolizisten entspinnt sich folgender Dialog:
„Haben Sie denn die Geschwindigkeitsbegrenzung auf 70 $\frac{\text{km}}{\text{h}}$ nicht gesehen?“
„Ja klar doch, kein Problem! In der letzten Viertelstunde bin ich gerade mal 10 km weit gefahren!“
„Das mag schon stimmen, aber …“

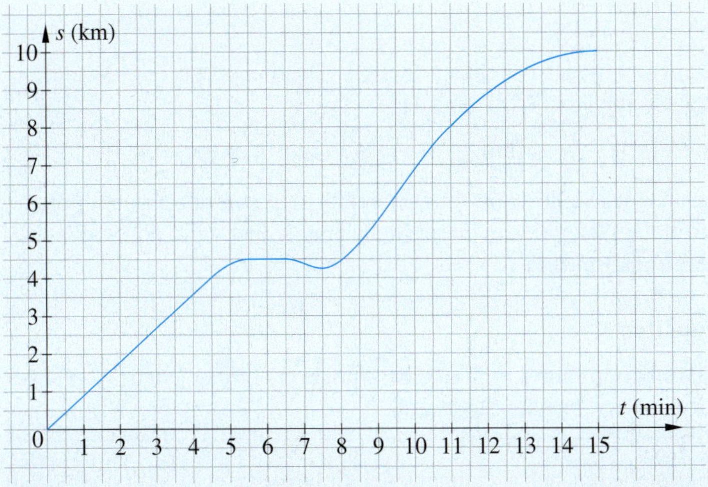

99/1

Das t-s-Diagramm beschreibt Leons Fahrt auf der Landstraße. Beschreiben Sie seine Fahrt mit Worten und bestimme seine Geschwindigkeit zu den Zeitpunkten 2 min, 6 min und 8 min. Wie groß ist die maximale Geschwindigkeit, mit der er gefahren ist?

Skizzieren Sie – ohne weitere Werte zu bestimmen – möglichst genau den Graphen der Funktion, die Leons Geschwindigkeit in Abhängigkeit von der Zeit beschreibt. Welche Zusammenhänge stellen Sie fest?
Für $11 \leq x \leq 15$ wird Leons Fahrt durch die Funktion f mit

$f(x) = -\frac{1}{8}x^2 + \frac{30}{8}x - 18\frac{1}{8}$ beschrieben.

Welche Funktion beschreibt die Geschwindigkeit in diesem Bereich?

DE Grafisch ableiten: Geodreieck als Tangente anlegen und Kästchen des Steigungsdreiecks zählen. Umrechnen von min in Std. erforderlich. Bei 2 min ca. 54 $\frac{\text{km}}{\text{h}}$, bei 8 min ca. 40 $\frac{\text{km}}{\text{h}}$. Maximale Geschw. bei ca. 9,5 min: ca. 80 $\frac{\text{km}}{\text{h}}$.

099-1

AB **Auftrag 4 Zusammenhänge entdecken**
Gegeben sind der Graph zur Funktion f mit $f(x) = x^4 - 2x^2$ sowie der Graph einer Funktion g.
Welche Zusammenhänge zwischen den beiden Graphen fallen Ihnen auf?
Achten Sie dabei insbesondere auf das Steigungsverhalten von f.

Versuchen Sie, eine Funktionsgleichung für g anzugeben.
Können Sie diese rein rechnerisch aus der Funktionsgleichung von f bestimmen?

Unter 099-1 finden Sie ein Arbeitsblatt, auf dem die Graphen von f und g abgebildet sind.

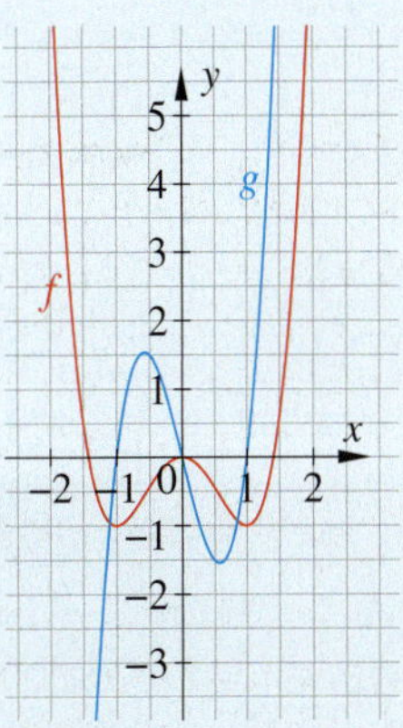

99/2

LÖ $f(x)$ fällt ⇒ $g(x)$ negativ
$f(x)$ steigt ⇒ $g(x)$ positiv
$f(x)$ hat Extremstelle ⇒ $g(x)$ hat Nullstelle
$f(x)$ linksgekrümmt ⇒ $g(x)$ steigt; $f(x)$ rechtsgekrümmt ⇒ $g(x)$ fällt
$f(x)$ Wendestelle ⇒ $g(x)$ Extremstelle
Aus Anzahl der Nullstellen und Einsetzen von Punkten ergibt sich:
$g(x) = 4x^3 - 4x$

► **Auftrag 2** wird bei der Erarbeitung verwendet.

DE Eine Wertetabelle der Ableitungsfunktion ist sicher geeignet, den Übergang von der Ableitung an einer Stelle zur Ableitungsfunktion verständlich zu machen. Das bietet sich besonders bei Auftrag 1 und 3 an. Damit wird auch die Einsicht in die Tragweite von Rechnungen mit Variablen erhöht.

▶ Ableitungsfunktion

Aus Abschnitt 3.1 kennen Sie eine Methode, um die Ableitung an einer Stelle zu bestimmen: Sie betrachten den Grenzwert des Differenzenquotienten an dieser Stelle, berechnen also den Term $\lim\limits_{h \to 0} \frac{f(x+h)-f(x)}{h}$ für ein bestimmtes x.

Wird diese Rechnung für eine allgemeine Stelle x durchgeführt, so ergibt sich die Ableitung an der allgemeinen Stelle x. Für $f_1(x) = x$ ergibt sich folgendes:

$$\lim_{h \to 0} \frac{(x+h)-x}{h} = \lim_{h \to 0} \frac{h}{h} = \lim_{h \to 0} 1 = 1$$

Die Ableitung von $f_1(x)$ ist also an jeder beliebigen Stelle 1. Deutlicher wird der Vorteil der Ableitung an einer allgemeinen Stelle bei $f_2(x) = x^2$:

$$\lim_{h \to 0} \frac{(x+h)^2-x^2}{h} = \lim_{h \to 0} \frac{x^2+2xh+h^2-x^2}{h} = \lim_{h \to 0} \frac{2xh+h^2}{h} = \lim_{h \to 0} (2x+h) = 2x$$

Um die Ableitung von $f_2(x)$ an einer Stelle zu bestimmen, reicht es also, x mit 2 zu multiplizieren. Da jeder Stelle x der Wert der Ableitung an dieser Stelle zugeordnet wird, ergibt sich wieder eine Funktion, **die Ableitungsfunktion**.

Definition 3.4 **Ableitungsfunktion**

Die Ableitungsfunktion f': $x \mapsto f'(x)$ zu einer Funktion f ordnet jedem Wert a die Ableitung der Funktion f an der Stelle a zu.

Mithilfe der Ableitungsfunktion lassen sich Steigungen der Graphen einer Funktion an jedem beliebigen Punkt und Änderungsraten zu beliebigen Zeitpunkten schnell berechnen.
Zu f_1 und f_2 ergeben sich die Ableitungsfunktionen $f_1'(x) = 1$ und $f_2'(x) = 2x$. Analog ergeben sich für $f_3(x) = x^3$ und $f_4(x) = \frac{1}{x}$ die Ableitungsfunktionen $f_3'(x) = 3x^2$ und $f_4'(x) = -\frac{1}{x^2}$.

TIPP
Die Berechnungen für f_3 und f_4 sowie die zugehörigen Graphen finden Sie auf einem Arbeitsblatt unter 100-1.

TIPP
Ein Applet, das Graphen von Funktionen und ihren Ableitungsfunktionen anzeigen kann, finden Sie unter 100-2.

Zusammenhang zwischen Graph von f und Graph von f'

Der Graph der Ableitungsfunktion weist Zusammenhänge mit dem Graphen der Ausgangsfunktion auf. Die Steigung der Tangente an einen Punkt des Graphen von f ist der Funktionswert von f' an derselben Stelle.

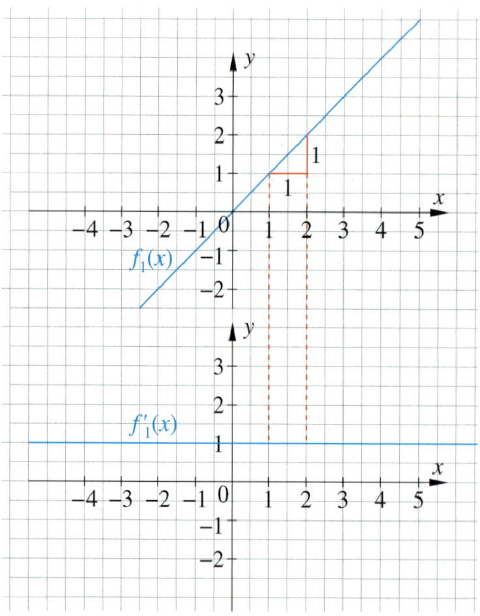

100/1

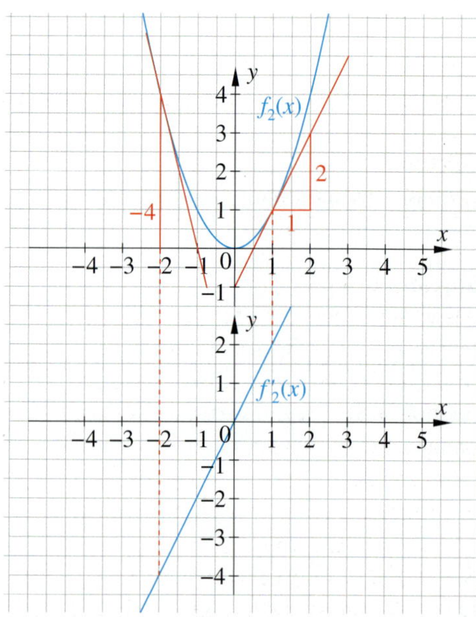

100/2

Grafisches Ableiten

Wenn keine Funktionsvorschrift, aber ein Graph gegeben ist, lässt sich der Graph der Ableitungsfunktion skizzieren, indem das Steigungsverhalten des Graphen untersucht wird.

Oft kommt es dabei nicht auf konkrete Werte, sondern auf die grobe Gestalt des Graphen der Ableitungsfunktion an.

Zwischen markanten Punkten bzw. Segmenten der Graphen von Funktion und Ableitungsfunktion bestehen dabei Zusammenhänge, die in der nebenstehenden Grafik verdeutlicht werden.

101-1

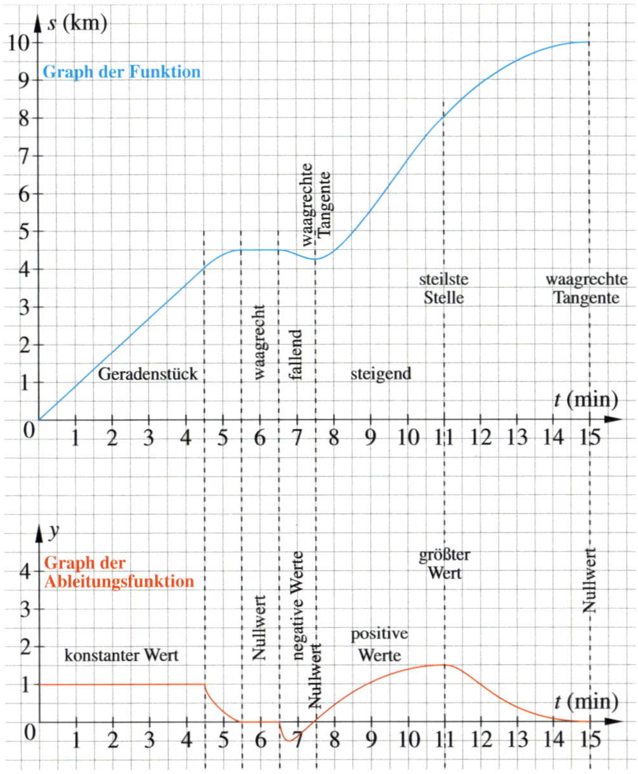

101/1

Die wichtigsten Beobachtungen sind in der folgenden Tabelle zusammengefasst.

Graph der Funktion	Gerade	Parallele zur x-Achse	steigend	fallend	Hoch- oder Tiefpunkt
Graph der Ableitungsfunktion	Parallele zur x-Achse	x-Achse	oberhalb der x-Achse	unterhalb der x-Achse	Schnittpunkt mit der x-Achse

Graph der Funktion	linksgekrümmt	rechtsgekrümmt	steilster Anstieg	steilster Abfall
Graph der Ableitungsfunktion	steigend	fallend	Hochpunkt	Tiefpunkt

Sinusfunktion

Als weiteres Beispiel für dieses grafische Verfahren soll die Ableitungsfunktion der Sinusfunktion untersucht werden. Die Periodizität der Funktion spiegelt sich auch in ihrem Steigungsverhalten wider.

Die genauere Untersuchung legt die Vermutung nahe, dass sich als Ableitungsfunktion die Kosinusfunktion ergibt:

$f(x) = \sin(x) \Rightarrow f'(x) = \cos(x)$

Die Ableitungsfunktion der Kosinusfunktion ist Thema von Aufgabe 7.

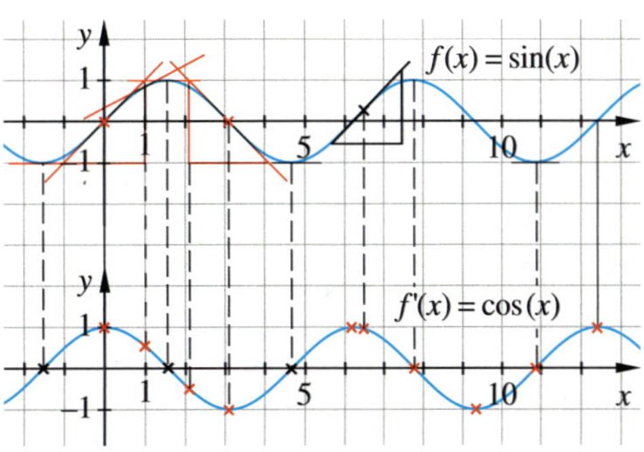

101/2

TIPP

Über die Ableitung von Exponentialfunktionen (also $f(x) = a^x$) können Sie etwas in Aufgabe 24 erfahren.

Aufgaben

Trainieren Anwenden Vernetzen

LÖ Steigung für ±1: ≈ ±0,65: Steigung für $\pm\frac{1}{3}$: ≈ ±0,2

1 Gegeben ist die Funktion f mit $f(x) = -\frac{1}{3}x^2 + 6$.

a) Ermitteln Sie zeichnerisch (unter Anwendung des Steigungsdreiecks) die Steigung des Graphen an den Stellen $x = \frac{1}{3}$, $x = 1$, $x = -\frac{1}{3}$ und $x = -1$.

b) Kontrollieren Sie Ihre zeichnerisch ermittelten Werte aus a) durch einen geeigneten rechnerischen Nachweis.

c) Führen Sie das obige Verfahren anhand einer selbstgewählten Funktion erneut durch.

2 In der Abbildung ist der Graph einer Funktion f dargestellt.
Skizzieren Sie einen möglichen Graphen der zugehörigen Ableitungsfunktion f'.
Begründen Sie.

a)

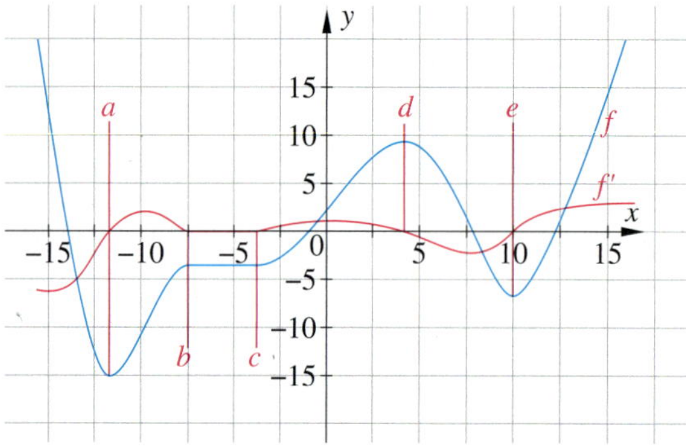

102/1

b)

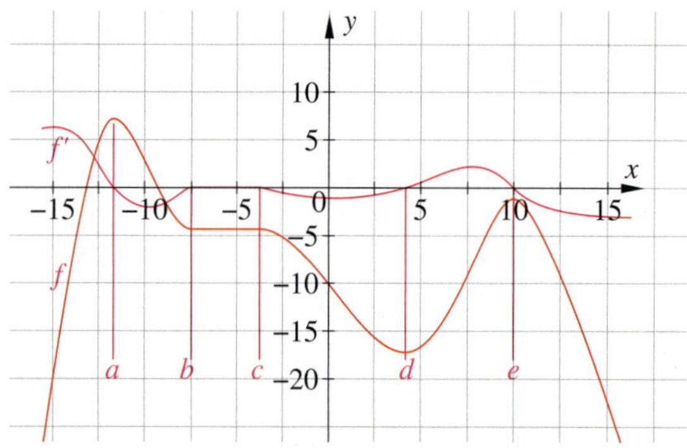

102/2

LÖ
a) $f'\left(\frac{1}{2}\right) = 1$, $f'(0) = 0$
b) $f'\left(\pm\frac{1}{3}\right) = 1$, $f'(0) = 0$;
c) $f'\left(\sqrt[3]{\frac{1}{4}}\right) = 1$, $f'(0) = 0$;
d) $f'(x) \neq 1$, $f'(x) \neq 0$

3 In welchen Punkten verläuft die Tangente an den Graphen parallel zur ersten Winkelhalbierenden $y = x$? Gibt es auch Stellen, an denen die Steigung null ist?

a) $f(x) = x^2$ c) $f(x) = x^4$

b) $f(x) = x^3 + 1$ d) $f(x) = \frac{1}{x}$ **DE** Ableitung in d) erfordert Hilfe!

TIPP
Die Punkte sollen alphabetisch von links nach rechts angeordnet werden.

4 Zeichnen Sie einen Funktionsgraphen, für den folgendes gilt:

a) Von A bis B ist die Steigung positiv. Im Punkt B ist die Steigung Null.
Von B bis C ist die Steigung negativ. Im Punkt D ist die Steigung −1.

b) Im Punkt A ist die Steigung Null. Von B bis C ist die Steigung negativ.
Im Punkt D ist die Steigung 1. Vom Punkt E bis zum Punkt F ist die Steigung 3.

c) Im Punkt A ist die Steigung negativ. Im Punkt B ist die Steigung −1.
Vom Punkt C bis zum Punkt D ist die Steigung Null. Nach Punkt D ist die Steigung positiv.

5 Geben Sie für die folgenden Graphen die Bereiche an, in denen die Ableitungsfunktion positive Werte hat. Ermitteln Sie jeweils die angegebenen Steigungen und skizzieren Sie den Graphen der zugehörigen Ableitungsfunktion.

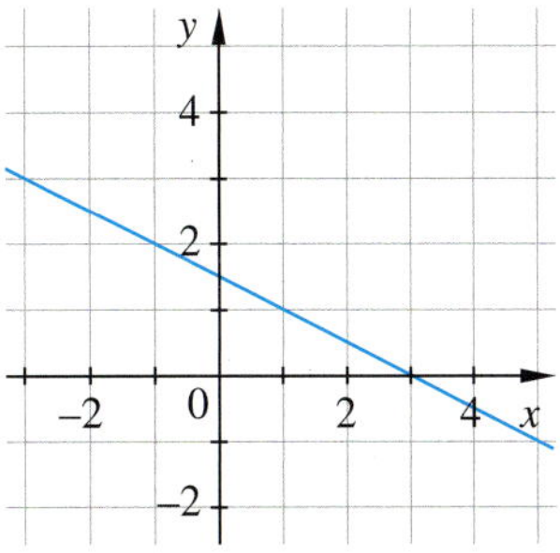

a) $f'(0), f'(1)$ *103/1*

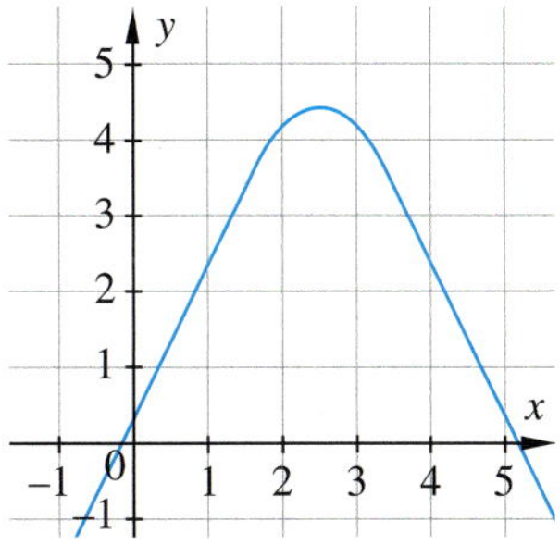

b) $f'(0), f'(1)$ *103/2*

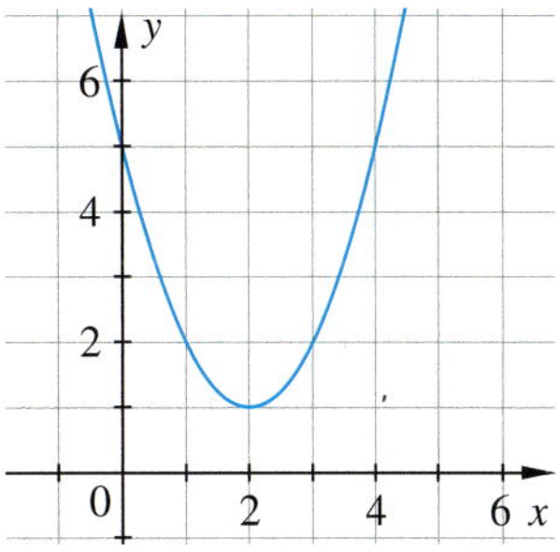

c) $f'(0), f'(1), f'(2{,}5)$ *103/3*

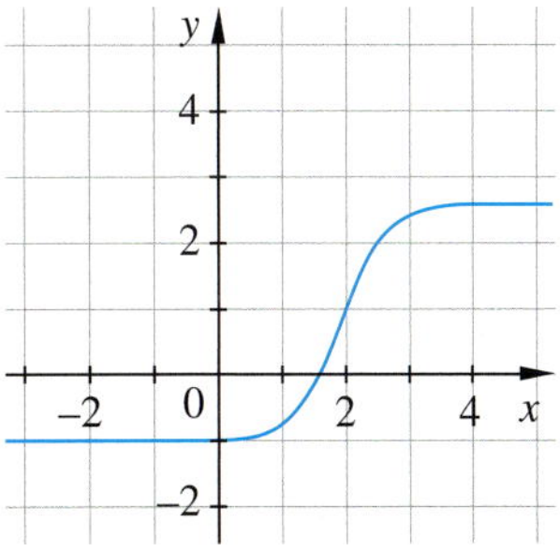

d) $f'(0), f'(2), f'(2{,}5)$ *103/4*

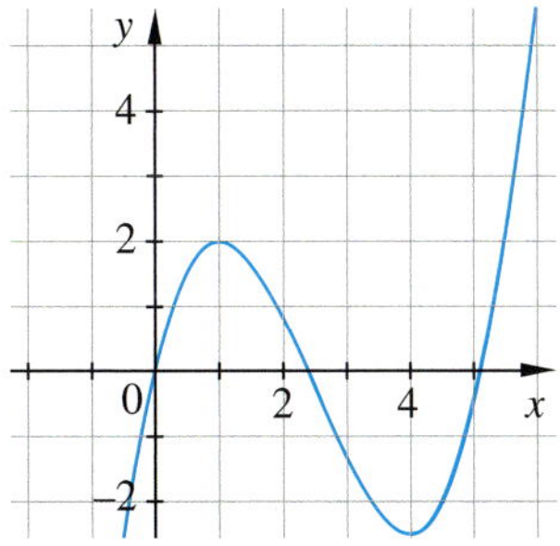

e) $f'(0), f'(1{,}5), f'(3)$ *103/5*

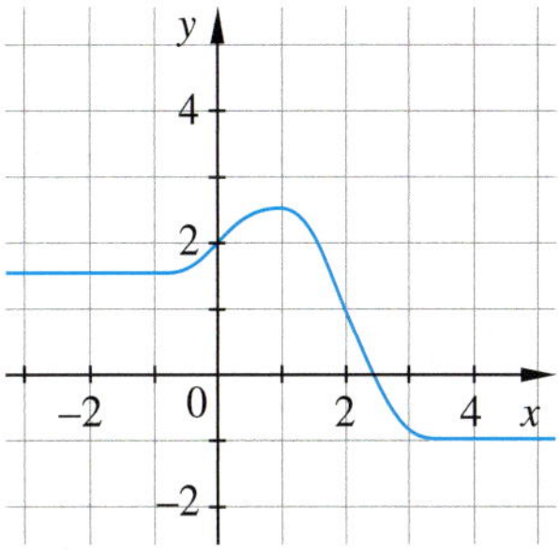

f) $f'(0), f'(2)$ *103/6*

6 Skizzieren Sie den Graphen der Ableitungsfunktion zum dargestellten Funktionsgraphen.

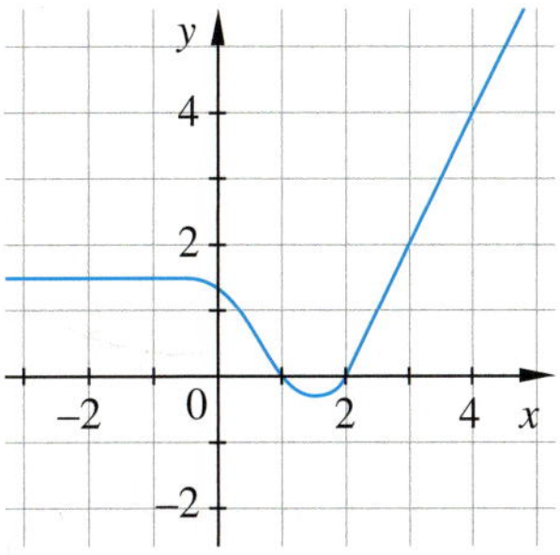

a) *103/7*

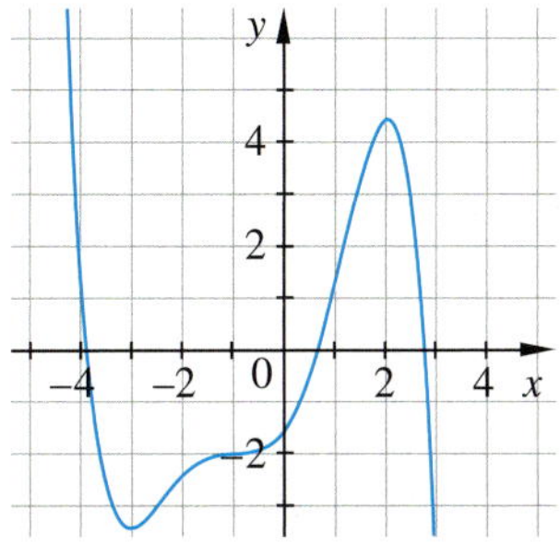

b) *103/8*

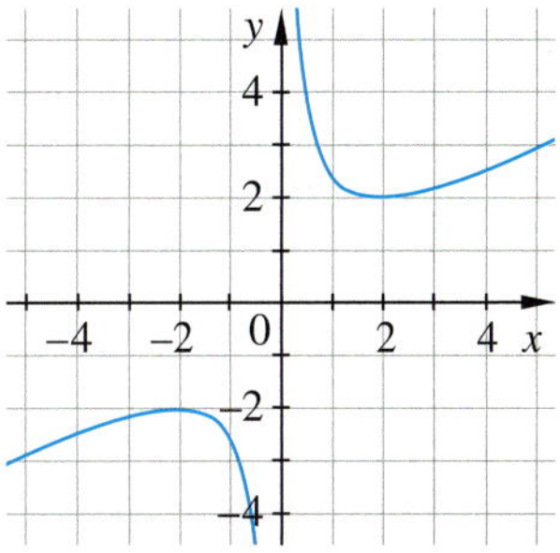

c) *103/9*

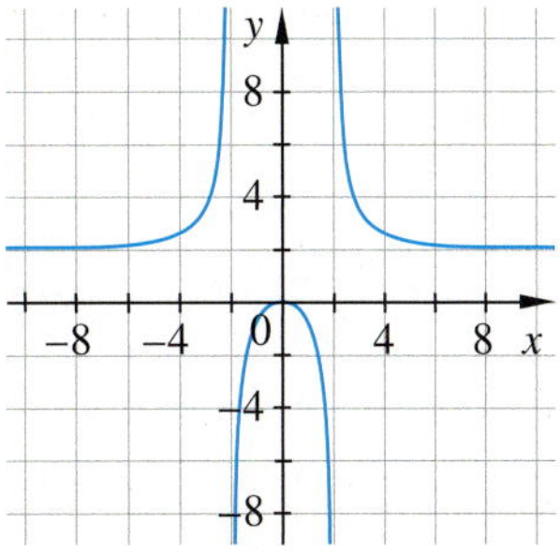

d) *103/10*

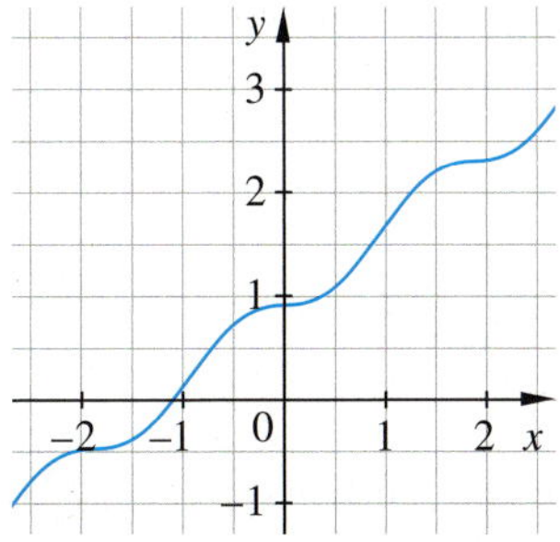

e) *103/11*

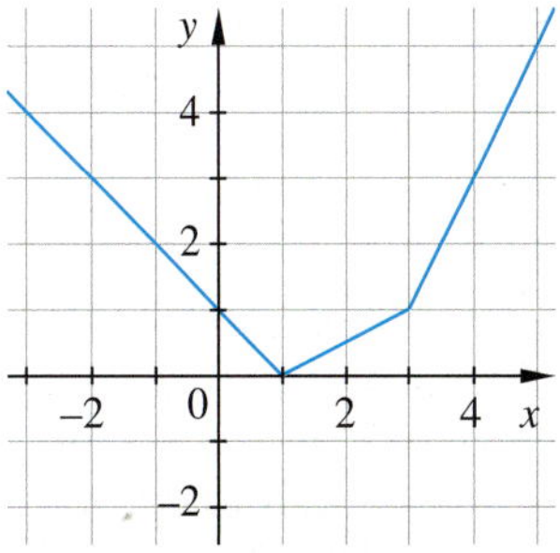

f) *103/12*

7 Ermitteln Sie zeichnerisch den Graphen der Ableitungsfunktion zur Kosinusfunktion. Welche Zusammenhänge fallen Ihnen auf?

Aufgaben

TIPP

Sie finden die Funktionsgraphen auf einem Arbeitsblatt unter www 103-1. Auch bei den folgenden Aufgaben gibt es im Internet Arbeitsblätter, wenn grafisch gearbeitet werden soll.

LÖ die Ableitungsfunktion hat positive Werte wenn $f(x)$ steigt
a) $f'(0) = -0{,}5$; $f'(1) = -0{,}5$
b) $f'(0) = 2$; $f'(1) = 2$
c) $f'(0) = -4$; $f'(1) = -2$; $f'(2{,}5) = 1$
d) $f'(0) = 0$; $f'(2) \approx 2{,}5$; $f'(2{,}5) \approx 1{,}3$
e) $f'(0) = 4$; $f'(1{,}5) \approx -1{,}3$; $f'(3) \approx -2$
f) $f'(0) \approx 1$; $f'(2) \approx -2{,}3$

www 103-2

LÖ

$\cos(x)' = -\sin(x)$

8 Die Abbildung zeigt links die Graphen von fünf Funktionen und rechts die Graphen der Ableitungsfunktionen zu vier von ihnen.
Ordnen Sie die Paare richtig zu und begründen Sie Ihre Lösung.
Ergänzen Sie den fehlenden Graphen.

LÖ
A: 3
B: 1
C: fehlt
D: 4
E: 2

TIPP
Weitere Übungen zu Ableitungsfunktionen finden Sie unter 104-1.

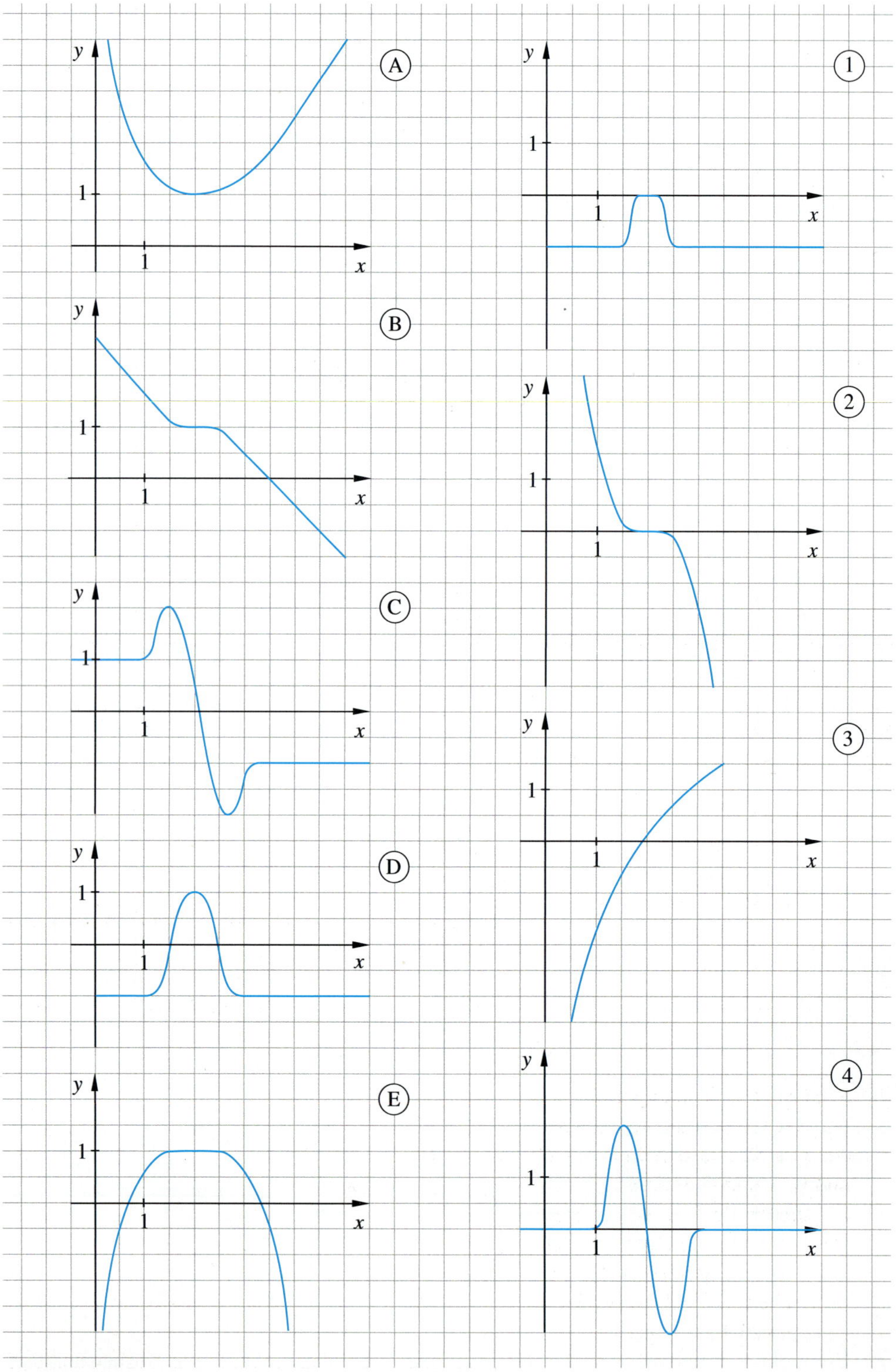

104/1

9 Find as many pairs of graphs of a function and corresponding graphs of derivatives as possible. Give reasons.

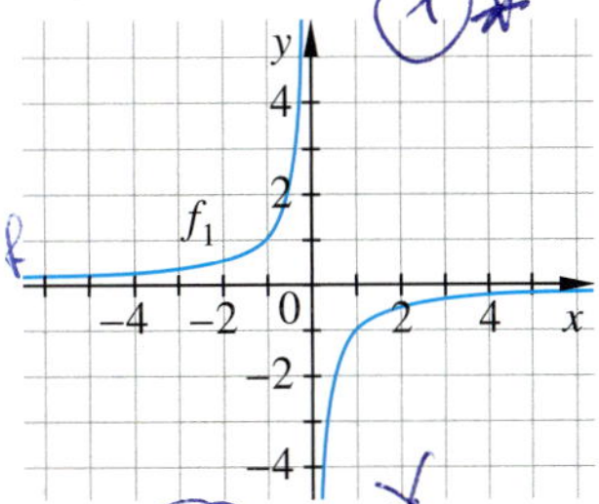

105/1

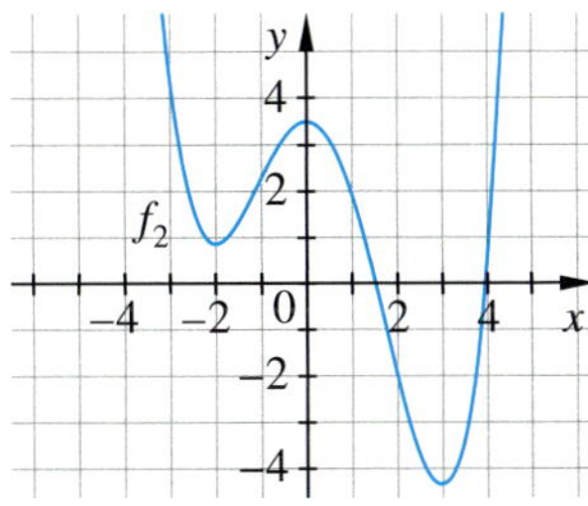

105/2

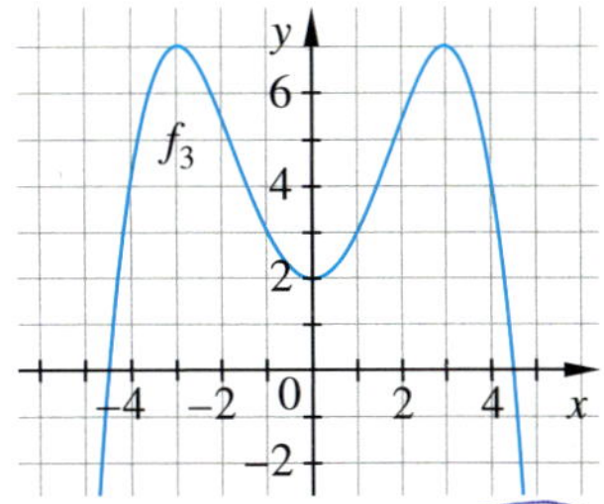

105/3

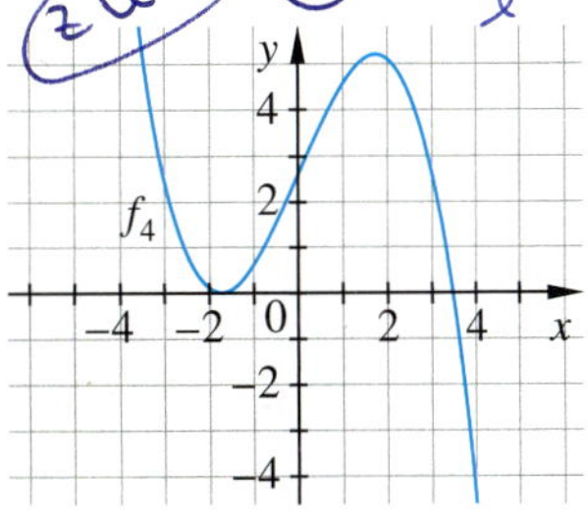

105/4

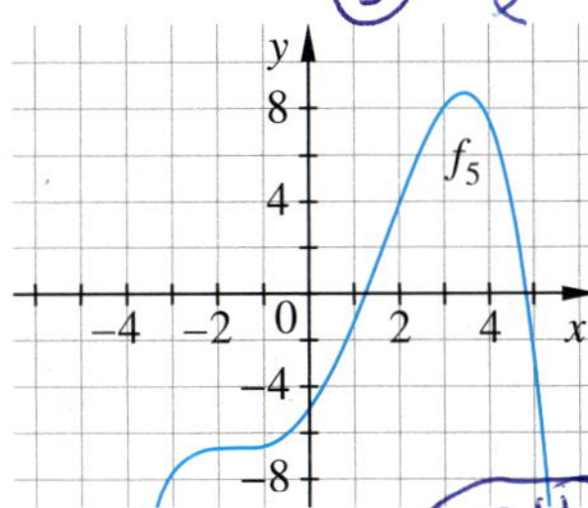

105/5

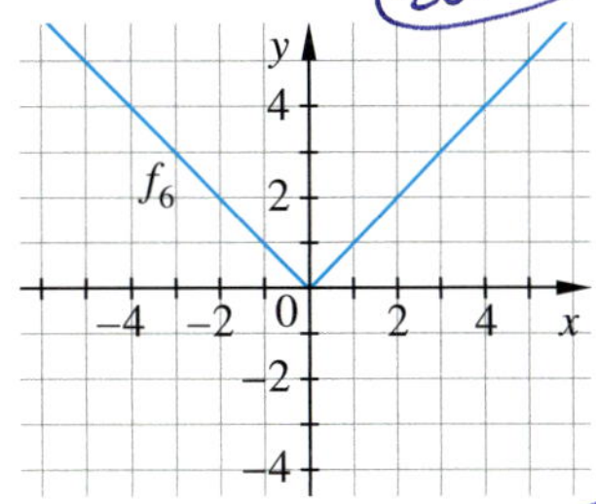

105/6

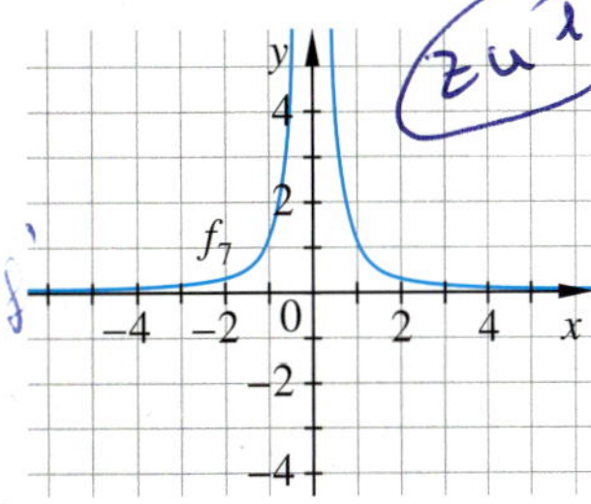

105/7

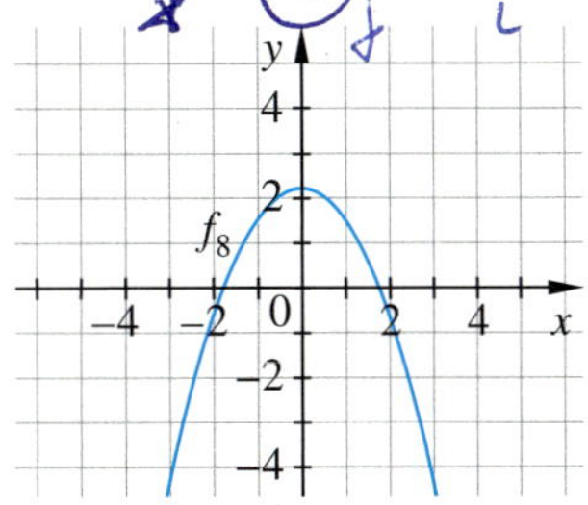

105/8

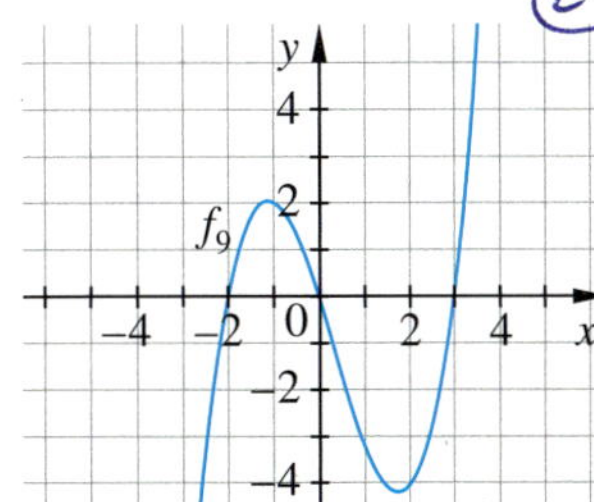

105/9

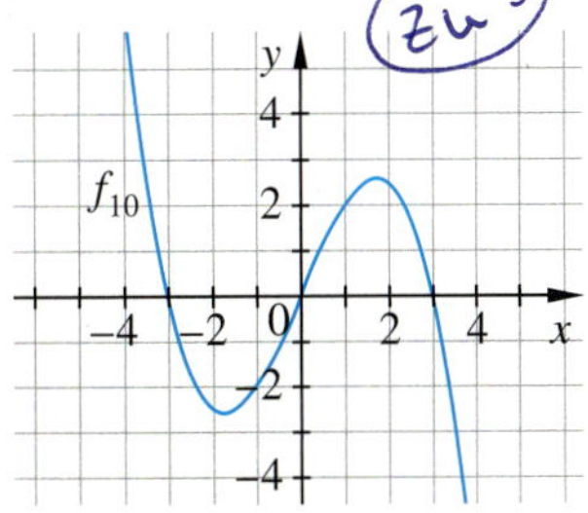

105/10

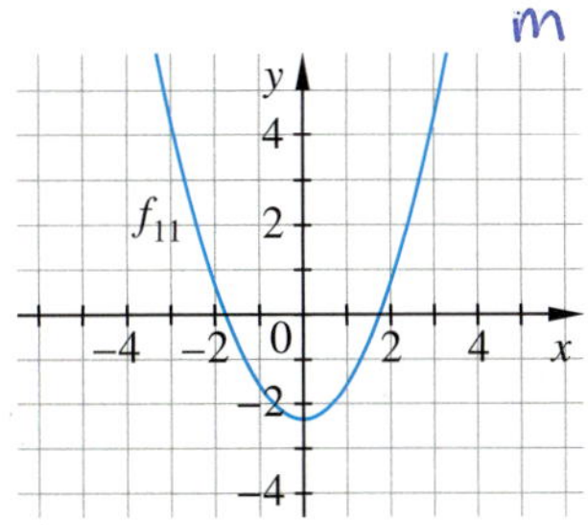

105/11

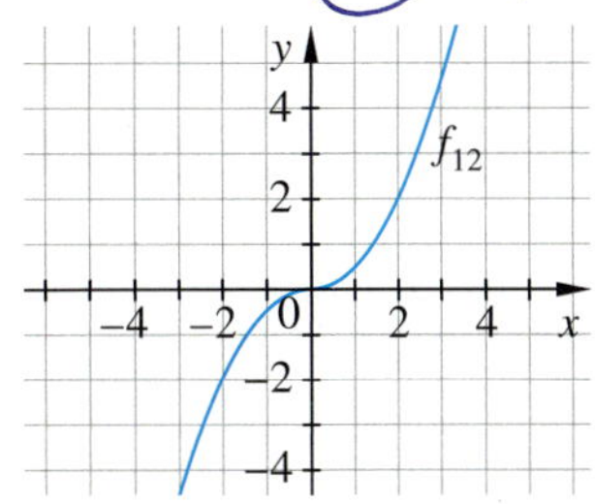

105/12

LÖ $f_1' = f_7$; $f_2' = f_9$; $f_3' = f_{10}$; $f_{10}' = f_8$; $f_5' = f_4$; $f_4' = f_8$; $f_{12}' = f_6$

10 Schätzen von Steigungen

a) Vergleichen Sie die Steigungen des Graphen in den Punkten C und D, A und F, H und I.

b) In welchen Punkten ist die Steigung des Graphen am größten bzw. am kleinsten bzw. 0?

c) In welchem Bereich ist die Steigung positiv bzw. negativ?

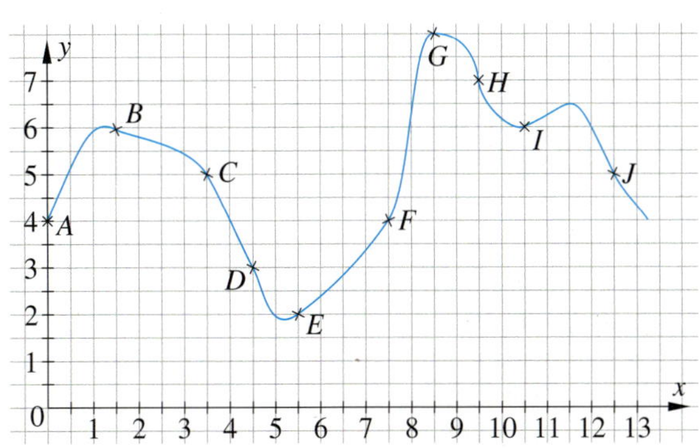

105/13

LÖ b) Größte positive Steigung in A, größte negative Steigung in H. In G Steigung 0.
c) f_8 positiv: [0; 1,3[;]5,2; 8,5[;]10,4; 11,6[
negativ:]1,3; 5,2[;]8,5; 10,4[;]11,6; …]
Grenzen müssen näherungsweise angegeben werden.

DE Bei H neues Phänomen: Die Tangente schneidet den Graphen im Berührpunkt.

11/13

DE (I) zu f): Anspruchsvoll, führt zu Gl. 3. Grades, Näherungslösung mit TR!

DE (12) Differenzenquotient aufwändig!

LÖ (13)
a) $v(0{,}5)=4{,}905$, $v(1)=9{,}81$
b) $h(t)=0$ für $t=1{,}43 \Rightarrow$ $v(1{,}43\ldots)=14{,}007$

LÖ (II)
a) $V \approx 1266{,}14\ \text{m}^3$
b) $O \approx 1010{,}56\ \text{m}^2$

LÖ (11)
a) $s(4) = 100$
b) Durchschnittsgeschwindigkeit:
$\frac{400\ \text{m}}{8\ \text{s}} = 50\ \frac{\text{m}}{\text{s}} = 180\ \frac{\text{km}}{\text{h}}$
$s'(2) = 25\ \frac{\text{m}}{\text{s}} = 90\ \frac{\text{km}}{\text{h}}$
$s'(4) = 50\ \frac{\text{m}}{\text{s}} = 180\ \frac{\text{km}}{\text{h}}$
$s'(2) = 100\ \frac{\text{m}}{\text{s}} = 360\ \frac{\text{km}}{\text{h}}$

LÖ (14)
b) Durchschnitt $1{,}25\ \frac{\text{m}}{\text{s}}$
c) $s'(2) = 1$
d) Die Geschwindigkeit steigt konstant mit dem Faktor $\frac{1}{2}$ an.

Noch fit?

I Die folgende Tabelle enthält Angaben für die Maße eines Zylinders. Ergänzen Sie.

	r	h	O	V
a)	3 cm	4,5 cm	141,37 cm²	127,23 cm³
b)	4,2 cm	4,05 cm	217,8 cm²	224,63 cm³
c)	2,85 cm	8,4 cm	201,5 cm²	214,42 cm³
d)	4,8 cm	7,02 cm	356,43 cm²	508 cm³
e)	3,56 cm	10,5 cm	314,94 cm²	419 cm³
f)	3,09 cm	10,05 cm	255,4 cm²	302 cm³

II Ein Schwimmbecken hat einen 2 m tiefen Schwimmer- und einen 1 m tiefen Nichtschwimmerbereich. Am Übergang der beiden Bereiche verläuft der Boden schräg in einem Winkel von 30°. Der Nichtschwimmerbereich ist 20 m lang, das gesamte Schwimmbecken hat eine Länge von 50 m. Es ist 16 m breit.

a) Wie viel Wasser befindet sich im Schwimmbecken, wenn es bis zum Rand gefüllt ist?
b) Die Wände des Beckens sollen neu gestrichen werden. Wie viele Quadratmeter müssen bemalt werden?

Trainieren **Anwenden** Vernetzen

11 Bei einem Dragster-Rennen über 400 m benötigt der Champion 8 s, um aus dem Stand ins Ziel zu kommen. Er bewegt sich gemäß der Weg-Zeit-Funktion $s(t) = \frac{25}{4}t^2$ (Weg s in m, Zeit t in s).

a) Wie weit kommt er in 4 s?
b) Mit welcher durchschnittlichen Geschwindigkeit bewegt sich der Champion vom Start bis zur Zielankunft?
Welche Momentangeschwindigkeit besitzt sein Wagen nach 2 s, 4 s und bei der Zieldurchfahrt? Berechnen und erläutern Sie Ihre Ergebnisse.
c) Skizzieren Sie den Graphen der Geschwindigkeitsfunktion für den gesamten Verlauf des Rennens. Markieren Sie die in b) berechneten Werte.

12 Die Ableitung einer Kostenfunktion K an einer Stelle x wird als **Grenzkosten** an dieser Stelle bezeichnet. Die Ableitungsfunktion K' der Kostenfunktion K heißt deshalb **Grenzkostenfunktion**. Ermitteln Sie zu der angegebenen Kostenfunktion K (in 1000 Euro, x in 10000 Stück) die Grenzkostenfunktion K'. Zeichnen Sie den Graphen zu K' und lesen Sie die minimalen Grenzkosten sowie die zugehörige Produktionsmenge ab. $K' = 0$ bei

a) $K(x) = x^3 - 12x^2 + 55x$; $x = 4$
b) $K(x) = \frac{1}{3}x^3 - 5x^2 + 25x + 19$; $x = 5$
c) $K(x) = 0{,}25x^3 - 4{,}5x^2 + 27{,}25x + 15$; $x = 6$
d) $K(x) = \frac{1}{3}x^3 - 4{,}5x^2 + 20{,}35x + 18$; $x = 4{,}5$

13 Ein Turmspringer, der waagerecht abspringt, fällt – wenn der Luftwiderstand vernachlässigt wird – nach dem Weg-Zeit-Gesetz $h(t) = 10 - 4{,}905\,t^2$. Dabei gibt h die Höhe über dem Wasserspiegel in Metern und t die seit dem Absprung vergangene Zeit in Sekunden an.

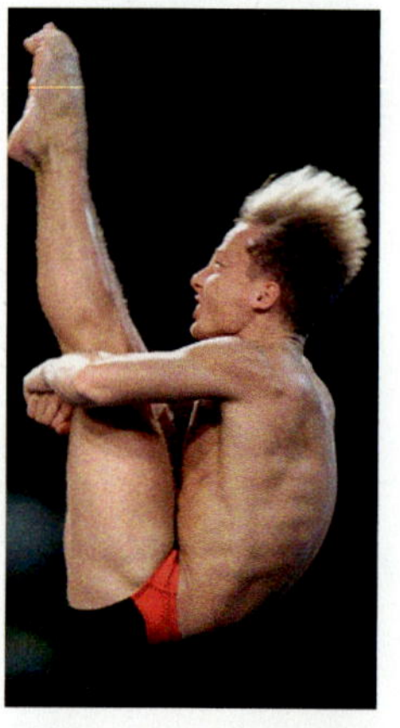
106/1

a) Welche Geschwindigkeit hat er nach 0,5 Sekunden (nach 1 Sekunde)?
b) Wie groß ist seine Geschwindigkeit beim Eintauchen ins Wasser?

14 Ein Schlitten bewegt sich gemäß der Weg-Zeit-Funktion $s(t) = \frac{1}{4}t^2 + 1$ (Weg s in m, Zeit t in s).

a) Zeichnen Sie den Graphen der Weg-Zeit-Funktion im Intervall [1; 4].
b) Mit welcher durchschnittlichen Geschwindigkeit bewegt sich der Schlitten im Intervall [1; 4]? Berechnen Sie diese.
c) Berechnen Sie $s'(2)$ und verdeutlichen Sie Ihr Ergebnis in Ihrer Zeichnung. Erläutern Sie Ihr Ergebnis. Welche Bedeutung hat Ihr Ergebnis für die Praxis?
d) Skizzieren Sie den Graphen zu s' im Intervall [1; 4] und beschreiben Sie verbal den Verlauf der Schlittenfahrt unter dem Aspekt der Geschwindigkeit.

DE Beobachten, ob die Schülerinnen und Schüler die Ableitung hier allgemein berechnen oder nur für $t = 2$! Die Ableitung quadratischer Funktionen ist hier mittlerweile bereits vertraut ⇒ Übergang zu Kap 3.3 kann sich andeuten.

15 Untersuchen Sie die Graphen folgender Funktionen (zeichnerisch und/oder rechnerisch) auf waagerechte Tangenten.

a) $f(x) = x^3 + 1$ $x = 0$

b) $g(x) = -\frac{1}{3}(x-1)(x+3)$ $x = -4$ c) $h(x) = x^3 - 3x^2 - 24x$ $x_1 = 4;\ x_2 = 4$

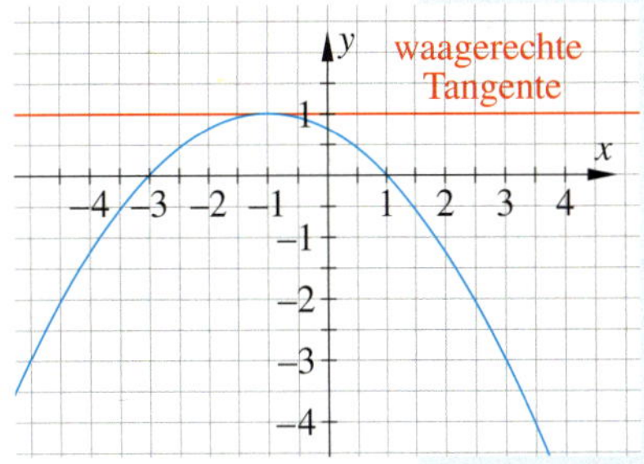

107/1 107-1

16 Bestimmen Sie zeichnerisch und rechnerisch den Wert der Ableitungsfunktion an den Nullstellen der Funktionen. Wie lautet die Gleichung der Tangente in den Schnittpunkten der Graphen mit der x-Achse?

a) $f(x) = x^2 - 16$
b) $g(x) = x^2 - 5x + 6$
c) $h(x) = x^2 + 169$
d) $i(x) = (x+6)^2 - 49$
e) $j(x) = (x-5)(x+4)$
f) $k(x) = x^2 - x - 12$
g) $l(x) = x^2 - 8x - 20$
h) $m(x) = (x+1)^2$

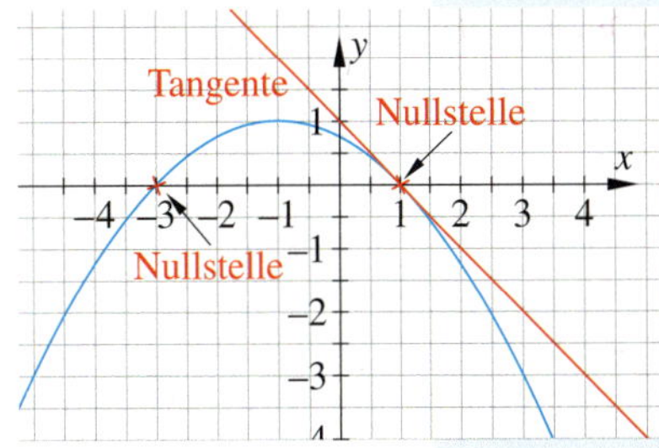

107/2 107-2

17 In den fünfziger Jahren fuhren auf der Bahnstrecke von Münster nach Gronau noch Dampflokomotiven. Auf der 16 km langen Teilstrecke von Altenberge nach Burgsteinfurt gab es auch damals schon drei Zwischenhalte à 30 Sekunden. Nehmen Sie an, dass zwischen allen Haltestellen mit der Höchstgeschwindigkeit 90 $\frac{\text{km}}{\text{h}}$ gefahren wurde. Die Züge mit Dampflokomotiven der Baureihe 78 hatten die Weg-Zeitfunktion der Beschleunigung $f(x) = 0{,}25 \cdot x^2$ (Zeit x in Sekunden, Weg $f(x)$ in Meter). Die Weg-Zeit-Funktion der Bremsung betrug $g(x) = -0{,}4 \cdot x^2$. Berechnen Sie die Fahrtdauer der Züge von Altenberge bis Burgsteinfurt.

LÖ Beschl: 50 s, 625 m; Bremsen: 31,25 s, 40 m
13340 m in 534 s
Gesamt ca. 15 min

18 In der Abbildung 107/3 ist die Profilkurve eines Wanderwegs dargestellt (Höhe h in Abhängigkeit von der horizontalen Entfernung s).

a) Bestimmen Sie den Wert der Steigung an den Stellen $s_1 = 5{,}5$ km und $s_2 = 13$ km.
b) Für welchen Wert von s hat die Steigung den größten, für welchen den kleinsten Wert?
c) Skizzieren Sie den Verlauf der Steigung in Abhängigkeit von s.

LÖ a) $s_1 \Rightarrow m \approx 0{,}1;\ s_2 \Rightarrow m \approx 0{,}15;$ b) $s = 4{,}5 \Rightarrow m$ am größten; $s = 9{,}5 \Rightarrow m$ am kleinsten

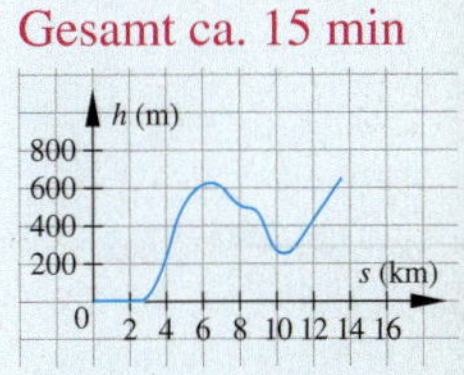

107/3 107-3

19 Die Abbildung 107/4 zeigt das Diagramm des Fahrtenschreibers (Ort s in Abhängigkeit von der Zeit t) einer Lokomotive beim Rangieren.

a) In welchen Zeitintervallen fährt die Lokomotive vorwärts, in welchen rückwärts?
b) Bestimmen Sie die Geschwindigkeit (in $\frac{\text{km}}{\text{h}}$) zum Zeitpunkt $t_1 = 5$ min.
c) Zu welchem Zeitpunkt fährt die Lokomotive am schnellsten in Vorwärtsrichtung, wann am schnellsten in Rückwärtsrichtung? Bestimmen Sie jeweils die Geschwindigkeit.
d) Skizzieren Sie den zugehörigen Zeit-Geschwindigkeit-Graphen. Geben Sie alle Orte s an, die die Lokomotive genau dreimal passiert hat.
e) Wie groß ist die insgesamt gefahrene Strecke?
f) Ermitteln Sie die Durchschnittsgeschwindigkeit der Lokomotive im gesamten dargestellten Zeitraum. Gibt es einen Zeitpunkt, zu dem die Momentangeschwindigkeit genau so groß ist wie diese Durchschnittsgeschwindigkeit?

DE e) und f) können mit oder ohne Berücksichtigung der Rückwärtsfahrt gelöst werden.

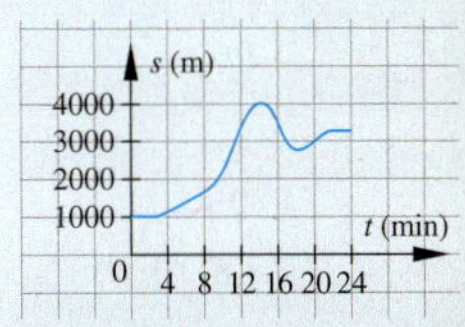

107/4 107-3

LÖ
a) rückwärts:]14; 18[
vorwärts:]3; 14[;]18; 22[
b) 125 $\frac{\text{m}}{\text{min}}$
c) vorw.: $t \approx 11 \Rightarrow$ ca. 37,5 $\frac{\text{km}}{\text{h}}$
rückw.: $t \approx 16{,}3 \Rightarrow$ ca. 39,5 $\frac{\text{km}}{\text{h}}$
e) 2240t_1 ≈ m
f) 5,6 $\frac{\text{km}}{\text{h}}$ auch bei $t_1 \approx 3{,}8;\ t_2 \approx 14;\ t_3 \approx 18{,}7;\ t_4 \approx 21{,}6$

20 Eine Abfahrtsstrecke wird in einem Koordinatensystem (Längeneinheit: 10 m) beschrieben. Der Start liegt im Punkt (0|6), das Ziel im Punkt (10|0). Die Piste verläuft durch den Punkt (4|3,5). Die Abbildung zeigt in 10-m-Abständen die Neigung der Skier. Skizzieren Sie möglichst präzise den Verlauf der Piste.

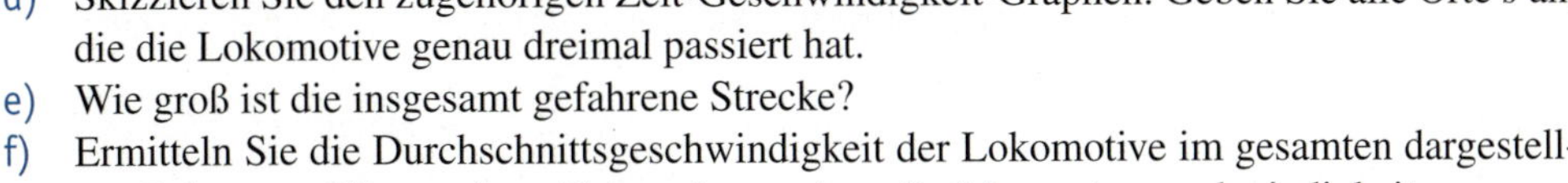

107/5 Neigung der Skier in 10-m-Abständen

DE Aufgabe bereitet Ableitungsregeln vor.

21 Die Abbildung zeigt das Höhenprofil (Höhe h in Abhängigkeit von der horizontalen Entfernung s) einer Straße.
Skizzieren Sie den Graphen, der die Steigung dieser Straße beschreibt. Wie muss das Schild beschriftet werden?

LÖ Maximale Steigung ca. 8,8 %

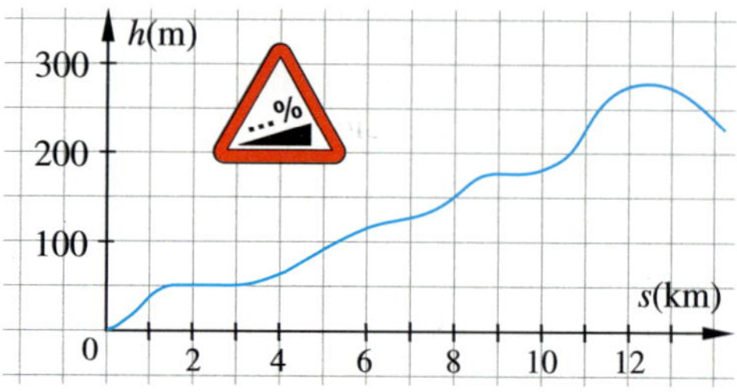

108/1 Höhenprofil einer Straße

Trainieren Anwenden **Vernetzen**

LÖ Bei positivem Grad n der Funktion f ist der Grad der Ableitungsfunktion $n-1$. Weitere Zusammenhänge können dem Schülerbuch entnommen werden.

22 Bestimmen Sie die Ableitungsfunktion der folgenden ganzrationalen Funktionen mithilfe des Grenzwertes des Differenzenquotienten.
Sie können Ihre Ergebnisse mit einem Funktionenplotter, einem GTR oder CAS prüfen.
Welche Zusammenhänge zwischen Funktionsgraph und Ableitungsgraph stellen Sie fest? Achten Sie besonders auf den Grad der Funktionen.

a) $f(x) = x^2$ $f'(x) = 2x$
b) $f(x) = 0{,}5x$ $f'(x) = 0{,}5$
c) $f(x) = -2x + 3$ $f'(x) = -2$
d) $f(x) = 6$ $f'(x) = 0$
e) $f(x) = \frac{1}{3}x^3 - x + 2$ $f'(x) = x^2 - 1$
f) $f(x) = x^4 + 2x^3 - x^2 - 2x$ $f'(x) = 4x^3 + 6x^2 - 2x - 2$

DE Berechnung der Ableitung von $\sqrt{x}$ siehe Aufgabe 26.

23 Zeichnen Sie mit Ihrem Funktionenplotter die Ableitungsfunktionen der folgenden Funktionen. Vergleichen Sie die Graphen von f und f' und stellen Sie mögliche Zusammenhänge fest. An welchen Stellen existiert keine Ableitungsfunktion? Begründen Sie.

a) $f(x) = \frac{2}{x+5}$
b) $f(x) = \frac{1}{x}$
c) $f(x) = \sqrt{x}$

TIPP
Auf Seite 94 f finden Sie Hinweise, wie Sie Ableitungsfunktionen von Ihrem GTR zeichnen lassen können.

DE Thema:
Bei Exponentialfunktionen gilt $f''(x) = f'(0) \cdot f(x) \Rightarrow$ Wachstumsgeschw. ist proportional zum Bestand.

24 Zeichnen Sie den Graphen von f mit $f(x) = a^x$ für verschiedene Werte von a mit einem Funktionenplotter oder einem GTR. Zeichnen Sie dazu auch den Graphen der zugehörigen Ableitungsfunktion.

a) Begründen Sie anschaulich, dass die Ableitungsfunktion durch $f'(x) = c \cdot a^x$ beschrieben wird, wobei c eine konstante reelle Zahl ist.
b) Schreiben Sie den Differenzenquotienten von f auf und zeigen Sie, dass sich $f(x)$ aus diesem Differenzenquotienten ausklammern lässt.
Welche Bedeutung hat demnach der Faktor c?
c) In Klasse 9 haben Sie gelernt, dass das Wachstum einer Population (z. B. Bakterien, Bevölkerung) durch eine Exponentialfunktion in der Form $f(x) = a^x$ beschrieben werden kann. Interpretieren Sie in diesem Zusammenhang, was es bedeutet, dass die Ableitung von $f(x) = a^x$ durch $f(x) = c \cdot a^x$ beschrieben wird.

TIPP
Nutzen Sie einen Funktionenplotter, GTR oder ein CAS.

DE Thema: doppelte Nullstellen

25 Die Funktionen f und g sind gegeben durch $f(x) = \frac{1}{4}(x-2)^2(x+3)$ und $g(x) = \frac{1}{3}(x+4)(x-1)^2$.

a) Bestimmen Sie zeichnerisch den Graphen der jeweiligen Ableitungsfunktion.
b) Untersuchen Sie insbesondere den Zusammenhang zwischen dem Wert der Ableitungsfunktion an den Nullstellen von f und der Art der Nullstelle von f.
c) Welchen Zusammenhang zwischen der Art der Nullstelle und dem Verlauf des Graphen der Ableitungsfunktion können Sie vermuten? Kontrollieren Sie Ihre Vermutung durch geeignete Beispiele.

LÖ $f'(x) = (\sqrt{x})' = \frac{1}{(2\sqrt{x})}$

26 Erläutern Sie die Umformungen und ermitteln Sie die Ableitungsfunktion zu $f(x) = \sqrt{x}$.

$$\frac{\sqrt{x+h} - \sqrt{x}}{h} = \frac{(\sqrt{x+h} - \sqrt{x})(\sqrt{x+h} + \sqrt{x})}{h \cdot (\sqrt{x+h} + \sqrt{x})} = \frac{x+h-x}{h \cdot (\sqrt{x+h} + \sqrt{x})} = \frac{1}{\sqrt{x+h} + \sqrt{x}}$$

27 In nebenstehender Abbildung ist eine Parabel abgebildet.

a) Bestimmen Sie den Funktionsterm der in der Abbildung eingezeichneten Parabel und übertragen Sie den Graphen in Ihr Heft. Kontrollieren Sie mit einem Funktionenplotter.

b) Beschreiben Sie, durch welche Operationen die Parabel aus der Normalparabel hervorgeht.

c) Geben Sie eine beliebige Sekante der Parabel an und zeichnen Sie sie in Ihre Abbildung ein.

d) Zeichnen Sie g und f mit $g(x) = \frac{1}{2}x + 2$ und $h(x) = -2x + 5$ in Ihre Abbildung ein. Bestimmen Sie rechnerisch, bei welcher der Geraden es sich um eine Tangente und bei welcher es sich um eine Sekante der Parabel handelt. Begründen Sie Ihre Zuordnung.

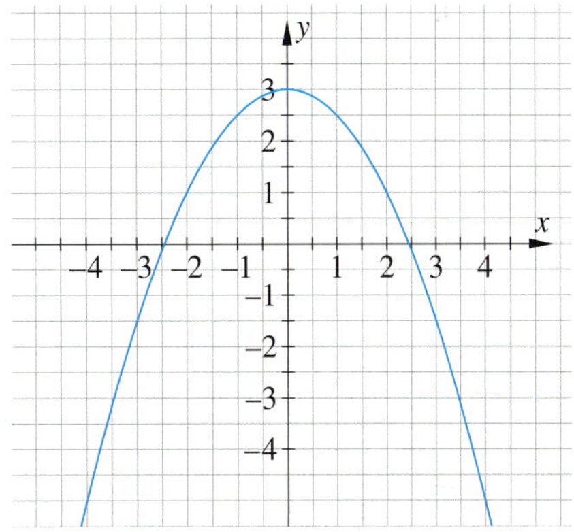

109/1

e) Begründen Sie, weshalb die Parabel im Punkt $(2|1)$ die Steigung -2 hat.

f) Bestimmen Sie die Gleichung der Tangente, die den Punkt $(0|3)$ als Berührpunkt mit der Parabel hat.

28 Untenstehendes Bild enthält die Graphen dreier Funktionen f_1, f_2 und f_3. Die Graphen g_1 bis g_6 zeigen mögliche Ableitungsfunktionen. Ordnen Sie (begründet) jeder der dargestellten Funktionen eine Ableitungsfunktion zu. Versuchen Sie, zu den übrigen Ableitungsfunktionen eine passende Ausgangsfunktion zu finden.

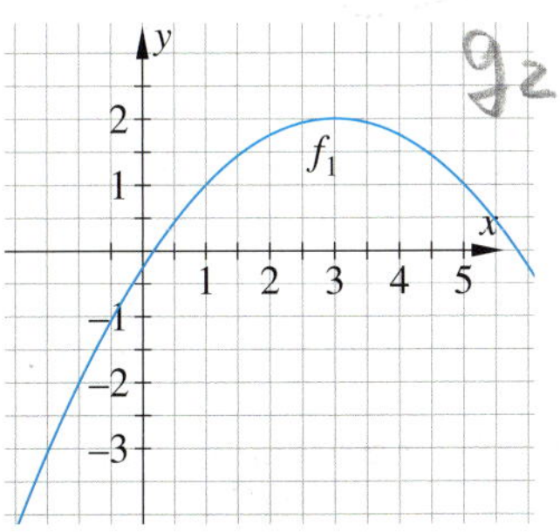

109/2

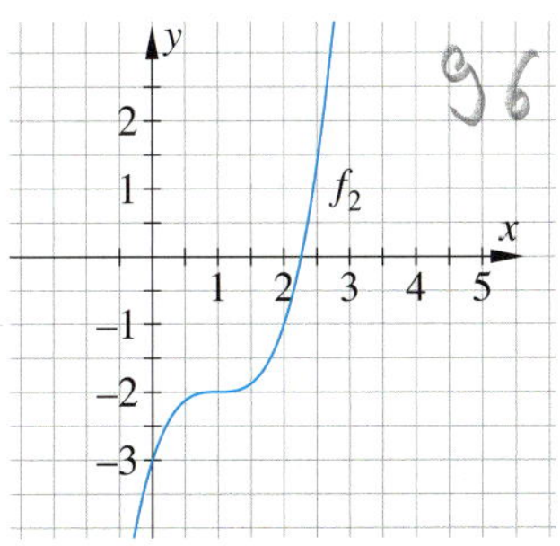

109/3

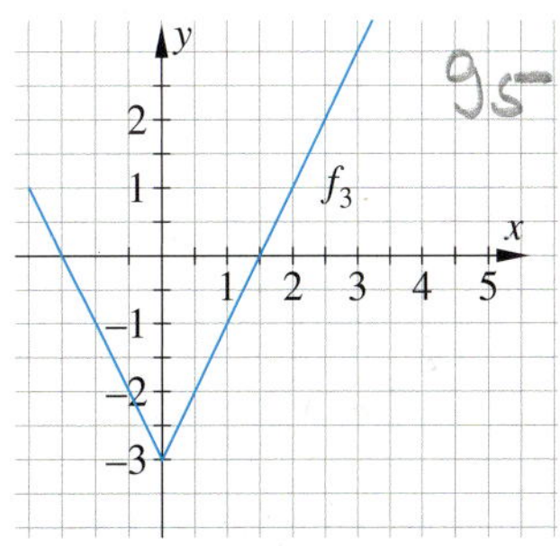

109/4

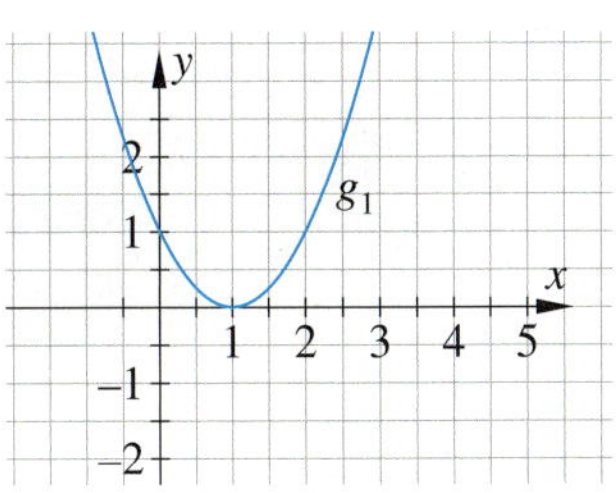

109/5

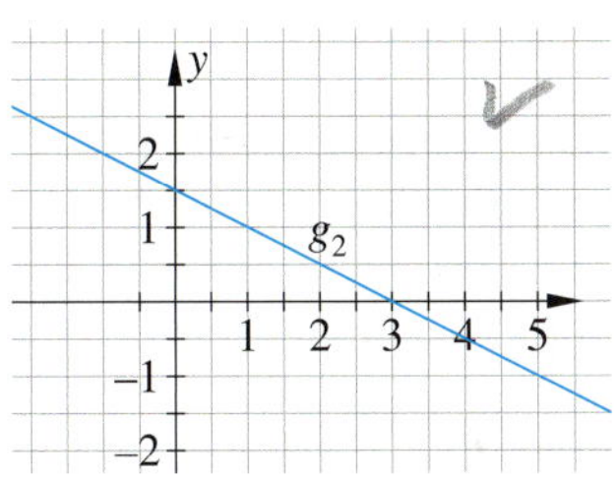

109/6

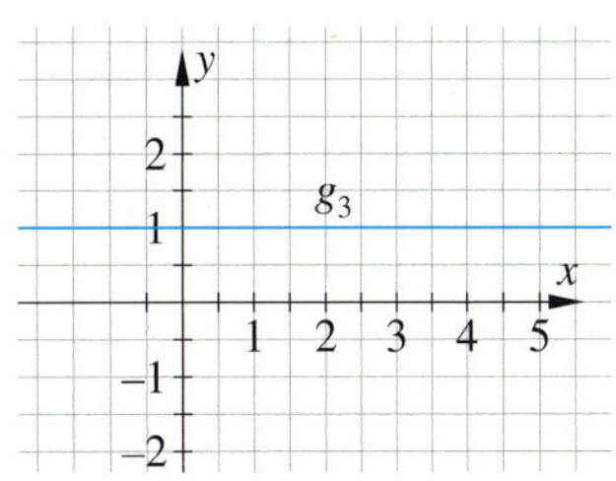

109/7

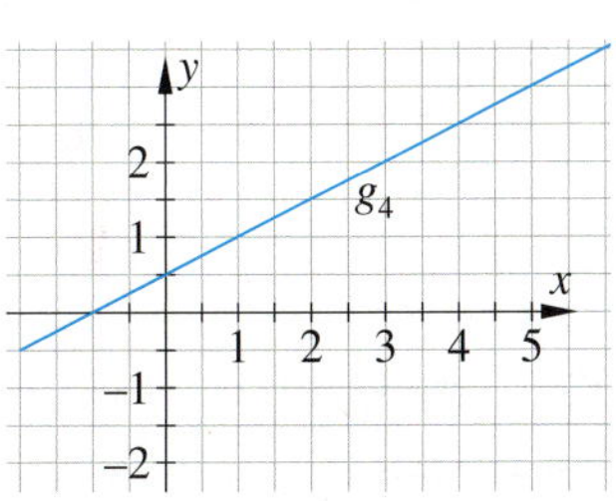

109/8

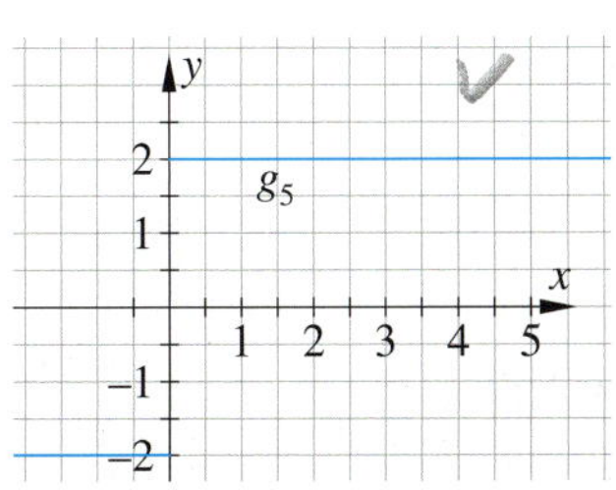

109/9

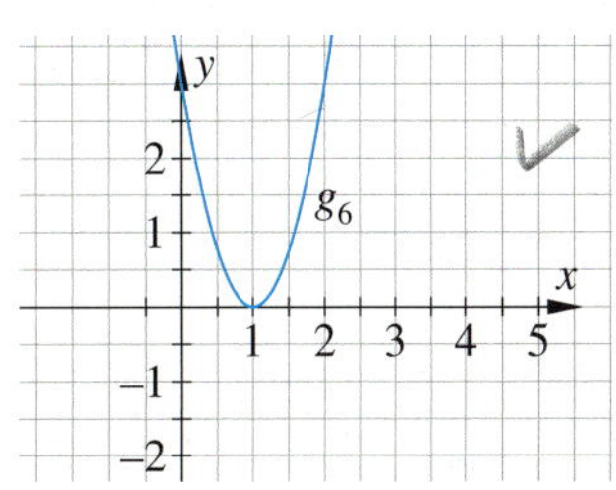

109/10

Aufgaben

LÖ
a) $f(x) = -0{,}5x^2 + 3$
b) Streckung mit Faktor 0,5; Spiegelung an der x-Achse; Verschiebung um drei Einheiten nach oben
d) Schnittstellen mit g: -2 und $1 \Rightarrow$ Sekante
Schnittstelle mit h: $2 \Rightarrow$ Tangente
e) h ist Tangente an die Parabel in $(2|1)$
f) $t(x) = 3$

LÖ $f_1 \to g_2$
$f_2 \to g_6$
$f_3 \to g_5$
$g_1 \to$ z. B. $f(x) = \frac{1}{3}x^3 - x^2 + x$
$g_3 \to$ z. B. $f(x) = x + 1$
$g_4 \to$ z. B. $f(x) = \frac{1}{4}x^2 + x - 7$

DE Bei f_2 zur Entscheidung zw. g_1 und g_6 Wert der Steigung bei 0 schätzen.
Bei f_3 bietet sich Überlegung zur Differenzierbarkeit an.

29/31/34

DE zu 30: Möglichkeit zur Thematisierung der Differenzierbarkeit. Der Begriff: Graph knickfrei, könnte bei späteren Problemstellungen behilflich sein (z. B. Trassierungen).

29 Gegeben ist der Term der Ableitungsfunktion f'. Zeichnen Sie den zugehörigen Graphen jeweils in ein Koordinatensystem. Zeichnen Sie darunter den Graphen einer möglichen Ausgangsfunktion f. Wie viele Lösungen gibt es?

a) $f'(x) = 5$ b) $f'(x) = x^2$ c) $f'(x) = -2x + 4$

30 Gegeben ist die Funktion f mit $f(x) = x(10 - 2x)(8 - 2x)$.

a) Zeichnen Sie den Graphen von f mithilfe Ihres GTR oder eines Funktionenplotters. Bestimmen Sie die Nullstellen von f. Vergrößeren Sie den Graphen im Bereich der Nullstellen mithilfe der Zoomfunktion. Was stellen Sie fest?

b) Zeichnen Sie nun die Funktion $g(x) = |f(x)|$. Vergrößeren Sie mithilfe der Zoomfunktion wie in Teil a) den Bereich um die Nullstellen. Welchen Unterschied zu Teil a) stellen Sie hier fest? Begründen Sie.

c) Zeichnen Sie die Ableitungsfunktionen von f und g. Welche Auswirkung hat Ihre Beobachtung aus b)? Erklären Sie anschaulich. Überlegen Sie sich dazu, was an den Nullstellen passiert, wenn Sie im Differenzenquotienten verschiedene Werte für h einsetzen.

INFO
Die Betragsstriche werden beim GTR oder bei einem Funktionenplotter oft durch **abs** dargestellt. Statt $|f(x)|$ müssen Sie also **abs**$(f(x))$ schreiben.

31 Durch die Funktion mit der Gleichung $r(t) = -0{,}004t^3 + 0{,}05t^2 + t$ wird der Wasserstand (12 Menge) in einem zylindrischen Regenmesser angegeben (t in Stunden, r in mm).
Betrachtet wird das Zeitintervall [0; 12].

a) Wie viel Regen ist in der gesamten Zeit gefallen?

b) Ist in der ersten oder zweiten Hälfte des Intervalls mehr Regen gefallen?

c) Beschreiben Sie, wie Sie die Stärke des Regens mathematisch ausdrücken können.

d) Hat es zum Zeitpunkt $t = 2$ oder zum Zeitpunkt $t = 4$ stärker geregnet?

e) Wann hat es im Laufe des Zeitintervalls am stärksten, wann am wenigsten geregnet?

LÖ
a) $r(12) = 12{,}288$
b) $r(6) = 6{,}936 > r(12)/2 \Rightarrow$ in der ersten ($r(0) = 0$)
d) $r'(2) = 1{,}152 < r'(4) = 1{,}208 \Rightarrow$ zu $t = 4$
e) $t_{max} = 4{,}2$; $t_{min} = 12$

32 Skizzieren Sie in einem gemeinsamen Koordinatensystem die Graphen zu den Funktionen f und g und in ein zweites die Graphen der zugehörigen Ableitungsfunktionen f' und g'. Formulieren Sie abschließend eine Vermutung.

a) $f(x) = x^2$ und $g(x) = x^3$
b) $f(x) = x^4$ und $g(x) = x^6$
c) $f(x) = x^3$ und $g(x) = x^4$
d) $f(x) = x^3$ und $g(x) = x^5$

33 In einem Land mit 50 Millionen Einwohnern breitet sich ohne medizinische Gegenmaßnahmen eine Grippeepidemie aus.

a) Skizzieren Sie ein sinnvolles t-N-Diagramm, wobei t die Zeit und N die Anzahl der infizierten Personen beschreibt, und begründen Sie den Verlauf des Graphen.

b) Skizzieren Sie den Graphen der zugehörigen Ableitungsfunktion. Was wird durch diese Ableitungsfunktion beschrieben?

c) Wählen Sie nun einen beliebigen Zeitpunkt, ab dem medizinische Maßnahmen ergriffen werden, und skizzieren Sie wiederum die beiden Graphen.

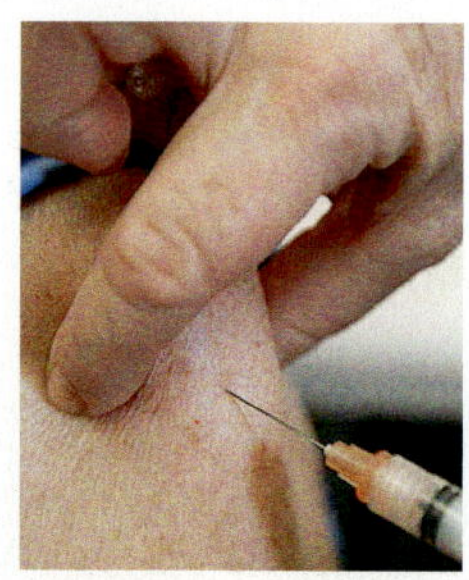

110/1

LÖ
a)
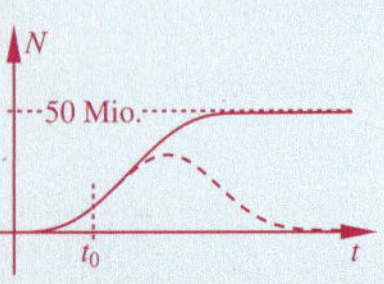

b)
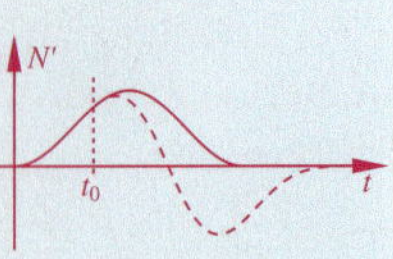

34 Von einer Funktion f kennt man die Intervalle, in denen sie fällt bzw. steigt.
Übertragen Sie das Bild 110/2 in Ihr Heft und skizzieren Sie den Graphen einer zu f passenden Ableitungsfunktion.

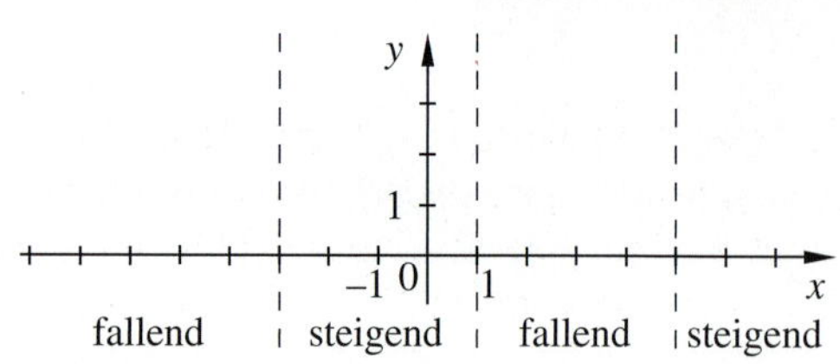

110/2

35 Erstellen Sie ein Memory mit 20 Karten. Ein Funktionsgraph und der Graph seiner Ableitungsfunktion stellen ein zusammengehörendes Paar dar. Kennzeichnen Sie auf der Rückseite jeder Karte, ob der Graph als Funktions- oder Ableitungsgraph verwendet werden soll.

3.3 Ableitungsregeln

Auftrag 1 Graphen – verändert und verknüpft

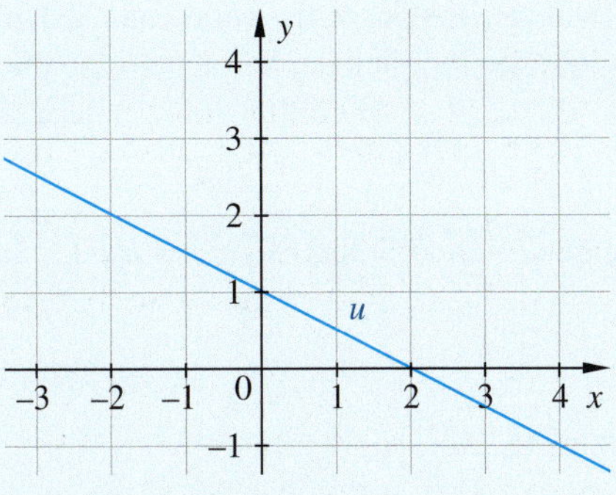

111/1 Graph der Funktion u

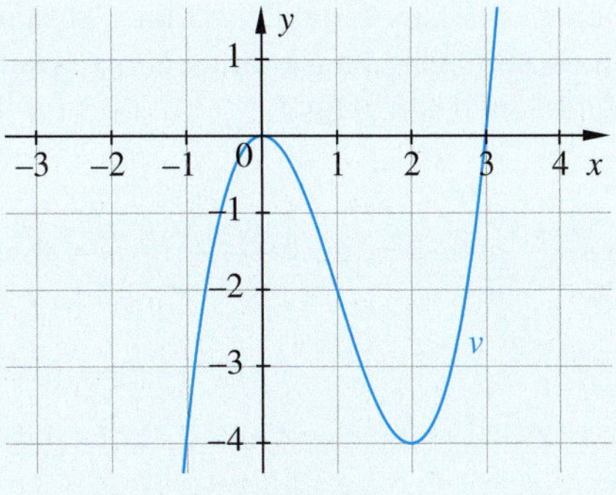

111/2 Graph der Funktion v

Skizzieren Sie die Graphen der Ableitungsfunktionen von u und v.

Skizzieren Sie außerdem die Graphen der Funktionen mit folgenden Termen: $u(x) - 3$, $3 \cdot u(x)$, $\frac{1}{2}v(x)$ und $u(x) + v(x)$. Ermitteln Sie grafisch deren Ableitungsfunktionen.

Welche Regeln vermuten Sie? Beweisen Sie diese durch Untersuchung der Differentialquotienten. Die Methode, mit deren Hilfe die Ableitung an einer Stelle a einer Funktion bestimmt werden kann (vgl. Abschnitt 3.1), lässt sich verallgemeinern.

Mit ihr lässt sich auch der Wert $f'(x)$ der Ableitungsfunktion an einer beliebigen Stelle x, also der Funktionsterm der Ableitungsfunktion, bestimmen. Führen Sie dies für die Funktionen mit den Termen $f_1(x) = x$, $f_2(x) = x^2$, $f_3(x) = x^3$ und $f_4(x) = \frac{1}{x}$ durch. Welche Gesetzmäßigkeit lässt sich aus den Ergebnissen vermuten?

DE Das Skizzieren von $u+v$ ist aufwändig. Es empfiehlt sich die Arbeit mit einem Funktionsplotter. Anhand der Nullstellen und $v(-1) = -4$ erkennt man $v(x) = x^3 - 3x^2$.
Die Faktorregel wird gut zu entdecken sein, natürlich auch das Wegfallen konstanter Summanden.
Die Parabeln zu v' und $(u+v)'$ unterscheiden sich nur durch eine Verschiebung in y-Richtung, auch das kann entdeckt werden.
Die Frage, ob die formulierte Summenregel nicht bereits innerhalb der Ableitung von v eine Rolle spielt, kann die Überleitung zum zweiten Teil des Auftrags bilden (und zur Methode, Ableitungen aus „Grundbausteinen" zusammenzusetzen).

Auftrag 2 Entweder oder ...

Eine Schülerin hat jeweils zwei Vorschläge für den Term der Ableitungsfunktionen notiert. Überprüfen Sie sie.

Welche Ideen stecken hinter den richtigen Vorschlägen?

Untersuchen Sie, ob sich diese Regeln auch auf beliebige Funktionen übertragen lassen und formuliere allgemeine Regeln.
Begründen Sie.

Funktionsterm	Ableitungsterme ???	
$f(x) = 3$	$f'(x) = 0$	$f'(x) = 3$
$f(x) = 3x$	$f'(x) = 1$	$f'(x) = 3$
$f(x) = 3x + 2$	$f'(x) = 2$	$f'(x) = 3 + 0$
$f(x) = x^2$	$f'(x) = 2 \cdot x$	$f'(x) = x$
$f(x) = x^5$	$f'(x) = 5 \cdot x$	$f'(x) = 5 \cdot x^4$
$f(x) = x^2 + 4$	$f'(x) = 2 \cdot x + 4$	$f'(x) = 2 \cdot x + 0$
$f(x) = 2 \cdot x^3$	$f'(x) = 2 \cdot 3 \cdot x^2$	$f'(x) = 3 \cdot x^2$
$f(x) = x^3 + x^2$	$f(x) = 3 \cdot x^2 + 2 \cdot x$	$f'(x) = 3 \cdot x + 2$
$f(x) = \frac{1}{x} = x^{-1}$	$f'(x) = -1 \cdot x^{-2} = -\frac{1}{x^2}$	$f'(x) = -1 \cdot x^0 = -1$

Auftrag 3 Vermuten? – Begründen!

Schon bei der Berechnung der Ableitungsfunktionen zu einfachen ganzrationalen Funktionen wird die Methode der Grenzwertbildung schnell aufwändig. Berechnen Sie die Ableitungsfunktionen zu den Funktionen $f_1(x) = 3x^2$, $f_2(x) = x^3 + x^2$ und $f_3(x) = 3x^2 + 4x + 5$.

Vergleichen Sie mit den Ableitungsfunktionen der „Grundbausteine" $f(x) = x$, $f(x) = x^2$ und $f(x) = x^3$. Welche Regeln vermuten Sie?

Welche Vermutung lässt sich für die Ableitungsfunktion einer beliebigen Potenzfunktion $f(x) = x^n$ aufstellen? Begründen Sie.

▶ **Auftrag 3** wird bei der Erarbeitung verwendet.

DE zu Auftrag 2: allgemeine Regeln: Faktor-, Summen- und Potenzregel ⇒ Begründung über Differenzenquotienten

▶ Ableitungsregeln

ZUR ERINNERUNG
Die Ableitungen der hier verwendeten „Bausteine":
$f(x) = x^2 \Rightarrow f'(x) = 2x$
$f(x) = x^3 \Rightarrow f'(x) = 3x^2$
$f(x) = x \Rightarrow f'(x) = 1$
$f(x) = a \Rightarrow f'(x) = 0$
mit $a \in \mathbb{R}$.

Das Berechnen von Ableitungen mithilfe des Differenzenquotienten wird bei komplexeren Funktionstermen sehr aufwändig. Wünschenswert wäre es daher, wenn die Ableitungen solcher Funktionen sich aus Grundbausteinen zusammensetzen ließen, z. B. wenn man jeden Summanden einzeln betrachten könnte. Um zu prüfen, ob dies möglich ist, betrachten Sie die Ableitungsfunktionen von f_1 bis f_3:

$f_1(x) = 3x^2$:

$$f_1'(x) = \lim_{h\to 0} \frac{3(x+h)^2 - 3x^2}{h} = \lim_{h\to 0} \frac{3 \cdot (x^2 + 2xh + h^2 - x^2)}{h} = \lim_{h\to 0} \frac{3h(2x+h)}{h} = \lim_{h\to 0} (3 \cdot (2x+h))$$
$$= 3 \cdot 2x = 6x$$

$f_2(x) = x^3 + x^2$:

$$f_2'(x) = \lim_{h\to 0} \frac{(x+h)^3 + (x+h)^2 - x^3 - x^2}{h} = \lim_{h\to 0} \frac{3x^2h + 3xh^2 + h^3 + 2xh + h^2}{h}$$
$$= \lim_{h\to 0} \frac{h(3x^2 + 3xh + h^2 + 2x + h)}{h} = \lim_{h\to 0} (3x^2 + 3xh + h^2 + 2x + h) = 3x^2 + 2x$$

$f_3(x) = 3x^2 + 4x + 5$:

$$f_3'(x) = \lim_{h\to 0} \frac{3(x+h)^2 + 4(x+h) + 5 - 3x^2 - 4x - 5}{h} = \lim_{h\to 0} \frac{3(2hx + h^2) + 4h}{h} = \lim_{h\to 0} \frac{h[3(2x+h) + 4]}{h}$$
$$= \lim_{h\to 0} (3 \cdot 2x + 3 \cdot h + 4) = 6x + 4$$

Bei der Funktion f_1 findet sich der Faktor 3 vor dem Term x^2 in der Ableitungsfunktion als Faktor vor dem Term $2x$ wieder. Die Ableitungsfunktion der Funktion f_2, deren Term eine Summe ist, ist die Summe der Ableitungsfunktionen der beiden Summanden. Bei der Berechnung der Ableitungsfunktion zur Funktion f_3 zeigen sich diese beiden Beobachtungen wieder. Zudem ist zu erkennen, dass der Summand 5 keinen Einfluss auf die Ableitungsfunktion hat, wie Sie schon aus Kapitel 3.2 wissen. Das lässt die folgenden Regeln vermuten:
- Wird der Funktionsterm mit einer Konstanten multipliziert, so wird auch der Ableitungsterm mit dieser Konstanten multipliziert **(Faktorregel)**.
- Als Ableitungsfunktion der Summe zweier Funktionen erhält man die Summe der beiden Ableitungsfunktionen **(Summenregel)**.

DE Wird der allgemeine Beweis im Unterricht durchgeführt, so ist zu beachten, dass eine solche symbolische Rechnung für die SuS weniger Überzeugungskraft haben wird, als der Nachweis an einem Beispiel. Das Ziel einer solchen Beweisführung wäre die Vermehrung der Erfahrung mit und des Vertrauens in derartige abstrakt-symbolische Operationen.

Begründung der Faktorregel:

$f(x) = c \cdot u(x)$:

$$f'(x) = \lim_{h\to 0} \frac{c \cdot u(x+h) - c \cdot u(x)}{h} = \lim_{h\to 0} \underbrace{c}_{c} \cdot \underbrace{\frac{u(x+h) - u(x)}{h}}_{\to u'(x)} = c \cdot u'(x) \quad \text{für } h \to 0$$

Begründung der Summenregel:

$f(x) = u(x) + v(x)$:

$$f'(x) = \lim_{h\to 0} \frac{(u(x+h) + v(x+h)) - (u(x) + v(x))}{h} = \lim_{h\to 0} \frac{(u(x+h) - u(x)) + (v(x+h) - v(x))}{h}$$
$$= \lim_{h\to 0} \left(\underbrace{\frac{u(x+h) - u(x)}{h}}_{\to u'(x)} + \underbrace{\frac{v(x+h) - v(x)}{h}}_{\to v'(x)} \right) = u'(x) + v'(x) \quad \text{für } h \to 0$$

Satz 3.1

Für differenzierbare Funktionen u und v sowie reelle Zahlen c gilt:

$f(x) = c \cdot u(x) \Rightarrow f'(x) = c \cdot u'(x)$ **(Faktorregel)**

$f(x) = u(x) + v(x) \Rightarrow f'(x) = u'(x) + v'(x)$ **(Summenregel)**

Faktorregel verbal: *Ein konstanter Faktor bleibt beim Ableiten erhalten.*

Aus der Ableitungsfunktion zu f_2 können Sie erkennen, dass gilt:

$f(x) = x^2 \Rightarrow f'(x) = 2x = 2 \cdot x^1$

$f(x) = x^3 \Rightarrow f'(x) = 3 \cdot x^2$

Da die Graphen konstanter Funktionen parallel zur x-Achse verlaufen und die erste Winkelhalbierende stets die Steigung 1 hat, gilt:

$f(x) = 1 = x^0 \Rightarrow f'(x) = 0$

$f(x) = x = x^1 \Rightarrow f'(x) = 1 = 1 \cdot x^0$

Aus diesen Beobachtungen lässt sich – zusammen mit den grafischen Untersuchungen aus Aufgabe 32 in Abschnitt 3.2 – vermuten, dass sich zum Funktionsterm x^n allgemein als Term der Ableitungsfunktion $n \cdot x^{n-1}$ ergibt.

INFO

Für die Potenzregel ist auch die Kurzschreibweise $(x^n)' = n \cdot x^{n-1}$ gebräuchlich.

Andere Beispiele für die Verwendung dieser Schreibweise:

$(x^2)' = 2x$

$(\sin(x))' = \cos(x)$

$(c \cdot u(x))' = c \cdot u'(x)$

Satz 3.2 **Potenzregel**

Für jede natürliche Zahl n als Exponent ist die Potenzfunktion zu $f(x) = x^n$ differenzierbar.
Der Term ihrer Ableitungsfunktion ist $f'(x) = n \cdot x^{n-1}$.

Beim Ableiten einer Potenzfunktion verringert sich also der Exponent um eins, zusätzlich wird diese Potenz mit dem ursprünglichen Exponenten multipliziert.
Die Potenzregel gilt auch für negative oder rationale Exponenten. Beispiele:

$f(x) = \frac{1}{x} = x^{-1} \Rightarrow f'(x) = -1 \cdot x^{-2} = -\frac{1}{x^2}$

$f(x) = \sqrt{x} = x^{\frac{1}{2}} \Rightarrow f'(x) = \frac{1}{2} \cdot x^{-\frac{1}{2}} = \frac{1}{2} \cdot \frac{1}{x^{\frac{1}{2}}} = \frac{1}{2 \cdot \sqrt{x}}$

Die **Begründung der Potenzregel für natürliche *n*** erfolgt mithilfe des Differentialquotienten. Um $f'(x) = \lim\limits_{h \to 0} \frac{(x+h)^n - x^n}{h}$ bestimmen zu können, muss der Minuend im Zähler ausmultipliziert werden. Hierbei hilft das Pascal'sche Dreieck (siehe rechts).

Pascal'sches Dreieck

1	
1 1	
1 2 1	$(x+h)^2 = x^2 + 2xh + h^2$
1 3 3 1	$(x+h)^3 = x^3 + 3x^2h + 3xh^2 + h^3 = x^3 + 3x^2h + h^2 \cdot \underbrace{(3x+h)}_{r(x)}$
1 4 6 4 1	$(x+h)^4 = x^4 + 4x^3h + 6x^2h^2 + 4xh^3 + h^4 = x^4 + 4x^3h + h^2 \cdot \underbrace{(6x^2 + 4xh + h^2)}_{r(x)}$
1 5 10 10 5 1	$(x+h)^5 = x^5 + 5x^4h + 10x^3h^2 + 10x^2h^3 + 5xh^4 + h^5 = x^5 + 5x^4h + h^2 \cdot \underbrace{(10x^3 + 10x^2h + 5xh^2 + h^3)}_{r(x)}$

Sie erkennen, dass der ausmultiplizierte Term für $(x+h)^n$ mit $x^n + n \cdot x^{n-1} \cdot h + \ldots$ beginnt. Alle folgenden Summanden enthalten als Potenz von h mindestens h^2, insbesondere kann also h^2 aus diesem Rest ausgeklammert werden.

Es gilt also: $(x+h)^n = x^n + n \cdot x^{n-1} \cdot h + h^2 \cdot r(x)$ mit einem Restterm $r(x)$. Damit kann der Differentialquotient für $f(x) = x^n$ berechnet werden:

$$f'(x) = \lim_{h \to 0} \frac{(x+h)^n - x^n}{h} = \lim_{h \to 0} \frac{\cancel{x^n} + n \cdot x^{n-1} \cdot h + h^2 \cdot r(x) - \cancel{x^n}}{h} = \lim_{h \to 0} \frac{\cancel{h} \cdot (nx^{n-1} + h \cdot r(x))}{\cancel{h}}$$

$$= \lim_{h \to 0} (n \cdot x^{n-1} + \underbrace{h \cdot r(x)}_{\to 0}) = n \cdot x^{n-1}$$

von allem etwas

DE Man wird nur einen kleinen Teil dieser Seite bearbeiten müssen. 2 entspringt der Erfahrung, dass später oft Produkt- und Quotientenregel bemüht wird, wo die Faktorregel ausreicht. Aus dem gleichen Grund ist 6e), f) und 7f) empfohlen.

LÖ zu 2:
d) $f'(x) = 17\left(5x^4 - \frac{1}{2}x^2 + 2x\right)$
e) $f'(x) = 24\left(12x^3 - \frac{3}{2}x^2 + \frac{7}{5}\right)$
g) $f'(x) = \frac{5}{4}x^2 - \frac{1}{2}x + 2$
h) $f'(x) = -8x^{-5} + 15x^4$

TIPP
Bei Aufgabe f) hilft Ihnen der Satz des Pythagoras.

LÖ zu 8:
a) $t(x) = -12x + 13$
b) $t(x) = 3{,}75x - 4{,}25$
c) $t(x) = -x - 4{,}5$
d) $t(x) = 4x - 4$

LÖ zu 9:
$f_1' = f_{10}$; $f_3' = f_8$; $f_4' = f_6$; $f_5' = f_3$; $f_6' = f_{12}$; $f_7' = f_9$; $f_8' = f_2$; $f_{11}' = f_4$; $f_{12}' = f_{11}$

Aufgaben

Trainieren Anwenden Vernetzen

1 Bestimmen Sie $f'(x)$.

a) $f(x) = 2x^3$
b) $f(x) = 3x + 5$
c) $f(x) = \frac{1}{2}x^4$
d) $f(x) = -x^5$
e) $f(x) = -2x^2 + 2$
f) $f(x) = \frac{1}{6}x^6 - 3$
g) $f(x) = \frac{1}{2}x^3 + 2x^2 - \frac{1}{5}x$
h) $f(x) = 3 \cdot \left(2x^2 + 5\right)$

2 Bestimmen Sie $f'(x)$.

a) $f(x) = 2x^2 - x$ $f'(x) = 4x - 1$
b) $f(x) = \frac{x^3}{4} - 6x$ $f'(x) = \frac{3}{4}x^2 - 6$
c) $f(x) = \frac{x^2}{2} - \frac{3x}{2}$ $f'(x) = x - 1{,}5$
d) $f(x) = 17\left(x^5 - \frac{x^3}{6} + x^2 - 31\right)$
e) $f(x) = 24\left(3x^4 - \frac{1}{2}x^3 + \frac{7x}{5} - 43\right)$
f) $f(x) = \frac{x^7 - 8x^4}{3}$ $f'(x) = \frac{7}{3}x^6 - \frac{32}{3}x^3$
g) $f(x) = \frac{x^3 + 4x - 5}{2} - \frac{1}{4}\left(\frac{1}{3}x^3 + x^2 - 8\right)$
h) $f(x) = 2x^{-4} + 3x^5 - 1$

3 Bestimmen Sie $f'(x)$.

a) $f(x) = 2\sin(x) + 2$ $2 \cdot \cos(x)$
b) $f(x) = -\frac{1}{2}\cos(x)$ $\frac{1}{2} \cdot \sin(x)$
c) $f(x) = x^3 + \sin(x)$ $3x^2 + \cos(x)$
d) $f(x) = \sin(x) + \cos(x)$ $\cos(x) - \sin(x)$
e) $f(x) = 2x^2 + \cos(x) + 3$ $4x - \sin(x)$
f) $f(x) = (\sin(x))^2 + (\cos(x))^2$ 0

4 Bestimmen Sie $f'(x)$ und den Steigungswinkel des Graphen an der angegebenen Stelle.

a) $f(x) = -4x^3$; $x = 0{,}5$ $\alpha \approx -71{,}6°$
b) $f(x) = \frac{1}{4}x^2 - 3$; $x = -2{,}5$ $\alpha \approx -51{,}3°$
c) $f(x) = 3x^3 - 2x^2$; $x = -2$ $\alpha \approx -88{,}7°$
d) $f(x) = x - \frac{1}{x}$; $x = \frac{1}{3}$ $\alpha \approx -84{,}3°$
e) $f(x) = x^2 + \sin(x)$; $x = 0$ $\alpha = 45°$
f) $f(x) = \underbrace{(\sin(x))^2 + (\cos(x))^2}_{=1}$; $x = -\frac{\pi}{4}$ $\alpha = 0°$

5 Können analog zur Summenregel bei Produkten die Faktoren einzeln abgeleitet werden?
Prüfen Sie dies, indem Sie x^3 als Produkt, nämlich als $\left(x^2 \cdot x\right)$ schreiben und in beiden Formen ableiten.
Finden Sie eigene Beispiele.

6 Bestimmen Sie $f'(x)$. Beachten Sie Aufgabe 5.

a) $f(x) = x^2 \cdot \left(1 - x^2\right)$ $2x - 4x^3$
b) $f(x) = (2 + x) \cdot (2 - x)$ $-2x$
c) $f(x) = (3x + 2) \cdot (1 - x)$ $1 - 6x$
d) $f(x) = (x + 2)^2$ $2x + 4$
e) $f(x) = \left(x^3 - 4\right) \cdot \frac{1}{x}$ $2x + \frac{4}{x^2}$
f) $f(x) = \frac{x^3 + 3x}{x}$ $2x$

7 Calculate the derivative of f and find all x for which the graph of f has the given slope.

a) $f(x) = 2x^2 - 3x + 4$; $m = 2$ $x = 1{,}25$
b) $f(x) = x^3 - x + 1$; $m = -3$ kein x
c) $f(x) = x^4 + 2x^3 - 2x^2 - 1$; $m = 0$ $x = -2; 0; \frac{1}{2}$
d) $f(x) = \frac{-2}{x} + 1$; $m = \frac{1}{2}$ $x = \pm 2$
e) $f(x) = \frac{2}{3x}$; $m = -3$ $x = \pm\frac{\sqrt{2}}{3}$
f) $f(x) = \frac{2x^4 + x}{x^2}$; m = −5 $x = -1$; $x \approx -0{,}64$; $0{,}39$
Polynomdiv.

8 Bestimmen Sie $f'(x)$ und die Gleichung der Tangente an der angegebenen Stelle.

a) $f(x) = -3x^2 + 1$; Tangente bei $x = 2$
b) $f(x) = x^3 + 3x - 4$; Tangente bei $x = 0{,}5$
c) $f(x) = \frac{1}{2}x(x + 4)$; Tangente bei $x = -3$
d) $f(x) = \left(1 + x^2\right) \cdot \left(x^3 - x\right)$; Tangente bei $x = 1$

9 Ordnen Sie die Terme in Paare aus Funktion und Ableitungsfunktion.

$f_1(x) = \sin(x) + x$
$f_2(x) = 12x + 12$
$f_3(x) = 2x^3 + 6x^2$
$f_4(x) = \sin(x) - \cos(x)$
$f_5(x) = \frac{1}{2}x^4 + 2x^3 + 1$
$f_6(x) = \sin(x) + \cos(x)$
$f_7(x) = 2x^3 + 3x^2$
$f_8(x) = 6x^2 + 12x$
$f_9(x) = 6x^2 + 6x$
$f_{10}(x) = \cos(x) + 1$
$f_{11}(x) = -\sin(x) - \cos(x)$
$f_{12}(x) = \cos(x) - \sin(x)$

10 Überprüfen Sie, ob f' die Ableitungsfunktion zu f ist. Korrigieren Sie, falls nötig.

a) $f(x) = \frac{1}{4}x^4 - \frac{2}{3}x^3 + x + 2$
$f'(x) = x^3 - 2x^2 + 1$ ✓
b) $f(x) = x^3 + x + \sin(x) + 1$
$f'(x) = 3x^2 + 1 + \cos(x)$ (2 korrigiert zu 3)
c) $f(x) = -\frac{2}{5}x^5 + x^4 - \frac{1}{2}x^2 - 3$
$f'(x) = -2x^4 + 4x^3 - \frac{x}{2} - 3$ (korrigiert: x)
d) $f(x) = a^2$
$f'(x) = 0$ ✓

11 Im Folgenden sind Funktionsterme zu den Aufgaben 5 und 6 auf Seite 103 angegeben. Überprüfen Sie damit rechnerisch Ihre Ergebnisse zu diesen Aufgaben.

Aufgabe 5 a): $f(x) = -0{,}5x + 1{,}5$ $\quad f'(x) = -0{,}5 \Rightarrow$ niemals positiv

Aufgabe 5 c): $f(x) = x^2 - 4x + 5$ $\quad f'(x) = 2x - 4 \Rightarrow$ positiv: $x > 2$

Aufgabe 5 e): $f(x) = \frac{1}{3}x^3 - \frac{5}{2}x^2 + 4x + \frac{1}{6}$ $\quad (x) = x^2 - 5\ \ +4 \Rightarrow$ positiv: $x < 1$; $x > 4$

Aufgabe 6 c): $f(x) = \frac{1}{2}x + \frac{2}{x}$ $\quad f'(x) = \frac{1}{2} - \frac{2}{x^2} \Rightarrow$ positiv: $x < 2$; $x > 2$

TIPP
Weitere Übungen zu den Ableitungsregeln finden Sie unter 115-1.

12 Schätzen Sie den Wert der Steigung an den angegebenen Stellen und überprüfen Sie Ihre Ergebnisse durch Rechnung.

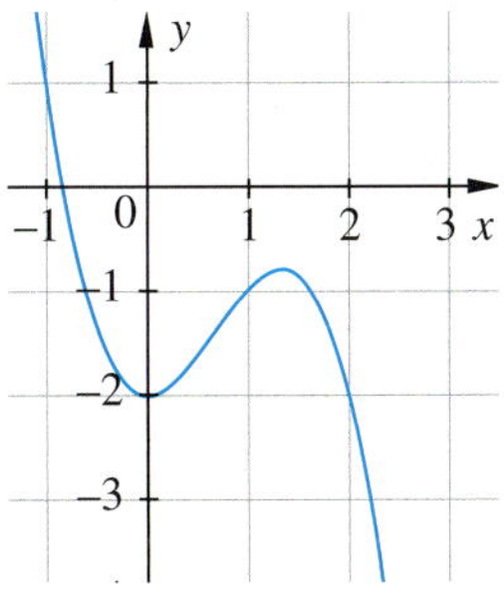

115/1
$f(x) = -x^3 + 2x^2 - 2$
$x = 1$; $x = 2$
$m_1 = 1$; $m_2 = -4$

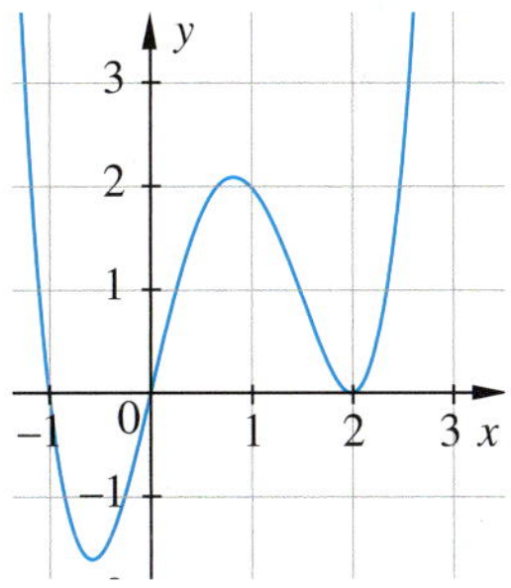

115/2
$f(x) = x^4 - 3x^3 + 4x$
$x = 0$; $x = 1$
$m_0 = 4$; $m_1 = -1$

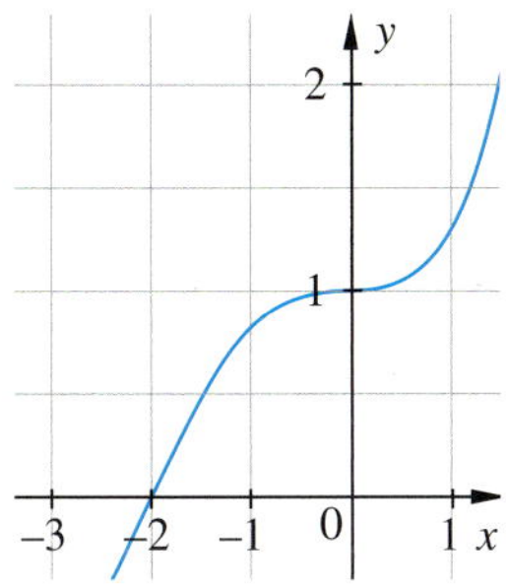

115/3
$f(x) = \frac{1}{16}x^4 + \frac{1}{4}x^3 + 1$
$x = -1$; $x = 1$
$m_{-1} = \frac{1}{2}$; $m_1 = 1$

DE Hier (oder an anderer Stelle dieses Kapitels) sollte erfahrbar gemacht und geäußert werden, wie einfach das Ableiten durch die neuen Regeln geworden ist.

DE Sinnvoll im Hinblick auf Kap. 4.3!

Noch fit?

I Lösen Sie die Gleichungssysteme.

a) (I) $y = -3x + 7$
(II) $y = 0{,}5x$

b) (I) $-0{,}4x + 0{,}2y = 0$
(II) $2x - 6y = 10$

c) (I) $3x - 5y = -10$
(II) $5x + 3y = 40$

II Verschiedene Lösungen bei Gleichungssystemen

a) Lösen Sie die Gleichungssysteme.

(I) $2x - 4y = 8$	(I) $2x - 4y = 8$	(I) $2x - 4y = 8$
(II) $0{,}5x - y = 2$	(II) $0{,}5x - y = 1$	(II) $0{,}5x + 2y = 2$

b) Begründen Sie, warum die kleinen Veränderungen in der zweiten Gleichung große Auswirkungen auf die jeweilige Lösung des Gleichungssystems haben.

c) Interpretieren Sie die Gleichungssysteme grafisch.

III Die Entwicklung von Staus auf Autobahnen wird häufig mithilfe von Hubschraubern überwacht. Dabei überfliegt der Hubschrauber die Autobahn mit einer durchschnittlichen Geschwindigkeit von $250\,\frac{\text{km}}{\text{h}}$.

a) Für das Überfliegen eines komplett zum Stillstand gekommenen Abschnitts auf der Autobahn benötigt der Hubschrauber 3 min. Wie lang ist der Stau?

b) Auf einem anderen Streckenabschnitt beobachtet der Hubschrauberpilot stockenden Verkehr.

115/4

Er benötigt zum Überfliegen dieses Abschnitts in Fahrtrichtung $2\frac{1}{2}$ Minuten und zurück (entgegen der Fahrtrichtung) 2 Minuten. Wie lang ist dieser Streckenabschnitt? Mit welcher Durchschnittsgeschwindigkeit kommen die Fahrzeuge in diesem Abschnitt voran?

LÖ I
a) $x = 2$; $y = 1$
b) $x = -1$; $y = -2$
c) $x = 5$; $y = 5$;

II a) links: Allgemeingültig
Mitte: unerfüllbar
rechts: $x = 4$; $y = 0$

III a) Staulänge 12,5 km
b) x: Länge der Kolonne; y: Geschw. der Kolonne
I $\ x + \frac{2{,}5}{60} \cdot y = 250 \cdot \frac{2{,}5}{60}$
II $\ x - \frac{2}{60} \cdot y = 250 \cdot \frac{2}{60}$
$L = \{9{,}2;\ 27{,}7\}$
Länge Streckenabschnitt: ca. 9 km
Geschwindigkeit der Kolonne: ca. $28\,\frac{\text{km}}{\text{h}}$

LÖ zu 14:
a) Ursprung bei Beginn des Bremsvorgangs. 18,1 t entspricht gleichförmiger Bewegung, davon wird der Bremseffekt $-3{,}4\,t^2$ subtrahiert. Bremsbeschleunigung: $-6{,}8\,\frac{\text{m}}{\text{s}^2}$
b) 0 bis Stillstand ($x'(t) = 0$ bei $t = 2{,}66$)
c) $x(2{,}66) = 24{,}09$ m

LÖ zu 16:
a) Aus $x = 40\,t$ und $y = -\frac{9{,}81}{2} \cdot t^2$ (Gleichung freier Fall) durch Einsetzen $y = -\frac{9{,}81}{2} \cdot \left(\frac{x}{40}\right)^2$
b) $y'(x) = \tan(\alpha)$
$-80°$: $y = -2600$ m
$-89°$:
$y = -265\,000$ m

116/2 Daniel Craig, seit 2006 „im Geheimdienst ihrer Majestät" tätig, ist der insgesamt sechste James-Bond-Darsteller. 116-1

DE (17) Parabelgleichung mit Techniken aus Klasse 9

Trainieren **Anwenden** **Vernetzen**

13 Sie haben bisher schon intuitiv die „Differenzenregel" benutzt: Die Ableitungsfunktion zu $f(x) = u(x) - v(x)$ hat den Term $f'(x) = u'(x) - v'(x)$.
a) Beweisen Sie dies mithilfe des Differenzenquotienten von f.
b) Beweisen Sie dies unter Verwendung schon bewiesener Ableitungsregeln.

14 Die Zeit-Ort-Funktion eines Autos, das vor einer roten Ampel zum Zeitpunkt $t = 0$ zu bremsen beginnt, lautet $x(t) = -3{,}4\,t^2 + 18{,}1\,t$ (t in s, x in m).
a) Erklären Sie die Bedeutung der einzelnen Terme.
b) Geben Sie den maximalen sinnvollen Definitionsbereich für diese Funktion an.
c) Wie weit muss die Ampel zum Zeitpunkt $t = 0$ mindestens entfernt gewesen sein?

15 Um sich für die nächste Klassenarbeit vorzubereiten, hat ein Schüler einige Merkregeln zu Ableitungsregeln aufgeschrieben. Überprüfen Sie, welche dieser Regeln richtig und welche falsch sind. Korrigieren Sie die falschen Regeln.
- Wenn sich die Graphen der Funktionen f und g nur durch eine Verschiebung entlang der y-Achse unterscheiden, sind die Ableitungsfunktionen f' und g' gleich.
- Eine Streckung einer Funktion um den Faktor a ändert die Ableitungsfunktion nicht.
- Ist die Ableitung einer Funktion gesucht, die sich als Summe von zwei Funktionen darstellen lässt, spielt die Reihenfolge von Ableiten und Addieren keine Rolle.
- Der Graph der Ableitungsfunktion einer Parabel ist immer eine Gerade. Ihre Steigung ist immer halb so groß wie der Faktor vor dem x^2.

116/1

16 Für den nächsten James-Bond-Film soll folgender Stunt gedreht werden: Bond fährt in waagerechtem Gelände mit einer Geschwindigkeit von $40\,\frac{\text{m}}{\text{s}}$ über eine hohe Klippe. Gerade noch rechtzeitig kann er sich mit einem Fallschirm retten.
Die Stunt-Crew stellt einige Berechnungen an.
a) Begründen Sie, dass die Flugbahn des Wagens näherungsweise durch die Gleichung $y(x) = -3{,}1 \cdot 10^{-3} \cdot x^2$ (x und y in Metern) beschrieben wird.
b) Schätzen Sie, ab welcher Falltiefe die Flugbahn mit der Horizontalen einen Winkel von 80° bzw. 89° einschließt, also nahezu senkrecht verläuft. Überprüfen Sie Ihre Schätzung rechnerisch.
c) Erfinden Sie eine vergleichbare Aufgabe im Kontext. Es muss natürlich kein Stunt in einem Actionfilm sein …

17 Die Flugbahn eines schräg geworfenen Balles lässt sich näherungsweise durch eine Parabel beschreiben.
Bei einem Versuch betrug die Wurfweite 45 m, die maximal erreichte Höhe über dem Erdboden 22 m.
a) Berechnen Sie den Abwurfwinkel. Gehen Sie vereinfachend davon aus, dass der Abwurf in Höhe 0 erfolgte.
b) Wie verändert sich das Ergebnis für den Abwurfwinkel qualitativ, wenn berücksichtigt wird, dass der Abwurf in einer Höhe von 1,70 m erfolgte?
Berechnen Sie den Abwurfwinkel für diesen Fall.

LÖ a) Wurfbeginn in (0|0); $f(x) = -a\left(x - \frac{45}{2}\right)^2 + 22$; $f(0) = 0$, also $a = \frac{88}{2025} \Rightarrow f(x) = -\frac{88}{2025}x^2 + \frac{88}{45}x$; $\tan^{-1}(f'(0)) = 62{,}9°$; b) $f(x) = -a(x-b)^2 + 22$, $f(0) = 1{,}7$ und $f(45) = 0$ und $b > 0$ liefert $a = 0{,}04176$; $b = 22{,}0477$; $f(x) = -0{,}04176\,x^2 + 1{,}8414\,x + 1{,}7004$; $f'(0) = 1{,}8414$; $\alpha = 61{,}5°$

eute. 18 / 19

18 Aus einer Automobilzeitschrift:

Geländewagen-Präsentation auf Extrem-Rampe

Auf der diesjährigen Automobil-Show wurde auch der neue Geländewagen vorgestellt. Auf einer eigens konstruierten spektakulären Rampe mit einer Steigung von 39 Grad konnte er seine Leistungsfähigkeit beweisen. Die Demonstrationsfahrten wurden von einem der Konstrukteure vorgenommen, Ausstellungsbesucher konnten die Präsentation als Beifahrer miterleben. Kritiker wiesen darauf hin, dass der hohe Spritverbrauch von durchschnittlich 14 Liter auf 100 km nicht mehr zeitgemäß sei.

117/1

Dieses Auto soll sich an einem künstlichen Steilhang beweisen. Daten des Höhenprofils finden Sie in der folgenden Tabelle:

Horizontale Entfernung vom Startpunkt (in m)	0,0	1,0	2,0	3,0
Höhe über dem Startpunkt (in cm)	0,0	0,75	6,0	20,3

Zeigen Sie, dass sich der Hangverlauf mithilfe einer Funktionsgleichung der Form $y = ax^3$ beschreiben lässt. Schätzen Sie, welche Höhe der Geländewagen sicher schaffen wird. Ermitteln Sie die Höhe, ab welcher der Geländewagen ins Rutschen kommt, rechnerisch.

LÖ $a = \frac{y}{x^3} \approx 0{,}00075$
$\Rightarrow f(x) = 0{,}00075x^3$
Auto rutscht bei 39°
$\Rightarrow f'(x) = \tan 39°$
$\Leftrightarrow x = 6$
$f(6) = 1{,}62$ m
Wäre das Auto punktförmig würde es bei 6 m Höhe ins Rutschen kommen. Da es aber einen Radabstand von ca. 3 m hat, müsste es zum Rutschen so stehen, dass seine Räder auf einer Sekante liegen, welche parallel zur Tangente in (6|1,62) liegt.

19 Die Abbildung zeigt die Form der Paul-Ausserleitner-Skisprungschanze in Bischofshofen (Österreich), auf der traditionell das letzte Springen der Vierschanzentournee ausgetragen wird. Sie ist nicht nur die größte Schanze im Rahmen der Tournee, sondern auch die einzige Naturskisprungschanze in diesem Wettbewerb.

Weitere Informationen zur Tournee und zum Skispringen allgemein finden Sie unter www 117-1.

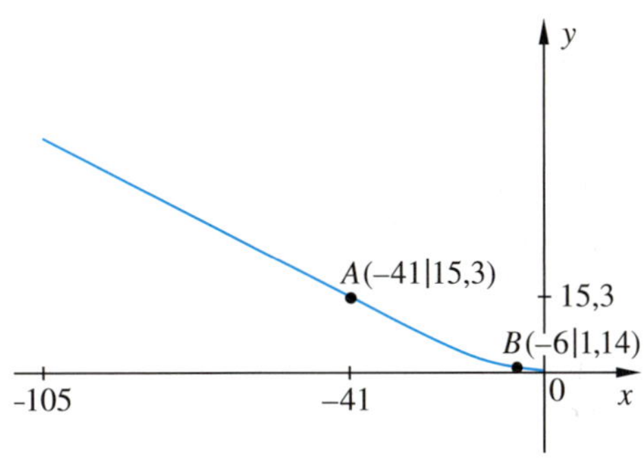

117/2

Die Neigung des Anlaufs beträgt bis zum Punkt *A* konstant 27°.

Im Punkt *B* beginnt der Schanzentisch. Seine Neigung beträgt 11°, er endet im Ursprung des Koordinatensystems.

Der Verlauf zwischen den Punkten *A* und *B* wird durch den Funktionsterm $f(x) = 8{,}600 \cdot 10^{-5}x^3 + 0{,}01058x^2 - 0{,}07630x + 0{,}3172$ beschrieben.

a) Bestätigen Sie, dass $f(x)$ eine sinnvolle Beschreibung für diesen Bereich liefert.

b) Bestimmen Sie die Gleichungen der beiden Geraden, die den Verlauf des Anlaufs und des Schanzentisches beschreiben.

c) Berechnen Sie weitere relevante Daten der Schanze.

LÖ

a) Stimmen Funktionswerte und Ableitungen von $f(x)$ mit den Angaben in den Punkten *A* und *B* überein?

$f(-41) = 15{,}303 \approx 15{,}3$

$f'(-41) = -0{,}5101 \approx$

$-\tan 27° = -0{,}5095..$

$f(-6) = 1{,}137 \approx 1{,}14$

$f'(6) = -0{,}193.. \approx$

$\tan(-11°) = -0{,}1943..$

b) bis A: $y = -0{,}51x - 5{,}61$
Tisch: $y = -0{,}19x$
($\tan 11° = 0{,}194..$)

c) z. B. gesamte Höhe: 47,9 m
Bahnlänge: 115,82 m"

Trainieren Anwenden **Vernetzen**

TIPP
Unter 118-1 finden Sie ein Applet, das Ihnen die Lage von Tangenten und Normalen verdeutlicht.

DE Normalen sollen Thema der zentralen Klausur sein. Orthogonalen: auch in Kap 5.2, z. B. Aufg. 1

LÖ zu 20:
a) $m = -\frac{1}{2}$
c) f: $y = -\frac{1}{6}x + \frac{19}{2}$
g: $y = 3x - \frac{31}{3}$
h: $y = -0{,}25x - 1{,}875$
k: $y = -\frac{1}{12}x - \frac{49}{6}$
d) $f'(x) = 2$;
$f'(x_1) \cdot f'(x_2) = -1 \Rightarrow$
$2x_1 \cdot 2x_2 = -1 \Rightarrow$
$x_2 = -\frac{1}{4x_1}$
e) Normalen parallel wenn Tangenten parallel:
$g'(x_1) = g'(x_2)$
$\Leftrightarrow x_1^2 = x_2^2$
gemeinsame Normalen, wenn außer $x_1 = -x_2$ (gleiche Steigung) auch $b_1 = b_2$, also
$\frac{1}{x_1 - x_1^3} = -\frac{1}{x_1 + x_1^3} \Leftrightarrow$
$x_1 = 1$ oder $x_1 = -1$

LÖ zu 22:
$y = 2ax - a^2$
$A(0|2) \Rightarrow a = \pm\sqrt{2}$
$B(2|0) \Rightarrow a = 0$;
$a = 4$

20 Als **Normale** zum Graphen der Funktion f im Punkt $P(x|f(x))$ bezeichnet man die Gerade durch P, die auf der Tangente an den Graphen bei P senkrecht steht.

118/1 Die Normale lässt sich experimentell mithilfe eines Taschenspiegels bestimmen. 118-2.

a) Zeichnen Sie die Gerade mit der Gleichung $y = 2x - 1$ in ein geeignetes Koordinatensystem sowie die Senkrechte dazu durch den Punkt $F(1|1)$.
Ermitteln Sie die Steigung dieser Senkrechten.

b) Begründen Sie anhand einer Skizze, dass für die Steigungen m_1 und m_2 zweier senkrechter Geraden g_1 und g_2 der Zusammenhang $m_1 \cdot m_2 = -1$ gilt.

c) Ermitteln Sie die Gleichung der Normalen an den Graphen der Funktionen im jeweils angegebenen Punkt.
$f(x) = x^2$; $P(3|f(3))$
$g(x) = -\frac{x}{3} + 3$; $Q(4|g(4))$
$h(x) = -\frac{1}{x}$; $R\left(\frac{1}{2}\middle|h\left(\frac{1}{2}\right)\right)$
$k(x) = x^3$; $S(-2|k(-2))$

d) Bestimmen Sie Stellen x_1 und x_2 so, dass die Tangenten an den Graphen zu $f(x) = x^2$ bei x_1 und x_2 aufeinander senkrecht stehen.

e) Bestimmen Sie Stellen x_1 und x_2 so, dass die Normalen an den Graphen zu $g(x) = \frac{1}{x}$ parallel zueinander sind. Gibt es Punkte mit einer gemeinsamen Normalen?

21 Bestimme Sie den Wert des Parameters a, für den die Forderung erfüllt ist.

a) Der Graph zu $f(x) = x^2 + a$ berührt den Graphen zu $g(x) = \frac{1}{2}x$ mit gleicher Steigung. $\frac{1}{16}$

b) Der Graph zu $f(x) = ax^2 + 1$ berührt den Graphen zu $g(x) = \frac{1}{2}x$ mit gleicher Steigung.

c) Der Graph zu $f(x) = x^2 + a$ schneidet den Graphen zu $g(x) = \frac{1}{x}$ senkrecht.

22 Calculate the equation of the tangent to the graph of $f(x) = x^2$ in an arbitrary point $P(a|a^2)$. Find values of a for which this tangent meets the point $A(0|-2)$. Solve the same problem for the point $B(2|0)$.

23 Die Abbildung zeigt den Graphen zur Funktion f mit $f(x) = -\frac{1}{10}x^3 + \frac{3}{5}x^2$.

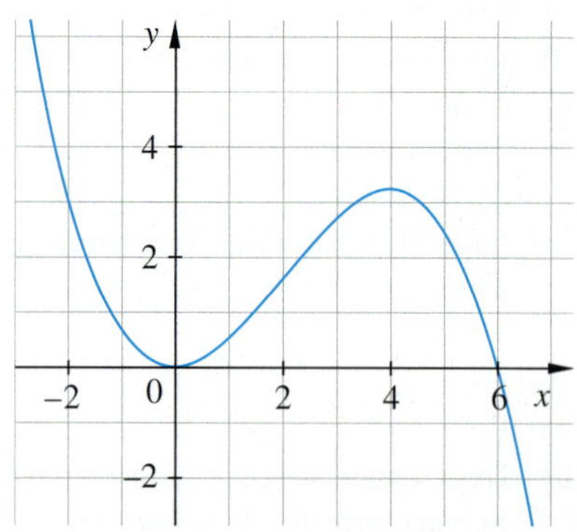

118/1

a) Bestimmen Sie die Gleichung der Tangente an den Graphen im Punkt $(a|f(a))$.

b) Wie viele der Tangenten an den Funktionsgraphen verlaufen jeweils durch die Punkte $A(-2|0)$, $B(4|0)$ und den Punkt $C(8|0)$?
Berechnen Sie, an welchen Stellen die Tangenten angelegt werden müssen.

c) Falls Sie über ein CAS verfügen: Bearbeiten Sie mit diesem die Fragen aus b) für die Punkte $D(4|4)$ und $E(4|5)$.

LÖ a) $y = (-0{,}3a^2 + 1{,}2a)x + 0{,}2a^3 - 0{,}6a$
b) A: $a_1 = 0$, $a_2 = \sqrt{12}$, $a_3 = -\sqrt{12}$; B: $a = 0$; C: $a_1 = 0$ $a_2 = 4{,}63$ $a_3 = 10{,}37$

Aufgaben

24 Der Einfluss von Parametern auf den Funktionsterm

a) Die nebenstehende Abbildung zeigt den Graphen einer Funktion f.
Skizzieren Sie verschiedene Beispiele für Graphen zu Funktionstermen $a \cdot f(x)$, $f(x) + b$, $f(c \cdot x)$ und $f(x+d)$. Nutzen Sie dazu das Applet unter 119-1.
Skizzieren Sie die Graphen der zugehörigen Ableitungsfunktionen.
Untersuchen Sie die Zusammenhänge mit den Ableitungsregeln.

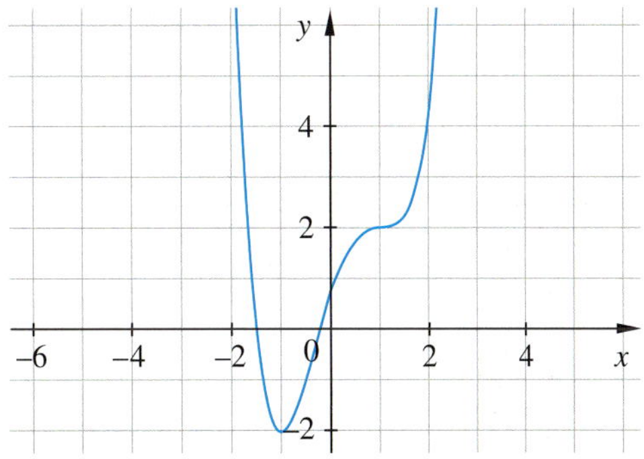

119/1

b) Bearbeiten Sie die Fragen aus Teilaufgabe a) für die Funktion f mit $f(x) = \sin(x)$.

DE Nur der Fall $f(c \cdot x)$ ist mit den vorhandenen Mitteln schwer zu durchschauen. Die Kettenregel liefert (nicht für die SuS) $[f(cx)]' = c \cdot f'(cx)$. Demnach wirkt sich die Streckung von f in x-Richtung mit dem Faktor $\frac{1}{c}$ so aus, dass die Ableitung an den verschobenen Punkten um den Faktor c größer/kleiner wird.

25 Gegeben ist die Funktion f mit $f(x) = \frac{1}{x}$.

a) Was ändert sich stärker, wenn sich der Graph der Funktion f der y-Achse nähert: die Funktionswerte oder die Werte der Ableitung?
Schätzen Sie zunächst anhand einer geeigneten Skizze und überprüfen Sie Ihre Vermutung rechnerisch. Die Werte der Ableitung wachsen schneller

b) An welcher Stelle ist der Funktionswert größer als 100? für $0 < x < 0{,}01$; für $-0{,}1 < x < 0$ und $0 < x < 0{,}1$
An welchen Stellen ist der Betrag der Steigung größer als 100?

c) Gibt es eine Stelle, an der Funktionswert und Steigung übereinstimmen?
Geben Sie gegebenenfalls den zugehörigen Punkt an. $x = -1$

26 Geometrie

a) Geben Sie den Funktionsterm an, der den Flächeninhalt eines Kreises in Abhängigkeit von seinem Radius beschreibt.
Bestimmen Sie die Ableitungsfunktion und erklären Sie das Ergebnis anschaulich.

b) Die Formel für das Volumen einer Kugel lautet: $V = \frac{4}{3}\pi r^3$.
Untersuchen Sie wie in Teilaufgabe a) den Zusammenhang zwischen dem Volumen einer Kugel und der zugehörigen Ableitungsfunktion.

c) Was nimmt mit wachsendem Radius stärker zu: der Umfang oder der Flächeninhalt eines Kreises? Begründen Sie.

LÖ
a) $[\pi r^2]' = 2\pi r$ lässt sich so deuten, als stelle der Umfang $2\pi r$ den Flächeninhalt eines unendlich schmalen Kreisringes dar: $\frac{\Delta A}{\Delta r} \approx 2\pi r$.
b) ebenso bei der Kugel: $V'(r) = O(r) = 4\pi r^2$
c) Für $r > 1$ ist $2\pi r > 2\pi \Rightarrow$ Umfang nimmt stärker zu

27 Multiplizieren Sie den Funktionsterm von f aus, bestimmen Sie $f'(x)$ und versuchen Sie, $f'(x)$ wieder in Linearfaktoren zu zerlegen.
Welche Regel vermuten Sie? Testen Sie die Regel an weiteren Beispielen.

a) $f(x) = (x+1)^3$ $f'(x) = 3 \cdot (x+1)^2$
b) $f(x) = (x+1)^4$ $f'(x) = 4 \cdot (x+1)^3$
c) $f(x) = (x+2)^3$ $f'(x) = 3 \cdot (x+2)^2$
d) $f(x) = (x-1)^4$ $f'(x) = 4 \cdot (x-1)^3$
e) $f(x) = (3x+2)^2$ $f'(x) = 3 \cdot 2 \cdot (3\ \ +2)$
f) $f(x) = (-x+1)^3$ $f'(x) = (-3) \cdot (-x+1)^2$

Das Pascal'sche Dreieck kann Ihnen helfen, die Terme leicht auszumultiplizieren. Sehen Sie dazu S. 111.

28 In Formelsammlungen findet sich für die Tangente an den Graphen einer Funktion f an der Stelle x_0 folgende Gleichung: $y = f(x_0) + f'(x_0)(x - x_0)$.

a) Begründen Sie diese Formel, indem Sie die Parameter der Geradengleichung $y = mx + b$ bestimmen.

b) Begründen Sie diese Formel anschaulich anhand einer Skizze.

LÖ a)/b) mit $m = \frac{y_2 - y_1}{x_2 - x_1}$: Tangente durch $(x|y)$ und $(x_0|f(x_0))$: $m = f'(x_0) = \frac{(y - f(x_0))}{(x - x_0)}$ umstellen nach y liefert Gleichung.

29 Die beiden Abbildungen zeigen die Graphen zweier Funktionen f und g.
Skizzieren Sie den Graphen zur Funktion $f + g$.
Bestätigen Sie damit die Summenregel.
Skizzieren Sie auch den Graphen von $f - g$ und bestätigen Sie damit die Differenzenregel aus Aufgabe 13 (Seite 116).

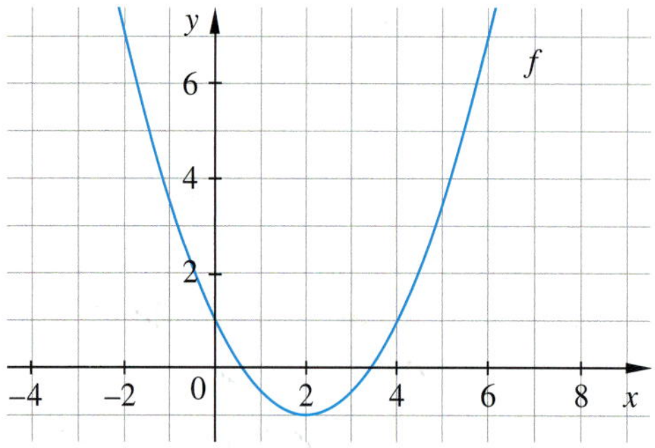

120/1

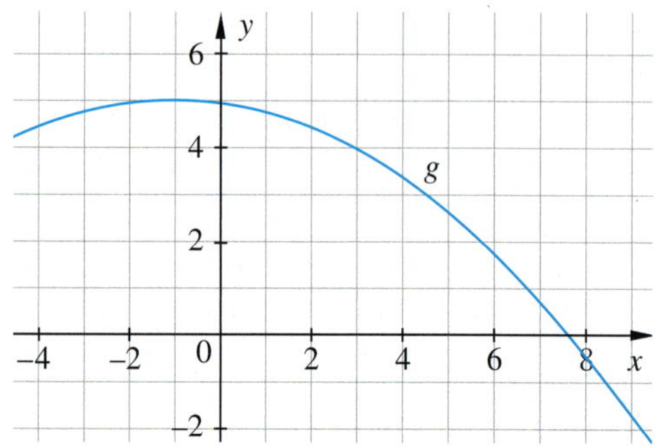

120/2

DE Ansatz: Allgemeine Tangentengleichung für f, wann liegt B auf dieser Tangente? Die sehr aufwändige Rechnung läuft schließlich auf die Lösung von $x^3 - 10{,}5\,x^2 + 36 - 38 = 0$ hinaus. Mit TR: $x = 2$ als x-Wert des Berührpunktes der Tangente.

30 Die Zufahrt zu Neuhausen ist kurvenreich und von Bäumen eingerahmt. Im Winter bei Glatteis kommen immer wieder Autos von der Fahrbahn ab und fahren gegen die Bäume.
Der Gemeinderat beschließt, in der gefährlichsten Kurve eine Leitplanke anzubringen, um Unfälle zu verhindern. Aus Kostengründen soll die Leitplanke möglichst kurz sein. In einem geeigneten Koordinatensytem wird die Kurve durch

$$f(x) = -\tfrac{1}{16}x^3 + 0{,}75\,x^2 - 3\,x + 6$$

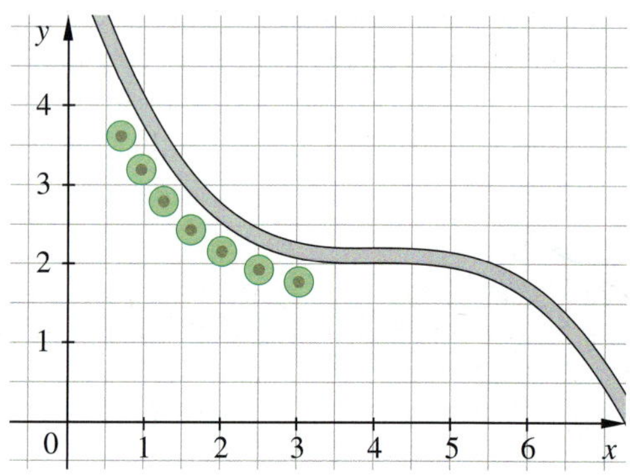

120/3

beschrieben. Bei einer Fahrt in Richtung wachsender x-Werte befindet sich der letzte Baum in $B(3\,|\,1{,}75)$.

www 120-1

LÖ Die Tangente an die Normalparabel für $x = a$ schneidet die x-Achse in $x = \frac{a}{2}$.

Für x^n ergibt sich $x = \frac{(n-1)}{n \cdot a}$

31 Formulieren Sie den im Bild dargestellten Sachverhalt und bestätigen Sie ihn rechnerisch. Führen Sie entsprechende Untersuchungen mit $f_3(x) = x^3$ und $f_4(x) = x^4$ durch.

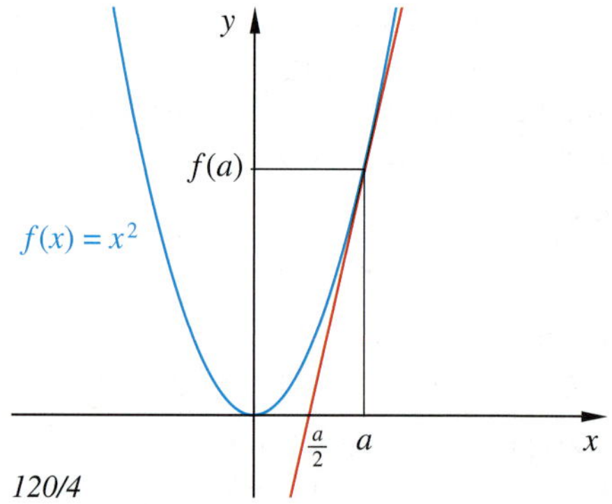

120/4

32 Schreiben Sie einen mathematischen Aufsatz zum Thema „Regeln“. Stellen Sie dabei die Ableitungsregeln und andere mathematische Regeln Vorschriften aus dem Alltag wie z. B. Verkehrsregeln gegenüber.
Wo liegen Gemeinsamkeiten, wo sehen Sie Unterschiede?
Eine Mindmap kann hierbei hilfreich sein.

▶ Wir fassen zusammen

Differenzenquotient

Sind $A(a \mid f(a))$ und $B(b \mid f(b))$ zwei Punkte einer Funktion, so heißt der Term $m = \frac{f(b) - f(a)}{b - a}$ Differenzenquotient von f im Intervall $[a; b]$.
Er gibt die **mittlere Änderungsrate** im Intervall $[a; b]$ bzw. die Steigung der **Sekanten** durch die Punkte A und B an.

Ableitung

Die Ableitung $f'(a)$ einer Funktion f an einer Stelle a ihres Definitionsbereichs ist der Grenzwert des zugehörigen Differenzenquotienten:

$$f'(a) = \lim_{h \to 0} \frac{f(a+h) - f(a)}{h}$$

Sie gibt die **lokale Änderungsrate** an der Stelle a bzw. den Wert der **Steigung** des Graphen der Funktion f an der Stelle a an. Hat eine Funktion an einer Stelle a eine Ableitung, so heißt die Funktion an dieser Stelle **differenzierbar**.

Tangente

Die Gerade durch den Punkt $P(a \mid f(a))$ mit der Steigung $m = f'(a)$ heißt Tangente am Graphen der Funktion f im Punkt $P(a \mid f(a))$.

Ableitungsfunktion

Die Ableitungsfunktion $f': x \mapsto f'(x)$ zu einer Funktion f ordnet jedem Wert a die Ableitung der Funktion f an der Stelle a zu. Mithilfe der Ableitungsfunktion lässt sich die lokale Änderungsrate bzw. die Steigung an verschiedenen Stellen schnell berechnen. Wenn keine Funktionsvorschrift, aber ein Graph gegeben ist, lässt sich der Graph der Ableitungsfunktion skizzieren, indem das Steigungsverhalten des Graphen untersucht wird.

Faktorregel
$f(x) = c \cdot u(x) \quad \Rightarrow f'(x) = c \cdot u'(x)$

Summenregel
$f(x) = u(x) + v(x) \quad \Rightarrow f'(x) = u'(x) + v'(x)$

Potenzregel
$f(x) = x^n \quad \Rightarrow f'(x) = n \cdot x^{n-1}.$

Wichtige Ableitungsfunktionen

$f(x)$	c	x	x^2	$\frac{1}{x}$	$\sqrt{x}$	$\sin(x)$	$\cos(x)$	a^x
$f'(x)$	0	1	$2x$	$-\frac{1}{x^2}$	$\frac{1}{2\sqrt{x}}$	$\cos(x)$	$-\sin(x)$	$c \cdot a^x$

Beispiel: $f(x) = \frac{1}{4}x^2$

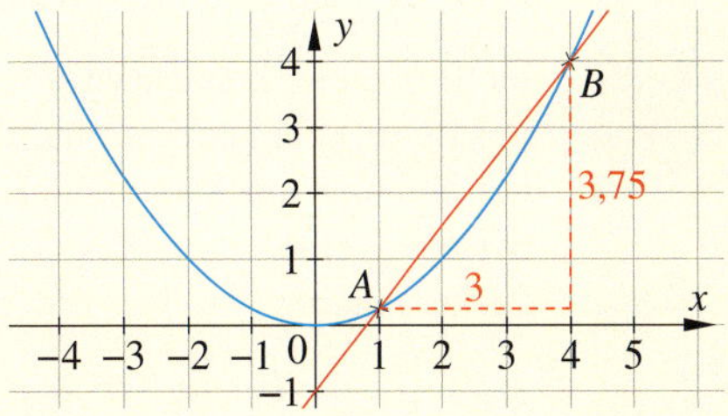

121/1

Sekante durch $A(1 \mid 0{,}25)$ und $B(4 \mid 4)$
Differenzenquotient: $m = \frac{4 - 0{,}25}{4 - 1} = \frac{3{,}75}{3} = 1{,}25$

Ableitung an der Stelle 1:

$$f'(1) = \lim_{h \to 0} \frac{\frac{1}{4}(1+h)^2 - \frac{1}{4}(1)^2}{h} = \lim_{h \to 0} \frac{\frac{1}{4} + \frac{1}{2}h + \frac{1}{4}h^2 - \frac{1}{4}}{h}$$
$$= \lim_{h \to 0} \frac{\frac{1}{2}h + \frac{1}{4}h^2}{h} = \lim_{h \to 0} \frac{1}{2} + \frac{1}{4}h = \frac{1}{2}$$

Tangente an $A(1 \mid 0{,}25)$ mit Steigung $\frac{1}{2}$:
$y = \frac{1}{2}x - \frac{1}{4}$

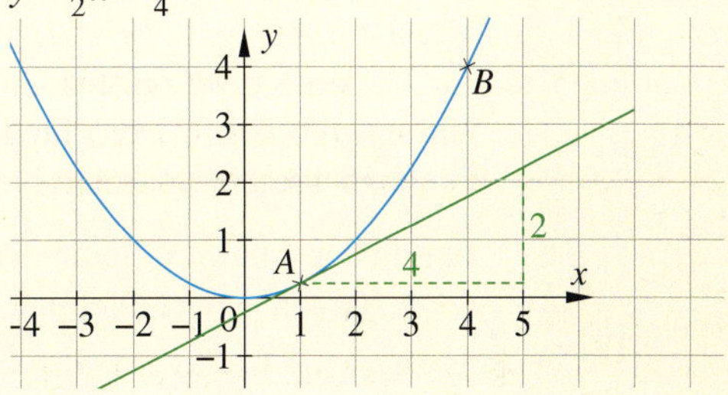

121/2

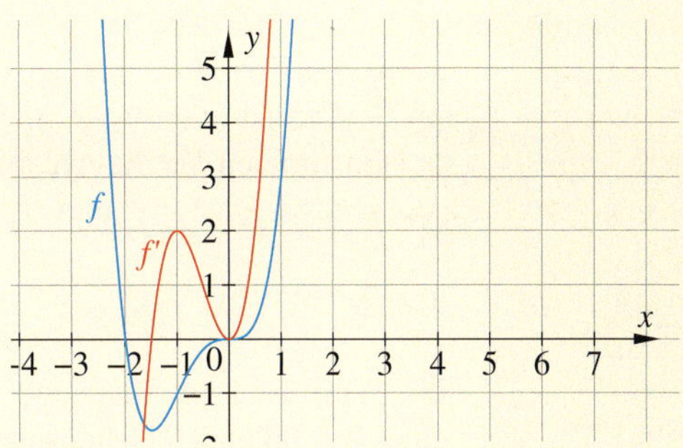

121/3

Beispiel:
$f(x) = x^4 + 2x^3 \Rightarrow f'(x) = 4x^3 + 6x^2$

Zusammenfassung

Test

1 Die Grafik zeigt die Blutzuckerkonzentration eines gesunden und eines an Diabetes erkrankten Menschen.

Bestimmen Sie die mittlere Änderungsrate der Blutzuckerkonzentration beim Gesunden und beim Kranken innerhalb der ersten beiden Stunden nach der Zuckerabgabe sowie zwischen einer und drei Stunden nach der Zuckerabgabe.

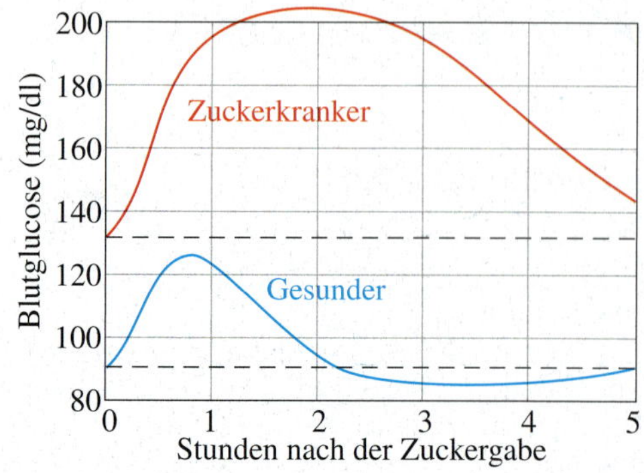

122/1

2 Bestimmen Sie die Ableitung der Funktion f an der Stelle x_0 mithilfe des Grenzwertes des Differenzenquotienten.

a) $f(x) = 1 - 0{,}5x^2;\ x_0 = -1$

b) $f(x) = \frac{1}{x};\ x_0 = 2$

c) $f(x) = x^2 + 2;\ x_0 = a$

3 Ermitteln Sie die Gleichung der Tangente und der Normalen an den Funktionsgraphen an der Stelle a.

a) $f(x) = 2 - \frac{1}{2}x^2;\ a = 1{,}5$

b) $f(x) = (2x - 1)^2 - 3;\ a = 0{,}5$

4 Prüfen Sie, ob der blaue Graph eine Ableitungsfunktion für die Funktion des roten Graphen darstellen kann.

Begründen Sie. Skizzieren Sie ggf. den korrekten Graphen der Ableitungsfunktion.

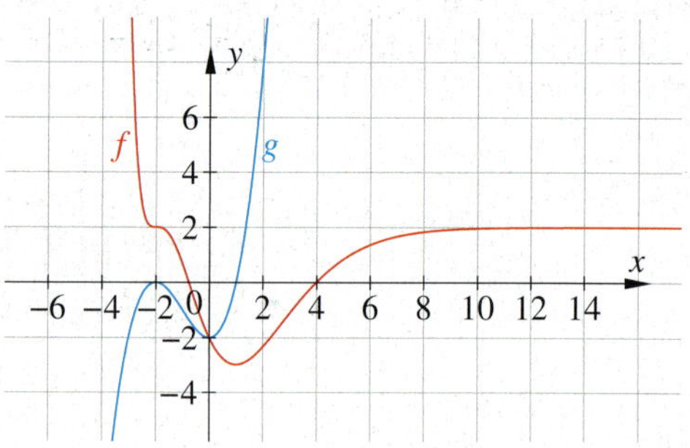

122/2

5 Bestimmen Sie die Ableitungsfunktion.

a) $f(x) = \frac{1}{3}x^2 + \sin(x)$

b) $f(x) = \frac{2}{x} - 3x^2 + x^5$

6 Wird der Luftwiderstand vernachlässigt, so lautet die Gleichung der Zeit-Weg-Funktion eines frei fallenden Gegenstandes $y = \frac{1}{2}g t^2$. Dabei bezeichnet y die Falltiefe und g die Fallbeschleunigung $9{,}81\,\frac{\text{m}}{\text{s}^2}$. Die Zeit-Geschwindigkeits-Funktion ergibt sich durch Ableiten nach t.

a) Wie lange dauert es, bis ein frei fallender Gegenstand $28\,\frac{\text{m}}{\text{s}}$ schnell ist? Wie tief ist er bis dahin gefallen?

b) Berechnen Sie die Geschwindigkeit, mit der ein Regentropfen auf den Boden auftrifft, der aus 1000 m Höhe gefallen ist. Kommentieren Sie Ihr Ergebnis.

ABITURVORBEREITUNG

Machen Sie sich Notizen, bei welchen Aufgaben Sie noch größeren Übungsbedarf haben.
Die Lösungen finden Sie auf Seite 210, aber arbeiten Sie zunächst möglichst ohne nachzulesen!

Modellieren mithilfe der Ableitung

Bei der mathematischen Modellierung werden Probleme aus dem Alltag in Formeln „übersetzt“, dann gelöst und diese Lösung mit der Realsituation verglichen. Dabei kommen oft Ableitungen ins Spiel. Wie groß ist z. B. das größtmögliche Fußballfeld, das von einer 400-m-Laufbahn begrenzt ist?

4.1 Untersuchen von Funktionen mithilfe der Ableitung

DE Dieser Auftrag wird im nächsten Abschnitt (4.2 Auftrag 1) erneut aufgegriffen und erweitert. Eine zu diesem Auftrag analoge Aufgabe ist Aufgabe 9 auf Seite 128.

Auftrag 1 Gewinnlage

In einer kleinen Ziegelei können täglich maximal 9 Paletten à 320 Ziegelsteinen produziert werden.
Die Ziegel werden zu 0,75 € pro Stück, d. h. zu 240 € pro Palette verkauft. Die Produktionskosten der Ziegelei können bei einer täglichen Produktion von x Paletten durch die Funktion k mit

$$k(x) = 25x^3 - 300x^2 + 765x + 950$$

berechnet werden.
Analysieren Sie die Gewinnlage der Ziegelei in Abhängigkeit von der Produktionsmenge x. Wie viele Paletten sollte die Ziegelei täglich herstellen, um einen möglichst hohen Gewinn zu erwirtschaften?

124/1

DE Dieser Auftrag bietet keine Möglichkeit Sattelpunkte zu thematisieren. Die Berechnung der Extremstellen ist ohne CAS o. ä. aufwendig.

Auftrag 2 100-Meter-Lauf

Das Foto zeigt Usain Bolt (Jamaika) bei seinem Zieldurchlauf über 100 m bei den Olympischen Spielen in Peking 2008. Obwohl Bolt auf den letzten Metern schon jubelte und nicht mit voller Geschwindigkeit durchlief, stellte der damals Einundzwanzigjährige mit 9,69 s einen neuen Weltrekord auf.
Wenige Tage später verbesserte er auch den Weltrekord über 200 m auf 19,30 s.
Usain Bolt krönte seine Leistung bei den olympischen Spielen mit der Goldmedaille in der 4×100-m-Staffel einige Tage später. Zusammen mit seinen drei Landsmännern gewann er erneut in neuer Weltrekordzeit von 37,10 s.

124/2

www 124-1

LÖ Hier ist das Arbeiten mit gerundeten Werten sinnvoll: Extrempunkte: $H(6{,}05|12{,}04)$ und $T(11{,}81|9{,}90)$ Die 100-m-Strecke ist nach 10,39 s absolviert. Spätestens nach Erreichen des Tiefpunktes ist die Modellierung nicht mehr realistisch.

Weitere Fabelweltrekorde stellte Usain Bolt schließlich bei der Leichtathletik-Weltmeisterschaft 2009 in Berlin mit 9,58 s über 100 m und mit 19,19 s über 200 m auf.

Im Laufsport wird vom Trainer eine Analyse zur Verbesserung des Läufers mithilfe einer Videoaufzeichnung des Laufs vorgenommen.

Analysieren Sie die Bewegung eines 100-m-Sprinters, dessen Lauf durch folgende Funktionsgleichung beschrieben werden kann:

$$v(t) = 0{,}0224\,t^3 - 0{,}6\,t^2 + 4{,}8\,t,$$

wobei t die Zeit in Sekunden und $v(t)$ die Geschwindigkeit in Metern pro Sekunde ist.
Zu welchem Zeitpunkt ist der Sprinter am schnellsten?

Für welche Zeitspanne kann die Funktion v als Modellierung eines 100-m-Laufes gelten? Begründen Sie Ihre Antwort.

Auftrag 3 Eigenschaften von Funktionen und ihren Graphen

Gegeben sind die Graphen der vier ganzrationalen Funktionen f, g, h und i sowie die Graphen ihrer Ableitungsfunktionen. Allerdings ist die Reihenfolge der Graphen durcheinander geraten.

Bestimmen Sie die Ableitungsfunktionen von f, g, h und i mithilfe der Ableitungsregeln aus Kapitel 3.3 und ordnen Sie die zugehörigen Graphen ihren passenden Ausgangsfunktionen zu. Beschreiben Sie die Verläufe der Funktionsgraphen und der jeweiligen Graphen der zugehörigen Ableitung.
Formulieren Sie die Zusammenhänge zwischen den jeweiligen Eigenschaften von Funktion und Ableitung.

Entwickeln Sie ein Verfahren, wie Sie rechnerisch die „besonderen Punkte" der Funktionsgraphen mithilfe der Ableitung bestimmen können. Gilt das Verfahren immer, oder gibt es Ausnahmen? Verfeineren Sie das Verfahren gegebenenfalls.

Testen Sie dieses Verfahren an weiteren Beispielen und überprüfen Sie es mit Ihrem GTR oder einem Funktionenplotter. Gilt das Verfahren auch für andere Funktionstypen als ganzrationale Funktionen? Überprüfen Sie dies grafisch und versuchen Sie, Ihre Beobachtungen zu begründen.

DE Für diesen Auftrag bietet es sich an, Gruppen-/Partnerarbeit mit anschließender Präsentation durchzuführen.

$f(x) = x^3 - 3x^2 - x + 3$ $\quad g(x) = -2x^3 + 3x^2 + 1$ $\quad h(x) = \frac{1}{4}x^4 - 2x^2 + 2$ $\quad i(x) = x^3 - 3x^2 + 3x$

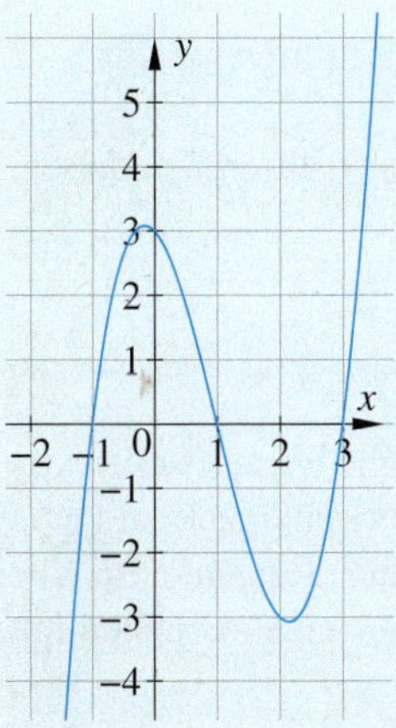

125/1

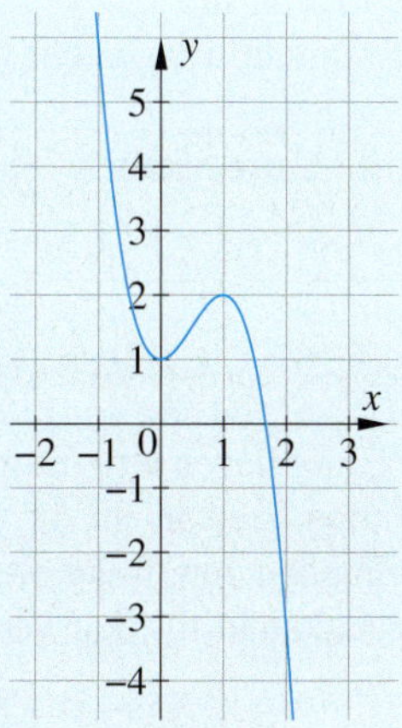

125/2

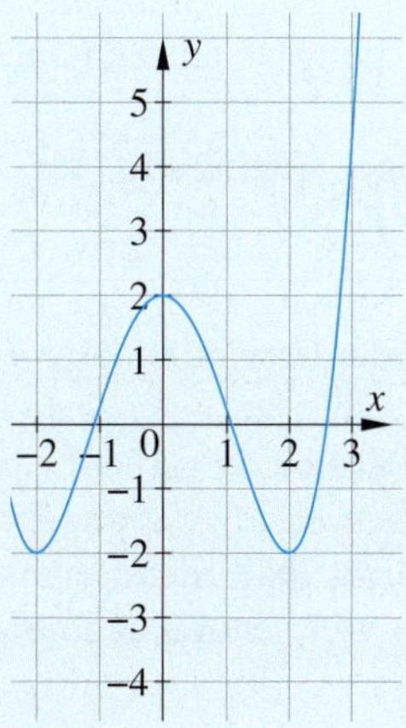

125/3

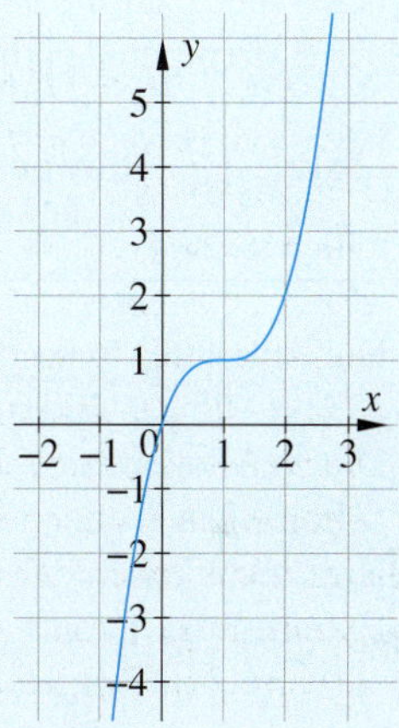

125/4

Graphen der Ableitungsfunktionen:

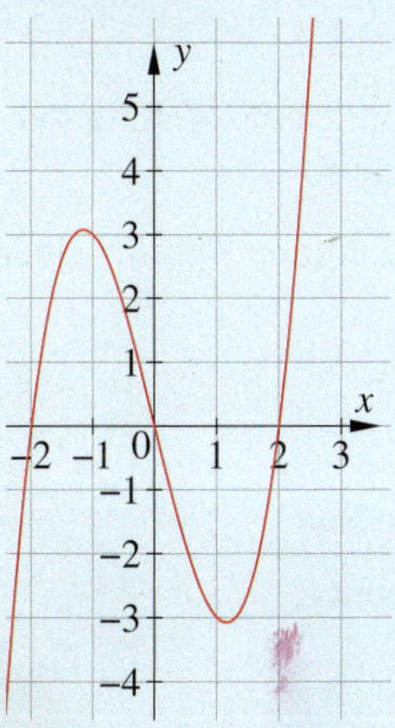

125/5

h

0/±2

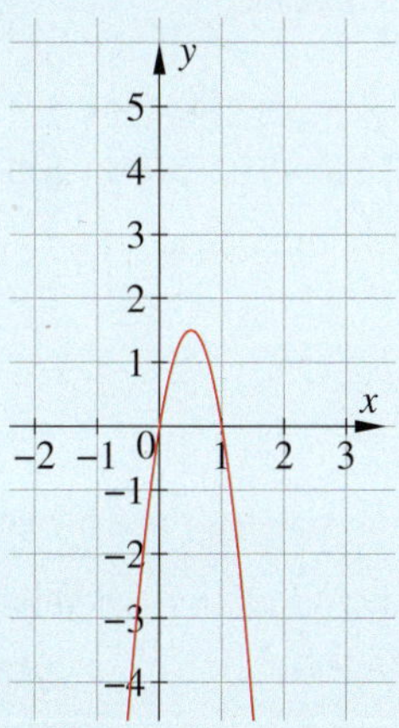

125/6

g

0/1

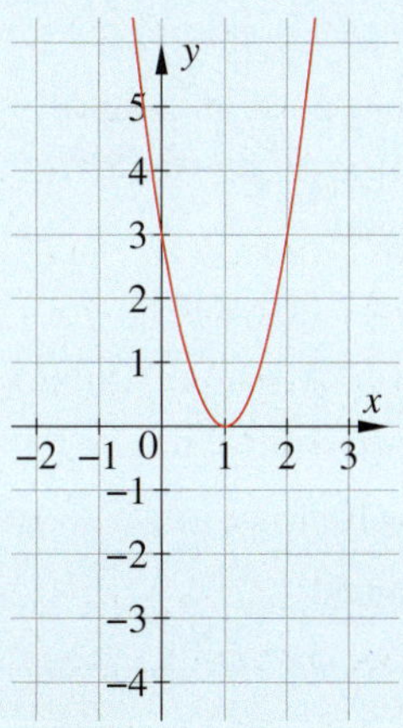

125/7

i

1

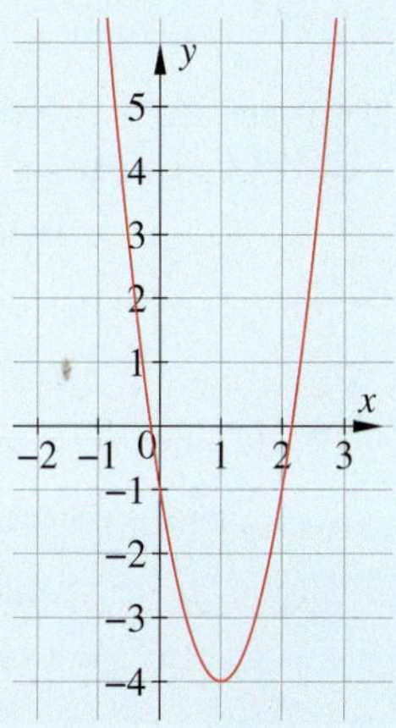

125/8

f'

$1 \pm \sqrt{\frac{4}{3}}$

≈ −0,15 ≈ 2,15

LÖ $f'(x) = 3x^2 - 6x - 1$ (Bild 125/8); $g'(x) = -6x^2 + 6x$ (Bild 125/6); $h'(x) = x^3 - 4x$ (Bild 125/5); $i'(x) = 3x^2 - 6x + 3$ (Bild 125/7)
Durch Vergleich von Funktion und entsprechender Ableitungsfunktion erkennt man, dass der Graph der Funktion in Intervallen steigt/fällt, in denen die Ableitungsfunktion positive/negative Werte annimmt. Die Nullstellen der Ableitungsfunktion mit Vorzeichenwechsel sind Extremstellen, diejenigen ohne Vorzeichenwechsel sind Sattelstellen der jeweiligen Funktion.

▶ **Auftrag 1** wird bei der Erarbeitung verwendet.

▶ Extremstellen und Sattelstellen

Der Gewinn eines Unternehmens berechnet sich immer als Differenz zwischen *Umsatz* und *Kosten*. Besonders interessant ist für die Ziegelei die Produktionsmenge x, bei der der Gewinn am größten wird. Der Umsatz errechnet sich als Produkt der Anzahl verkaufter Paletten und ihrem Stückpreis, also lautet die Umsatzfunktion $u(x) = 240x$.
Da die Kostenfunktion durch $k(x) = 25x^3 - 300x^2 + 765x + 950$ beschrieben wird, ergibt sich bei einer Tagesproduktion von x Einheiten für die Gewinnfunktion f daher:

$$f(x) = u(x) - k(x) = 240x - (25x^3 - 300x^2 + 765x + 950)$$
$$= -25x^3 + 300x^2 - 525x - 950$$

BEACHTE

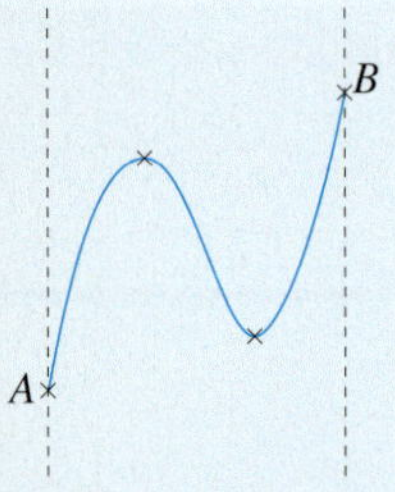

126/1

An den Rändern eines Definitionsbereiches können sogenannte **Randextrema** auftreten, obwohl dort keine waagerechte Tangente vorliegt.

Die Definitionsmenge von f ist eingeschränkt auf das Intervall $I = [0; 9]$, da mindestens null und höchstens neun Paletten produziert werden.
Betrachten Sie den Graphen der Gewinnfunktion f, so erkennen Sie einen Hoch- und einen Tiefpunkt. Hoch- und Tiefpunkte eines Graphen werden allgemein als **Extrempunkte** bezeichnet, weil sie in einer gewissen Umgebung die größten bzw. kleinsten Funktionswerte haben.
Um Hoch- und Tiefpunkte auch rechnerisch zu bestimmen, betrachtet man die Steigung des Graphen f, also f', da in den Extrempunkten die Tangente an den Graphen immer waagerecht verläuft. Daher gilt:

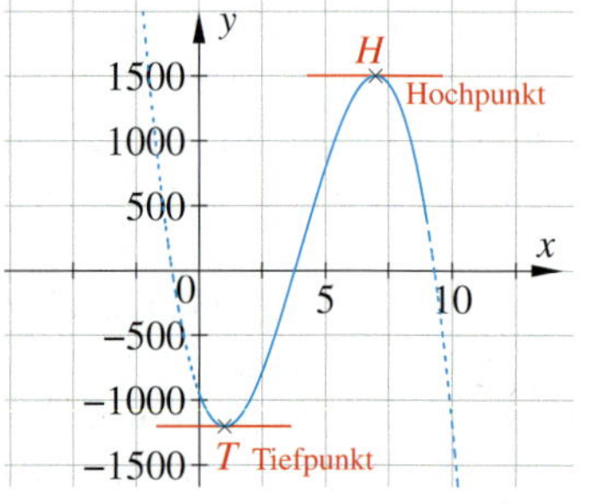

126/2

Satz 4.1 **Notwendige Bedingung** für eine Extremstelle x_e einer differenzierbaren Funktion f ist $f'(x_e) = 0$.

TIPP

Notwendige Bedingung bedeutet, dass $f'(x_e) = 0$ sein muss, damit x_e ein „Kandidat" für eine Extremstelle sein kann.
Ob x_e wirklich eine Extremstelle ist, ist noch nicht bekannt.
Gilt aber $f'(x_e) \neq 0$, so kann x_e keine Extremstelle sein.

Die Ableitungsfunktion der Gewinnfunktion $f(x) = -25x^3 + 300x^2 - 525x - 950$ lautet $f'(x) = -75x^2 + 600x - 525$.
Die Nullstellen von f' liegen bei $x_1 = 1$ und $x_2 = 7$, hier liegen also mögliche Extremstellen von f. Für einen rechnerischen Nachweis von Extrempunkten reicht die notwendige Bedingung aber nicht aus, denn nicht jede Stelle eines Graphen mit waagerechter Tangente ist eine Extremstelle. Es gibt es vier verschiedene Möglichkeiten für den Verlauf eines Graphen mit waagerechter Tangente:

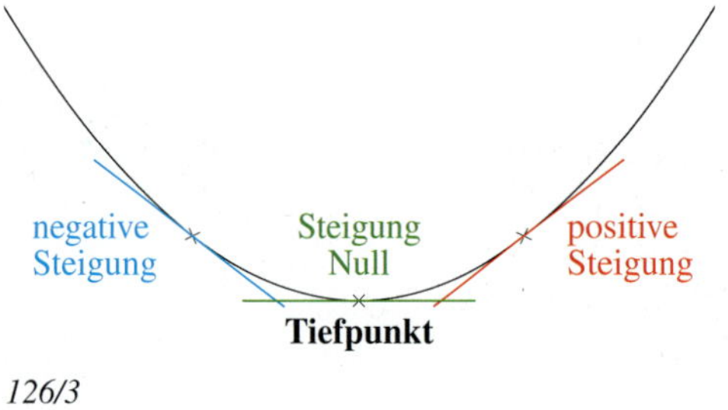

126/3

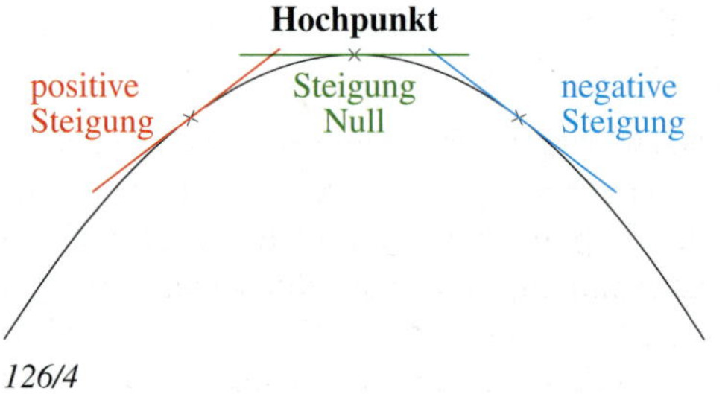

126/4

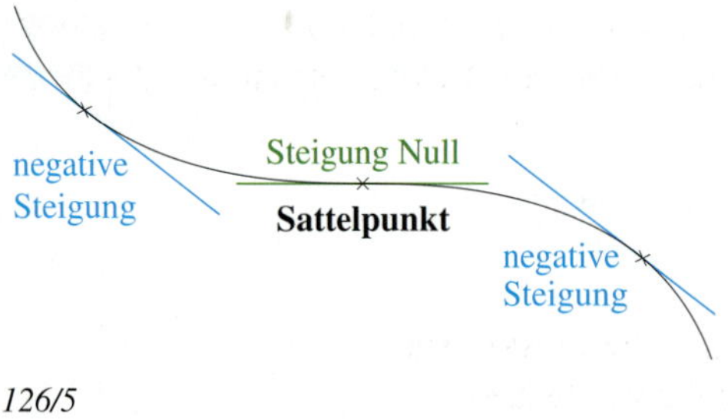

126/5

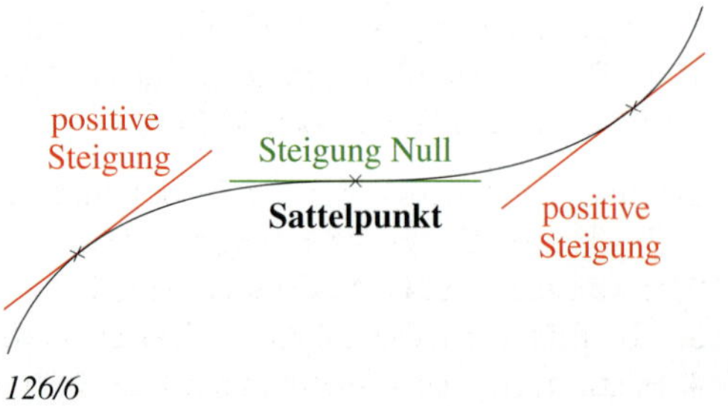

126/6

Ein rechnerischer eindeutiger Nachweis von Extremstellen ist aber möglich, denn in Tief- und Hochpunkten ändert sich das Monotonieverhalten von *f*.
Nach den Überlegungen in 3.2 gilt:

Satz 4.2

Ist f eine auf einem Intervall $[a; b]$ differenzierbare Funktion und gilt $f'(x) > 0$ für alle x aus $[a; b]$, so ist f auf $[a; b]$ streng monoton steigend.
Gilt $f'(x) < 0$ für alle x aus $[a; b]$, so ist f auf $[a; b]$ streng monoton fallend.

Das Steigungsverhalten von f wird also durch f' beschrieben. Wechselt das Monotonieverhalten von f von „steigend" zu „fallend" oder umgekehrt (Bild 126/3 und 126/4), so muss f' hier das Vorzeichen wechseln. Deshalb kann sich das Monotonieverhalten einer differenzierbaren Funktion f nur an den Nullstellen von f' ändern. Die Art dieses Vorzeichenwechsels gibt die Art der Extremstelle an, wie die beiden Zeichnungen zeigen: Wechselt f von „fallend" zu „steigend", so liegt ein Tiefpunkt vor, im umgekehrten Fall dagegen ein Hochpunkt.

Satz 4.3

Eine **hinreichende Bedingung** für eine Extremstelle x_e einer differenzierbaren Funktion f ist:
$f'(x_e) = 0$ und f' hat an der Stelle x_e einen **Vorzeichenwechsel**.
Wechselt das Vorzeichen von f' von – nach +, so handelt es sich um einen Tiefpunkt, wechselt es von + nach –, so liegt bei x_e ein Hochpunkt.
Der y-Wert eines Tiefpunktes heißt **relatives Minimum**, der eines Hochpunktes **relatives Maximum**.

TIPP
Ist die *hinreichende Bedingung* erfüllt, so ist x_e eine Extremstelle. Die hinreichende Bedingung ist daher stärker als die notwendige Bedingung.

Unter 127-1 finden Sie eine Simulation, die den Vorzeichenwechsel veranschaulicht.

Wenn $f'(x) = 0$ ist, sich das Vorzeichen von f' aber nicht ändert (Bild 126/5 und 126/6), so handelt es sich um einen **Sattelpunkt**. Sattelpunkte sind keine Extrempunkte.

Definition 4.1 **Sattelstelle**

Eine Stelle eines differenzierbaren Funktionsgraphen mit waagerechter Tangente, an der sich das Monotonieverhalten nicht ändert, heißt Sattelstelle.

Die Ableitungsfunktion $f'(x) = -75x^2 + 600x - 525$ der Gewinnfunktion der Ziegelei hat Nullstellen bei $x_1 = 1$ und $x_2 = 7$.
Sinnvoll ist daher z. B. das Untersuchen von f' an den Stellen 0,5, 4 und 8. Es gilt: $f'(0{,}5) = -6150 < 0$, $f'(4) = 675 > 0$ und $f'(8) \approx -525 < 0$.

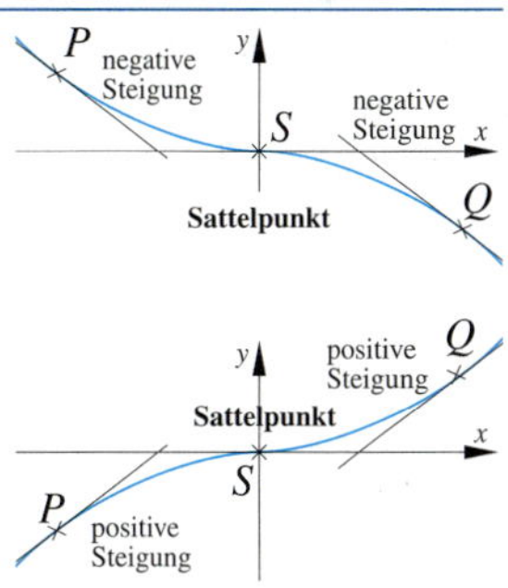

127/1

Nach obigen Überlegungen liegt damit bei $x = 1$ ein Tiefpunkt und bei $x = 7$ ein Hochpunkt vor. Bisher sind aber nur die x-Werte der Extrempunkte bekannt, es fehlen noch die y-Werte. Um diese zu ermitteln, werden die Nullstellen von f' einfach in f eingesetzt. Es gilt $f(1) = -1200$ und $f(7) = 1500$. Der Tiefpunkt liegt also bei $T(1|-1200)$ und der Hochpunkt bei $H(7|1500)$.

Stellt die Ziegelei also 7 Einheiten à 320 Ziegel her, so ist der Gewinn maximal, er beträgt 1500 €. Stellt sie hingegen nur 1 Palette Ziegel her, so ist der „Gewinn" minimal – die Firma macht in diesem Fall 1200 € Verlust.

Schema zur Bestimmung von Extrempunkten einer Funktion:
1. Bestimmen Sie die Ableitungsfunktion f'.
2. Bestimmen Sie die Nullstellen von f'.
3. Überprüfen Sie die möglichen Extremstellen auf Vorzeichenwechsel.
4. Bestimmung der y-Werte durch Einsetzen der Extremstellen in f.

Aufgaben

Trainieren Anwenden Vernetzen

1 Untersuchen Sie die folgenden Funktionen auf Extrem- und Sattelstellen.

a) $f(x) = x^2 - 4$
b) $f(x) = -1{,}5x^2 + 3x - 7$
c) $f(x) = x^3 + 3x^2 + 1$
d) $f(x) = 2x^3 - 18x^2 + 11$
e) $f(t) = t^4 - 2t^2$
f) $f(a) = -a^3 + 2{,}5a^2 + 3{,}5$
g) $f(x) = x^5 - 15x^3 - 30$
h) $f(x) = -3x^4 + 4x^3 + 8$

LÖ a) $T(0|-4)$ b) $H(1|-5{,}5)$ c) $H(-2|5)$ und $T(0|1)$ und d) $H(0|11)$ $T(6|-205)$ e) $T(-1|-1)$; $H(0|0)$ und $T(1|-1)$ f) $T\left(0|\frac{7}{2}\right)$ und $H\left(\frac{5}{3}|\frac{157}{27}\right)$ g) $H(-3|132)$; $S(0|-30)$ und $T(3|-192)$ h) $S(0|8)$ und $H(1|9)$

2 Bestimmen Sie Hoch-, Tief- und Sattelpunkte folgender Funktionen.

a) $f(x) = x^2 + 24x + 144$
b) $f(x) = 2x^3 - 6x^2 + 6x + 4$
c) $f(x) = x^3 - 6x^2 + 9x - 4$
d) $f(x) = 5x^4 - 40x^2 + 15$
e) $f(x) = 0{,}25x^3 + 15x - 1$
f) $f(x) = 2x^3 - 15x^2 - 84x$

LÖ a) $T-(12|0)$ b) $S(1|6)$ c) $H(1|0)$ und $T(3|-4)$ d) $H(0|15)$, $T_1(-2|-65)$, $T_2(2|-65)$ e) keine f) $H(-2|92)$, $T(7|-637)$

3 Sind folgende Aussagen notwendige, hinreichende oder gar keine Bedingung dafür, dass ein Viereck ein Parallelogramm ist?

a) Die Diagonalen sind gleich lang.
b) Die Diagonalen halbieren sich gegenseitig.
c) Die Diagonalen stehen senkrecht aufeinander.
d) Zwei gegenüberliegende Seiten sind parallel.

LÖ a) weder notw. noch hinr. b) notw. und hinr. c) weder notw. noch hinr. d) notw. aber nicht hinr.

4 Entscheiden Sie, ob der erste Sachverhalt jeweils eine notwendige, hinreichende oder keine Bedingung für den zweiten Sachverhalt ist.

a) Zur Bushaltstelle gehen/Busfahren a) notw. aber nicht hinr.
b) Volljährigkeit/Wahlrecht b) notw. und hinr.
c) Regen/nasse Straße c) hinr. aber nicht notw.
d) Licht/Pflanzenwachstum d) notw. aber nicht hinr.
e) Hunger/Essen e) weder noch
f) Unwissenheit/schlechtes Klassenarbeitsergebnis f) hinr. aber nicht notw.
g) Leerer Autotank/stehendes Auto
h) Müdigkeit/natürliches Einschlafen

g) hinr. aber nicht notw.; h) notwendig

TIPP
Unter 128-1 finden Sie ein Arbeitsblatt mit weiteren Aufgaben zu notwendigen und hinreichenden Bedingungen.

5 Skizzieren Sie den Graphen einer ganzrationalen Funktion f, der die folgenden Bedingungen erfüllt. Skizzieren Sie auch den Graphen der jeweiligen Ableitungsfunktion in das gleiche Koordinatensystem wie f.

a) f hat genau einen Hoch- und genau einen Tiefpunkt.
b) f hat genau einen Sattelpunkt und genau einen Tiefpunkt.
c) f hat keinen Hoch- und keinen Tiefpunkt.
d) f hat genau zwei Tiefpunkte.

LÖ gilt z. B. für die Graphen folgender Funktionen: a) $f(x) = x^3 - 4x$ b) $f(x) = 3x^4 - 4x^3$ c) $f(x) = x^3 + x$ d) nicht lösbar

6 Von einer ganzrationalen Funktion f dritten Grades ist bekannt, dass sie nur eine Nullstelle besitzt und dass f' für $x < 2$ positiv und für $x > 5$ ebenfalls positiv ist. Außerdem existiert eine Stelle, an der der Graph streng monoton fallend ist. Skizzieren Sie einen möglichen Graphen von f.

LÖ z. B. $f(x) = 2x^3 - 21x^2 + 60x$

7 Was bedeuten die folgenden Gleichungen bzw. Ungleichungen für den Graphen der jeweiligen Funktion?

a) $f(a) = 7, f'(a) = 0$
b) $f'(b) = 0, f'(b-1) < 0, f'(b+1) > 0, f'(x) \neq 0$ für alle x mit $x \neq b$.
c) $f'(x_0) = 0, f'(x_0 - 0{,}2) = 2, f'(x_0 + 4) = -0{,}5$
d) $f'(x) = 0$

LÖ a) Im Punkt $P(a|7)$ hat der Graph von f eine waagerechte Tangente b) $T(b|f(b))$ ist einziger Tiefpunkt des Graphen von f c) Im Punkt $P(x_0|f(x_0))$ hat der Graph eine waagerechte Tangente d) Der Graph von f ist eine Parallele zur x-Achse

8 Funktionsgleichung, Graph und Tabelle gehören zu drei verschiedenen Funktionen.

$f(x) = 2x^3 - x^2 - 5x + 2$

x	$g(x)$
−4	−366
−3	−88
−2	−2
−1	6
0	2
1	4
2	−18
3	−142
4	−494

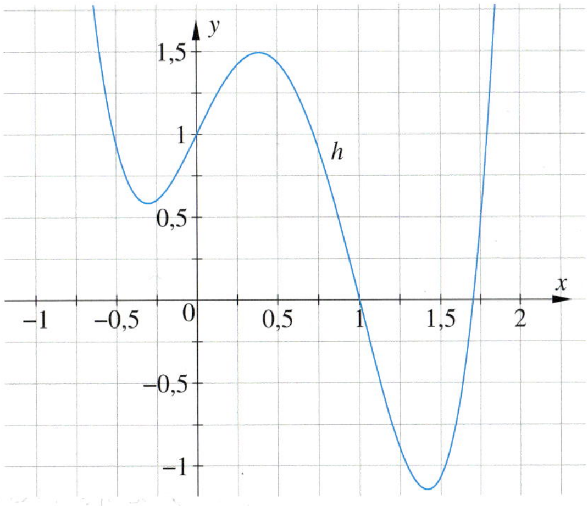

129/1

a) Bestimmen Sie für alle drei Funktionen die Hoch- und Tiefpunkte.
b) Beschreiben Sie die Vor- und Nachteile der drei Darstellungsarten im Zusammenhang mit der Betrachtung der Extrempunkte.

Noch fit?

I Sicher haben Sie die Geschichte mit den Reiskörnern auf einem Schachbrett schon einmal gehört: Auf das erste Feld des Schachbretts kommt ein Reiskorn, auf das zweite kommen 2 Körner, auf das dritte 4 und so wird weiter verdoppelt. Auf dem 64. Feld liegen dann 2^{63} Körner. Ihre Aufgabe ist, ohne Taschenrechner abzuschätzen, wie viele Körner das etwa sind, indem Sie näherungsweise setzen: $2^{10} = 1024 \approx 1000$.

II Vereinfachen Sie soweit wie möglich. Vermeiden Sie negative Exponenten.
$a^3 \cdot a^7$; $(a^{-3})^5$; $\left(a^{\frac{1}{2}}\right)^4$; $\sqrt[3]{a} \cdot \sqrt{a}$; $a^{-\frac{1}{3}} \cdot a^{\frac{1}{6}}$

III Für natürliche n gilt: Wenn $f(x) = x^n$ ist, so ist $f'(x) = n \cdot x^{n-1}$. Nehmen Sie an (was hier nicht bewiesen ist), dass diese Regel für beliebige Exponenten gültig ist, und nutzen Sie dies, um die Funktionen

a) $f(x) = \frac{1}{x}$, $g(x) = \frac{1}{x^2}$, $h(x) = \frac{1}{x^n}$

b) $f(x) = \sqrt{x}$, $g(x) = \sqrt[3]{x}$, $h(x) = \sqrt[5]{x^3}$ abzuleiten.

Schreiben Sie die Funktionsterme dazu jeweils in Potenzschreibweise um. Vergleichen Sie Ihre Ergebnisse mit einer Ableitungstabelle in einer Formelsammlung oder überprüfen Sie mit dem GTR, indem Sie die Graphen der Funktion und der von Ihnen ermittelten Ableitungsfunktion zeichnen lassen.

IV Die Frage, welcher Zylinder mit gegebenem Volumen V die kleinste Oberfläche hat, führt zu $r = \sqrt[3]{\frac{V}{2\pi}}$. Setzen Sie das Ergebnis für r in $h = \frac{V}{\pi \cdot r^2}$ ein und formen Sie so lange um, bis Sie gezeigt haben, dass $h = 2r$ gelten muss.
Beschreiben Sie die sich daraus ergebende Form des Zylinders.

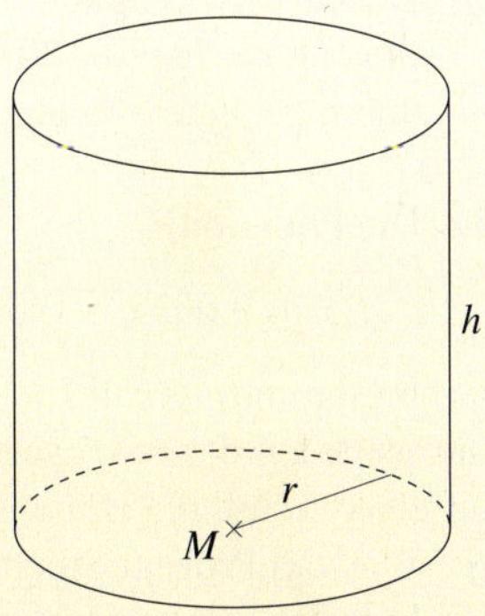

129/2

LÖ zu I: $2^{63} = 2^3 \cdot 2^{60} = 2^3 \cdot (2^{10})^6 \approx 8 \cdot 1000^6 = 8 \cdot 10^{18}$; II) a^{10}; a^{-15}; a^2; $a^{\frac{5}{6}}$; $a^{-\frac{1}{6}}$;

zu III: a) $f'(x) = \frac{-1}{x^2}$; $g'(x) = \frac{-2}{x^3}$; $h'(x) = \frac{-n}{x^{n+1}}$; b) $f'(x) = \frac{1}{2 \cdot \sqrt{x}}$; $g'(x) = \frac{1}{3 \cdot \sqrt[3]{x^2}}$; $h'(x) = \frac{3}{5 \cdot \sqrt[5]{x^2}}$

zu IV: $r = \sqrt[3]{\frac{V}{2 \cdot \pi}} \Rightarrow r^3 = \frac{V}{2 \cdot \pi} = \frac{\pi \cdot r^2 \cdot h}{2 \cdot \pi} = \frac{r^2 \cdot h}{2} \Rightarrow h = 2r$

Aufgaben

DE Aufgabe liefert die Diskussionsgrundlage für Aussagen hinsichtlich der möglichen Genauigkeit der verschiedenen Darstellungsformen. Die Extremstellen des Graphen von f sind aus diesem Grunde relativ komplex.

LÖ a) f:
$T\left(\frac{1+\sqrt{31}}{6} \middle| \frac{62-31\sqrt{31}}{54}\right)$ und $H\left(\frac{1-\sqrt{31}}{6} \middle| \frac{62+31\sqrt{31}}{54}\right)$

g: Ein Tiefpunkt des Graphen von g liegt in der Nähe des Punktes $P(0|2)$

h: Abgelesene Extrempunkte $T(-0{,}3|0{,}6)$; $H(0{,}4|1{,}5)$ und $T(1{,}4|-1{,}2)$

b) Funktionsgleichung: Vorteil: exakte Lösungen; Nachteil: wenig Anschauung; Wertetabelle: weder exakte Lösungen möglich, noch anschaulich; Funktionsgraph: Vorteil: schnelle qualitative Aussagen möglich; Nachteil: keine exakten Lösungen

Trainieren **Anwenden** Vernetzen

INFO
Als *Fixkosten* werden die Kosten bezeichnet, die auch dann anfallen, wenn nichts produziert wird.

LÖ a) 400 €
b) $D = [0; 200]$
c) $e(x) = 50x$
d) $g(x) = e(x) - k(x) = -\frac{1}{1250}x^3 + \frac{2}{125}x^2 + \frac{6244}{125}x + 400$
e) Gewinne werden für alle Werte aus dem Definitionsbereich D, $g(x) > 0$ für $0 < x < 260$ Maximaler täglicher Gewinn für $x = 151$, $g(151) = 5553{,}21$ €.

9 Die Kosten für die tägliche Herstellung der Menge x eines bestimmten Produktes lassen sich durch die Funktion

$$k(x) = \frac{1}{1250}x^3 - \frac{2}{125}x^2 + \frac{6}{125}x - 400$$

beschreiben. Auf der x-Achse bedeutet dabei eine Einheit 200 hergestellte Stücke, auf der y-Achse ist eine Einheit €.

a) Bestimmen Sie die Fixkosten.
b) In der Firma können täglich maximal 40 000 Teile hergestellt werden. Geben Sie den zugehörigen Definitionsbereich für x an.
c) 200 Teile werden jeweils als Einheit für 50 € verkauft. Geben Sie eine Funktion $e(x)$ an, mit der sich die täglichen Einnahmen berechnen lassen.
d) Der Gewinn der Firma berechnet sich aus der Differenz von Erlös und Kosten. Geben Sie eine Funktion $g(x)$ an, mit der sich der tägliche Gewinn berechnen lässt.
e) Untersuchen Sie die Funktion g. Bei welchen Produktionsmengen wird ein Gewinn erzielt? Wann ist er maximal?

DE Aufgabe 10 bietet die Möglichkeit, Randextrema zu thematisieren.

10 Der Graph der Funktion g mit $g(x) = -0{,}08x^3 + 5x^2 - 86x + 1500$ beschreibt für $0 < x < 40$ den Querschnitt eines Geländes.

a) Berechnen Sie die Koordinaten der für Mountainbikefahrer interessanten Punkte.
b) Geben Sie für die Größen auf der x- und der y-Achse sinnvolle Einheiten an.

DE In Aufgabe 11 müssen Randextrema berücksichtigt werden.

LÖ c) $v(t) = 0$ für $t = 0$; $t = \frac{2}{3}\text{h} = 40$ min und $t = 1$ h. Extrempunkte des Graphen von $v(t)$: $H(0{,}261\,\text{h} \mid 5{,}63\,\frac{\text{km}}{\text{h}})$ und $T(0{,}849\,\text{h} \mid -1{,}682\,\frac{\text{km}}{\text{h}})$ Die tatsächlich höchste Geschwindigkeit wird aber am Ende des Intervalls erreicht $v(1{,}25\,\text{h}) = 13{,}125\,\frac{\text{km}}{\text{h}}$.

11 Ein Wanderer läuft von einem Parkplatz ein geradliniges Kanalufer entlang. Der Graph zeigt für $0 < t < 1\frac{1}{4}$ die Entfernung des Wanderers in km vom Startpunkt in Abhängigkeit von der Zeit in Stunden.

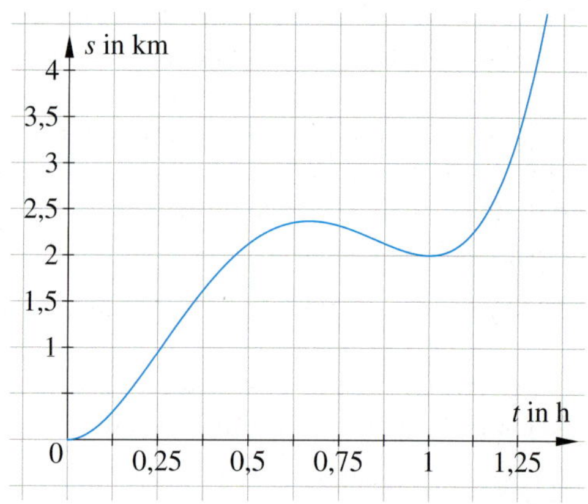

130/1

a) Beschreiben Sie den Verlauf des Graphen in Worten.
b) Machen Sie ausgehend vom abgebildeten Graphen Aussagen über die Geschwindigkeit des Wanderers.
Wann wird er langsamer, wann wird er schneller?
Wann hat er seine höchste, wann seine niedrigste Geschwindigkeit?
c) Die Geschwindigkeit v des Wanderers wird in Abhängigkeit von der Zeit t durch die Funktion $v(t) = 72t^3 - 120t^2 + 48t$ beschrieben. Belegen Sie die in b) gemachten Aussagen durch geeignete Rechnungen.

12 Die Funktion

$$f(x) = 0{,}002x^3 - 0{,}09x^2 + 1{,}35x + 7{,}65$$

beschreibt im Intervall $I = [0; 24]$ das Höhenprofil einer Bergetappe bei einem Radrennen. Die Werte auf der x-Achse beschreiben hierbei die horizontale Entfernung vom Start in km, die auf der y-Achse die Höhe über dem Meeresspiegel in 100 m.

a) Wie viel Prozent Steigung ist beim Start zu überwinden?
b) In welchen Abschnitten des Rennens geht es bergauf bzw. bergab?
c) Welche Höhe über dem Meeresspiegel würde man im Ziel erreichen, wenn ab einer horizontalen Entfernung von 10 km vom Start, die Steigung konstant bliebe?

LÖ a) 13,5 %
b) überall bergauf.
c) 912,5 m

14, 16, 19

13 Der gebräuchliche Typ von Autobatterien enthält mehrere Bleiplatten, deren Zwischenräume mit Schwefelsäure gefüllt sind. Die elektrische Leitfähigkeit f der Säure ist von der Konzentration x abhängig. Bei einer Temperatur von 18 °C berechnet man die Leitfähigkeit für die Konzentration zwischen 0 und 0,6 $\frac{\text{mol}}{\text{l}}$ durch

$f(x) = -4{,}6x^4 + 13{,}75x^3 - 15{,}2x^2 + 5{,}9x$.

Stellen Sie den Graphen der Funktion mithilfe eines Funktionenplotters dar und bestimmen Sie möglichst genau, bei welcher Konzentration die Leitfähigkeit am größten ist.

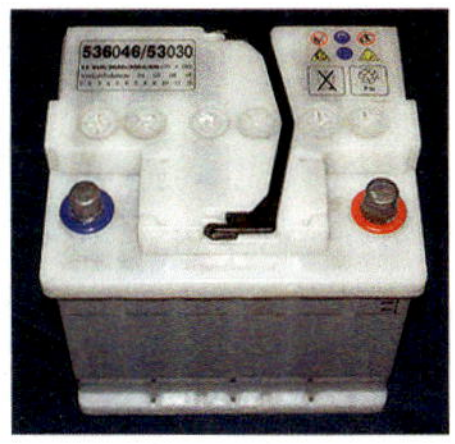

131/1

DE Die Aufgabe 13 ist nur mithilfe eines Funktionenplotters lösbar, da die Extremwerte grafisch ermittelt werden müssen.

LÖ Abgelesene maximale Leitfähigkeit von 0,74 bei einer Konzentration von 0,3 $\frac{\text{mol}}{\text{l}}$

14 Gegeben sind die zwei Funktionen
f mit $f(x) = 2x^3 - 4x^2 + x + 8$ und g mit $g(x) = 2x^3 - x^2 - 2x + 2$.

a) Berechnen Sie die Schnittpunkte der beiden Funktionsgraphen.
b) Berechnen Sie, an welcher Stelle zwischen den beiden Schnittpunkten der vertikale Abstand der Funktionsgraphen am größten ist.

(2 | 10); (−1 | 1)

14 **LÖ** a) Schnittpunkte (−0,~~72 | 1,45~~) und (1,~~39 | 4,~~03)
b) Der vertikale Abstand $v(x) = f(x) - g(x)$ nimmt für $x = \frac{1}{2}$ seinen maximalen Wert von 6,75 an.

15 Aus schmalen parallel zum Ufer verlegten Holzlatten soll ein Steg gebaut werden, der eine geschwungene Form aufweist und 1,5 m weit auf das Wasser ragt (Abb. 131/2). Die krummlinigen Ränder des Stegs werden beschrieben durch die Funktionen f und g mit
$f(x) = \frac{5}{2} \cdot x^3 - 4x^2 + x + 5$ und $g(x) = 2x^3 - 7x^2 + \frac{17}{2} \cdot x$.
Bestimmen Sie die maximale und minimale Länge der Holzlatten, wenn beim Verlegen der Latten nicht gestückelt werden soll.

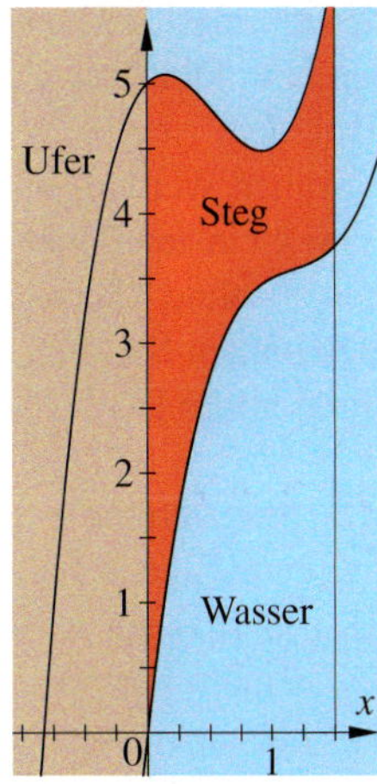

131/2

LÖ min. Länge 1 m, max. Länge 5 m

16 Ein Architekt plant ein Gewächshaus, dessen parabelförmige Bögen aus Stahl die Form des Funktionsgraphen von f mit $f(x) = -0{,}3x^2 + \frac{8}{3}x$ haben.

a) Berechnen Sie die Höhe des Gewächshauses.
b) Berechnen Sie den Winkel, den die Stahlbögen mit dem Erdboden bilden.

131/3

LÖ a) ca. 5,93 m ~~(160 | 27)~~
b) ca. 69,4°

a) H(4 4/9 | 160/27)
b) x = 0 ∨ x = 8 8/9
f'(0) = + 8/3
α ≈ ~~77,16°~~ 69,4°

Trainieren **Anwenden** **Vernetzen**

17 Überprüfen Sie die folgende Aussage: Eine ganzrationale Funktion, deren Graph achsensymmetrisch zur y-Achse ist, hat an der Stelle $x = 0$ einen Extrempunkt.
Begründen Sie dies, falls die Aussage stimmt, oder geben Sie ein Gegenbeispiel an, falls sie nicht stimmt.

LÖ Graph ist achsensymmetrisch: $f(x)$ enthält nur gerade Potenzen und $f'(x)$ enthält nur ungerade Potenzen. Deren Graph ist punktsymmetrisch zum Ursprung und 0 ist eine Nullstelle der Ableitungsfunktion mit Vorzeichenwechsel.

18 Untersuchen Sie die Funktion f mit $f(x) = x + 2\sin(x)$ auf dem Intervall $[-2\pi; 2\pi]$ auf Extremstellen. **LÖ** mögl. Extremstellen sind $x = -\frac{4}{3} \cdot \pi$; $x = -\frac{2}{3} \cdot \pi$; $x = \frac{2}{3} \cdot \pi$ und $x = \frac{4}{3} \cdot \pi$.

19 Gegeben ist die Funktion f mit $f(x) = x^3 + 3x^2 - bx + c$.
a) Bestimmen Sie b so, dass $x = 1$ und $x = -3$ Extremstellen sind.
b) Bestimmen Sie anschließend c so, dass der Tiefpunkt die y-Koordinate $y_{TP} = -8$ hat.
c) Für welche Werte von b hat f keine Extremstellen?

LÖ a) $b = 9$; b) $c = -3$; c) $b \leq -3$ $b < -3$

T(1 | −8)

mdl.: 20 / 21, 23

Aufgaben

Schr.: 22

LÖ Mit dem Grad n der Funktion gilt z. B. die maximale Anzahl der Nullstellen ist n; die maximale Anzahl der Extremstellen ist $n-1$; für n ungerade gibt es mindestens eine Nullstelle; für n gerade gibt es mindestens eine Extremstelle.

20 Betrachten Sie verschiedene ganzrationale Funktionen verschiedener Grade.
Finden Sie möglichst viele Zusammenhänge zwischen dem Grad der Funktion, der Anzahl der Nullstellen und der Anzahl der Extremstellen.
Begründen Sie die Zusammenhänge.

LÖ „lokale" Extrempunkte deutet darauf hin, dass es in einer Umgebung um die Extremstelle keine größeren/kleinere Funktionswerte gibt.

21 Die Hoch- und Tiefpunkte, die mithilfe der ersten Ableitung bestimmt werden können, werden auch „lokale Extrempunkte" genannt.
Erklären Sie, warum diese Bezeichnung verwendet wird.

LÖ in $[-1; 2]$: absolutes Maximum: $(2|8)$ Randextremum, absolutes/relatives Minimum: $\left(\sqrt{\frac{5}{6}}\middle|3{,}48\right)$

22 Extremstellen, die als Nullstellen der ersten Ableitung einer Funktion f gefunden werden, liefern relative Maxima bzw. Minima. In ihrer unmittelbaren Umgebung gibt es keine größeren bzw. kleineren Funktionswerte.
Trotzdem ist es möglich, dass größere bzw. kleinere Funktionswerte als Randextrema angenommen werden, ohne dass hierbei waagerechte Tangenten vorliegen. Die absolut größten bzw. kleinsten Funktionswerte, die eine Funktion in einem vorgegeben Intervall annimmt, heißen absolute Maxima bzw. absolute Minima.
Bestimmen Sie die absoluten Maxima und Minima der Funktion f mit $f(x) = x^3 - \frac{5}{2} \cdot x + 5$ im Intervall $I = [-1; 2]$.

P(−1/6,5) P2(2/8) mögl. Extremst. $x_{1,2} = \pm\sqrt{\frac{5}{6}}$

T$\left(\sqrt{\frac{5}{6}}/3{,}48\right)$ H$\left(-\sqrt{\frac{5}{6}}/6{,}52\right)$

INFO

Als absolutes Minimum bzw. absolutes Maximum auf einem Intervall werden der kleinste bzw. der größte Funktionswert bezeichnet, die die Funktion auf dem gesamten Intervall (und nicht nur in einer gewissen Umgebung) annimmt.

23 Skizzieren Sie den Graphen einer Funktion f, die auf dem Intervall $[a; b]$ definiert ist und folgende Eigenschaften im Intervall $[a; b]$ hat. **LÖ** $f(x) = x^3 - 6x^2 + 9x$

a) f besitzt einen Hoch- und einen Tiefpunkt. Das absolute Minimum und das absolute Maximum werden auf den Intervallrändern angenommen. f auf $[-1; 5]$
b) f besitzt einen Sattelpunkt, beide Intervallränder sind absolute Minima.
c) f besitzt einen Hoch- und einen Tiefpunkt. Das absolute Minimum und das absolute Maximum werden nicht auf den Intervallrändern angenommen. f auf $[0{,}5; 3{,}5]$
d) f besitzt einen Hochpunkt, das absolute Maximum liegt auf einem Intervallrand, das absolute Minimum nicht. f auf $[0{,}5; 5]$

24 Die Funktion f besitzt die Funktionsgleichung $f_a(x) = \frac{1}{4}x^4 - \frac{a}{3}x^3 + \frac{1}{2}x^2$ mit a aus $\mathbb{R}$.
a) Bestimmen Sie a so, dass der Graph von f genau einen Extrempunkt hat.
b) Bestimmen Sie a so, dass der Graph von f genau zwei Extrempunkte hat.
c) Bestimmen Sie a so, dass der Graph von f die größtmögliche Anzahl von Extrempunkten hat. **LÖ** a) $-2 < a < 2$, z. B. $a = 1$; b) $a = 2$ c) $a < -2$ oder $a > 2$

LÖ a) Die möglichen Extremstellen von f sind die Nullstellen von $f'(x) = 3x^2 + 2bx + c$. pq-Formel liefert das angegebene Ergebnis.
b) Nur für $b^2 > 3c$ ist die Diskriminante größer als Null.
c) mögl. Extremstellen sind $x = -\frac{b}{3a} + \sqrt{\frac{b^2 - 3ac}{3a}}$ und $x = -\frac{b}{3a} - \sqrt{\frac{b^2 - 3ac}{3a}}$

25 Untersuchen Sie ganzrationale Funktionen dritten Grades f mit $f(x) = x^3 + bx^2 + cx + d$.
a) Zeigen Sie, dass für jede dieser Funktionen die möglichen Extremstellen durch

$$x = -\frac{b}{3} + \frac{\sqrt{b^2 - 3c}}{3} \text{ und } x = -\frac{b}{3} - \frac{\sqrt{b^2 - 3c}}{3} \text{ gegeben sind.}$$

b) Zeigen Sie, dass f nur dann zwei Extremstellen haben kann, wenn $b^2 > 3c$ gilt.
c) Untersuchen Sie ebenso Funktionen der Gestalt $f(x) = ax^3 + bx^2 + cx + d$.

26 Gegeben ist eine Funktion f. Wird ihre Ableitungsfunktion f' erneut abgeleitet, so ergibt sich die Ableitung der Ableitung, genannt die zweite Ableitung von f. Schreibweise: f''.
Ebenso ergibt sich die dritte Ableitung usw.
a) Überprüfen Sie die folgende Aussage an eigenen Beispielen und begründen Sie sie dann allgemein:
Für jede ganzrationale Funktion vom Grad n gilt, dass die $(n+1)$-te Ableitung 0 ist (und damit auch jede weitere Ableitung).
b) Untersuchen Sie, was passiert, wenn Sie die Funktionen f mit $f(x) = \sin(x)$ und g mit $g(x) = \cos(x)$ mehrfach ableiten.

LÖ a) Nach n-maligem Ableiten ensteht eine konstante Funktion, deren weiteres Ableiten dann Null ergibt; b) $f(x) = \sin(x)$; $f'(x) = \cos(x)$; $f''(x) = -\sin(x)$; $f^{(3)}(x) = -\cos(x)$; $f^{(4)}(x) = \sin(x)$; …
$f(x) = \cos(x)$; $f'(x) = -\sin(x)$; $f''(x) = -\cos(x)$; $f^{(3)}(x) = \sin(x)$; $f^{(4)}(x) = \cos(x)$; …

LÖ a) Falsch, Gegenbeispiel $f(x) = x^3$ b) Richtig, da Graph an Extremstellen eine waagerechte Tangente hat.

27 Entscheiden Sie, ob die Aussagen wahr oder falsch sind. Begründen Sie, falls die Aussage wahr ist, und geben Sie ein Gegenbeispiel an, falls sie falsch ist.

a) Wenn für x_0 gilt: $f'(x_0) = 0$, dann hat f bei x_0 eine Extremstelle.
b) Wenn f bei a eine Extremstelle hat, dann gilt $f'(a) = 0$.
c) Bei einer ganzrationalen Funktion muss zwischen zwei Hochpunkten ein Tiefpunkt liegen.
d) Eine ganzrationale Funktion 2. Grades besitzt immer einen Extrempunkt.
e) Eine ganzrationale Funktion 3. Grades besitzt immer eine Stelle mit waagerechter Tangente.
f) Wenn das Vorzeichen der Steigung wechselt, dann hat der Graph an dieser Stelle einen Extrempunkt.
g) Die Ableitung hat an den Extremstellen der Funktion Nullstellen.

c) Richtig, da Steigung des Graphen nach dem 1. HP negativ, vor dem 2. HP aber positiv, Vorzeichenwechsel zwischen HPs ⇒ Tiefpunkt
d) Richtig, da Graph der Ableitung immer Gerade mit Steigung ungleich Null ⇒ Nullstelle vorhanden.
e) Falsch, Gegenbeispiel $f(x) = x^3 + x$
f) Richtig, da keine „Lücken" zwischen Steigungen mit unterschiedlichen Vorzeichen, daher auch die Steigung 0.
g) Richtig, da an den Extremstellen waagerechte Tangenten vorliegen.

28 Der Satz von ROLLE besagt, dass es zu einer differenzierbaren Funktion mit $f(a) = f(b)$ eine Stelle $x_0 \in]a; b[$ gibt, für die $f'(x_0) = 0$ gilt.

a) Veranschaulichen Sie die gemachte Aussage anhand mehrerer Graphen.
b) Erklären Sie in Worten, was diese Aussage bedeutet.
c) Begründen Sie die Aussage.

133/1 Michel Rolle (1652–1719)

INFO

Im deutschen Sprachraum wird der Name des Mathematikers oft wie das Wort „Rolle" ausgesprochen. Korrekt ist, das e nicht mitzusprechen, also „Roll".

29 Der **Mittelwertsatz**: Ist f eine auf dem Intervall $[a; b]$ differenzierbare Funktion, dann gibt es eine Zwischenstelle $z \in]a; b[$ für die gilt: $\frac{f(b) - f(a)}{b - a} = f'(z)$.

a) Stellen Sie die gemachte Aussage an mehreren Funktionsgraphen dar.
b) Erklären Sie in Worten, was die Aussage bedeutet.

LÖ zu 29:
b) Der Ausdruck $f(b) - \frac{f(a)}{b-a}$ ist ein Differenzenquotient und gibt die mittlere Steigung des Graphen von f im Intervall $[a; b]$ als Sekantensteigung an. Für differenzierbare Funktionen (ohne „Lücken" und „Sprünge") muss es im Intervall $[a; b]$ somit mindestens eine Stelle z geben, an der die Tangentensteigung genauso groß ist wie die mittlere Steigung im Intervall.

30 Erstellen einer Gitternetz-Zusammenfassung

Diese Aufgabe kann über mehrere Tage verteilt in kurzen Gruppenarbeitsphasen bearbeitet werden.

Zeichnen Sie auf einem großen Blatt eine Tabelle mit neun möglichst großen Feldern. Tragen Sie dann in drei der Felder jeweils einen Begriff aus den Inhalten dieses Kapitels ein und formulieren Sie eine kurze Erklärung dazu im Tabellenfeld.

Bitten Sie dann einen Mitschüler, dass er in ein noch leeres Feld einen weiteren Begriff und die Erklärung dazu einträgt. Es darf kein Begriff in der Tabelle doppelt vorkommen.

Die sechs freien Felder in Ihrer Tabelle müssen von sechs verschiedenen Mitschülern ausgefüllt werden. Bevor Sie selbst in einer Tabelle einer Mitschülerin oder eines Mitschülers eine Eintragung vornehmen, überprüfen Sie, ob die bisherigen Einträge korrekt sind.

Der Modellierungskreislauf – Beispiel Bevölkerungswachstum

Auf der Internetseite der Bundeszentrale für politische Bildung ist der folgende Textausschnitt aus dem Jahr 2006 zu finden:

INFO
Unter 134-1 finden Sie unter anderem eine „Weltbevölkerungsuhr", die Ihnen zeigt, wie viele Menschen gerade auf der Welt leben.

Vor 2000 Jahren lebten schätzungsweise 300 Millionen Menschen auf der Welt – deutlich weniger als heute allein in der EU. Seit Mitte des 17. Jahrhunderts hat sich das Bevölkerungswachstum stark beschleunigt und die Bevölkerungszahl stieg von damals 500 Millionen über eine Milliarde (um 1800) auf etwa 1,7 Milliarden im Jahr 1900. Lebten 1950 noch 2,5 Milliarden Menschen auf der Welt, sind es heute über 6,5 Milliarden und die Prognosen des UN/DESA reichen von 7,7 bis 10,7 Milliarden Menschen für das Jahr 2050. Nach mittleren Wachstumsprognosen wird die Bevölkerungszahl im Jahr 2050 bei etwa neun Milliarden liegen.

134/1

Das Wachstum und die Größe der Weltbevölkerung sind wichtige Größen (z. B. für die Lebensmittel- und Trinkwasserversorgung, Energieversorgung etc.). Es ist daher von Interesse, Vorhersagen zur Weltbevölkerung machen zu können.
Die folgenden Schritte zeigen, wie aus den Informationen des Textes eine Funktion zur Berechnung der Weltbevölkerung gewonnen werden kann.

Die reale Situation wird vereinfacht

Ein möglicher Ansatz ist, die jährliche Wachstumsrate ausgehend von den Daten im Text für den Zeitraum von 1900 bis 1950 zu bestimmen. Die exakten Zahlen sind unbekannt, sodass von den Schätzungen im Text ausgegangen werden muss. Um die Wachstumsrate auf ganze Jahre bezogen angeben zu können, muss angenommen werden, dass die Daten jeweils zu Beginn eines Jahres gegolten haben.

ZUR ERINNERUNG
Wachstumsprozesse werden am besten durch Exponentialfunktionen beschrieben.

Überführen der vereinfachten Situation in ein mathematisches Modell

Die globale Bevölkerungszahl lässt sich durch eine Exponentialfunktion der Form $f(t) = a \cdot b^t$ beschreiben. Dabei gibt t die Zeit in Jahren an, a ist der Funktionswert zum Zeitpunkt 0 und b die jährliche Wachstumsrate. Als Zeitpunkt 0 wird das Jahr 1900 gewählt. Die Funktionswerte geben die Bevölkerungszahl in Milliarden an.

Bestimmen von mathematischen Resultaten aus dem mathematischen Modell

Mit $a = 1{,}7$ ergibt sich $f(50) = 1{,}7 \cdot b^{50} = 2{,}5 \Rightarrow b = \sqrt[50]{\frac{2{,}5}{1{,}7}} \approx 1{,}008\,774$.

Die jährliche Wachstumsrate liegt also bei etwa 0,88 %. Die Funktion, die die Bevölkerungszahl näherungsweise beschreibt, lautet $f(t) = 1{,}7 \cdot 1{,}008\,774^t$.
Für die Jahre 2006 und 2050 ergeben sich folgende Bevölkerungszahlen:
$f(106) = 1{,}7 \cdot 1{,}008\,774^{106} \approx 4{,}29$, $f(150) = 1{,}7 \cdot 1{,}008\,774^{150} \approx 6{,}30$

Überprüfung der mathematischen Resultate in der realen Situation

Diese Zahlen stimmen mit den Angaben im Text nicht überein. Auch für den Zeitraum 1900 bis 1950 müssen die Funktionswerte nicht zwangsläufig mit den realen Bevölkerungszahlen der einzelnen Jahre übereinstimmen. Aufgrund fehlender Daten lassen sich hierüber aber keine genauen Aussagen machen.

Ergibt sich eine „bessere“ Annäherung an die Realität, wenn die Funktion ausgehend von den Zahlen für 1950 und 2006 bestimmt wird? Nehmen Sie für 2006 vereinfachend eine Bevölkerungszahl von 6,5 Milliarden an, so gilt für die Funktion $g(t) = a \cdot b^t$:

$a \cdot b^{50} = 2{,}5$ und $a \cdot b^{106} = 6{,}5$.

Lösen Sie beide Gleichungen nach a auf und setzen Sie sie gleich, so ergibt sich:

$$\frac{2{,}5}{b^{50}} = \frac{6{,}5}{b^{106}} \Leftrightarrow \frac{b^{106}}{b^{50}} = \frac{6{,}5}{2{,}5} \Rightarrow b^{56} = 2{,}6$$

$\Rightarrow b \approx 1{,}017\,209$ und $a \approx 1{,}065\,192$.

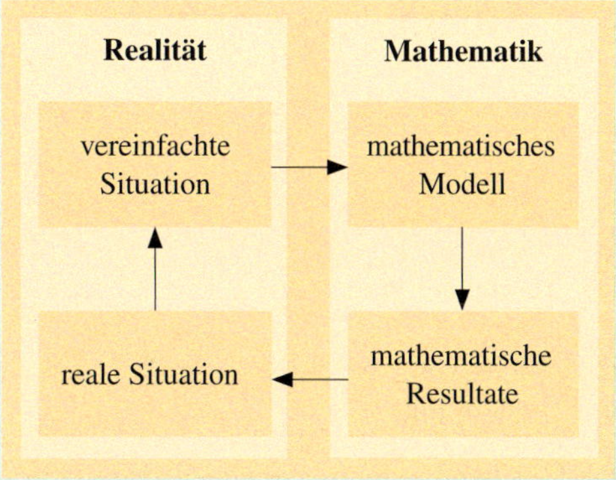

135/1 Der mathematische Modellierungskreislauf

Die Funktion g hat also die Funktionsgleichung $g(t) = 1{,}065\,192 \cdot 1{,}017\,209^t$, die jährliche Wachstumsrate liegt bei etwa 1,7 %. Mit diesem neuen mathematischen Modell hätte die Weltbevölkerung im Jahr 1900 etwa 1,07 Milliarden betragen, für 2050 ergibt sich $g(150) \approx 13{,}77$ Milliarden.

Die Funktion g liefert im Vergleich zur Funktion f eine fast doppelt so hohe jährliche Wachstumsrate. Bei der Schätzung für 2050 wird im Text offenbar von einer wieder abnehmenden Wachstumsrate ausgegangen. Ein sich ändernder Wachstumsfaktor bedeutet, dass keine Exponentialfunktion den gesamten Zeitraum ausreichend genau beschreibt. Hierfür müssen z. B. abschnittweise definierte Funktionen verwendet werden. Die ermittelten Exponentialfunktionen eignen sich also immer nur für einen begrenzten Zeitraum zur Beschreibung und für Prognosen.

Aufgaben

1 Übertragen Sie den Modellierungskreislauf in Ihr Heft.

a) Beschriften Sie die Pfeile mit den Begriffen „mathematisch arbeiten“, „vereinfachen“, „interpretieren und überprüfen“, „mathematisieren“.

b) Erklären Sie, warum der Modellierungsvorgang einen Kreislauf bildet.

2 Ermitteln Sie die Bevölkerungszahlen, die sich mit den Funktionen f und g für die im Text genannten weiteren Zeitpunkte ergeben. Vergleichen Sie mit den Angaben im Text. Formulieren Sie Aussagen zu den Wachstumsraten für diese Zeiträume.

3 Bestimmen Sie ausgehend von den anderen im Text genannten Zeitpunkten weitere Funktionen, die das Bevölkerungswachstum beschreiben und überprüfen Sie die mathematischen Resultate mit der Realität.

4 Begründen Sie, warum für f und g gelten muss: $f(50) = g(50)$. Überprüfen Sie, ob die Werte übereinstimmen und erläutern Sie mögliche Abweichungen.

5 Betrachten Sie die Graphen der Funktionen f und g mit dem GTR. Beschreiben Sie die Eigenschaften einer aus den Funktionen f und g zusammengesetzten Funktion zur Beschreibung der Bevölkerungszahl.

6 Begründen Sie, warum Exponentialfunktionen das Bevölkerungswachtum auf der Erde nur für bestimmte Zeiträume zutreffend beschreiben.

LÖ An den Stellen, an denen die Gewinnfunktion den „steilsten“ Verlauf hat, an denen also die Steigung am größten ist, wirken sich Veränderungen der Produktionsmenge am stärksten auf den Gewinn aus. Gesucht sind also die Extremstellen der Ableitungsfunktion, also die Wendestellen. Hier: $x = 4$.

DE Eine sehr ähnliche Aufgabe zum Auftrag 2 finden Sie auf Seite 144, Aufgabe 18.

4.2 Krümmungen untersuchen

DE Eine sehr ähnliche Aufgabe zum Auftrag 1 finden Sie auf Seite 144, Aufgabe 17.

Auftrag 1 Maximale Auswirkungen

Im Auftrag 1 des Kapitels 4.1 wurde die Gewinnfunktion einer Ziegelei analysiert. Es stellte sich heraus, dass die Gewinnfunktion f mit $f(x) = -25x^3 + 300x^2 - 525x - 950$ ihre Extremwerte bei $x = 1$ und $x = 7$ annimmt, und dass bei einer Produktionsmenge von $7 \cdot 320$ Ziegelsteinen der Gewinn maximal wird. Oft ist jedoch auch eine andere Frage von großem Interesse:

Bei welchen Produktionsmengen x wirkt sich eine Steigerung oder Verringerung der Produktionsmenge am stärksten auf die Gewinne aus?

Formulieren Sie hierzu Kriterien, die an diesen Stellen für die Gewinnfunktion f und/oder ihre Ableitung gelten müssen.

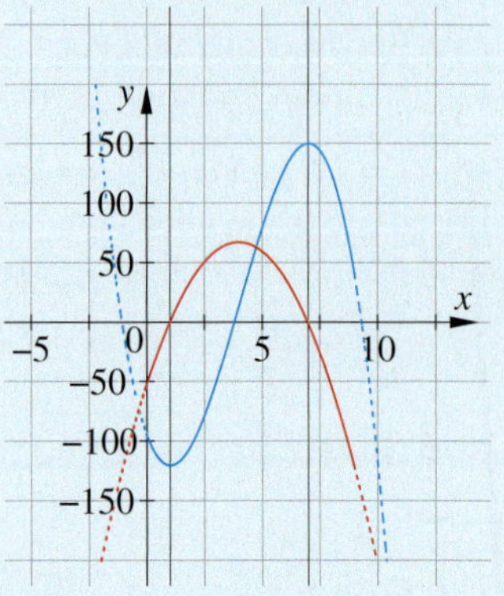

136/1

Auftrag 2 Die wanderfreudige Schildkröte

Der Graph der Funktion f mit

$$f(x) = -\frac{1}{24}x^4 - \frac{1}{12}x^3 + \frac{15}{16}x^2$$

beschreibt für $-4{,}5 \le x \le 4$ das Bodenprofil, der Graph von g mit

$$g(x) = h$$

den Meeresspiegel. Eine wanderfreudige Schildkröte will ohne Umwege geradeaus über die Insel laufen, um auf der anderen Seite das offene Meer zu erreichen. Beim Bergauflaufen ist sie jedoch nur in Lage, einen Steigungswinkel von 60° zu überwinden.
Welche Höhe h müsste der Meeresspiegel mindestens haben, damit sie die steilste Stelle des Bodenprofils schwimmend überwinden kann?

Bestimmen Sie zudem den Höhenunterschied zwischen dem Berggipfel und der Inselkuppe.

≈ 6,77

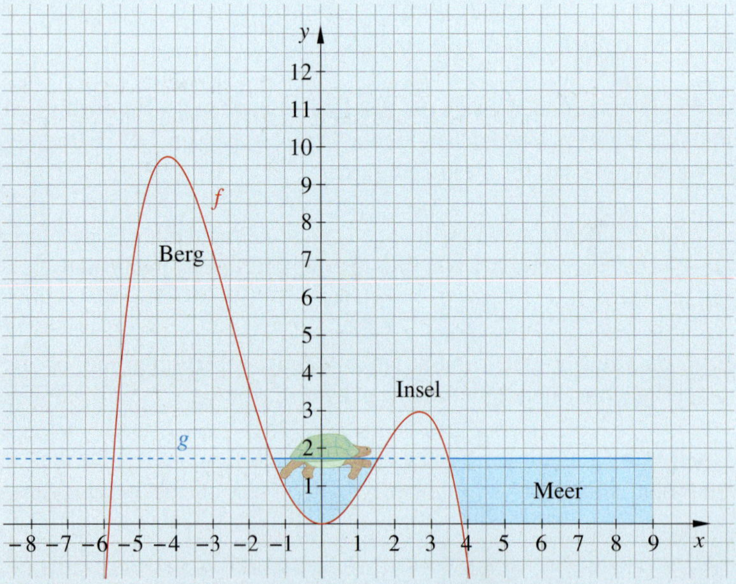

136/2

≈ H(−4,19 | 9,75)   ≈ H(2,69 | 2,98)

Auftrag 3 Steigungen und Krümmungen

Die folgenden Abbildungen zeigen jeweils den Graphen der Funktion f mit

$$f(x) = -\frac{1}{20} \cdot \left(x^3 - 9x^2 + 17x - 27\right).$$

Der Graph von f stelle links das Höhenprofil einer Straße und rechts den Verlauf einer anderen Straße dar. In beiden Abbildungen hat die Stelle $x = 3$ eine besondere Bedeutung für den Fahrradfahrer.

Welche Bedeutung hat die Stelle $x = 3$ für den Radfahrer in der jeweiligen Situation? Stellen Sie einen Zusammenhang zwischen diesen beiden Bedeutungen her.

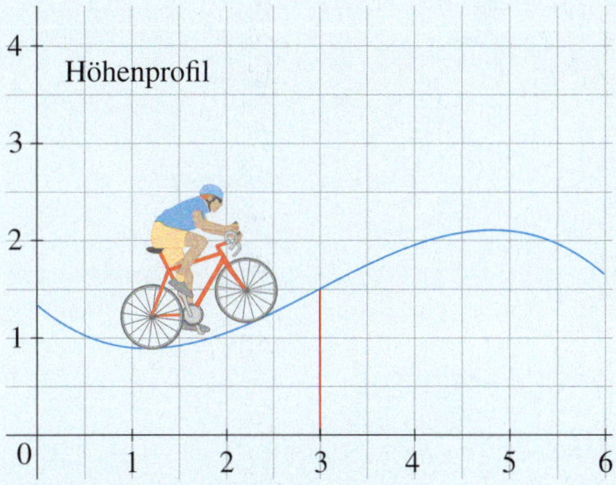

137/1

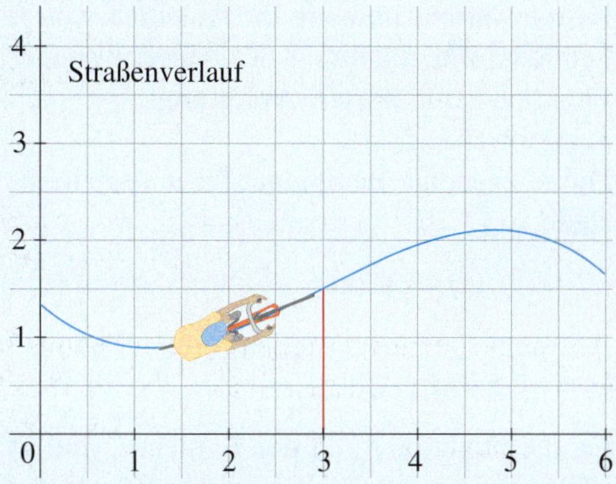

137/2

LÖ Die Stelle $x = 3$ ist die Wendestelle der Funktion f. Im Höhenprofil ist diese Stelle der Ort des größten Anstiegs, beim Straßenverlauf der Ort, bei dem die Straße ihre Krümmung wechselt. In beiden Fällen gilt: Die Stelle der größten Steigung des Graphen von f ist gleichzeitig die Stelle eines Krümmungswechsels.

Auftrag 4 Nachrichten

Aufgrund von Zuwanderung:
Die Zahl der Bundesbürger nimmt langsamer ab.

Das Wirtschaftswachstum gewinnt an Tempo.

Ende des EDV-Booms?

BERLIN. DPA. Im vergangenen Jahr hat sich die Zunahme der in der IT-Branche Beschäftigten erstmals nicht weiter beschleunigt.

In den zitierten Texten wird über die Entwicklung von Änderungsraten gesprochen. Skizzieren Sie jeweils qualitativ einen möglichen Graph für die Änderungsrate und die beschriebene Größe.

Wie lässt sich das Verhalten jeweils mathematisch beschreiben, wie bei bekanntem Funktionsterm rechnerisch untersuchen?

LÖ Es geht in allen Beispielen um eine Trendwende, d. h. die momentane Änderungsrate erreicht einen minimalen bzw. maximalen Wert.
Rechnerisch sind also die Extremstellen der Ableitungsfunktion zu bestimmen.

▶ **Auftrag 2** wird bei der Erarbeitung verwendet.

▶ Stellen extremer Steigung mit der zweiten Ableitung finden

INFO
Analog zu f' bildet man f'', f''', $f^{(4)}$, $f^{(5)}$ usw. und nennt diese Ableitungsfunktionen höhere Ableitungen von f.

Es ist die „steilste“ Stelle des Graphen von f zu bestimmen. Da die Ableitung einer Funktion die Steigung der Funktion beschreibt, gilt es also die Extremstellen der Ableitung zu bestimmen. Die Funktionsgleichung des Bodenprofils und ihre erste Ableitung lauten:

$$f(x) = -\frac{1}{24}x^4 - \frac{1}{12}x^3 + \frac{15}{16}x^2 \text{ und}$$
$$f'(x) = -\frac{1}{6}x^3 - \frac{1}{4}x^2 + \frac{15}{8}x$$

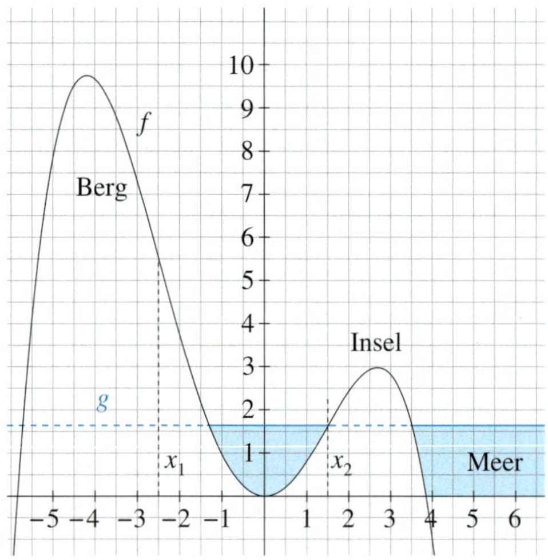

138/1

Um mögliche Extremstellen von f' zu ermitteln, wird analog zur bereits bekannten Extremwertbestimmung die Ableitung von f' gebildet. Die Ableitung der Ableitung einer Funktion heißt **„zweite Ableitung“.**
Schreibweise: f''
Die notwendige Bedingung für eine Extremstelle von f' ist:

$$(f'(x))' = f''(x) = -\frac{1}{2}x^2 - \frac{1}{2}x + \frac{15}{8} = 0.$$

Als mögliche Extremstellen von f' erhält man $x_1 = -2{,}5$ und $x_2 = 1{,}5$.

Da die Funktion f'' an den Stellen x_1 und x_2 ihr Vorzeichen wechselt, liegen Extremstellen von $f'(x)$ vor. Die Funktion f' nimmt bei $x_1 = -2{,}5$ ihr Minimum und bei $x_2 = 1{,}5$ ihr Maximum an. Da der Schildkröte nur das Bergauflaufen Probleme bereitet, ist nur die Stelle $x_2 = 1{,}5$ von weiterer Bedeutung.

Wegen $f(1{,}5) \approx 1{,}62$ kann die Schildkröte bei einem Meeresspiegel von $h \geq 1{,}62$ die steilste Stelle schwimmend überwinden.

▶ Krümmungen von Funktionsgraphen

Die zweite Ableitung f'' einer Funktion beschreibt, wie sich die Steigung f' des Graphen von f ändert.
Daraus ergibt sich eine weitere Bedeutung: Ist sie in einem Intervall negativ, so nimmt dort die Steigung ab. Zeichnet man einen Graphen, dessen Steigung immer kleiner wird, also $f''(x) < 0$, so stellt man fest, dass dies immer mit einer Rechtskrümmung des Graphen von f verbunden ist. Umgekehrt ist ein Graph, dessen Steigung immer größer wird, also $f''(x) > 0$, linksgekrümmt.

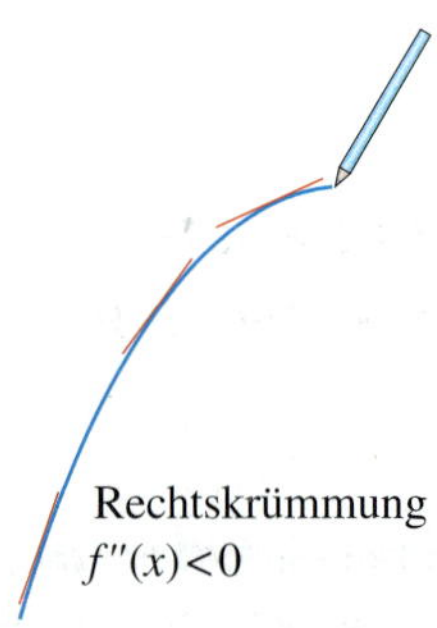

138/2

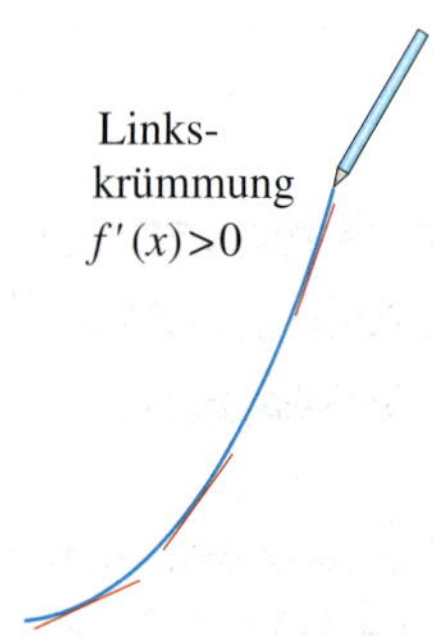

138/3

HINWEIS
Rechtsgekrümmte Graphen heißen auch **konvex**.
Linksgekrümmte Graphen heißen auch **konkav**.

Definition 4.2 **Krümmungen von Funktionsgraphen**
Der Graph einer zweimal differenzierbaren Funktion f bildet auf dem Intervall $[a; b]$ eine Rechtskurve, d.h. er ist konvex, falls für alle x aus dem Intervall $[a; b]$ gilt: $f''(x) < 0$.
Er bildet eine Linkskurve, d.h. er ist konkav, falls für alle x aus dem Intervall $[a; b]$ gilt: $f''(x) > 0$.

▶ Wendestellen

Die Stellen des Graphen von f, an denen die Steigung von f, also f' maximal oder minimal wird, sind zugleich auch die Stellen, an denen sich das Krümmungsverhalten ändert. Diese Stellen heißen **Wendestellen**, die zugehörigen Punkte heißen **Wendepunkte**.

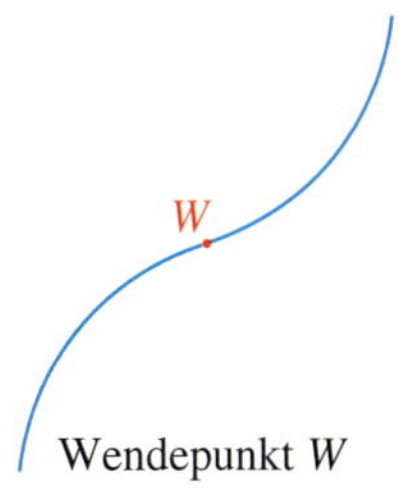

139/1

Definition 4.3 **Wendestellen:** Extremstellen der ersten Ableitung einer Funktion f heißen Wendestellen von f.

Satz 4.6 **Wendestellen** x_w einer zweimal differenzierbaren Funktion f
Notwendige Bedingung: Nur Stellen, an denen $f''(x) = 0$ gilt, können Wendestellen sein.
Hinreichende Bedingung:
Hat f'' an der Stelle x_w einen **Vorzeichenwechsel**, so ist x_w Wendestelle.

HINWEIS
Eine **notwendige Bedingung** muss erfüllt sein, damit die Folgerung überhaupt zutreffen kann.
Wenn eine **hinreichende Bedingung** zutrifft, dann ist die Folgerung sicher erfüllt.

Schema, um Wendepunkte einer Funktion f zu bestimmen:

1. Ermitteln Sie die Nullstellen von f''.
2. Überprüfen Sie die möglichen Wendestellen auf Vorzeichenwechsel. Wechselt das Vorzeichen von f'' von Minus nach Plus, so wechselt f von einer Rechts- zu einer Linkskurve, wechselt es von Plus nach Minus, so wechselt f von einer Links- zu einer Rechtskurve.

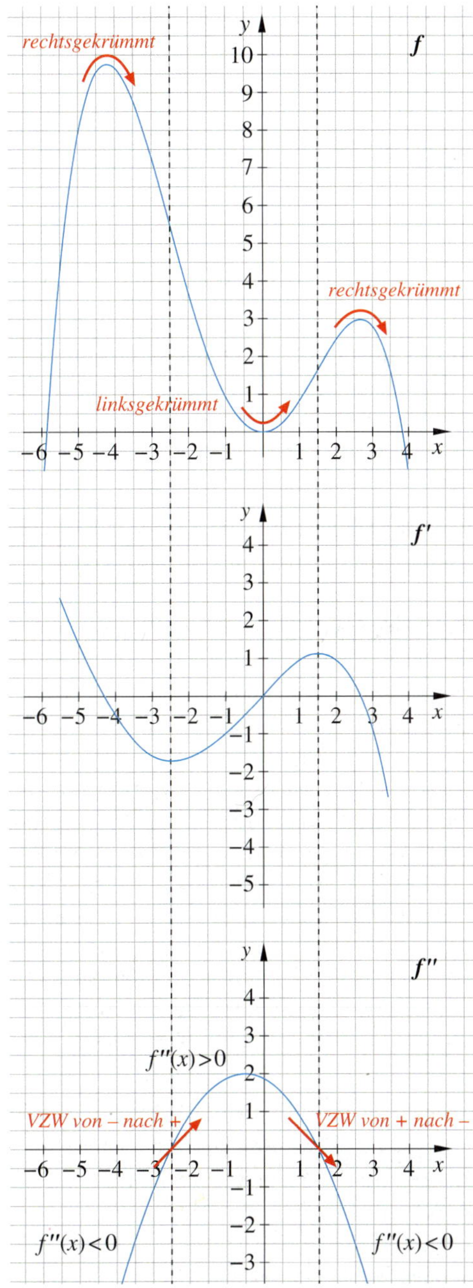

139/2

▶ Bestimmen von Extremstellen mithilfe der zweiten Ableitung

Bei der Betrachtung eines Graphen von f stellt man fest, dass Hochpunkte immer von einer Rechtskrümmung und Tiefpunkte immer von einer Linkskrümmung des Graphen begleitet sein müssen.

Anstatt also einen Vorzeichenwechsel von f' von Minus nach Plus bzw. von Plus nach Minus zu überprüfen, ist es ebenso möglich, zu prüfen, ob der Graph an den potentiellen Extremstellen von f eine Linkskrümmung bzw. eine Rechtskrümmung aufweist.

HINWEIS
Die hinreichende Bedingung besteht aus zwei Teilen, die beide erfüllt sein müssen:
(1) $f'(x_e) = 0$ und
(2) $f''(x_e) \neq 0$

Satz 4.7 **Hinreichende Bedingung** für eine **Extremstelle** x_e einer zweimal differenzierbaren Funktion f ist:
$f'(x_e) = 0$ und $f''(x_e) \neq 0$.

Ist $f''(x_e) < 0$, so handelt es sich um ein **relatives Maximum**.
Ist $f''(x_e) > 0$, so handelt es sich um ein **relatives Minimum**.

Beispiel:
Wie groß ist der Höhenunterschied zwischen Berggipfel und Inselkuppe?
Gesucht sind die Hochpunkte der Funktion f mit $f(x) = -\frac{1}{24}x^4 - \frac{1}{12}x^3 + \frac{15}{16}x^2$.

Zur Bestimmung der Extremstellen von f wird die Ableitung f' Null gesetzt:
$$f'(x) = -\tfrac{1}{6}x^3 - \tfrac{1}{4}x^2 + \tfrac{15}{8}x = 0.$$

Diese Gleichung liefert die Lösungen $x_1 = 0$, $x_2 \approx -4{,}19$ und $x_3 \approx 2{,}69$.
Die drei möglichen Extremstellen x_1, x_2 und x_3 werden in die zweite Ableitung eingesetzt:

$$f''(0) = \tfrac{15}{8} > 0,$$

$$f''(-4{,}19) = -4{,}81 < 0,$$

$$f''(2{,}69) = -3{,}09 < 0.$$

Wegen $f'(0) = 0$ und $f''(0) > 0$ hat der Graph bei $x_1 = 0$ einen Tiefpunkt.
An den Stellen x_2 und x_3 hat der Graph von f entsprechend einen Hochpunkt.
Die Höhendifferenz (in 10 m) zwischen dem Berggipfel und der Insel ist die Differenz der y-Werte der beiden Hochpunkte:
$|f(-4{,}19) - f(2{,}69)| = |9{,}75 - 2{,}98| = 6{,}77$, also knapp 68 m.

▶ Bestimmen von Wendestellen ohne Vorzeichenwechselkriterium

Da Wendestellen die Extremstellen der ersten Ableitung sind, ist es auch möglich, ein weiteres Kriterium für Wendestellen anzugeben:

Satz 4.8 **Bestimmung von Wendestellen**
Eine Funktion weist eine **Wendestelle** x_w auf, wenn gilt:
$f''(x_w) = 0$ und $f'''(x_w) \neq 0$

Ein Wendepunkt mit waagerechter Tangente $(f'(x_w) = 0)$ ist ein Sattelpunkt (siehe Abb. 140/1).

Satz 4.9 **Bestimmung von Sattelpunkten**
Gilt $f'(x_s) = 0$, $f''(x_s) = 0$ und $f'''(x_s) \neq 0$, so ist an der Stelle x_s ein **Sattelpunkt** von f.

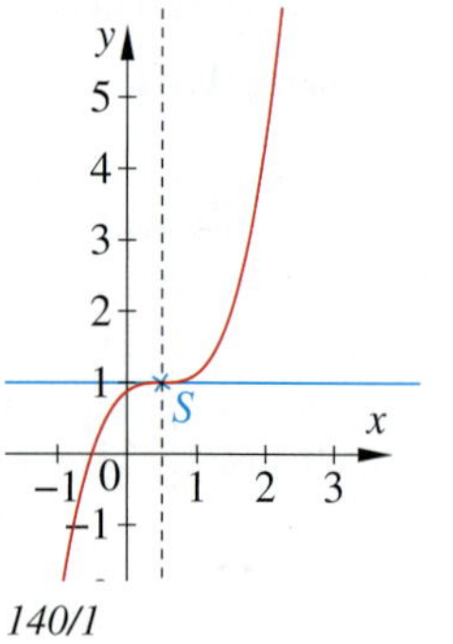

140/1

Beispiel:
$f(x) = x^3 - 3x^2 + 3x + 1$
$f'(x) = 3x^2 - 6x + 3$
$f''(x) = 6x - 6$
$f'''(x) = 6$
Einzige Nullstelle von f'' ist $x_W = 1$. Wegen $f'''(1) = 6 \neq 0$ liegt bei 1 ein Wendepunkt vor.
Da $f'(1) = 0$ gilt, handelt es sich sogar um einen Sattelpunkt.

Schr.: 1, 2, 3, 4

Aufgaben

Trainieren Anwenden Vernetzen

1 Bestimmen Sie die Wendestellen von f.

a) $f(x) = x^3 - 3x^2$ $x = 1$

b) $f(x) = x^4 - 24x^2 + 8x$ $x = -2$ und $x = 2$

c) $f(x) = x^4 + 24x^2 + 8x$ keine WSt

d) $f(x) = \frac{1}{12}x^4 + \frac{1}{6}x^3 - x^2 + 5x$ $x = -2$ und $x = 1$

e) $f(x) = \frac{1}{5}x^5 - \frac{1}{6}x^4 - \frac{1}{3}x^3$ $x = -\frac{1}{2}$ und $x = 1$

f) $f(x) = x^4 - 12x^2 + 4x$ $x = -\sqrt{2}$ und $x = \sqrt{2}$

g) $f(x) = 6x^5 - 15x^4 + 10x^3$ $x = \frac{1}{2}$ und $x = 1$

h) $f(x) = x + \sin(x)$ $x = z \cdot \pi$, z aus $\mathbb{Z}$

2 Bestimmen Sie die Wendepunkte des Graphen von f.

a) $f(x) = x^3 - 6x^2 + 12x + 2$ $W(2|10)$

b) $f(x) = \frac{1}{2}x^3 + \frac{3}{2}x^2 + \frac{7}{2}x + \frac{3}{2}$ $W(-1|-1)$

c) $f(x) = x^4 - 8x^3 + 30x^2 + 7$ keine WSt

d) $f(x) = \cos(x) + 2x$ $W\left(\frac{2n+1 \cdot \pi}{2} \middle| (2n+1) \cdot \pi\right)$

3 Bestimmen Sie die Bereiche, in denen der Graph von f links- bzw. rechtsgekrümmt ist.

a) $f(x) = -x^2 + 2x + 1$

b) $f(x) = x^3 - 7x^2 + 15x - 9$

c) $f(x) = -\frac{1}{12}x^4 + \frac{1}{3}x^3 + x$

d) $f(x) = -\frac{1}{12}x^4 - \frac{1}{3}x^3 - x^2$

LÖ a) überall rechtsg.
b) rechtsg. für $x < \frac{7}{3}$; linksg. für $x > \frac{7}{3}$
c) linksg. für $0 < x < 2$; sonst rechtsg.
d) überall rechtsg.

4 Bestimmen Sie die Gleichungen der Tangente und der Normalen durch den Wendepunkt.

a) $f(x) = x^3 - 3x$ $y = -3x$ W(0|0)

b) $f(x) = 2x^3 - 6x^2 + 10x$ $y = 4x+2$ W(1|6) n(x) = $\frac{1}{4}x + 6\frac{1}{4}$

c) $f(x) = x^3 + 4x + 2$ $y = 4x+2$ W(0|2) n: y = $-\frac{1}{4}x + 2$

d) $f(x) = x^3 - 3x^2 + 3x - 5$ $y = -4$ W(1|−4)

INFO
Die Gerade, die durch den Wendepunkt von f geht und an dieser Stelle dieselbe Steigung wie der Graph von f hat, heißt Wendetangente.

5 Skizzieren Sie mögliche Graphen von f.

a) Der Graph von f ist rechtsgekrümmt und hat den Hochpunkt $H(2|4)$.

b) Der Graph von f hat im Punkt $P(-3|2)$ eine waagerechte Tangente und geht in diesem Punkt von einer Links- in eine Rechtskrümmung über.

c) Der Graph von f hat zwei Stellen mit waagerechter Tangente und wechselt nur an einer dieser Stellen seine Krümmung.

d) Der Graph von f ist linksgekrümmt und hat keine Extremstellen.

e) Es gilt: $f'(x) > 0$ und $f''(x) > 0$

6 Graphensuche

a) Bestimmen Sie möglichst viele Eigenschaften der Graphen von f und g.

b) Skizzieren Sie mögliche Graphen von f, g und h.

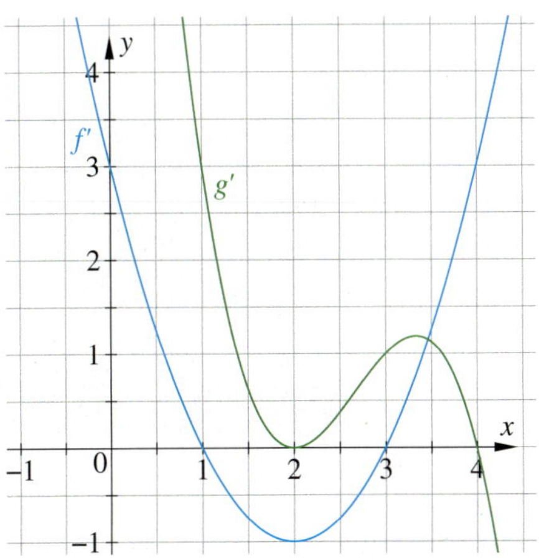

141/1

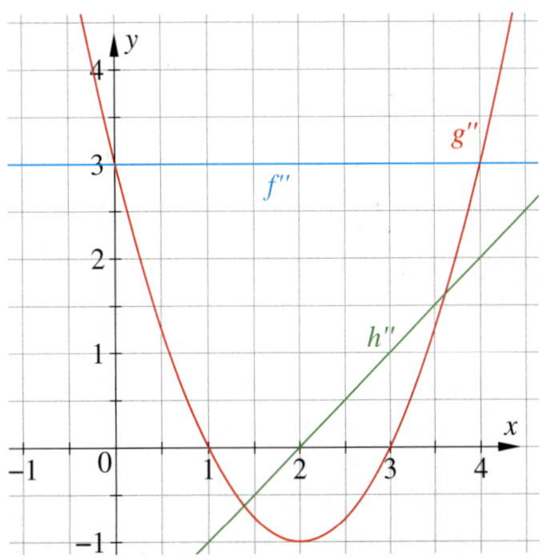

141/2

LÖ a) Der Graph von f hat an der Stelle $x = 1$ einen Hochpunkt, an der Stelle $x = 3$ einen Tiefpunkt und an der Stelle $x = 2$ eine Wendestelle. Der Graph von g hat an der Stelle $x = 2$ einen Sattelpunkt, an der Stelle $x = 3\frac{1}{3}$ eine Wendestelle und an der Stelle $x = 4$ einen Hochpunkt.

b) mögliche Graphen von z. B. $f(x) = \frac{3}{2}x^2$, $g(x) = \frac{1}{12}x^4 - \frac{2}{3}x^3 + \frac{3}{2}x^2$ und $h(x) = \frac{1}{6}x^3 - x^2$

mdl. Nr. 7, 8 schr. 9

LÖ a) keine
b) $x = 0$; $x = -1{,}5$
c) $x = -1$; $x = 0$; $x = 4$
d) keine
e) $x = \pm 2$; $x = \pm 5$;
f) $x = -1$

7 Gegeben ist die zweite Ableitung f'' der Funktion f. Bestimmen Sie die Wendestellen der Funktion f. > 0 linksgekr.

a) $f''(x) = 3(x+5)^4$
b) $f''(x) = 2x^2 + 3x$
c) $f''(x) = 2x^3 - 6x^2 - 8x$
d) $f''(x) = x^4 + 10x^2 + 9$ > 0 linksgekr.
e) $f''(x) = -2x^4 + 58x^2 - 200$
f) $f''(x) = (x+1)\cdot(x-3)^2$

8 Graphen-Puzzle: Ordnen Sie die ersten und zweiten Ableitungen den Funktionen f, g und h zu und begründen Sie Ihre Wahl.

a)

Funktionen

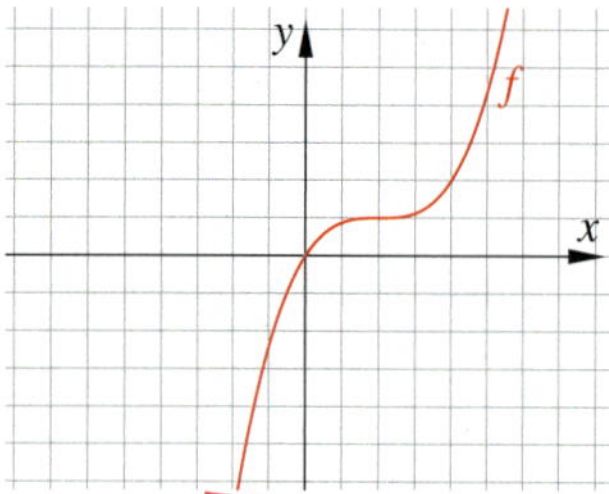

142/1

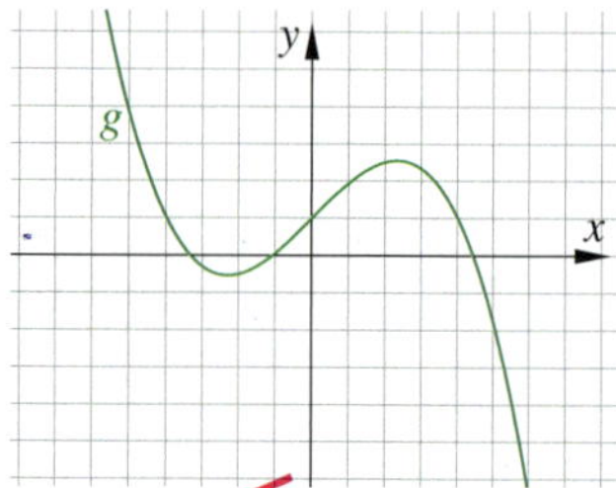

142/2

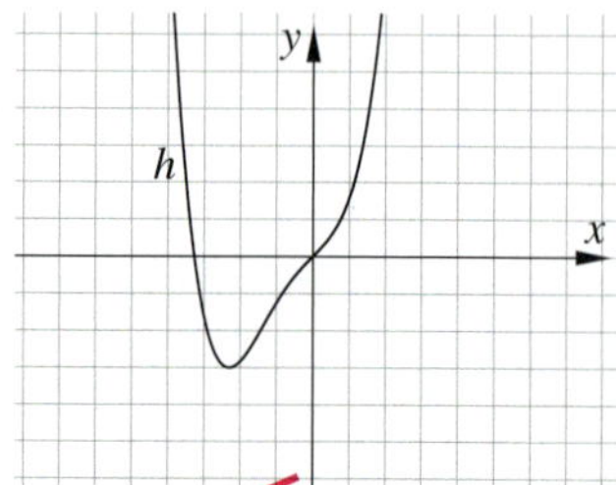

142/3

Erste Ableitung

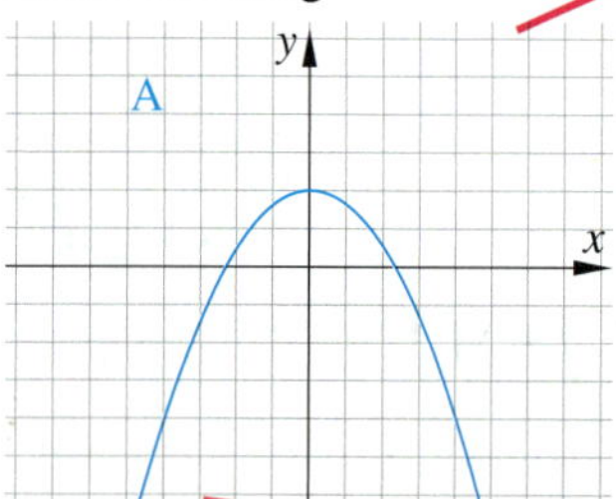

142/4

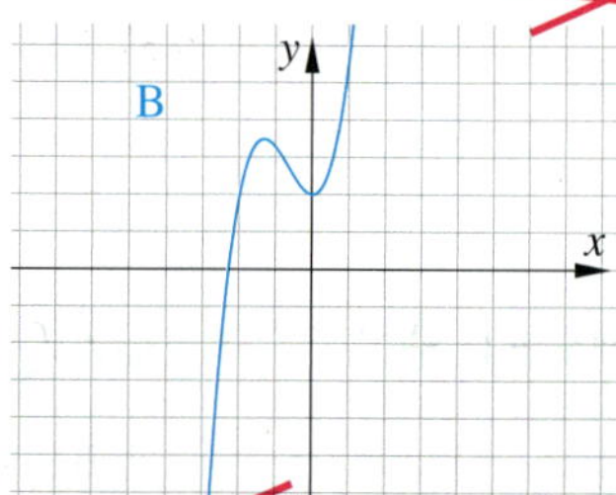

142/5

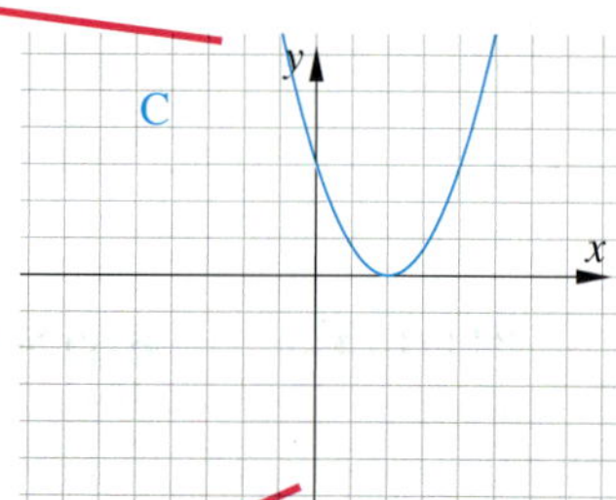

142/6

Zweite Ableitung

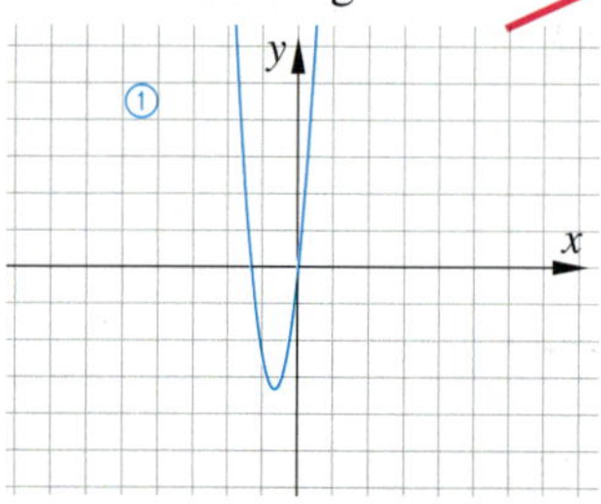

142/7

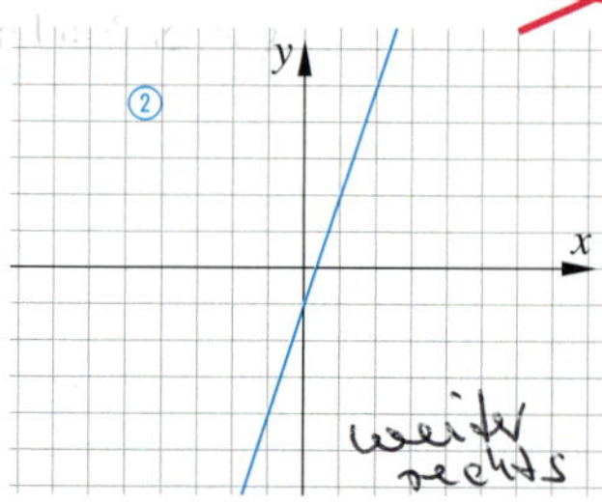

142/8

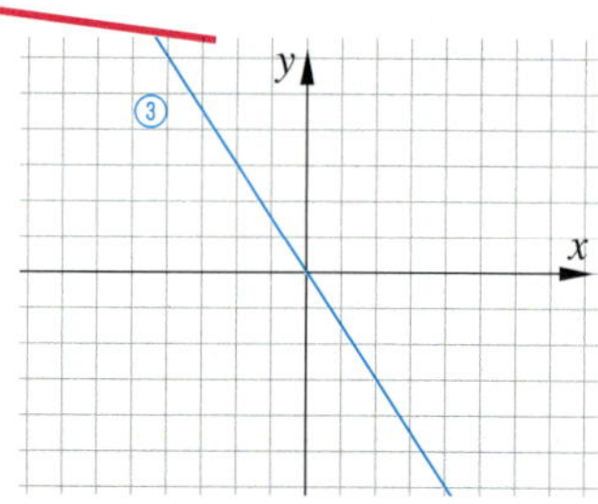

142/9

TIPP
Weitere Übungen zur zweiten Ableitung finden Sie unter 142-1.

9 Mariokart
Mario und Toad liefern sich ein Rennen. Der untere Streckenabschnitt wird durch die Funktion $f\colon x \mapsto 0{,}3x^6 - 0{,}7x^2 - 0{,}3x + 2$ modelliert.

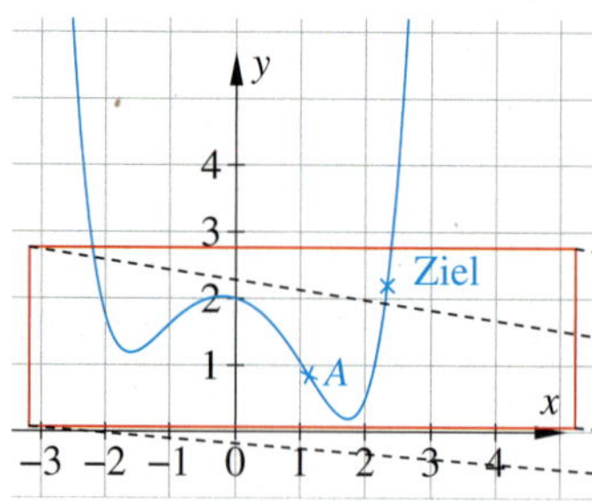

142/1

142/2

a) Bestimmen Sie den Streckenpunkt A, an dem Mario in die letzte Linkskurve eintritt, bevor es auf die „Zielgeraden“ geht.
b) Ermitteln Sie den Streckenabschnitt, in dem Mario eine Rechtskurve durchfährt.

LÖ
a) $A(0{,}62|1{,}60)$
b) Vom Punkt $B(-0{,}62|1{,}93)$ bis zum Punkt A fährt Mario eine Rechtskurve.

$f'(x) = 1{,}8x^5 - 1{,}4x - 0{,}3$
$f''(x) = 9x^4 - 1{,}4$
$f'''(x) = 36x^3$

mdl.: 12 Schr. 13!; 14

Aufgaben

10 Geben Sie jeweils ein Beispiel für eine Funktion f an:

a) $f'(a) = 0$ aber $x = a$ ist keine Extremstelle von f.

b) $f''(a) = 0$, aber $x = a$ ist keine Wendestelle von f.

LÖ a) $f(x) = (x-a)^3$ b) $f(x) = (x-a)^4$

11 Zeigen Sie, dass die Funktion f mit $f(x) = x^3 + \sin(x) - x$ an der Stelle 0 einen Sattelpunkt hat.

LÖ $f'(x) = 3x^2 + \cos(x) - 1$; $f''(x) = 6x - \sin(x)$; $f'''(x) = 6 - \cos(x)$. An der Stelle $x = 0$ Sattelpunkt, da $f'(0) = 0$, $f''(0) = 0$ und $f'''(0) = 5$.

12 Welcher Graph gehört zu f, f' und f''? Begründen Sie.

a)

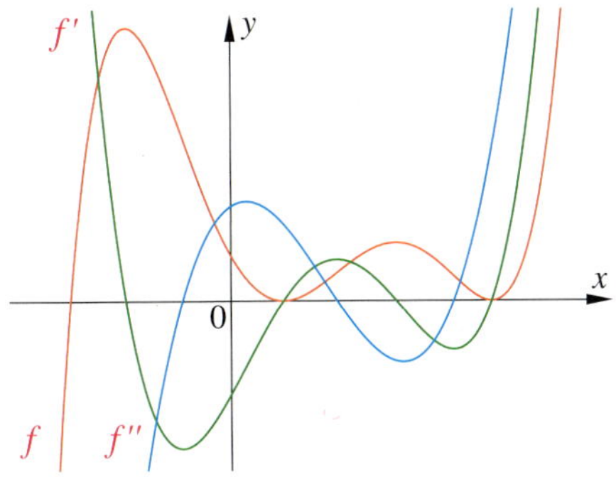

143/3

b)

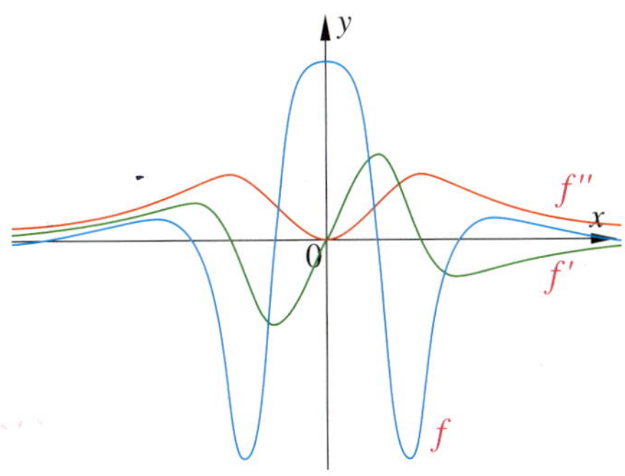

143/4

Noch fit?

I Geben Sie den Funktionsterm zu dem Graphen an, der aus der Kosinusfunktion durch folgende Veränderung entsteht.

a) Verschiebung um 3 in y-Richtung

b) Streckung in y-Richtung mit dem Faktor 2,5

c) Verschiebung um $-\pi$ in x-Richtung

d) Stauchung in x-Richtung mit dem Faktor $\frac{1}{10}$

e) Spiegelung an der x-Achse

LÖ a) $f(x) = \cos(x) + 3$ b) $f(x) = \frac{5}{2} \cdot \cos(x)$ c) $f(x) = -\cos(x)$ d) $f(x) = \cos\left(\frac{1}{10}x\right)$ e) $f(x) = -\cos(x)$

II Bestimmen Sie die Umkehrfunktion zu folgenden Funktionen.

a) $f(x) = \frac{1}{4} \cdot x - 2$

b) $f(x) = \frac{1}{2} \cdot \sqrt{x}$

c) $f(x) = 3 \cdot \sqrt[7]{x}$

d) $f(x) = 12 \cdot x^4$

LÖ a) $f^{-1}(x) = 4x + 8$; b) $f^{-1}(x) = 4x^2$; c) $f^{-1}(x) = \frac{1}{2187}x^7$; d) $f^{-1}(x) = \sqrt[4]{\frac{x}{12}}$

III Ermitteln Sie die Lösung folgender Gleichungen

a) $5^x = 0{,}6$ b) $23^x = 5$ c) $3 \cdot 4^x = 3^x$

LÖ a) $x = \log_5(0{,}6)$ b) $x = \log_{23}(5)$ c) $x = \log_{\frac{3}{4}}(3)$

Trainieren **Anwenden** Vernetzen

13 Gegeben ist die Funktion f mit $f(x) = x^3 + 6x^2 + 9x$.

a) Bestimmen Sie die Nullstellen von f.

b) Bestimmen Sie f', f'' und f'''.

c) Untersuchen Sie f auf Extrem- und Wendestellen.

d) Bestimmen Sie die Gleichung der Tangente und der Normalen durch den Wendepunkt.

e) Zeichnen Sie die Wende- und Extrempunkte sowie die Tangente und die Normale durch den Wendepunkt in ein Koordinatensystem und skizzieren Sie dann den Graphen von f.

LÖ a) $x = 0$ und $x = -3$ b) $f'(x) = 3x^2 + 12x + 9$; $f''(x) = 6x + 12$ und $f'''(x) = 6$ c) $H(-3|0)$, $T(-1|-4)$ und $W(-2|-2)$ d) $y = -3x - 8$

$n = \frac{1}{3}x - 1\frac{1}{3}$

14 Bestimmen Sie für die Graphen der folgenden Funktionen die Hoch-, Tief-, Wende- und Sattelpunkte.

a) $f(x) = 2x^8$

b) $f(x) = 7x^5$

c) $f(x) = \frac{1}{4}x^4 - \frac{3}{5}x^3$

d) $f(x) = 8x^6 - 12x^4$

LÖ a) $T(0|0)$; b) $W(0|0)$; c) $S(0|0)$; $W(0{,}6|-0{,}097)$; $T(1{,}8|-0{,}874)$
d) $H(0|0)$; $T(\pm 1|-4)$; $W(\pm 0{,}6|-2{,}592)$

15 Gegeben ist die Funktion f mit $f(x) = x^4 - 8x^3 + 18x^2$.

a) Weisen Sie nach, dass $x = 0$ die einzige Nullstelle ist.

b) Berechnen Sie f', f'' und f'''.

c) Berechnen Sie die Extrem-, Sattel- und Wendepunkte des Graphen von f.

d) Bestimmen Sie die Gleichungen der Tangenten und Normalen durch den Wendepunkt.

e) Zeichnen Sie die markanten Punkte des Graphen von f in ein Koordinatensystem und skizzieren Sie dann den Graphen von f.

LÖ zu 15: b) $f'(x) = 4x^3 - 24x^2 + 36x$; $f''(x) = 12x^2 - 48x + 36$; $f'''(x) = 24x - 48$; c) $T(0|0)$, $W(1|11)$ und $S(3|27)$; d) $y = 16x - 5$ und $y = 27$

16 Untersuchen Sie die folgenden Funktionen auf Extrem- und Wendestellen.

a) $f(x) = 3x^4 - 16x^3 + 24x^2$ b) $f(x) = x^3 + 3x^2 + 4$ c) $f(x) = \frac{1}{4}x^4 + 2x^3 + \frac{9}{2}x^2$

c) $S\left(-3\middle|\frac{27}{4}\right)$, $W\left(-1\middle|\frac{11}{4}\right)$ und $T(0|0)$

17 Die Funktion

$$g(x) = -20x^3 + 240x^2 - 420x - 760$$

gibt den täglichen Gewinn eines Unternehmens in Euro an, wenn ihr Produkt in der Stückzahl x produziert wird.

a) Berechnen Sie den monatlichen Gewinn des Unternehmens, wenn täglich eine Stückzahl von $x = 5$ hergestellt wird.

b) Für welche Stückzahl x haben Veränderungen der Produktionsmenge die größten Auswirkungen auf den Gewinn?

c) Berechnen Sie die Stückzahl x, für die das Unternehmen maximalen Gewinn erreicht.

18 Die Funktion f mit

$$f(x) = \frac{1}{9}x^3 - x^2 + \frac{8}{3}x$$

beschreibt das Höhenprofil (in 100 m) einer 6 km langen Radtour.

Die Variable x ist die horizontale Entfernung vom Startpunkt in Kilometer.

144/1

a) Wie groß ist die durchschnittliche Steigung der Strecke, bevor es bergab geht?

b) Um wie viel Prozent ist die größte Steigung auf diesem ersten Bergauf-Abschnitt größer, als die durchschnittliche Steigung?

c) Über welche horizontale Entfernung verläuft die Tour bergab?

d) Welcher Höhenunterschied wurde hierbei absolviert?

e) An welcher Stelle der Strecke geht es am steilsten bergab?

f) An welchen Stellen der Strecke ist die Steigung am größten?

19 „Die notwendige Bedingung ist nicht hinreichend, die hinreichende ist nicht notwendig." Erläutern Sie diese Aussage, indem Sie die Extremstellen zu $f(x) = x^2$, $g(x) = x^3$ und $h(x) = x^4$ untersuchen.

20 Ein Kinosaal wird 35 Minuten vor Filmbeginn geöffnet.

Die Funktion B mit

$$B(t) = \frac{3}{102\,400}t^5 - \frac{3}{1024}t^4 + \frac{5}{64}t^3,\ 0 \le t \le 35$$

beschreibt die Anzahl der Besucher B im Kinosaal t Minuten nach der Öffnung. Bestimmen Sie, wann der Andrang am größten war.

LÖ Größter Andrang am steilsten Punkt des Graphen von B, also an der Wendestelle x=20 min

Aufgaben

LÖ zu 16:
a) $T(0|0)$, $W\left(\frac{2}{3}\middle|\frac{176}{27}\right)$ und $S(2|16)$
b) $H(-2|8)$, $W(-1|6)$ und $T(0|4)$

LÖ zu 17:
a) $30 \cdot f(5) = 19\,200$ €
b) Größte Auswirkungen für $x = 4$.
c) Maximaler Gewinn für $x = 7$.

LÖ zu 18:
a) 6,34°
b) 14,93°; 135 % größer
c) Bergab zwischen den Extrempunkten, also eine horizontale Entfernung von 2 km.
d) 44,44 m
e) Steilste Bergabstelle ist der WP $W(3|2)$, also bei 3 km horizontaler Entfernung.
f) Größte St. an den Randextrema: $f'(0) = \frac{8}{3}$; $f'(6) = \frac{8}{3}$ mit jeweils einem Steigungswinkel von 14,93°.

LÖ zu 19: $g'(0)=0$, aber 0 ist nicht Extremstelle von g, also ist die n. Bed. nicht hinreichend. 0 ist Extremstelle von h und es gilt $h'(0)=0$ und $h''(0)=0$, also ist die h. Bed. $h'(0) = 0$) und $h''(0) \neq 0$) nicht notwendig.

21 Beim Bau von Straßen, Bahngleisen oder Achterbahnen wird bei der Berechnung der Linienführung immer darauf geachtet, dass Richtungswechsel möglichst kräftearm verlaufen, um eine ruckfreie Fahrdynamik zu erreichen. Hierbei reicht es nicht, dass beim Übergang von z. B. Geraden zu Kurven und umgekehrt die Steigungen identisch sind, d. h. keine „Knicke" auftreten. Damit sich auch die Richtungsänderung nicht abrupt ändert, ist zudem zu fordern, dass auch die Krümmungen der Linien in den Übergangspunkten übereinstimmen.

145/1 Achterbahn

Als Beispiel hierzu sollen zwei gerade Straßenenden durch eine Kurve verbunden werden. Die Straßenenden seien gegeben durch die Geraden $y = 2$ für $x \leq 0$ und $y = -2x + 9$ für $x > 4$.

a) Zeigen Sie, dass die Kurve 1, beschrieben durch den Graphen der Funktion $f_1(x) = -\frac{3}{32}x^3 + \frac{5}{16} \cdot x^2 + 2$ für $0 \leq x \leq 4$, an den Anschlussstellen zwar keinen Knick aufweist, die Krümmung sich aber abrupt ändert. Skizzieren Sie die Graphen mit einem Funktionenplotter.

b) Untersuchen Sie die Tauglichkeit der Kurvenverläufe 2 und 3 an den Anschlussstellen noch obigen Kriterien, wenn sie beschrieben werden durch die Graphen der Funktionen

$$f_2(x) = -\frac{5}{256} \cdot x^4 + \frac{1}{16} \cdot x^3 + 2 \text{ und } f_3(x) = \frac{9}{512} \cdot x^5 - \frac{41}{256} \cdot x^4 + \frac{11}{32} \cdot x^3 + 2.$$

LÖ
a) $f_1''(0) = 0{,}625 \neq 0$ und $f_1''(4) = -1{,}625 \neq -2$
b) $f_2''(0) = 0$; $f_2''(4) = -2{,}25 \neq -2$
$f_3''(0) = f_3''(4) = 0$

22 Am Eingang einer Discothek wird registriert, wie viele Besucher hinein und heraus gehen, so dass jederzeit die genaue Personenzahl im Lokal feststeht. Die Besucherzahl (in hundert Personen) wird durch die Funktion f mit $f(x) = -\frac{1}{15}x^3 + \frac{2}{5}x^2 + \frac{1}{15}$ gut beschrieben, wobei x die Anzahl der Stunden nach Öffnung der Discothek um 20 Uhr ist.

a) Berechnen Sie die Anzahl der Besucher um 21, 23 und 1 Uhr. f(1) = 0,4 f(3) = 1,86
b) Wann sind die meisten Besucher in der Disco? Wie viele sind es? T(0|0) H(4|2,2)
c) Welche Bedeutung hat der Wert $f'(3)$ im Sachzusammenhang?
d) Zu welcher Uhrzeit ist der Andrang am Eingang am größten? W(2|1,13) f'(2) = 0,8
e) Aus Sicherheitsgründen muss das Aufsichtspersonal verstärkt werden, wenn mehr als 150 Besucher im Lokal sind. Erstellen Sie mit geeigneten Werkzeugen (Funktionenplotter, o. ä.) den Graph der Funktion f und ermitteln Sie grafisch, ob und wenn ja in welchem Zeitraum eine Verstärkung des Aufsichtspersonals nötig ist.

LÖ
a) 21 Uhr: 40 Bes.; 23 Uhr: 187 Bes.; 1 Uhr: 173 Bes.
b) Um 24 Uhr: 220 Bes.
c) Um 23 Uhr: mom. Zuwachs 60 Bes. pro Stunde
d) Um 22 Uhr: 80 Bes. pro Stunde
e) von ca. 10:28 Uhr bis ca. 1.13 Uhr

23 Beim Prozess der Photosynthese produzieren Pflanzen u. a. Sauerstoff, den sie an ihre Umgebung abgeben. Die Funktion s mit

$$s(t) = -\frac{1}{3}t^3 + 14t^2 - 132t + 360$$

gibt an, wie viel Liter Sauerstoff eine Pflanze zwischen 6 Uhr und 20 Uhr insgesamt produziert hat, wobei t die Tageszeit angibt.

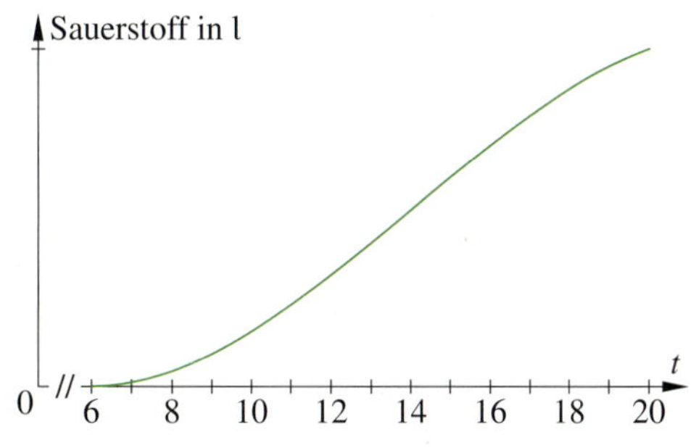

145/2

a) Wie viel Liter Sauerstoff hat die Pflanze bis 10 Uhr produziert?
b) Um wie viel Uhr produziert die Pflanze am meisten Sauerstoff?
c) Wie groß ist die durchschnittliche Sauerstoffproduktion pro Stunde dieser Pflanze im Zeitraum von 6 bis 20 Uhr?
d) In welchem Zeitraum ist der Graph der Funktion s linksgekrümmt? Welche Bedeutung hat dies im Sachzusammenhang?

LÖ a) $106\frac{2}{3}$ Liter;
b) um14 Uhr;
c) ≈ 7,62 Liter/h;
d) zwischen 6 Uhr und 14 Uhr; ansteigende Sauerstoffproduktion.

a) f(10) = 106,6
b) W(14|)
c) $\frac{f'(20) - f'(6)}{20 - 6} =$
d) f''(t) = −2t + 28 > 0 für t < 14

LÖ zu 24: a) Lenkeinschlag ist gleich null an den Wendestellen, also $x = 3 \pm \sqrt{3}$
b) Rechtskurve für $3-\sqrt{3} < x < 3+\sqrt{3}$, sonst Linkskurven.

LÖ zu 25:
a) $r(2) = 2{,}5\ \text{mm/m}^2$
$r(4) \approx 8{,}27\ \text{mm/m}^2$;
$r(8) = 22{,}4\ \text{mm/m}^2$
b) um 8 Uhr
c) $7{,}23\ \text{mm/m}^2$

LÖ zu 26: „Gegenbeispiel“ $f(x) = x$; für Grad $(f) > 1$ ist $f(0) = 0$ wegen $f(-0) = -f(0)$, also $(0|0)$ Punkt des Graphen, und $f(x) = \ldots + a \cdot x^3 + b \cdot x$ mit $a \neq 0$, also $f''(x) = \ldots + 6 \cdot a \cdot x$ und $f'''(x) = \ldots + 6 \cdot a$; also gilt $f''(0) = 0$ und $f'''(0) \neq 0$

24 Die Funktion f mit $f(x) = 0{,}01\,x^4 - 0{,}12\,x^3 + 0{,}36\,x^2$ beschreibt für x aus dem Intervall $I = [0{,}5;\ 7]$ einen Ausschnitt der Streckenführung einer Straße.

a) An welchen Stellen ist der Lenkeinschlag gleich null?
b) In welchen Bereichen befinden sich Links-/Rechtskurven?

146/1

25 Die Funktion $r(x) = \frac{1}{480}x^4 - \frac{1}{15}x^3 + \frac{3}{4}x^2$ gibt die gefallene Menge an Niederschlag $\left(\text{in } \frac{\text{mm}}{\text{m}^2}\right)$ ab Mitternacht an.

a) Wie viel Regen ist bis 2, 4, 8 Uhr gefallen?
b) Wann war der Regen am stärksten?
c) Wie viel $\frac{\text{mm}}{\text{m}^2}$ Niederschlag wäre registriert worden, wenn es ab 1 Uhr für 5 Stunden konstant weiter geregnet hätte?

146/2 Die meisten Niederschlagsmesser sammeln den Regen in einem Messgefäß. Ein Millimeter Wasserhöhe entspricht dabei genau einem Liter pro Quadratmeter.

146/3 Automatische Niederschlagsmesser senden elektrische Impulse, die zentral ausgewertet werden können.

26 Überprüfen Sie die folgende Aussage: Eine ganzrationale Funktion, deren Graph punktsymmetrisch zum Ursprung ist, besitzt den Wendepunkt $W(0|0)$.

Begründen Sie dies, falls die Aussage wahr ist, oder geben Sie ein Gegenbeispiel an, falls sie falsch ist.

Trainieren Anwenden **Vernetzen**

27 Gegeben ist eine Funktion f dritten Grades mit $f(x) = ax^3 + bx^2 + cx + d$.
a) Zeigen Sie: f besitzt genau eine Wendestelle.
b) Zeigen Sie: f besitzt entweder genau zwei oder keine Extremstellen.

28 Gegeben ist eine Funktion f dritten Grades mit $f(x) = x^3 + 3\,ax^2 + bx + c$.
a) Bestimmen Sie die Koordinaten des Wendepunktes. $W\left(-a \,|\, 2 \cdot a^3 - a \cdot b + c\right)$
b) Bestimmen Sie die Steigung der Wendetangente. $m = -3 \cdot a^2 + b$

29 Gegeben ist eine Funktion f vierten Grades mit $f(x) = ax^4 + bx^2 + c$, mit $b \neq 0$.
a) Zeigen Sie: f besitzt entweder genau zwei oder keine Wendestelle.
b) Zeigen Sie: f besitzt entweder genau eine oder genau drei Extremstellen.

30 Zeigen Sie, dass die Funktion f mit $f(x) = x - \sin(x)$ keine Extremstellen besitzt, obwohl f' unendlich viele Nullstellen besitzt. $f'(x) = 1 - \cos(x)$ $f'(x) = 0 \Leftrightarrow x = 2 \cdot n \cdot \pi,\ n \in \mathbb{Z}$; $f''(2 \cdot n \cdot \pi) = 0$ und $f'''(2 \cdot n \cdot \pi) = 1 \neq 0$. Der Graph von f besitzt unendlich viele Sattelpunkte.

31 Zeigen Sie, dass bei einer ganzrationalen Funktion dritten Grades die Wendestelle immer genau in der Mitte zwischen den Extremstellen liegt.

HINWEIS
Bei Funktionenscharen wird der Parameter nicht wie eine Variable, sondern wie eine Konstante behandelt. So hat z. B. $f_t(x) = tx^2$ die Ableitungen
$f_t'(x) = 2\,tx$ und
$f_t''(x) = 2\,t$ und
$f_t'''(x) = 0$

32 Gegeben ist die Funktionenschar f_t mit $f_t(x) = -\frac{1}{t^2} \cdot x^3 + \frac{3}{t} \cdot x^2$, mit $t > 0$.
a) Berechnen Sie die Nullstellen von f_t. $x = 0$ und $x = 3\,t$
b) Bestimmen Sie f_t', f_t'' und f_t'''. $f'(t) = -\frac{3}{t^2} \cdot x^2 + \frac{6}{t \cdot x}$; $f''(t) = -\frac{6}{t^2} \cdot x + \frac{6}{t}$; $f'''(t) = -\frac{6}{t^2}$
c) Bestimmen Sie die Extrem- und Wendepunkte des Graphen von f_t.
d) Zeigen Sie, dass alle Wendepunkte auf einer Gerade liegen.
c) $T(0|0)$; $H(2\,t|4\,t)$; $W(t|2\,t)$; d) $y = 2x$

33 Bestimmen Sie mehrere Beispiele, die die Vorgaben erfüllen.

a) $f'(a) = 0$, aber $x = a$ ist keine Extremstelle von f. $f(x) = (x-a)^n$, n ungerade

b) $f''(a) = 0$, aber $x = a$ ist keine Wendestelle von f. $f(x) = (x-a)^n$, n gerade, $n > 4$

34 Zu Beginn des Monats März 2006 prognostiziert ein Wirtschaftsforschungsinstitut den Absatz eines Produkts im Laufe der nächsten 12 Monate. Das Institut geht von einem saisonabhängigen Absatz aus und legt folgende Funktion f zugrunde:

$$f(x) = x^3 - 18x^2 + 81x + 300$$
mit $0 \leq x \leq 12$

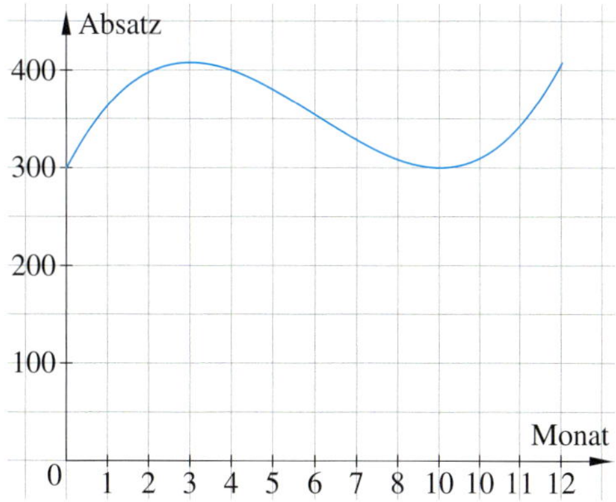

147/1

Hierbei steht x für die Zeit in Monaten nach Beobachtungsbeginn und $f(x)$ für den Absatz in einer bestimmten Zeiteinheit.

a) Bestimmen Sie den Zeitpunkt, für den der größte Absatz vorhergesagt wird.

b) Bestimmen Sie den Zeitpunkt, ab dem die Absatzrate wieder ansteigen soll.

LÖ a) $x = 3$
b) $x = 6$

35 Bestimmen Sie die Wendepunkte des Graphen von $f_t(x) = tx^3 + 2x^2 - 3$ in Abhängigkeit von t.

LÖ $W_t\left(-\frac{2}{3t} \middle| \frac{16}{27t^2} - 3\right)$

36 Bestimmen Sie eine Funktionsgleichung, auf der alle Wendepunkte der Funktionen der jeweiligen Funktionenschar liegen.

a) $f_t(x) = (x - t)^3 + 2t$

b) $f_t(x) = x^3 - tx^2$

LÖ a) $W_t(t|2t)$; $w(x) = 2x$

b) $W_t\left(\frac{1}{3}t \middle| -\frac{2}{27t^3}\right)$; $w(x) = -2x^3$

37 Zwischen den Wendepunkten eines Funktionsgraphen und Extrempunkten der Ableitungsfunktion gibt es Zusammenhänge.

a) Begründen Sie die folgende Aussage: Hat der Graph einer Funktion f an der Stelle a einen Wendepunkt, so hat der Graph der Ableitung f' an dieser Stelle einen Hochpunkt oder einen Tiefpunkt.

b) Gehört zu einem Krümmungswechsel des Graphen von f von einer Links- zu einer Rechtskrümmung ein Hoch- oder ein Tiefpunkt der Ableitungsfunktion?

c) Formulieren Sie eine Anleitung, mit deren Hilfe man die Wendepunkte einer Funktion systematisch bestimmen kann.

38 Medikamente werden eingesetzt, um bestimmte Wirkungen im Körper des Patienten zu erzielen.

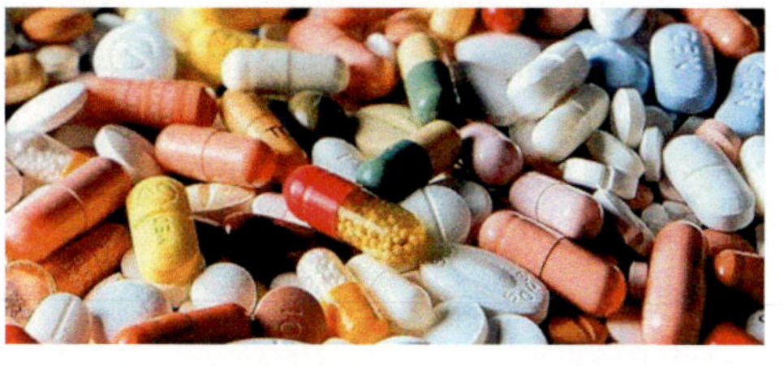

147/2

Manchmal hängt die Wirkung jedoch sehr sensibel von der Dosierung des Medikamentes ab, so dass auch unerwünschte Wirkungen hervorgerufen werden können. Die Funktion f mit $f(x) = 2x^3 - 4x^2 + \frac{8}{3}x + 6{,}5$ beschreibt – in Abhängigkeit der Dosierung – einen messbaren Parameter im Blut des Patienten, der die Wirkung des Medikamentes wiederspiegelt.

a) Skizzieren Sie den Graphen der Funktion f und interpretieren Sie ihn im Sachzusammenhang.

b) Bestimmen Sie einen Wert für die Dosierung, so dass eine leicht ungenaue Dosierung nur eine geringe Auswirkung auf den Parameter hat.

c) Ermitteln Sie grafisch, in welchem Bereich die Dosierung höchstens variieren darf, damit der Parameter nicht unter 6,8 oder über 7,2 steigt?

LÖ Bei $\left(\frac{2}{3}\middle|7{,}09\right)$ liegt ein Sattelpunkt vor, so dass dort der gesuchte Punkt liegt.

Der Gauß'sche Algorithmus

148/1 Carl Friedrich Gauss (1777 – 1855), deutscher Mathematiker 148-1

Die Stufenform

Lineare Gleichungssysteme sind besonders einfach zu lösen, wenn sie in der in der sogenannten **Stufenform** (auch **Dreiecksform** genannt) vorliegen. Begründen Sie dies anhand des folgenden Gleichungssystems und lösen Sie es.

$$\begin{aligned} 4x_1 + 2x_2 + 7x_3 &= 21 \\ 6x_2 + 9x_3 &= 3 \\ 4x_3 &= 12 \end{aligned}$$

Folgende Gleichungssysteme können leicht in die Stufenform überführt werden:

$$\begin{aligned} 3\,x_1 + 2\,x_2 + 1\,x_3 &= 6 \\ -4\,x_3 &= 20 \\ 2\,x_2 - 3\,x_3 &= 11 \end{aligned} \qquad \begin{aligned} 5\,x_1 + 3\,x_2 + 2\,x_3 &= -2 \\ 2\,x_2 - 6\,x_3 &= 5 \\ -4\,x_2 + 10\,x_3 &= -11 \end{aligned}$$

ZUR ERINNERUNG
Zum Lösen linearer Gleichungssysteme mit zwei Gleichungen und zwei Unbekannten gibt es das Gleichsetzungs-, das Einsetzungs- und das Additionsverfahren. 148-2

Bei dem linken Gleichungssystem werden die beiden unteren Zeilen miteinander vertauscht. Beim rechten Gleichungssystem wird zuerst die mittlere Gleichung mit 2 multipliziert. Die untere Gleichung wird durch die Summe aus der unteren und der mit 2 multiplizierten mittleren Gleichung ersetzt.

$$\begin{aligned} 3\,x_1 + 2\,x_2 + 1\,x_3 &= 6 \\ 2\,x_2 - 3\,x_3 &= 11 \\ -4\,x_3 &= 20 \end{aligned} \qquad \begin{aligned} 5\,x_1 + 3\,x_2 + 2\,x_3 &= -2 \\ 4\,x_2 - 12\,x_3 &= 10 \\ -2\,x_3 &= -1 \end{aligned}$$

Lösung: $(5\,|-2\,|-5)$ Lösung: $(-3\,|\,4\,|\,0{,}5)$

Um bei dem folgenden linearen Gleichungssystem auf die Stufenform zu kommen, wird in der zweiten und dritten Gleichung die Variable x_1 eliminiert, indem jeweils ein passendes Vielfaches der ersten Gleichung addiert wird (in diesem Fall das (−1)-fache bzw. das 3-fache).

$$\begin{aligned} 5x_1 + 4x_2 + 10x_3 &= 12 && \mid\cdot(-1)\ \text{(+ zur 2. Zeile)};\ \mid\cdot 3\ \text{(+ zur 3. Zeile)} \\ 5x_1 + 6x_2 + 6x_3 &= -14 \\ -15x_1 + 4x_2 + 3x_3 &= -49 \end{aligned}$$

$$\begin{aligned} 5x_1 + 4x_2 + 10x_3 &= 12 \\ 0x_1 + 2x_2 - 4x_3 &= -26 && \mid\cdot(-8)\ \text{(+ zur 3. Zeile)} \\ 0x_1 + 16x_2 + 33x_3 &= -13 \end{aligned}$$

TIPP
Die Umformungen werden neben dem Gleichungssystem dokumentiert.
Der Pfeil zeigt jeweils in diejenige Zeile, die umgeformt wird.

Wie oben wird in der dritten Gleichung x_2 eliminiert, indem ein passendes Vielfaches (hier das (−8)-fache) der zweiten Gleichung addiert wird.

$$\begin{aligned} 5x_1 + 4x_2 + 10x_3 &= 12 \\ 0x_1 + 2x_2 - 4x_3 &= -26 \\ 0x_1 + 0x_2 + 65x_3 &= 195 \end{aligned}$$

Damit ist wieder die Stufenform hergestellt. Als Lösung ergibt sich $(2\,|-7\,|\,3)$. Führen Sie eine Probe mit dem ursprünglichen Gleichungssystem durch, um dies zu bestätigen.
Dieses Verfahren zum Lösen eines linearen Gleichungssystems wird **Gauß'scher Algorithmus** (auch **Gauß-Algorithmus** oder **Gauß'sches Eliminationsverfahren**) genannt.

Ein lineares Gleichungssystem (LGS) lässt sich durch folgende Umformungen in die Stufenform bringen:
1. Vertauschen von zwei Gleichungen,
2. Multiplizieren einer Gleichung mit einer von Null verschiedenen Zahl,
3. Ersetzen einer Gleichung durch die Summe der Gleichung mit einer anderen Gleichung.

Alle diese Umformungen sind Äquivalenzumformungen, sie ändern die Lösungsmenge nicht.

Matrizen als Hilfsmittel zum Lösen von Gleichungssystemen

Wie die Variablen des Gleichungssystems bezeichnet werden, spielt für das Lösen keine Rolle. Entscheidend sind die **Koeffizienten** der Variablen sowie die Zahlen auf der rechten Seite der Gleichungen. Die Koeffizienten und diese Zahlen werden in einer sogenannten **Matrix** zusammengefasst, mit der sich die Umformungen übersichtlich durchführen lassen.

LGS

$$\begin{aligned} x_1 - 3x_2 + 4x_3 &= -5 \quad | \cdot (-2) \quad | \cdot (-4) \\ 2x_1 + 5x_2 + 2x_3 &= 27 \quad \leftarrow + \\ 4x_1 - x_2 - 2x_3 &= -19 \quad \leftarrow + \end{aligned}$$

$$\begin{aligned} x_1 - 3x_2 + 4x_3 &= -5 \\ 11x_2 - 6x_3 &= 37 \quad | \cdot (-1) \\ 11x_2 - 18x_3 &= 1 \quad \leftarrow + \end{aligned}$$

$$\begin{aligned} x_1 - 3x_2 + 4x_3 &= -5 \\ 11x_2 - 6x_3 &= 37 \\ -12x_3 &= -36 \end{aligned}$$

Matrix

$$\begin{array}{ccc} x_1 & x_2 & x_3 \end{array} \left(\begin{array}{ccc|c} 1 & -3 & 4 & -5 \\ 2 & 5 & 2 & 27 \\ 4 & -1 & -2 & -19 \end{array}\right) \begin{array}{l} | \cdot (-2) \quad | \cdot (-4) \\ \leftarrow + \\ \leftarrow + \end{array}$$

$$\begin{array}{ccc} x_1 & x_2 & x_3 \end{array} \left(\begin{array}{ccc|c} 1 & -3 & 4 & -5 \\ 0 & 11 & -6 & 37 \\ 0 & 11 & -18 & 1 \end{array}\right) \begin{array}{l} \\ | \cdot (-1) \\ \leftarrow + \end{array}$$

$$\begin{array}{ccc} x_1 & x_2 & x_3 \end{array} \left(\begin{array}{ccc|c} 1 & -3 & 4 & -5 \\ 0 & 11 & -6 & 37 \\ 0 & 0 & -12 & -36 \end{array}\right)$$

HINWEIS
Die Summanden $0x_1$ etc. werden bei einem Gleichungssystem meist weggelassen. In der Matrix müssen die Nullen notiert werden.

Hieraus ergibt sich die Lösung $(-2\,|\,5\,|\,3)$.

Der GTR verwendet ebenfalls die Matrixschreibweise. 149-1

149/1

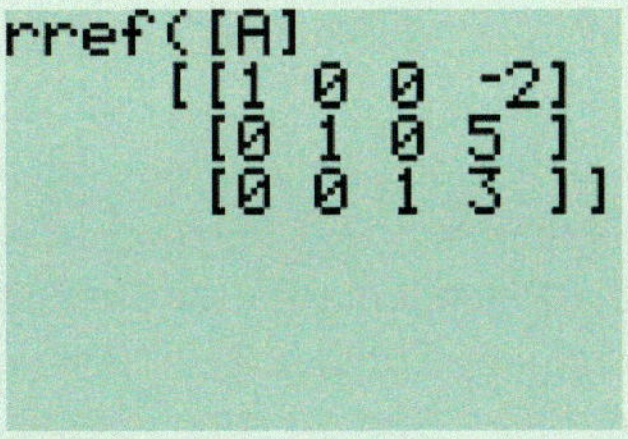

149/2

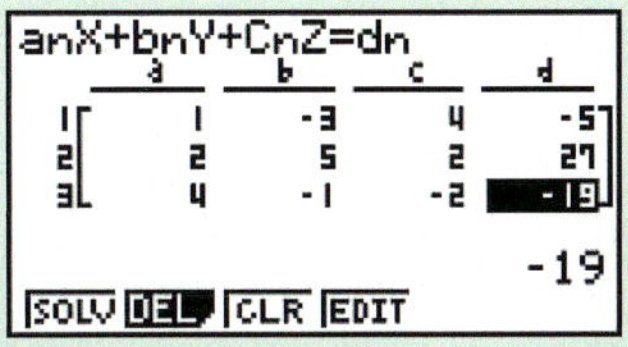

149/3

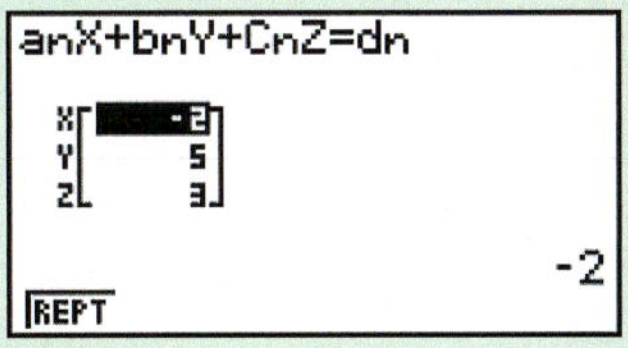

149/4

Aufgabe

1 Lösen Sie von Hand und mit dem GTR.

a) $\begin{aligned} 5x_1 + 2x_2 + 1x_3 &= 7 \\ 6x_2 - 2x_3 &= 8 \\ 2x_3 &= 10 \end{aligned}$

b) $\begin{aligned} x_1 - 3x_2 - 4x_3 &= 1 \\ 2x_1 + x_2 - x_3 &= 2 \\ 5x_1 - x_2 - 3x_3 &= -4 \end{aligned}$

c) $\left(\begin{array}{ccc|c} -1 & -2 & 4 & 6 \\ 2 & 1 & 3 & 5 \\ 3 & 3 & 2 & -2 \end{array}\right)$

DE Schwerpunkt: Steckbriefaufgaben mit Parabeln. Wenn die Sonderseite zum Gauß-Verfahren auf S. 148/149 noch nicht behandelt wurde, muss entsprechend mehr Zeit eingeplant werden. Die Parabeltangente kann bereits seit Kapitel 3 berechnet werden.

4.3 Modellieren mit Parabeln

Auftrag 1 Tennis

Ein Spieler steht beim Training 5 m hinter dem Netz. Er muss einschätzen, ob er den von einer Ballmaschine geschossenen Ball Volley annimmt oder ob er ihn besser über die Grundlinie hinaus ins Aus fliegen lässt. Hier können Sie einmal nachvollziehen, welche Berechnungen das menschliche Gehirn bei der Erfüllung dieser Aufgabe durchzuführen hätte:

150-1

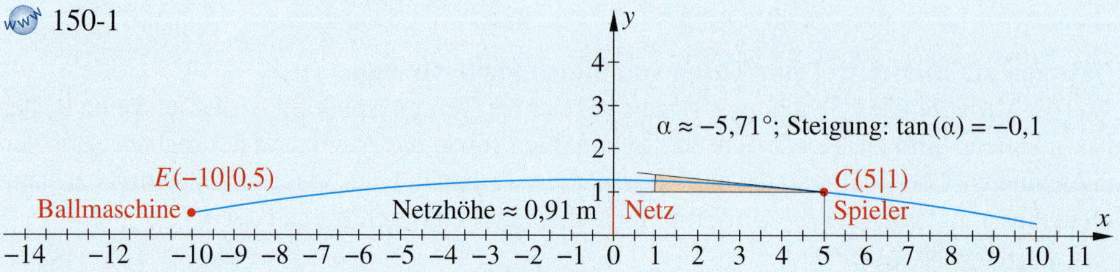

150/1

LÖ $f'(5) = -0{,}1$, $f(5) = 1$ und $f(-10) = 0{,}5$ ergibt $f(x) = -\frac{2}{225}x^2 - \frac{1}{90}x + \frac{23}{18}$
Nullstellen: $x_1 = 11{,}38$; $x_2 = -12{,}63$
Scheitelpunkt $S\left(-\frac{5}{8}\middle|\frac{41}{32}\right)$
$f'(-10) = \frac{1}{6}$, also 9,5°

Die dargestellte Flugbahn ist eine Parabel mit der Gleichung $f(x) = ax^2 + bx + c$.
Entnehmen Sie der Darstellung Bedingungen, sodass Sie a, b und c berechnen können. Weisen Sie nach, dass diese Bedingungen auf das folgende Gleichungssystem (s. Seite 148/149) führen:

I $c - 10b + 100a = 0{,}5$
II $c + 5b + 25a = 1$
III $b + 10a = -0{,}1$

Lösen Sie dieses Gleichungssystem und bestimmen Sie die Parabel.

Das Spielfeld beim Tennis ist 11,89 m lang. Prüfen Sie, ob der Ball ins Aus fliegen wird. Geben Sie auch an, unter welchem Winkel die Ballmaschine den Ball abgeschossen hat, welche maximale Höhe der Ball erreichte und wie hoch er über dem Netz war.

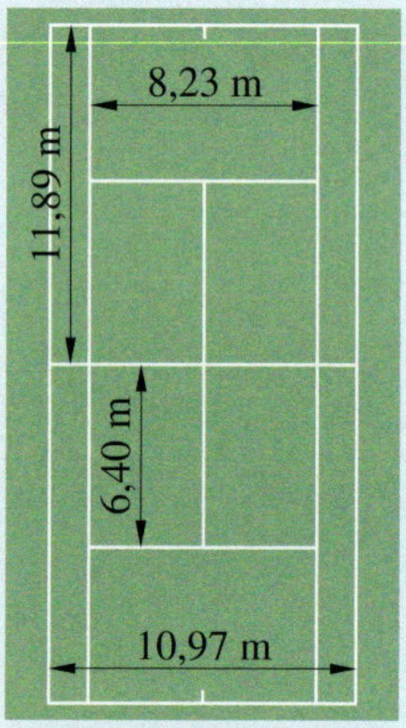

150/2

DE Hier wurde das LGS gegeben, um eine Konzentration auf die eigentlichen Inhalte zu gewährleisten.
Klippen:
– Bedingungen formulieren
– Ableiten mit Formvariablen
Evtl. Tipp der Lehrkraft nötig.

Auftrag 2 Brücke

Der Brückenbogen in Bild 150/3 ist Teil einer Parabel mit der zugehörigen Gleichung $f(x) = ax^2 + bx + c$. Der Bogen verläuft durch die Punkte $A(10|0)$ und $C(19|4{,}95)$. In C liegt die Straße auf dem Bogen auf. Sie hat eine Steigung von 10%.
Bestimmen Sie die Gleichung der Parabel aus diesen Bedingungen. Berechnen Sie dann die Spannweite der Brücke, die Länge des Straßenstücks und die Höhen der Stützen links und rechts.

LÖ $f'(19) = 0{,}1$, $f(10) = 0$ und $f(19) = 4{,}95$ ergibt $f(x) = -\frac{1}{20}x^2 + 2x - 15$
Nullstellen: $x_1 = 10$; $x_2 = 30$
Länge des Straßenstücks mit Pythagoras: $\sqrt{20^2 + 2^2} \approx 20{,}1$ m
Tangente: $g(x) = 0{,}1x + 3{,}05$
$g(10) = 4{,}05$
$g(30) = 6{,}05$

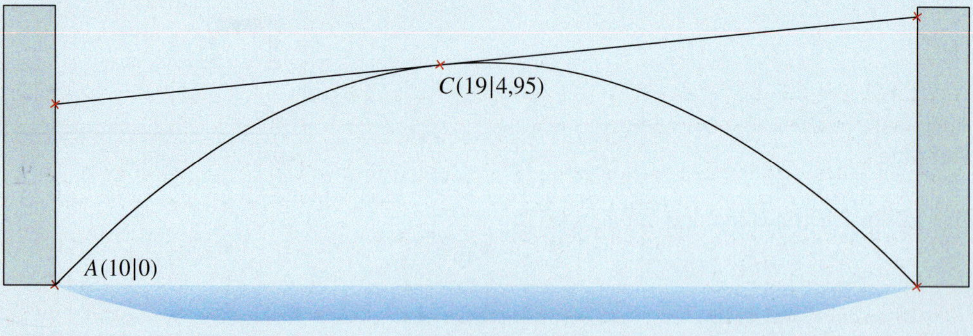

150/3

Auftrag 3 Eisenbahn

Nach dem Start im Bahnhof beschleunigt ein Zug 2 Minuten lang so, dass er eine Geschwindigkeit von 60 $\frac{\text{km}}{\text{h}}$ erreicht.

Diese Geschwindigkeit behält der Zug 3 Minuten lang konstant bei.

Nach insgesamt 5 Minuten kommt er an die Stadtgrenze. Nun beschleunigt er in 4 Minuten bis auf 120 $\frac{\text{km}}{\text{h}}$, um dann mit dieser konstanten Geschwindigkeit weiterzufahren.
16 km vom Bahnhof entfernt überquert der Zug einen Fluss.

Berechnen Sie, wie viele Minuten der Zug bis zu dieser Brücke braucht.

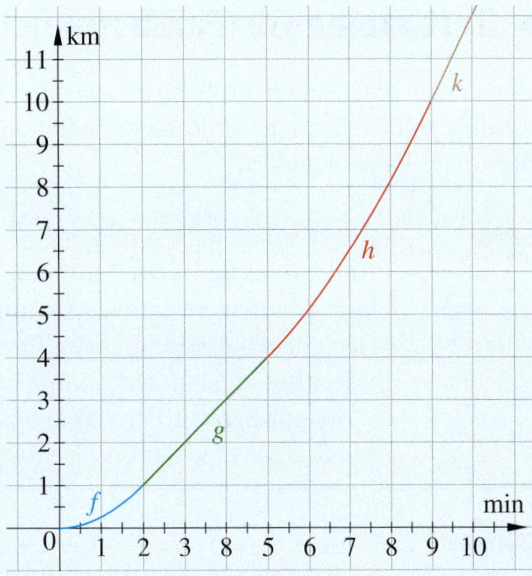

151/1

HINWEIS
Der Zug verhält sich nicht ganz realistisch: Es wird z. B. jeweils von einer gleichförmigen Beschleunigung ausgegangen.

Hinweise:
In den beiden Beschleunigungsphasen ist das Weg-Zeitdiagramm parabelförmig. Weisen Sie nach, dass die Funktionen *f*, *g*, *k* folgende Funktionsgleichungen erfüllen:

$$f(x) = \frac{1}{4}x^2; \quad g(x) = x - 1; \quad k(x) = 2x - 8.$$

Die Funktionsgleichung von *h* hat die allgemeine Form $h(x) = ax^2 + bx + c$. Ermitteln Sie, welche Bedingungen *h* erfüllen muss. Mithilfe dieser Bedingungen können Sie für nun drei Gleichungen für die drei unbekannten Parameter *a*, *b*, *c* angeben. Lösen Sie das Gleichungssystem (s. S. 148/149) und bestimmen Sie die Funktionsgleichung von *h*.

DE/LÖ
Neu ist die Bestimmung von *h*. Ableiten von Formvariablen/Parameter evtl. als Tipp der Lehrkraft.
$h(5) = 4$, $h'(5) = 1$
$h'(9) = 2$
(Zeit in Minuten)
$h(x) = \frac{1}{8}x^2 - \frac{1}{4}x + \frac{17}{8}$
Zeit bis Brücke:
$k(12) = 16$

Auftrag 4 Rampe

Betrachten Sie folgende einfache Modellsituation:
Ein kleiner Erdwall wird im Profil beschrieben durch die Funktion *f* mit $f(x) = -\frac{1}{25}x^2 + 2$. An der Stelle $x = 5$ soll *tangential*, also ohne „Knick“, ein Brett als Rampe angelegt werden.

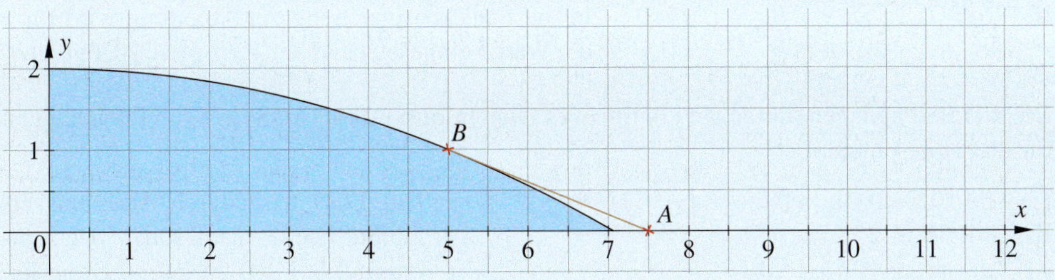

151/2

Bestimmen Sie Steigungswinkel und Länge des Brettes. Beachten Sie dazu u. a. den Zusammenhang zwischen Tangens und Steigung.

Anstelle eines geraden Brettes soll nun eine gebogene Rampe benutzt werden. Diese Rampe soll derart geformt sein, dass Sie zusätzlich zu *B* auch am Boden ohne Knick anschließt.
Die Form der Rampe entspricht dem Graphen einer Parabel *p* mit
$p(x) = ax^2 + bx + c$ für $5 < x < 10$.

Berechnen Sie, wo diese Rampe auf den Boden trifft. **LÖ** $p(x) = \frac{1}{25}x^2 - \frac{4}{5}x + 4$ für $5 < x < 10$

DE Gute Schülerinnen und Schüler können die unten gesuchte Parabel durch „scharfes Hinsehen“ bestimmen.
Evtl. ist dann ein gezielter Hinweis in Richtung einer alternativen Methode mit LGS erforderlich.

▶ **Auftrag 1** wird bei der Erarbeitung verwendet.

▶ Bestimmen von Parabelgleichungen

Bei vielen praktischen Problemen sind die Rahmenbedingungen bekannt, die eine Parabel erfüllen soll. Anhand dieser Rahmenbedingungen muss dann die Gleichung bestimmt werden, die zu der Parabel gehört.

DE Streng genommen müsste es heißen: *Drei voneinander unabhängige Bedingungen.* Das lässt sich jedoch hier noch nicht präzisieren.

Satz 4.10

Eine Parabel hat die allgemeine Gleichung $f(x) = ax^2 + bx + c$.
Ist die Funktionsvorschrift nicht gegeben, müssen die Parameter a, b und c mithilfe von **drei** geeigneten Bedingungen bestimmt werden:
Geeignet sind Bedingungen für …
- **Punkte**, die auf der Parabel liegen;
- **Steigungen** der Parabel in bestimmten Punkten.

Mindestens eine der drei Bedingungen **muss** eine Punktangabe sein.

Beispiel

In Auftrag 1 sind die Punkte $E(-10|0{,}5)$ und $C(5|1)$ auf der Parabel sowie die Steigung der Tangente an die Parabel im Punkt C gegeben. Somit lauten drei Bedingungen für die gesuchte Parabel:

I $f(-10) = 0{,}5$ An der Stelle $x = -10$ hat die Funktion den Wert 0,5.
II $f(5) = 1$ An der Stelle $x = 5$ hat die Funktion den Wert 1.
III $f'(5) = 0{,}1$ An der Stelle $x = 5$ beträgt die Steigung der Funktion −0,1.

Die Gleichungen I und II können in die allgemeine Funktionsgleichung $f(x) = ax^2 + bx + c$ eingesetzt werden. Um die Gleichung III nutzen zu können, muss zuvor die allgemeine Funktion abgeleitet werden:

$f'(x) = 2ax + b$ Die Parameter a, b und c werden dabei als Konstanten behandelt.

Nun können die Bedingungen eingesetzt werden:

I $f(-10) = a \cdot 10^2 + b \cdot 10 + c = 0{,}5$
also $100a + 10b + c = 0{,}5$
In die Funktionsgleichung wird für x der Wert −10 eingesetzt und der Term gleich 0,5 gesetzt.

II $f(5) = a \cdot 5^2 + b \cdot 5 + c = 1$,
also $25a + 5b + c = 1$
In die Funktionsgleichung wird für x der Wert 5 eingesetzt und der Term gleich 1 gesetzt.

III $f'(5) = 2a \cdot 5 + b = 0{,}1$
also $10a + b = 0{,}5$
In die Funktionsgleichung der Ableitung wird für x der Wert 5 eingesetzt und der Term gleich 0,1 gesetzt.

Die drei Bedingungen führen auf ein **lineares Gleichungssystem** (LGS) mit drei Gleichungen für drei Unbekannte.

$$\begin{array}{lrl}
\text{I} & c - 10b + 100a & = 0{,}5 \quad |\cdot(-1) \\
\text{II} & c + 5b + 25a & = 1 \quad (+) \\
\text{III} & b + 10a & = -0{,}1
\end{array}$$

$$\begin{array}{lrl}
\text{I}' & c - 10b + 100a & = 0{,}5 \\
\text{II}' & 15b - 75a & = 0{,}5 \quad (+) \\
\text{III}' & b + 10a & = -0{,}1 \quad |\cdot(-15)
\end{array}$$

$$\begin{array}{lrl}
\text{I}'' & c - 10b + 100a & = 0{,}5 \\
\text{II}'' & 15b - 75a & = 0{,}5 \\
\text{III}'' & -225a & = 2
\end{array}$$

Das LGS wird durch Additionsverfahren (siehe Gauß'scher Algorithmus auf S. 148 f) zuerst auf Dreiecksform gebracht. Dabei sollten Sie die Spalten günstig anordnen. In diesem Fall lässt sich c am leichtesten eliminieren, deshalb kommt c in die erste Spalte.

III″ ergibt $a = -\frac{2}{225}$ → einsetzen in II″ ergibt $b = -\frac{1}{90}$ → einsetzen in I″ ergibt $c = \frac{23}{18}$.

Die Gleichung der Parabel lautet folglich: $f(x) = -\frac{2}{225}x^2 - \frac{1}{90}x + \frac{23}{18}$.

Satz 4.11 **Lineares Gleichungssystem lösen**
Durch Einsetzen der Punktkoordinaten bzw. der Steigungen erhält man ein lineares Gleichungssystem mit drei Gleichungen und den drei Variablen a, b und c. Dieses kann mit dem Gauß'schen Algorithmus auf Dreiecksform gebracht und dann durch sukzessives Einsetzen gelöst werden.

TIPP
Das Verfahren des Gauß'schen Algorithmus wird auf den Seiten 148/149 anhand von Beispielen ausführlich erläutert.

▶ Typische Fragestellungen beim Modellieren mit Parabeln

Nullstellen

Wo schneidet die Parabel die x-Achse?

Bei Auftrag 1 „Flugweite des Balles":

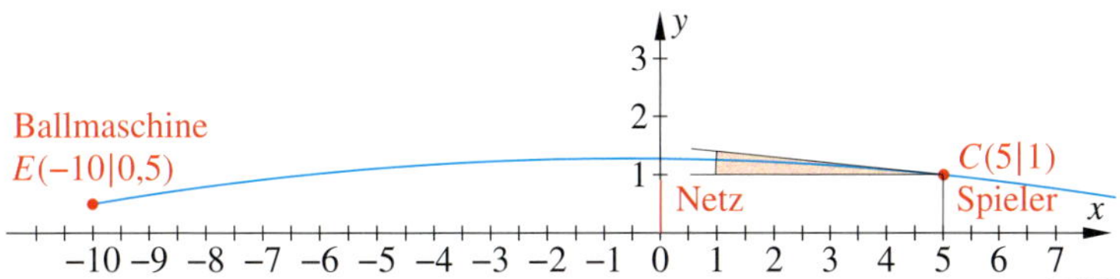

153/1

$-\frac{2}{225}x^2 - \frac{1}{90}x + \frac{23}{18} = 0$ — Term gleich 0 setzen.

$\Leftrightarrow \quad x^2 + \frac{5}{4}x - \frac{575}{4} = 0$ — Durch Äquivalenzumformungen in die Form $x^2 + px + q$ bringen.

$x_1 = -\frac{5}{8} - \sqrt{\frac{600}{64}} \approx -12{,}63 \quad x_2 = -\frac{5}{8} + \sqrt{\frac{600}{64}} \approx 11{,}38$

Die rechte Nullstelle x_2 ist kleiner als 11,89. Der Spieler muss diesen Ball folglich annehmen. Er wäre nicht im Aus.

Steigungswinkel

Häufig wird nach dem Abwurfwinkel, der Steigung in einem Punkt etc. gefragt. Bei Auftrag 1 z. B. „Auf welchen Winkel ist die Ballmaschine eingestellt":

$f'(x) = -\frac{4}{225} \cdot x - \frac{1}{90}$ — Die erste Ableitung bestimmen.

$f'(-10) = \frac{40}{225} - \frac{1}{90} = \frac{1}{6}$ — x-Wert des Punktes $E(-10|0{,}5)$ einsetzen und Steigung m berechnen.

Wegen $m = \tan(\alpha)$ ist $\alpha = \tan^{-1}\left(\frac{1}{6}\right) = 9{,}46°$.

HINWEIS
Für den Tangens gilt: $\frac{\text{Gegenkathete von } \alpha}{\text{Ankathete von } \alpha} = \tan(\alpha)$.

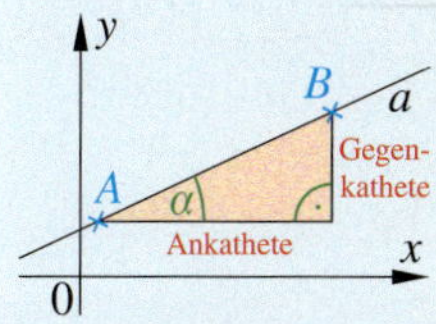

So wird auch die Steigung m einer Geraden berechnet.

Steigungswinkel α der Geraden berechnen:

1. $m = \tan(\alpha)$ bestimmen.
2. Umkehrung des Tangens anwenden: arctan oder $\tan^{-1}$.

Scheitelpunkt

Wo ist der höchste bzw. der niedrigste Punkt? Der Scheitelpunkt lässt sich mithilfe der quadratischen Ergänzung berechnen. Einfacher ist die Überlegung, dass er der einzige Punkt der Parabel mit waagerechter Tangente ist. Also gilt hier immer: $f'(x) = 0$!
Bei Auftrag 1 ergäbe sich z. B. folgendes:

$f'(x) = 0$ — Voraussetzung hinschreiben.

$\Leftrightarrow \quad -\frac{4}{225}x - \frac{1}{90} = 0$ — Ableitung einsetzen

$\Leftrightarrow \quad x = -\frac{5}{8}$ — Nach x umformen und kürzen.

$f\left(-\frac{5}{8}\right) = \frac{41}{32} = 1{,}28125$ — Gefundenen x-Wert in die Funktionsgleichung einsetzen.

An der höchsten Stelle ist der Ball ca. 1,28 m hoch.

Andere Verfahren zum Lösen des linearen Gleichungssystems

Natürlich lässt sich das LGS auch mit dem Einsetzungsverfahren oder sogar mit manchem Taschenrechner lösen. Jedoch sollten Sie auf jeden Fall das Gauß-Verfahren beherrschen. Denn in Sonderfällen (keine eindeutige Lösung oder gar keine Lösung) versagt der Taschenrechner, und das Einsetzungsverfahren ist in diesen Sonderfällen unübersichtlich.

TIPP
In Aufgabe 21 finden Sie ein Beispiel für solche Sonderfälle.

Tangenten an Parabeln

Bestimmung der Tangente $g(x) = mx + b$ in einem Punkt $B(x_0|y_0)$ einer Parabel mit Funktionsterm $f(x)$. Ansatz mithilfe der Ableitung: $m = f'(x_0)$ und B liegt auf der Tangente.

Beispiel 1 (Tangente durch Punkt auf der Parabel)

Gegeben ist eine Parabel mit $f(x) = 2x^2 + 3x + \frac{10}{3}$. Gesucht ist die Gleichung der Tangente $t(x) = mx + b$ durch den Punkt $P(1|6)$ auf der Parabel:

$f'(x) = 4x + 3$	1. Ableitung bestimmen.
$m = 4 \cdot 1 + 3 = 7$ (*)	Ableitung an der Stelle 1 entspricht der Steigung in P.
$6 = 7 \cdot 1 + b$ $-1 = b$ (**)	Der Punkt $P(1|6)$ liegt sowohl auf der Parabel als auch auf der Tangente t. Einsetzen und nach b umformen.

Die Gleichung der Tangente t lautet mit (*) und (**): $t(x) = 7x - 1$.

HINWEIS
Das Beispiel 2 stellt einen komplexeren Gedankengang exemplarisch dar, der allerdings über die Standardanforderungen hinausgeht.

DE Klären Sie mit Ihren Schülerinnen und Schülern ggf. die Relevanz dieses Beispiels für Prüfungen etc. Passende Aufgaben: 23, 24, 25

Beispiel 2 (Tangente von Punkt außerhalb an die Parabel)

Die Funktionsgleichung einer parabelförmigen Brücke ist bereits bestimmt:

$f(x) = -\frac{2}{3}x^2 + \frac{8}{3}x + \frac{10}{3}$ (Maßstab 1:10).

Das Straßenstück vom Punkt $P(-1|5{,}7)$ an der Spitze des kleineren Pfeilers zum Berührpunkt $B(x_0|y_0)$ ist Teil der Tangente an die Parabel. Die zugehörige Geradengleichung lautet allgemein: $g(x) = mx + b$.

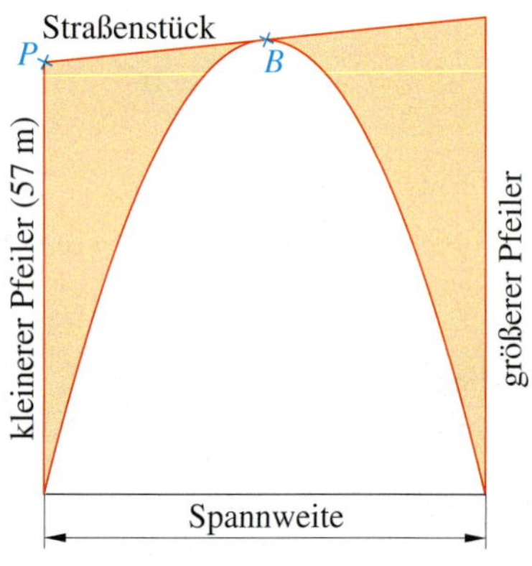

154/1

Die Steigung m und der Achsenabschnitt b sollen ermittelt werden.
Im gemeinsamen Berührpunkt B muss die Gerade g dieselbe Steigung wie die Parabel haben.

Demnach gilt: $f(x_0) = g(x_0)$ und $m = f'(x_0)$. Dies führt zu den folgenden Gleichungen:

$y_0 = -\frac{2}{3}x_0^2 + \frac{4}{3}x_0 + \frac{10}{3}$	Punkt $B(x_0|y_0)$ liegt auf der Parabel.
$m = -\frac{4}{3}x_0 + \frac{8}{3}$ (*)	Ableitung an der Stelle x_0 entspricht der Steigung in B.
$5{,}7 = m \cdot (-1) + b$ $b = m + 5{,}7$	Die Koordinaten des Punktes $P(-1|5{,}7)$ in die Geradengleichung $g(x) = mx + b$ einsetzen und nach b umformen.
$b = -\frac{4}{3}x_0 + \frac{8}{3} + 5{,}7$ (**)	m aus (*) einsetzen.

In die Geradengleichung $y_0 = mx_0 + b$ wird nun eingesetzt und x_0 bestimmt:

$$y_0 = m \quad x_0 + b$$

$$-\frac{2}{3}x_0^2 + \frac{8}{3}x_0 + \frac{10}{3} = \left(-\frac{4}{3}x_0 + \frac{8}{3}\right) x_0 + \left(-\frac{4}{3}x_0 + \frac{8}{3} + 5{,}7\right)$$

$$0 = \frac{2}{3}x_0^2 + \frac{4}{3}x_0 + \frac{2}{3} - 5{,}7$$

Lösungen: $x_0 \approx -3{,}92$ bzw. $x_0 \approx 1{,}92$.

$m \approx 7{,}89$ bzw. $m \approx 0{,}11$.	In (*) und (**) eingesetzt ergeben sich m und b.
$b \approx 13{,}59$ bzw. $b \approx 5{,}81$	Wie aus der Abbildung ersichtlich ist, kommen nur die Lösungen $m \approx 0{,}11$ und $b \approx 5{,}81$ in Frage. Also hat das Straßenstück eine Steigung von ca. 11%.
$g(x) = 0{,}11x + 5{,}81$	Bestimmung der Gleichung der Tangente

Aufgaben

DE Aufgaben 1 und 2 zum Lösen von 3×3 LGS. Ab Aufgabe 3 einfache Fragestellungen zu Parabeln.

Trainieren Anwenden Vernetzen

1 Lösen Sie jeweils in Gleichungs- und in Matrixschreibweise.

a)
$$\begin{aligned} x + 5y - 5z &= 21 \\ 2x + 3y + 4z &= -1 \\ x - 6y - 8z &= -3 \end{aligned}$$

b)
$$\begin{aligned} -y + 2z &= 3 \\ -3x + 4z &= -5 \\ 6x - 7y &= 8 \end{aligned}$$

c)
$$\begin{aligned} -2x + 5y - 3z &= -1 \\ 3y - 9z &= -9 \\ 7\tfrac{1}{11}z &= 7\tfrac{1}{11} \end{aligned}$$

d)
$$\begin{array}{ccc|c} x & y & z & \\ -5 & -2 & 1 & -19 \\ -1 & 3 & -4 & 12{,}9 \\ 1{,}2 & -3{,}4 & 0{,}7 & -14{,}78 \end{array}$$

e) Auch Nullen verlangen nach Ordnung
$$\begin{array}{ccc|c} x & y & z & \\ 6 & 0 & -4 & -5 \\ 0 & -2 & 5 & 22{,}5 \\ -1 & 3 & 0 & -9 \end{array}$$

f) Eins ist Trumpf
$$\begin{array}{ccc|c} x & y & z & \\ -1 & 1 & 1 & 1 \\ 1 & -1 & 1 & 1 \\ 1 & 1 & -1 & 1 \end{array}$$

LÖ

	x	y	z
a)	−1	3	−2
b)	0	−3	0
c)	−1	0	1
d)	−7	8	−9
e)	1,5	−2,5	3,5
f)	0	0	1

2 Entscheiden Sie sich zuerst für eine geschickte Anordnung der Spalten und lösen Sie dann mithilfe des Gauß-Verfahrens. Überprüfen Sie, falls möglich, mit Ihrem GTR oder CAS.

a)
$$\begin{aligned} 2x - y + 17z &= 29 \\ -5x + y - z &= -28 \\ 3x + z &= 16 \end{aligned}$$

b)
$$\begin{aligned} 2x - y + 5z &= 8 \\ 7x - 9y - 10z &= -27 \\ 11x + 2y + 10z &= 9 \end{aligned}$$

c)
$$\begin{aligned} 4a - 2b + c &= 4 \\ 2a + 3b - 5c &= -5{,}5 \\ a + 5b - 8c &= -10 \end{aligned}$$

d)
$$\begin{aligned} 4x - y - z &= 4 \\ x - 3y + 2z &= 25 \\ -4x + 2y + z &= -7 \end{aligned}$$

LÖ
a) $x=5;\ y=-2;\ z=1$
b) $x=-1;\ y=0;\ z=2$
c) $a=\frac{1}{2};\ b=-\frac{1}{2};\ c=1$
d) $x=2;\ y=-3;\ z=7$

3 Eine Parabel geht durch die Punkte $A(-1|13)$, $B(2|10)$, $C(5|43)$
a) Bestimmen Sie ihre Gleichung.
b) Berechnen Sie die Steigung in ihrem y-Achsenschnittpunkt.
c) Führen Sie a) und b) für $A(-2|-9)$, $B(4|-3)$, $C(1|-1{,}5)$ durch.

LÖ
a) $f(x)=2x^2-3x+8$
b) $f'(0)=-3$; $\alpha=-71{,}6°$
c) $f(x)=-0{,}5x^2+2x-3$
d) $f'(0)=2$; $\alpha=63{,}4°$

4 Bestimmen Sie die Gleichung der Parabel …
a) die durch $A(1|12)$ und $B(3|0)$ verläuft und die die y-Achse mit der Steigung 6 schneidet.
b) die durch $R(2|9)$ und $T(0|25)$ verläuft und in R die Steigung −6 hat.

LÖ
a) $f(x)=-3x^2+6x+9$
b) $f(x)=x^2-10x+25$

5 Bestimmen Sie die allgemeine Form und die Scheitelpunktform der Parabel …
a) welche durch $A(2|5)$ und $B(-3|-25)$ verläuft und in A die Steigung 1 hat.
b) welche durch $P(4|9)$ verläuft, in P die Steigung 4,5 und in $Q(0{,}5|y)$ die Steigung 1 hat.
c) welche in $P(1|5)$ eine waagerechte Tangente hat und durch $A(3|-7)$ verläuft.
Lösen Sie diese Aufgabe einmal mit der Methode dieses Kapitels und einmal mithilfe der Scheitelpunktform. Vergleichen Sie den Aufwand.
d) deren Normale in $A(-1|9)$ die Steigung $-\frac{1}{8}$ hat und die bei $x=-3$ ein Maximum hat.
e) Weshalb ist eine Parabel durch drei Steigungsangaben nicht eindeutig festgelegt?

LÖ
a) $f(x)=-x^2+5x-1$
b) $f(x)=0{,}5x^2+0{,}5x-1$
c) $f(x)=-3(x-1)^2+5=-3x^2+6x+2$
d) $f(x)=2(x+3)^2+1=2x^2+12x+19$
e) Durch Verschieben in y-Richtung ändert sich die Steigung nicht.

6 Stellen Sie die Gleichungen der folgenden Parabeln in der allgemeinen Form auf:
a) Die Nullstellen sind −4,5 und 7,5. Ihr Scheitelpunkt hat den y-Wert 144.
b) Der Scheitel liegt im Ursprung. An der Stelle 1,5 beträgt ihre Steigung 6.

LÖ a) $f(x)=-4(x-1{,}5)^2+144=-4x^2+12x+135$; b) $f(x)=2x^2$

7 Bestimmen Sie die Gleichung einer Parabel, welche die Gerade g mit der Gleichung $y = \frac{2}{3}x + \frac{4}{3}$ in $B(2|3)$ berührt …

a) und symmetrisch zur y-Achse ist.
b) und symmetrisch zur Geraden h: $x = 4$ ist.
c) und durch $C(6|7)$ verläuft.

LÖ a) $f(x) = \frac{1}{6}x^2 + \frac{7}{3}$
b) $f(x) = -\frac{1}{6}(x-4)^2 + \frac{11}{3}$
c) $f(x) = \frac{1}{12}x^2 + \frac{1}{3}x + 2$

8 Bestimmen Sie die Gleichung einer durch den Ursprung verlaufenden Parabel, die bei -2 die Tangentensteigung $-\frac{13}{3}$ und bei 3 die Tangentensteigung 4 hat. Berechnen Sie die Koordinaten des Scheitelpunktes dieser Parabel.

LÖ zu 8:
$f(x) = \frac{5}{6}x^2 - x$
$= \frac{5}{6}\left(x - \frac{3}{5}\right)^2 - \frac{3}{10}$
Scheitel: $S(0{,}6|-0{,}3)$

9 Berechnen Sie die Gleichung der Tangente und der Normalen der Parabel zu $f(x) = 2x^2 - 5x + 8$ im Punkt $B(3|f(3))$.

LÖ
t: $y = 7x - 10$
n: $y = -\frac{1}{7}x + \frac{80}{7}$

10 Das abgebildete Parabelkleeblatt besteht aus insgesamt sechs Parabelbögen.

a) Geben Sie die Funktionsgleichungen der sechs Parabeln an, aus denen die Bögen entnommen sind.
b) Bestimmen Sie die Tangentensteigungen in den Punkten $(1|1)$, $(-1|1)$, $(-1|-1)$ und $(1|-1)$ bezüglich der beiden Parabeln mit den Scheiteln $(0|2)$ und $(0|-2)$.
c) Berechnen Sie jeweils den Winkel, unter denen sich die Tangenten an die Parabeln mit den Scheitelpunkten $S_2(-1|1)$ und $S_3(1|1)$ in den Berührpunkten $(-2|0)$ bzw. $(2|0)$ schneiden.
d) Zeigen Sie, dass im Ursprung je zwei Parabelbögen mit entgegengesetzter Öffnung ohne Knick ineinander übergehen.
e) Erkundigen Sie sich, wie Sie mit Ihrem Funktionsplotter Teile eines Funktionsgraphen zeichnen lassen können und plotten Sie das Kleeblatt.

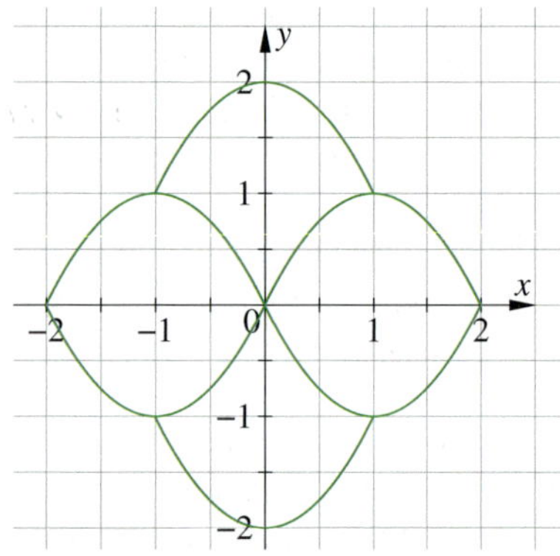

156/1

LÖ 10 c)
Wegen $f_2'(-2) = 2$ und $f_3'(2) = -2$ gleichschenkliges Dreieck.
$\alpha = 180° - 2\tan^{-1}(2) = 53{,}1°$

Noch fit?

I Von den Graphen der Exponentialfunktionen der Form $f(x) = a^x$ ist jeweils ein Punkt gegeben. Berechnen Sie den Wachstumsfaktor a.

a) $(1|7)$ b) $(2|8)$ c) $(3|0{,}729)$ d) $(4|625)$

II Für den Fahrwiderstand eines Rennbootes kann exponentielles Wachstum in Bezug auf seine Geschwindigkeit angenommen werden. Bei 20 $\frac{\text{km}}{\text{h}}$ betrage die nötige Schubkraft 2500 N, bei 40 $\frac{\text{km}}{\text{h}}$ 7000 N. Welche Kraft wird benötigt, damit das Boot eine Geschwindigkeit von 70 $\frac{\text{km}}{\text{h}}$ halten kann?

Trainieren **Anwenden** Vernetzen

11 Ein 2 m tiefer und oben 6 m breiter Graben mit parabelförmigem Querschnitt soll so erweitert werden, dass sein Querschnitt trapezförmig wird. Um hierbei den oberen Böschungswinkel im Uferbereich beizubehalten, sollen die nichtparallelen Trapezseiten Parabeltangenten bilden. Bestimmen Sie

a) die Parabelgleichung, b) die untere Breite des Grabens.

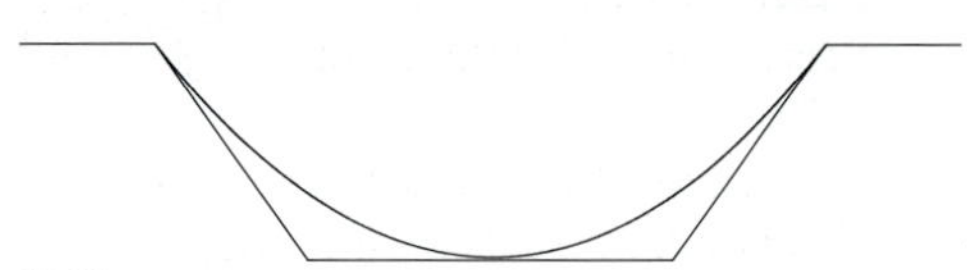
156/1

LÖ
(ohne LGS lösbar)
a) $f(x) = \frac{2}{9}x^2 - 2$
b) Tangenten:
$y = -\frac{4}{3}x - 4$
$y = \frac{4}{3}x - 4$
Schnittpunkte mit $y = -2$: $(1{,}5|-2)$ und $(-1{,}5|-2)$.
Breite des Grabens 3 m.

12 Die Architektur des historischen Stammgebäudes einer bekannten spanischen Sektkellerei ist geprägt von zahlreichen Parabelbögen verschiedener Größe.
Die Abbildung zeigt die Empfangshalle der Firma. Einer der Parabelbögen ist dort weiß nachgezeichnet. Er hat eine Spannweite (unterer Bildrand) von 14 m.
Der waagerechte Sims zwischen den Fensterreihen in 4,9 m Höhe ist 10 m lang.

157/1

$f(7) = f(-7) = 0$
$f(5) = 4,9$

a) Bestimmen Sie die Funktionsgleichung der zugehörigen Parabel, wenn sie y-achsensymmetrisch sein soll und der untere Bildrand Teil der x-Achse ist.
b) Berechnen Sie die Höhe des Parabelbogens.
c) Berechnen Sie die beiden Winkel, unter denen der Parabelbogen im Boden (am unteren Bildrand) verankert ist.

DE 2×2 LGS
LÖ $f(x) = -\frac{4,9}{24}x^2 + \frac{240,1}{24}$
a) Winkel: 70,72°
b) Höhe 10 m

13 Ein Fußballspieler nimmt in 2 m Höhe einen Ball mit dem Kopf an. Der Ball steigt in einem Winkel von 80° und landet 8 m weiter wieder auf dem Boden.
Wie hoch war der Ball geflogen?

DE 3×3 oder 2×2
LÖ $P(0|2)$, $Q(8|0)$
$f(x) = -0,74x^2 + 5,67x + 2$
$S(3,83|12,86)$

14 Eine Brücke mit parabelförmigem Bogen befindet sich im Bau.
Rechts ist der Teil CB des Bogens fertig, links soll der Bogen in A enden.

In welchem Punkt P des Bogens muss die Straße aufliegen, wenn sie ein Gefälle von 5 % haben soll.

Berechnen Sie auch die Koordinaten des Punkts H, in welchem die Straße auf festem Grund aufliegt.

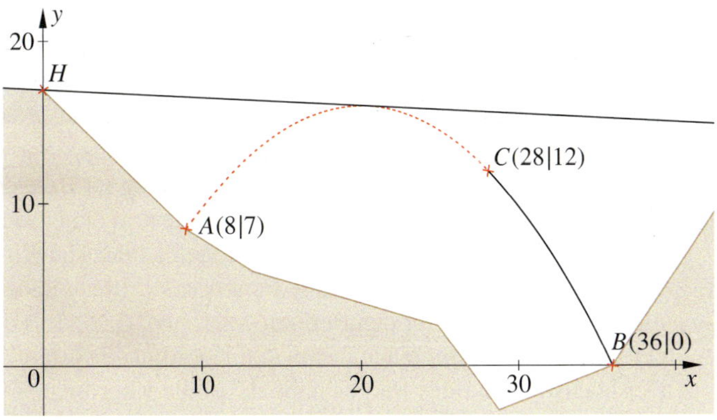

157/2

DE 3×3 LGS, Tangentengleichung.
LÖ $f(x) = -\frac{1}{16}x^2 + \frac{5}{2}x - 9$
$P(20,4|15,99)$
Tangente:
$y = -0,05x + 17,01$
$H(0|17,01)$

15 Virtuelle Bananenschlacht.
a) Eine virtuelle Banane wird von G aus mit dem Steigungswinkel 45° so geworfen, dass sie den Punkt H treffen würde. Überfliegt sie auch das Hindernis C?
b) Reicht ein Winkel von 63,43°?
c) Berechnen Sie den kleinstmöglichen Abwurfwinkel, sodass die Banane den Punkt C streift und dann H trifft.
d) Prüfen Sie, ob die Scheitelpunkte der drei Parabeln aus a), b) c) alle den gleichen x-Wert haben.

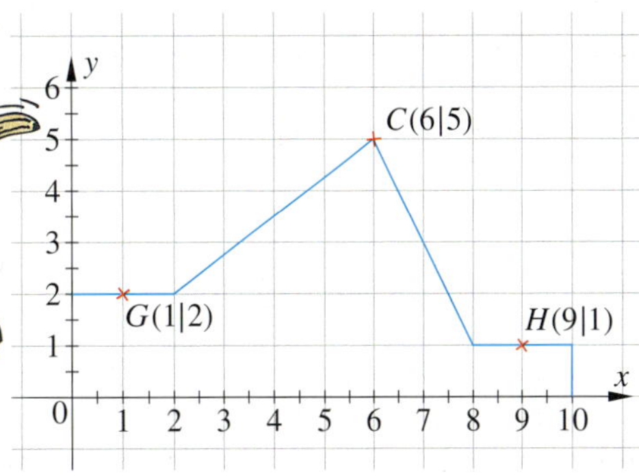

157/3

LÖ
a) $f(x) = -\frac{9}{64}x^2 + \frac{41}{32}x + \frac{55}{64}$
$f(6) = 3,48 < 5$
b) $g(x) = -\frac{17}{64} \cdot x^2 + \frac{81}{32}x - \frac{17}{64}$
$g(6) = \frac{343}{64} > 5$ geht.
c) $h(x) = -\frac{29}{120}x^2 + \frac{55}{24}x - \frac{1}{20}$
$h'(1) = \frac{217}{120}$
$\alpha = 61,06°$
d) $x_f = 4,56$
$x_g = 4,76$
$x_h = 4,74$

DE 3×3 LGS, Steigung und 2 Punkte, in c) drei Punkte.

Tontaube	1	2	3	4	5	6	7	8	9	10	11	12
max. Höhe	2,5 m	5 m	7,5 m	10 m	12,5 m	15 m	17,5 m	20 m	22,5 m	25 m	27,5 m	30 m

16 Um die Funktionsfähigkeit einer Abwurfmaschine für Tontauben zu testen, werden nacheinander zwölf Scheiben unter einem Winkel von 45° mit steigenden Abwurfgeschwindigkeiten in die Luft geschleudert. Sie treffen in gleichen Abständen von jeweils 10 m wieder auf dem Boden auf.

a) Berechnen Sie die maximale Höhe einer jeden Tontaube und stellen Sie die Zuordnung *Tontaubennummer* → *maximale Höhe* der Tontaube in einer Tabelle dar.

b) Bestimmen Sie die Funktionsvorschrift des Graphen, auf dem alle Hochpunkte liegen

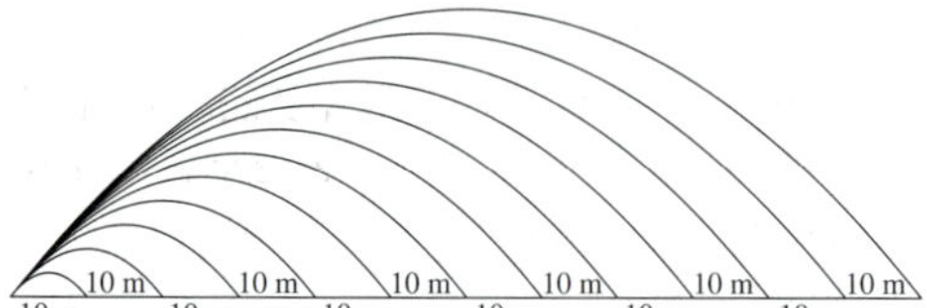

158/1

17 Auf der kanarischen Vulkaninsel Lanzarote wird in einigen Regionen auf lavahaltigen Böden ein besonderer Wein angebaut. Eine Einheit des Koordinatensystems entspreche 50 m.

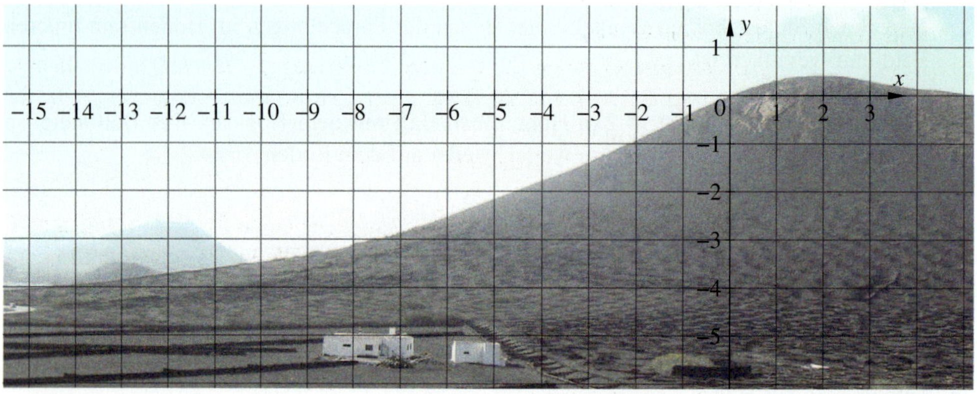

158/2

a) Weisen Sie nach, dass $f(x) = \frac{1}{60}x^2 + \frac{31}{60}x$ den Hang im Bereich –15 bis 0 gut annähert.

b) Man sieht auf dem Foto, dass die Lava-Kuhlen, in denen sich die Weinreben befinden, bis ca. 100 m den Hang hinaufreichen. Wie steil ist der Hang in 100 m Höhe ungefähr?

c) Bestimmen Sie eine ganzrationale Funktion g dritten Grades der Form $g(x) = ax^3 + bx^2 + cx$ für den Bereich von 0 bis 2,5 so, dass der zugehörige Graph die Linie der Bergsilhouette im eingezeichneten Koordinatensystems möglichst gut annähern.
Der höchste Punkt des Berges habe dabei die Koordinaten $(2|0{,}4)$. Plotten Sie die beiden Graphen in den angegebenen Grenzen in ein Koordinatensystem.
Hinweis: Zwei Funktionsgraphen gehen in einem Punkt glatt ineinander über, wenn ihre Steigungen in diesem Punkt übereinstimmen.

d) Welche maximale Steigung müsste ein Fahrzeug überwinden können, wenn es auf dieser Steigungslinie bis zum Berggipfel fahren soll?

18 Der Querschnitt der Vorderansicht einer Kirche hat die Form eines gleichschenkligen Dreiecks mit einer 20 m langen Grundseite und einem 30°-Winkel an der Spitze.
Der Gewölbequerschnitt im Innern ist parabelförmig und vom Architekten so gestaltet, dass die beiden Dreiecksschenkel als Parabeltangenten am Boden der Kirche auftreffen.
Bestimmen Sie die Höhe des parabelförmigen Gewölbes und zeigen Sie, dass die Kirche doppelt so hoch wie das Parabelgewölbe ist.

158/3

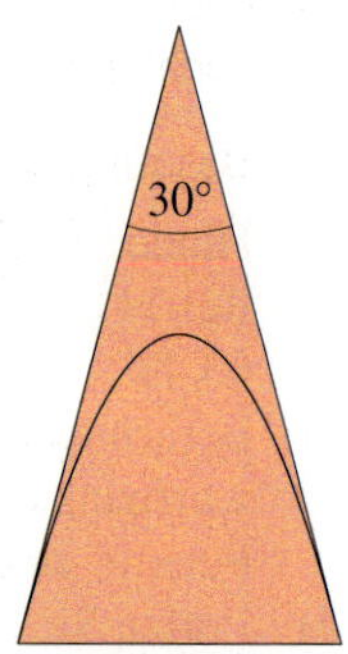

158/4

DE/LÖ Grafik y-achsensysymmetrisch anlegen. (Scheitel-)Höhe des Parabelgewölbes: ≈ 18,66 m; (Dreiecks-)Höhe der Kirche: ≈ 37,32 m.

Aufgaben

DE/LÖ a) Gleichung der Funktionsgraphen f_k mittels Nullstellen- und Scheitelbedingung $k \in \{1; \dots; 12\}$:
$f_k(x) = x - \frac{x^2}{k}$
$f_{k'}(x) = 1 - \frac{2x}{k}$
Scheitelpunkt:
x-Wert: $f_{k'}(x) = 0$
$\Leftrightarrow x = \frac{k}{2}$
y-Wert: $f_k\left(\frac{k}{2}\right) = \frac{k}{4}$
Scheitel: $S\left(\frac{k}{2} \middle| \frac{k}{4}\right)$
b) Aus $x = \frac{k}{2}$ und $y = \frac{k}{4}$ folgt $k = 2x$ und damit $y = \frac{2x}{4}$. Alle Hochpunkte liegen auf der Geraden g: $y = 0{,}5x$.

LÖ/DE zu 17:
Das Koordinatensystem wurde so gewählt, dass die beiden Funktionen in $(0|0)$ ineinander übergehen.
a) f verläuft durch $(0|0)$, $(-15|-4)$. Möglicher dritter Punkt $(-8|-3)$.
b) Wegen der Einheit 50 m muss gelten $f(x) = -2$. Das gilt für $x \approx -4{,}5$. $f'(-4{,}5) \approx 37\,\%$.
c) g ist ganzrationale Funktion 3. Grades durch $(0|0)$. Dennoch ist nur ein 2×2 LGS zu lösen.
$g(x) = \frac{7}{240} \cdot x^3 - \frac{13}{60}x^2 + \frac{31}{60}x$
d) $f'(0) = g'(0) = \frac{31}{60} \approx 52\,\%$.
Geogebra-Datei im Lehrerbereich des Online-Portals.

DE Anspruchsvolle Aufgabe

19 Einem gleichseitigen Dreieck mit der Seitenlänge s ist ein Parabelbogen so einbeschrieben, dass die Verlängerungen zweier Dreiecksseiten Parabeltangenten sind.

a) Richtet man das Schaubild so ein, dass der linke untere Eckpunkt des Dreiecks im Ursprung liegt, so hat die Parabel die Gleichung
$f(x) = -\frac{\sqrt{3}}{s}x^2 + \sqrt{3}\,x$. Erläutern Sie den Weg zu dieser Gleichung.

b) Zeigen Sie, dass der Parabelscheitel die Dreieckshöhe halbiert.

c) Weisen Sie als Verallgemeinerung von Teil b) nach, dass der Parabelscheitel die Dreieckshöhe auch dann halbiert, wenn das umschriebene Dreieck statt gleich*seitig* nur gleich*schenklig* ist.

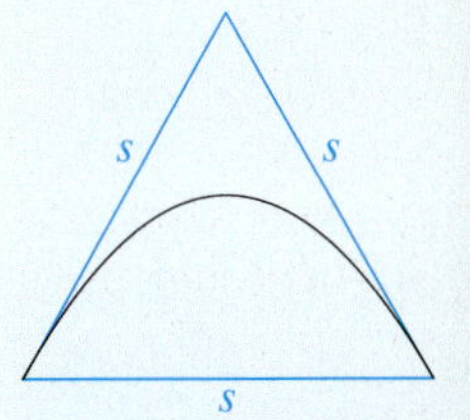

159/1

Trainieren Anwenden **Vernetzen**

20 Berechnen Sie auf zwei Arten die Gleichung der Tangente an die Parabel zu $f(x) = x^2 - 4x + 6$ im Punkt $B(4|6)$.

a) Mithilfe der Bedingung $m = f'(4)$.

b) Zeigen Sie zuerst, dass alle Geraden durch B die Gleichung $y = mx + (6 - 4m)$ haben. Schneiden Sie nun diese Geraden mit der Parabel und bestimmen Sie dasjenige m, für welches sich genau ein Schnittpunkt ergibt.

c) Beurteilen Sie den Aufwand beider Methoden.

DE b) ist nur mit guten Algebrakenntnissen zugänglich.

LÖ a) $y = 4x - 10$
b) Die Diskriminante der Gleichung $x^2 - (4+m)x + 4m = 0$ ist gleich Null, wenn $16 + 8m + m^2 - 16m = 0$, also genau dann, wenn $m = 4$.

21 Klären Sie erst anschaulich, weshalb die folgenden Angaben keine Parabel festlegen oder diese jedenfalls nicht eindeutig festlegen. Stellen Sie dann das LGS auf und erörtern Sie, was sich beim jeweiligen Lösen dieses LGS ergibt.

a) Eine Parabel verläuft durch den Ursprung und den Punkt $A(6|0)$. Sie hat bei $x = 3$ eine waagerechte Tangente.

b) Eine Parabel verläuft durch die Punkte $A(1|1)$, $B(3|1)$ und $C(5|1)$.

22 Bestimmen Sie die Funktionsgleichung einer Parabel, durch die der Graph der Sinusfunktion im Intervall $[0; \pi]$ möglichst genau angenähert wird.
Überprüfen Sie die Güte der Näherung an einigen Werten.

23 Vom Punkt $P(3|4)$ werden Tangenten an die Parabel mit den angegebenen Eigenschaften gelegt. Bestimmen Sie jeweils die Tangentensteigungen und die Berührpunkte.

a) Ihr Scheitel ist $S(1|-2)$ und sie verläuft durch den Ursprung.

b) Sie hat die Nullstelle 6 und im Ursprung die Steigung 2.

c) Sie schneidet die x-Achse bei -2 und 3 und die y-Achse bei 3.

LÖ zu 23:
a) Tangentensteigung: $m_1 = 4$; $m_2 = 12$.
Berührpunkte: $B_1(2|0)$ $B_2(4|16)$.
b) Tangentensteigung: $m_1 = \frac{4}{3}$; $m_2 = -\frac{4}{3}$
Berührpunkte: $B_1(0|0)$; $B_2(6|0)$
c) Tangentensteigung $m_1 = -2{,}5 + \sqrt{8}$; $m_2 = -2{,}5 - \sqrt{8}$
Berührpunkte: $B_1(3 - \sqrt{8}\,|-4 + 2{,}5\sqrt{8}$ $B_2(3 + \sqrt{8}\,|-4 - 2{,}5\sqrt{8}$

24 Der Längsschnitt des berühmten Berges in der Nähe von Rio de Janeiro, der nach seiner besonderen Form „Zuckerhut" genannt wird, lässt sich recht gut durch eine Parabel annähern.

a) Bestimmen Sie die Gleichung einer solchen Parabel durch die gegebenen Punkte $A\left(1\,|\,3\frac{23}{32}\right)$, $B\left(3\,|\,7\frac{31}{32}\right)$, $C\left(6\,|\,6\frac{3}{8}\right)$.

b) Angenommen, ein im geradlinigen Landeanflug befindliches Sportflugzeug passiert gerade den Punkt $F(5|9)$.
Berechnen Sie, wie groß der Landeanflugswinkel α höchstens sein darf, damit der Berg nicht gestreift wird.

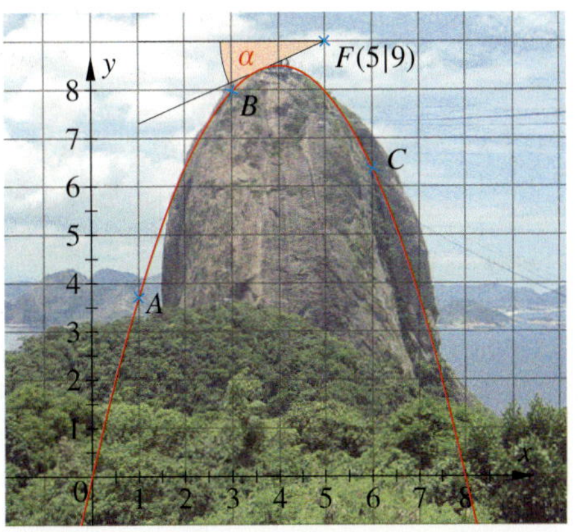

159/2

LÖ a) $f(x) = -\frac{17}{32}x^2 + \frac{17}{4}x$; b) $\alpha \approx 23°$.

DE Lösung des LGS mit TR empfohlen.
a) 3×3 LGS, 3 Punkte; b) Algorithmus wie in Aufgabe 23.

DE/LÖ
a) Scheitelform-Ansatz
$f(x) = ax^2 + 4{,}2$
$f(x) = -1{,}05\,x^2 + 4{,}2$
b) Algorithmus wie in Aufgabe 24
$\alpha \approx 15°$

25 Die Abbildung 160/1 zeigt einen weiteren Parabelbogen im Innern der Sektkellerei aus Aufgabe 12. Laut Firmenangabe hat der äußere Rand der von Ziegelsteinen gebildeten Parabel eine Spannweite von 4 m und eine Höhe von 4,2 m.
Der untere Rand des oberhalb des Parabelbogens befestigten Holzbalkens ist 4,75 m hoch parallel über dem Boden.

a) Bestimmen Sie gemäß der Firmenangabe die zugehörige Parabelgleichung.
b) Angenommen, der oberhalb des Parabelbogens befestigte Holzbalken würde sich infolge von Restaurierungsarbeiten so aus der rechten Verankerung lösen und auf den Bogen kippen, wie es die weiße Linie in der Abbildung zeigt.
Berechnen Sie, unter welchem Winkel er dann wieder aufgerichtet werden müsste.

160/1

DE Ansatz mit Scheitelform

LÖ
$f(x) = a(x-d)^2 + e$
Scheitel ist $E(0|9{,}3)$.
$f(x) = ax^2 + 9{,}3$
$f(4) = 0$
$\Leftrightarrow a = -0{,}58125$
$f(x) = -0{,}58125\,x^2 + 9{,}3$

26 Es ist nicht alles Parabel …
Das Foto 160/2 zeigt den 192 m hohen Gateway Arch in St. Louis am Mississippi.
Bestimmen Sie die Gleichung der Parabel durch die Punkte $E(0|9{,}3)$ und $H(4|0)$.
Plotten Sie diese Parabel und dazu den Graphen der Funktion zu
$g(x) = -(1{,}78^x + 1{,}78^{-x}) + 11{,}3.$
Dieser Graph entspricht der schwarzen Linie im Bild. Vergleichen Sie. www 160-1

160/2

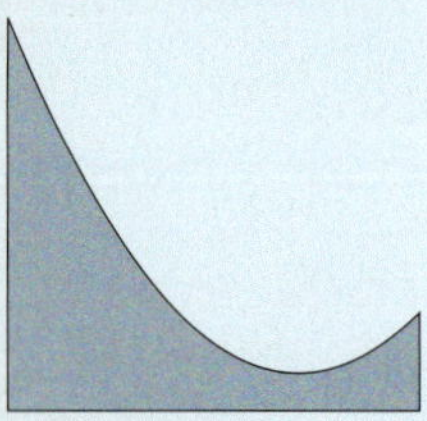

160/3 Querschnitt der Halfpipe

27 Eine Gruppe von erfahrenen Skateboardfahrern testet eine neuartige Halfpipe, die in der Skizze dem Graphen zu $f(x) = \frac{1}{2}x^2 - \frac{1}{2}$ bis zum Punkt A entspricht.

a) Bestimmen Sie die Gleichung der Geraden g_1, auf der sich ein Skateboardfahrer ohne Berücksichtigung der Erdanziehung ab dem Punkt $A(1|0)$ weiterbewegen würde (s. 160/4).
b) Unter idealen Bedingungen wäre die Flugbahn aller Skateboardfahrer eine Parabel der Form
$f_a(x) = -ax^2 + (2a+1)x - a - 1.$
Der Parameter a hängt von der Absprungsgeschwindigkeit des Springers ab. Ein Skater springt so ab, dass seine Flugbahn durch den Punkt $B(4|0)$ verläuft. Bestimmen Sie a so, dass die Parabel zu f_a durch B verläuft.
Zeigen Sie dann, dass der Punkt $C(7|-6)$ auf dieser Parabel liegt (s. 160/4: $a = \frac{1}{3}$ wie abgebildet).

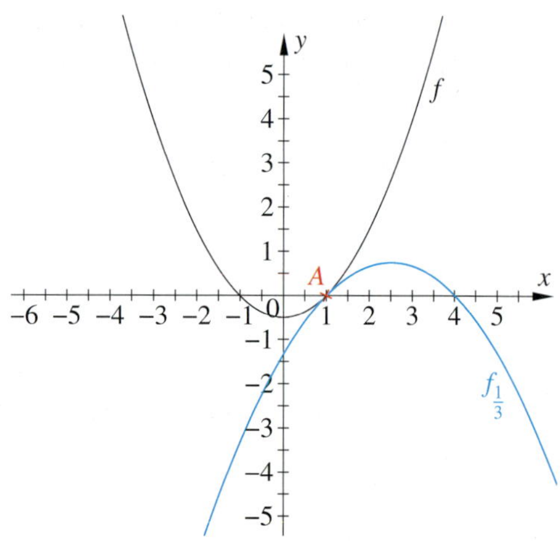

160/4

LÖ a) $A(1|0)$ liegt auf g_1: $m_1 = f'(1) = 1$ und somit g_1: $y = x - 1$; b) $B(4|0)$ auf f_a: $f_a(4) = 0$
$\Leftrightarrow a = \frac{1}{3}$. $f_{(\frac{1}{3})}(x) = -\frac{1}{3}(x^2 - 5x + 4)$. Wegen $f_{(\frac{1}{3})}(7) = -6$ liegt C auf dieser Parabel.

Wir fassen zusammen

Bedingungen für lokale Extremstellen

$f'(x_e) = 0$ Ist die **notwendige** Bedingung nicht erfüllt, kann x_e keine Extremstelle sein.

$f'(x_e) = 0$ <u>und</u> $f''(x_e) \neq 0$ Ist die **hinreichende** Bedingung erfüllt, so ist x_e eine Extremstelle.
Ist $f''(x_e) > 0$, so liegt bei x_e ein **Tiefpunkt**, für $f''(x_e) < 0$ ein **Hochpunkt**.
Der y-Wert eines Tiefpunktes heißt **relatives Minimum**, der eines Hochpunktes **relatives Maximum**.

Statt der Bedingung $f''(x_e) = 0$ kann als Bedingung auch verwendet werden.
f' hat an der Stelle x_e einen **Vorzeichenwechsel**.

Beispiel:
$f(x) = \frac{1}{3}x^3 - x$
$f'(x) = x^2 - 1$

$f'(x) = 0 = x^2 - 1$
$x^2 = 1$,
also zwei mögliche Extremstellen:
$x_1 = 1$
$x_2 = -1$

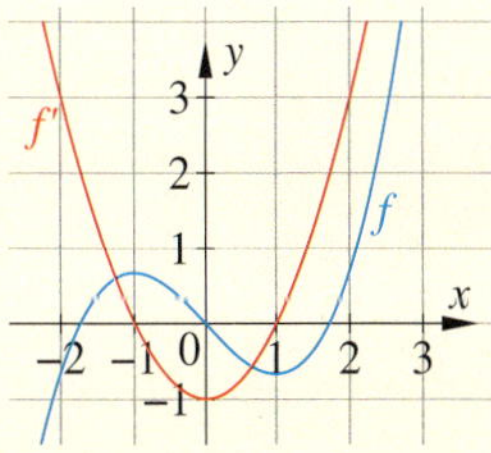

161/1

An der Stelle $x_1 = 1$ gilt:
$f'(1) = 0$ und $f''(1) = 2 > 0$ (Tiefpunkt)
An der Stelle $x_2 = -1$ gilt:
$f'(-1) = 0$ und $f''(-1) = -2 < 0$ (Hochpunkt)

Bedingungen für Wendestellen

x_w ist Wendestelle einer dreimal differenzierbaren Funktion f, wenn $f''(x_w) = 0$ (**notwendige Bedingung**) und $f'''(x_w) \neq 0$ (**hinreichende Bedingung**) gilt.
Statt der Bedingung $f'''(x_w) = 0$ kann als Bedingung auch verwendet werden: f'' hat an der Stelle x_w einen Vorzeichenwechsel.

$f''(x_w) = 0 \Leftrightarrow x_w = 0$
$x_w = 0$ ist Wendestelle des Graphen von f, da
$f''(0) = 0$ und $f'''(0) = 2$

Sattelpunkt

Ein Wendepunkt mit waagerechter Tangente ist ein Sattelpunkt, d.h. für Sattelpunkte gilt $f'(x_s) = 0$, $f''(x_s) = 0$ und $f'''(x_s) \neq 0$.

Beispiel:
Die Funktion f mit
$f(x) = (x-1)^3 + 1$
hat bei $S(1|1)$ einen Sattelpunkt.

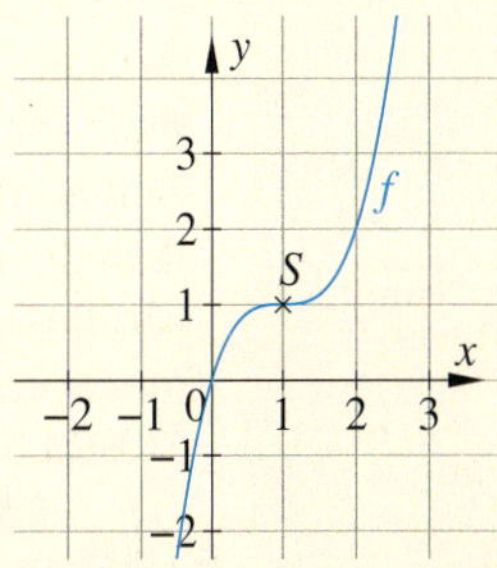

161/2

Modellieren mit Parabeln

Eine Parabel hat die allgemeine Gleichung
$f(x) = ax^2 + bx + c$. Mithilfe von drei Bedingungen können a, b und c berechnet werden.
Durch Einsetzen der Punktkoordinaten oder Steigungen der Parabel in bestimmten Punkten erhält man ein Gleichungssystem mit drei Gleichungen und den drei Variablen.
Das systematische Lösungsverfahren eines Gleichungssystems, bei dem die Koeffizienten auf eine Dreiecksform gebracht werden, heißt **Gauß'scher Algorithmus**.

Beispiel:
Eine ganzrationale Funktion 2. Grades hat den Hochpunkt $(1|3)$ und eine Nullstelle bei 3.
Allgemeiner Ansatz: $f(x) = ax^2 + bx + c$
$f'(x) = 2ax + b$
Lineares Gleichungssystem:
(I) $f(1) = a + b + c = 3$
(II) $f(3) = 9a + 3b + c = 0$
(III) $f'(1) = 2a + b = 0$
Aus diesen Gleichungen folgt:
$a = -\frac{3}{4}$; $b = \frac{3}{2}$; $c = \frac{9}{4}$
Die gesuchte Funktionsgleichung ist
$f(x) = -\frac{3}{4}x^2 + \frac{3}{2}x + \frac{9}{4}$.

Tangente an eine Parabel

Die Tangente im Punkt $B(x_0|y_0)$ an die Parabel mit der Gleichung $f(x) = ax^2 + bx + c$ hat die Steigung $f'(x_0) = 2ax_0 + b$.

Beispiel:
Tangente im Punkt $B(2|30)$ an die Parabel mit der Gleichung
$f(x) = 3x^2 - 5x + 2$ hat die Steigung
$f'(2) = 2 \cdot 3 \cdot 2^2 - 5 = 19$

Zusammenfassung

Test

1 Die Abbildung 162/1 zeigt den Graphen der Ableitung einer Funktion f. Skizzieren Sie den Verlauf des Graphen von f und f''.

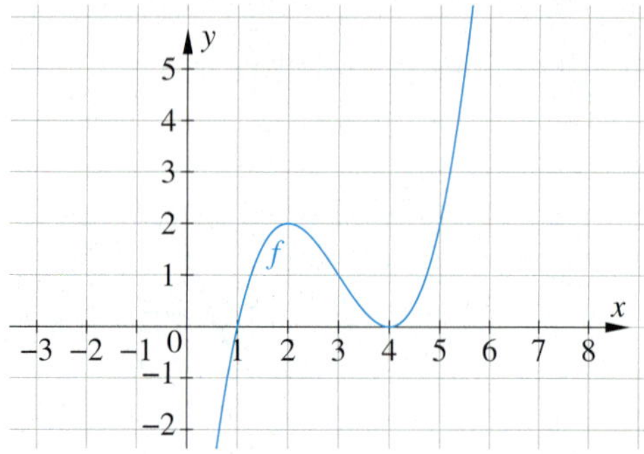

162/1

2 Bestimmen Sie die Nullstellen von f und die Extrem- und Wendepunkte des Graphen von f.

a) $f(x) = \frac{3}{16} \cdot x^3 - \frac{9}{4} \cdot x^2 + \frac{27}{4} \cdot x$

b) $f(x) = \frac{1}{16} \cdot x^3 - \frac{3}{16} \cdot x^2 - \frac{3}{2} \cdot x$

c) $f(x) = \frac{1}{4} \cdot x^4 - 2 \cdot x^2$

d) $f(x) = 3 \cdot x^4 - 8 \cdot x^3 + 6 \cdot x^2$

3 Gegeben ist die Funktion f mit $f(x) = \frac{1}{3} \cdot x^3 - 2 \cdot x^2 + 2 \cdot x$.

a) Berechnen Sie die Stellen, an denen der Graph von f die Steigung 2 hat und bestimmen Sie die Gleichungen der Tangenten mit Steigung 2.

b) Berechnen Sie die Stellen, an denen der Graph von f eine Normale mit der Steigung 1 hat und bestimmen Sie die Gleichungen der Normalen mit Steigung 1.

c) An welcher Stelle fällt der Graph von f am stärksten?

d) In welchen Bereichen ist der Graph von f links-/rechtsgekrümmt?

4 Die Abbildung zeigt den Graphen der Funktion V mit $V(\mathrm{t}) = -3t^3 + 90t^2$, die die Zuflussmenge von Wasser durch eine Rohrleitung für einen Zeitraum von 20 Minuten beschreibt.

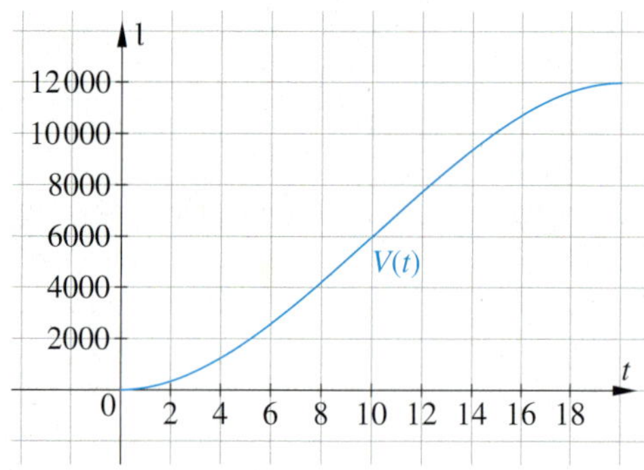

162/1

a) Berechnen Sie, wie viel Liter Wasser nach 5 Minuten durch die Rohrleitung geflossen sind.

b) Bestimmen Sie die Durchflussgeschwindigkeit nach 8 Minuten.

c) Bestimmen Sie die Zeitpunkte, zu denen die Durchflussgeschwindigkeit $324 \frac{\mathrm{l}}{\mathrm{min}}$ beträgt.

d) Bestimmen Sie die größte Durchflussgeschwindigkeit innerhalb der ersten Viertelstunde.

e) Bestimmen Sie den Wert einer konstanten Durchflussgeschwindigkeit, die in den ersten 10 min die gleiche Menge Wasser hätte zufließen lassen.

f) Um wie viel Prozent ist die größte Durchflussgeschwindigkeit größer, als die angenommene konstante Durchflussgeschwindigkeit aus e)?

5 Der Graph der Funktion f mit der Gleichung $f(x) = ax^2 + bx + c$ hat die folgenden Eigenschaften:

- Bei $x = 4$ hat er eine Nullstelle.
- An der Stelle $x = 1$ beträgt die Steigung -2.
- Der Graph veräuft durch den Punkt $(6|4)$.

Bestimmen Sie die Parameter a, b und c.

ABITURVORBEREITUNG

Machen Sie sich Notizen, bei welchen Aufgaben Sie noch größeren Übungsbedarf haben.
Die Lösungen finden Sie auf Seite 212, aber arbeiten Sie zunächst möglichst ohne nachzulesen!

5. Kapitel

Die zentrale Klausur und Vertiefung

In diesem Kapitel erhalten Sie Hinweise zu einer erfolgreichen Vorbereitung auf die zentrale Klausur mit einem Aufgabenbeispiel. Wie Sie selbst Ihre Lernfortschritte prüfen und unterstützen können, erfahren Sie in einem weiteren Abschnitt. Ein anderes Thema dieses Kapitels ist die Koordinatengeometrie.

5.1 Die zentrale Klausur

Allgemeines zur Prüfungsstrategie

Allgemeine Hinweise zur Prüfungsvorbereitung

- Rechnen Sie Aufgaben aus Ihren Unterlagen noch einmal auf einem Blatt selbstständig durch und vergleichen Sie erst danach mit den richtigen Lösungen.
- Bei vielen Aufgaben kann eine Skizze hilfreich sein.
- Am Tag vor der zentralen Klausur sollten Sie nichts Neues mehr in Angriff nehmen, insbesondere kein „Mammutprogramm" starten. Das macht Sie nur nervös und bringt das Wissen in Ihrem Kopf durcheinander.
- Sprechen Sie mit Ihren Klassenkameraden oder Eltern über die Aufgaben, die Sie geübt haben und erklären Sie ihnen, wie Sie gerechnet haben. Erzählen Sie ihnen auch ganz allgemein, was in der zentralen Klausur an die Reihe kommt und was Sie alles gelernt haben.
- Die beste Vorbereitung auf die zentrale Klausur ist Ihre ständige Mitarbeit im Unterricht und das sorgfältige Erledigen der Hausaufgaben.

Am Beispiel einer Aufgabe der Vergleichsklausur NRW 2009 soll Ihnen dieser Abschnitt Strategien aufzeigen, wie Sie sich zu Aufgabenstellungen in Sachzusammenhängen einen besseren Zugang verschaffen können.
Trotz der inhaltlichen Verschiedenheit der Aufgabenstellungen lernen Sie allgemein verwertbare Vorgehensweisen kennen, wie Sie am effektivsten zur Lösung kommen können.

Umgang mit Angst

Angst sollte Sie nicht lähmen. Ein wenig Angst kann Ihnen vor einer Klausur sogar helfen. Ein produktiver Umgang mit Angst kann etwa so aussehen:
Kommt Ihnen ein Satz wie: „Ich kann überhaupt nichts, ich habe alles vergessen ...", dann machen Sie es sofort konkret: „Was zum Beispiel weiß ich nicht mehr?" (Etwa: Wie man die Tangente an einen Funktionsgraphen berechnet).
Nun können Sie reagieren, also Angst in Aktion umwandeln:
Sagen Sie sich auf, wie man so eine Tangente berechnet, oder probieren Sie ein Beispiel.
Fall a) Sie können es. Dann haben Sie die Angst wiederlegt. Beim nächsten „Anfall" nehmen Sie ein anderes Beispiel.
Fall b) Sie können nicht mehr sagen, wie das geht. Dann schauen Sie nach und üben es danach auswendig. In diesem Fall hat die Angst sich gelohnt und Sie ein Stück weiter gebracht.

Hinweise zum Vorgehen während der zentralen Klausur

- Der **Aufgabentext** wird Ihnen eventuell auf den ersten Blick fremd vorkommen, weil er anders formuliert ist als Sie es gewohnt sind, und weil Sie dem Anwendungszusammenhang eventuell noch nie begegnet sind. Lesen Sie den Text gründlich durch. Achtung: Möglicherweise enthält der Text Informationen, welche für die Lösung gar nicht benötigt werden.

- Markieren Sie die Informationen, welche bezogen auf die Fragestellung notwendig sind, oder schreiben Sie sie heraus. Häufig ist der Verlauf eines Funktionsgraphen schon vorgezeichnet. Wenn Sie sich den Graphen genau angesehen haben, werden Sie besser verstehen, wonach gefragt ist und was die Lösung sein könnte. Achten Sie auf typische Formulierungen, die das Arbeiten am Graphen verlangen, wie z. B.: „Geben Sie an …“ „Lesen Sie ab …“, „Entnehmen Sie der Skizze …“, etc. Prüfen Sie, ob der Funktionsgraph dann auch wirklich zu Ihren Rechnungen passt.

- Die nachfolgende Tabelle enthält eine Auswahl typischer Fragestellungen, die früheren Vergleichsklausuren entnommen sind. Das folgende kleine „mathematische Wörterbuch“ zeigt Ihnen, dass sich im Aufgabentext ein sehr wohl ein vertrautes Verfahren verstecken könnte:

Typische Aufgabenstellung	**Schlüsselbegriffe**
Berechnen Sie die Größe der um 5:00 Uhr nachts von Bakterien bedeckten Fläche.	Bestand, Funktionswert
Berechnen Sie die Zahl der Besucher, die an einem Tag eine Stunde nach Öffnung im Park sind.	Bestand, Funktionswert
Zeigen Sie, dass der Baum bis 13 Uhr insgesamt 637 Liter Sauerstoff produziert hat.	Bestand, Funktionswert
Bestimmen Sie die durchschnittliche Wachstumsgeschwindigkeit der Bakterienkultur $\left(\text{in } \frac{\text{cm}^2}{\text{h}}\right)$ zwischen dem Beobachtungsbeginn und 5:00 Uhr nachts.	Durchschnittliche Änderungsrate
Wie viel Sauerstoff gibt der Baum zwischen 13 Uhr und 17 Uhr durchschnittlich pro Stunde ab?	Durchschnittliche Änderungsrate
Wann ist die Wachstumsgeschwindigkeit genauso groß wie zu Beginn der Beobachtung?	Momentane Änderungsrate
Bestimmen Sie die Steigung von v an der Stelle $t = 5$ und erläutern Sie die Bedeutung dieses Wertes in dem gegebenen Sachzusammenhang.	Momentane Änderungsrate
Bis zu welchem Zeitpunkt wächst im vorgegebenen Modell die bedeckte Fläche?	x-Wert des relativen (lokalen) Maximums des Bestandes (Ausgangsfunktion)
Wann produziert der Baum am meisten Sauerstoff? Geben Sie zunächst eine begründete Vermutung. Erläutern Sie anschließend, wie man diesen Zeitpunkt rechnerisch ermitteln kann.	x-Wert des relativen (lokalen) Maximums des Bestandes (Ausgangsfunktion)
Wann ist die Zahl der Besucher maximal? Wie viele sind es?	x-Wert des relativen (lokalen) Maximums des Bestandes (Ausgangsfunktion), zugehöriger Wert der Bestandsfunktion
Ermitteln Sie den Zeitpunkt, zu dem die Bakterienkultur am schnellsten wächst.	x-Wert des relativen (lokalen) Maximums der ersten Ableitung, Wendestellenbestimmung
Wann nimmt der Andrang an den Kassen am stärksten zu? (f beschreibt Länge der Schlange)	x-Wert des relativen (lokalen) Maximums der ersten Ableitung, Wendestellenbestimmung

- Achten Sie darauf, Ihre Lösungen nachvollziehbar zu begründen.
  Wichtig ist hierbei auch die klare Abgrenzung elementarer Begriffe, wie z. B. Extremstelle, Extremwert, absolutes Maximum, bzw. Minimum, relatives Maximum, bzw. Minimum, relativer Hochpunkt, bzw. Tiefpunkt, absoluter Hochpunkt, bzw. Tiefpunkt. (Statt „relativ" kann auch der gleichbedeutende Begriff „lokal" verwendet werden.)
  Beachten Sie: Der x-Wert eines Extrempunktes (Hoch- oder Tiefpunkt) heißt Extremstelle, der y-Wert Extremum (Maximum oder Minimum).

Muster-beispiel

Musterbeispiel: Vergleichsklausur Mathematik 2009, Aufgabe 2 a)
Der Originaltext der Klausur ist *kursiv* gedruckt.

Wird Raps mit Stickstoff gedüngt, so nimmt der Kornertrag zunächst mit steigender Düngermenge zu. Wird die optimale Düngermenge überschritten, so wird der Ertrag wieder geringer.

Hier wird eine allgemeine Aussage zur Wirkung der Stickstoffdüngung gemacht. Die Aussage dient dazu, den Verlauf des nachfolgend gezeichneten Graphen und der angegebenen Funktionsgleichung zu erklären

In dem folgenden Diagramm ist näherungsweise das Ergebnis von Versuchen dargestellt, die dazu in den Jahren 1998 bis 2005 in Hessen durchgeführt wurden.

Zur Aufgabenlösung **nicht notwendige Information.**

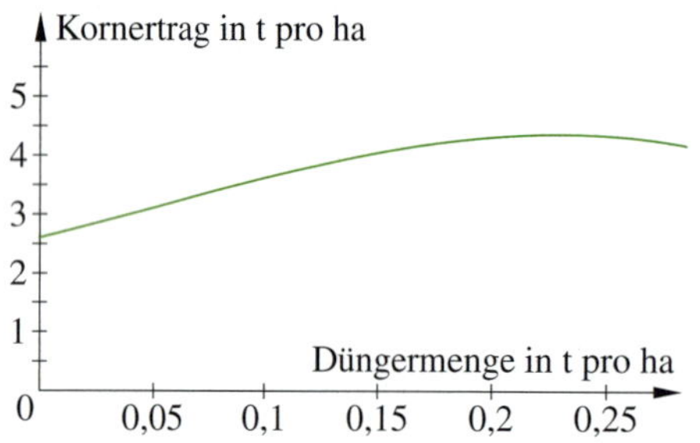

Unbedingt **notwendige Informationen** zur Lösung der Aufgabe.

– Schaubild der Funktion

Der abgebildete Graph gehört zur Funktion k mit
$k(x) = -\frac{320}{3}x^3 + 16x^2 + \frac{48}{5}x + \frac{13}{5}$

– Funktionsgleichung

Dabei bezeichnet x die Düngermenge in Tonnen pro Hektar und k(x) den Kornertrag in Tonnen pro Hektar bei der Düngermenge x. Mit dieser Funktion ist es nun möglich, die folgenden Fragestellungen zu bearbeiten.

– Beschreibung der beiden Koordinatenachsen

a) Zeigen Sie rechnerisch, dass bei einer Düngermenge von annähernd 0,23 Tonnen pro Hektar der maximale Kornertrag erzielt wird.
Berechnen Sie näherungsweise den maximalen Kornertrag pro Hektar.

Hier ist auf das Wort **„rechnerisch"** zu achten. Ein Ablesen des maximalen Kornertrags ist als Lösungsweg nicht zulässig, sondern höchstens zur Bestätigung der rechnerischen Lösung geeignet. Außerdem führt diese Vorgehensweise wegen zu großer Ableseungenauigkeiten nicht zum beabsichtigten Ziel.

Lösung des Musterbeispiels

Lösung des Musterbeispiels

Da ein relatives Maximum zu bestimmen ist, sind die ersten beiden Ableitungen als Standardinstrumente zu verwenden. Zu beachten ist, dass 0,23 als Maximumsstelle der x-Wert, also die Stelle des zu bestimmenden Maximums ist.

Das Maximum selbst ist ein y-Wert. Der Hochpunkt hat dann als x-Koordinate die Maximumsstelle und als y-Koordinate das Maximum selbst.
Der nachfolgende Lösungsweg muss sich aus plausibel begründeten und klar verständlichen Lösungsschritten zusammensetzen.

Erste Ableitung:
$k'(x) = -320x^2 + 32x + \frac{48}{5}$

Zweite Ableitung:
$k''(x) = -640x + 32$

Mit der notwendigen Bedingung $k'(x) = 0$ folgt:
$-320x^2 + 32x + \frac{48}{5} = 0$

Die Lösungen dieser quadratischen Gleichung sind

$x_1 = \frac{1 + \sqrt{13}}{20} \approx 0{,}23$ und

$x_2 = \frac{1 - \sqrt{13}}{20} \approx 0{,}13$

167/1

Da $x_1 < 0$ ist, kann hier nicht die gesuchte Maximumsstelle vorliegen. Eine mögliche Maximumsstelle ist x_2. Als Nullstelle von k' wird x_2 mit k'' überprüft.
Wegen $k''(0{,}23) = -115{,}2 < 0$ liegt an der Stelle x_2 das einzige relative Maximum für positive x-Werte vor.

Es ist noch zu zeigen, dass das Maxiumum bei 0,23 auch ein absolutes Maximum ist.
Da x die Düngermenge darstellt, sind nur positive x sinnvoll. Für $x > 0$ ist bei 0,23 das einzige Extremum. Deshalb wechselt der Graph von f nur an der Stelle 0,23 sein Monotonieverhalten. Links von 0,23 steigt er streng monoton, rechts von 0,23 fällt er. Damit kann es nirgends einen größeren y-Wert geben als bei 0,23, bei 0,23 ist ein absolutes Maximum.
Wegen $k(0{,}23) \approx 4{,}36$ beträgt der maximale Kornertrag ungefähr 4,36 Tonnen pro Hektar.

Inhalte der zentralen Klausur in diesem Band

Üben und Nachschlagen

In diesem Buch finden Sie viele Aufgaben im Stil bisheriger zentraler Klausuren. Sie eignen sich alle zum Üben. Hier einige Beispiele:

In Kapitel 2: Seite 52 Auftrag 1; Seite 53 Auftrag 3; Seite 60 Aufgaben 14, 15;
Seite 61 Aufgabe 21; Seite 63 Aufgabe 31
In Kapitel 3: Seite 83 Auftrag 2; Seite 98 Auftrag 1; Seite 103 Aufgaben 5, 6;
Seite 104/8; Seite 105 Aufgabe 9; Seite 110 Aufgabe 31;
Seite 124 Aufträge 1 ,2; Seite 128 Aufgabe 9
Besonders geeignet:
In Kapitel 4 auf den Seiten 142 bis 144 die Aufgaben 17 bis 25.

Inhalte der zentralen Klausur in diesem Band

Die Inhalte der zentralen Klausur werden in diesem Band an folgenden Stellen behandelt:

Geraden (Gerade durch zwei Punkte, Steigungswinkel, Parallelität, Orthogonalität)	Abschnitt 5.2
Nullstellen ganzrationaler Funktionen (p-q-Formel, einfaches Ausklammern)	Abschnitt 2.1
Diskussion ganzrationaler Funktionen bis $n = 3$ (Symmetrie, Steigung, Nullstellen, Hoch-, Tief-, Wendepunkte)	Abschnitte 4.1 und 4.2
Tangenten Normalen	Abschnitte 3.1, 4.3 und 5.2 Abschnitt 5.2
Verschieben und Strecken von ganzrationalen Funktionen bis Grad 3.	Abschnitt 2.2
Zusammenhang f, f', f''	Abschnitte 3.2 und 4.2
Anwendungen: Durchschnittliche, momentane Änderungsrate, Interpretation der besonderen Punkte des Graphen im Sachzusammenhang.	Kapitel 3 und 4

Übungsbeispiel

Aufgabe

Zu Testzwecken bewirtschaftet ein Landwirt über einen Fünfjahreszeitraum ein kleines Weizenfeld und registriert nach jeder Jahresernte die Erträge.
In jedem Jahr erhöhte er nur den Düngereinsatz um jeweils 1 dz, beginnend mit 0 dz im ersten Jahr bis 4 dz im fünften Jahr; die sonstige Bewirtschaftung blieb stets unverändert.
Beim Einsatz von 1 bzw. 2 dz erzielte er Erträge von 0,375 t bzw. 2 t.
Die Kurve der Ertragsentwicklung abhängig vom Düngereinsatz soll in etwa dem Graphen einer Funktion f der Form $f(x) = ax^4 + bx^3$ entsprechen.

a) Bestimmen Sie a und b durch Einsetzen der Tabellenwerte in die Funktionsgleichung und Lösen eines Gleichungssystems.
(Kontrolllösung: $f(x) = -\frac{1}{8}x^4 + \frac{1}{2}x^3$)

Als Durchschnittsproduktivität wird der Quotient aus dem jeweiligen Ertrag und der zugehörigen eingesetzten Düngermenge bezeichnet.

b) Stellen Sie die Funktionsgleichung der Durchschnittsproduktivitätskurve auf und zeichnen Sie diese zusammen mit der Ertragskurve in ein gemeinsames Koordinatensystem.
c) Berechnen Sie jeweils die momentanen Änderungsraten des Ertrags der Jahre 0 bis 5.

TIPP
Die Lösung zum Übungsbeispiel finden Sie unter 168-1.

Bestimmen Sie jeweils zeichnerisch und rechnerisch die folgenden Düngermengen:

d) D_0, bei der die Steigerungsraten der Erträge beginnen kleiner zu werden.
(Der Übergang von „progressiven“ in „degressive“ Steigerungsraten wird „Schwelle des Ertragsgesetzes“ genannt).
e) D_1, welche im günstigsten Verhältnis zum Ertrag steht (Ertragsoptimum).
Wie hoch ist dann der zugehörige Ertrag und die zugehörige Durchschnittsproduktivität? Was fällt in diesem Zusammenhang bei der Betrachtung der Durchschnittsproduktivitätskurve auf?
f) D_2, bei welcher der höchste Ertrag erzielt wird (Ertragsmaximum). Wie hoch ist dieser?
g) D_3, bei der wegen extremer Überdüngung überhaupt kein Ertrag mehr erzielt wird.

168-1

Aufträge

5.2 Koordinatengeometrie

Auftrag 1 Radarstation

Auf einer kleinen Insel im Atlantik steht eine Radarstation, die Schiffe in einem Radius von 90 km orten kann. Ein Forschungsschiff legt vom seinem Heimathafen ab, der 120 km von der Insel entfernt ist, und wird auf einem zusammenhängenden Abschnitt seiner geradlinigen Route vom Radar erfasst. 150 km vom Heimathafen entfernt verlässt es wieder den Ortungsbereich der Radarstation.
Fertigen Sie in einem geeigneten Koordinatensystem eine Zeichnung auf Grundlage der nebenstehenden Skizze an, die den Sachverhalt klar verdeutlicht. (Wählen Sie die Insel als Ursprung des Koordinatensystems und 1 cm für 10 km)
Wie lang ist die Strecke, auf der das Forschungsschiff geortet wird? Würde das Schiff bei einem um 30 km verkürzten Radius bei gleicher Route immer noch vom Radar erkannt? Wie groß darf der Ortungsradius höchstens sein, damit das Forschungsschiff bei gleicher Route nicht mehr erfasst wird? Erstellen Sie hierzu eine neue Zeichnung.

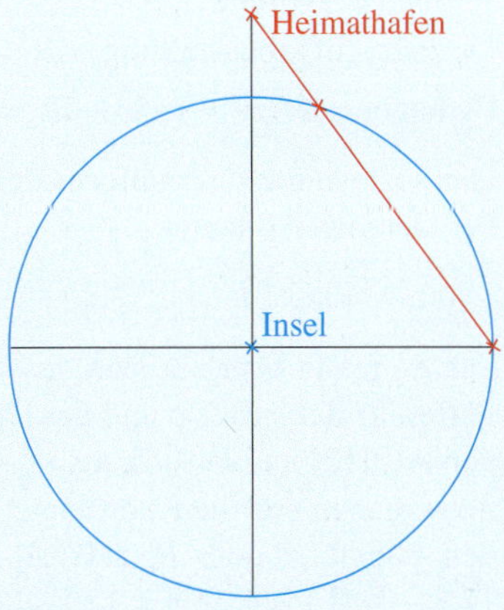

169/1

Auftrag 2 Meteorit

Ein Meteorit mit gewaltiger Zerstörungskraft rast auf die Erde zu. Einem Spezialteam von Astronauten ist es gelungen, auf dem Meteoriten zu landen, dort eine Sprengladung zu platzieren und wieder zur Erde zurückzukehren. Die Sprengladung kann durch Funksignale von der Erde aus gezündet werden. Sie ist so dimensioniert, dass sie den Meteoriten in zwei Teile spaltet, die in einem Winkel von 58° auseinanderdriften und geradlinig an der Erdoberfläche vorbeifliegen. Hierbei muss jeder der beiden Meteoritenbrocken einen Sicherheitsabstand von mindestens 1600 km zur Erdoberfläche einhalten, damit Mutter Erde keinen Schaden erleidet. Welche Mindestentfernung von der Erdoberfläche muss der Meteorit unter diesen Bedingungen zum Zeitpunkt der Sprengung haben, damit die drohende Katastrophe abgewendet wird?
(Runden Sie das Endergebnis auf volle 100 km.)

LÖ 10 200 km

169/2

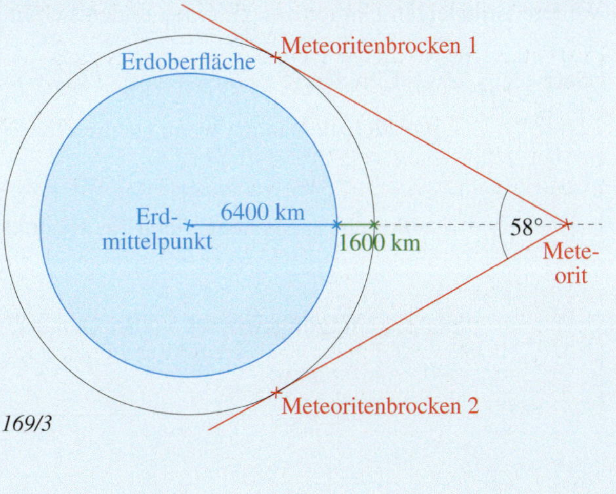

169/3

▶ **Auftrag 1** wird bei der Erarbeitung verwendet.

▶ Kreise und Geraden mit Koordinaten darstellen

Geradengleichung

Da laut Aufgabenstellung $|\overline{AB}| = 15$ cm und $|\overline{AM}| = 12$ cm betragen, ist nach dem Satz des Pythagoras $|\overline{M_0B}| = \sqrt{15^2 - 12^2} = 9$ cm.

Die sogenannte Normalform der Geradengleichung der Geraden AB lautet

$$y = mx + b$$

Die Steigung m ergibt sich aus dem Quotienten der Differenz der y-Werte und der Differenz der x-Werte von $A(0|12)$ und $B(9|0)$, also $\frac{0-12}{9-0} = -\frac{4}{3}$.
Setzt man m und die Koordinaten von einem der beiden Punkte A oder B, z. B. A, ein, so erhält man $12 = -\frac{4}{3} \cdot 0 + n$, also $n = 12$.

Die Gleichung der Geraden AB lautet damit $y = -\frac{4}{3}x + 12$.

Da die Gerade AB die y-Achse bei 12 schneidet, heißt 12 der **y-Achsenabschnitt** der Geraden.

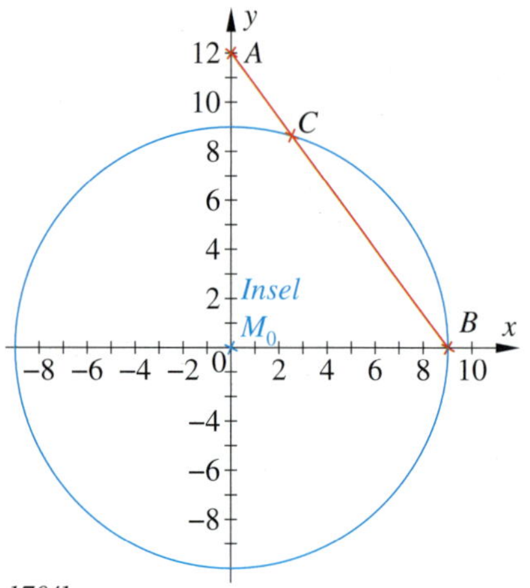

170/1

Definition 5.1 Eine Geradengleichung der Form $y = mx + b$ heißt **Normalform** einer Geradengleichung.
m heißt **Steigung** und b **y-Achsenabschnitt** der Geraden g.

Satz 5.1 Sind $A(x_1|y_1)$ und $B(x_2|y_2)$ zwei Punkte der Geraden, so gilt

$$m = \frac{y_2 - y_1}{x_2 - x_1}$$

Setzt man m und die Koordinaten von einem der beiden Punkte, z. B. die von A, in die Normalform der Geradengleichung ein, so erhält man aus

$$y_1 = m \cdot x_1 + b$$

durch Umformung den Achsenabschnitt b.

Weitere Grundeigenschaften von Geraden finden sich in folgendem Satz.

HINWEIS
Der Zusammenhang zwischen den Steigungen von Geraden $m_1 \cdot m_2 = -1$ und der Parallelität der Geraden wird in Aufgabe 10 bewiesen.

Satz 5.2 Zwei Geraden g: $y = m_1x + b_1$ und h: $y = m_2x + b_2$ sind

– **parallel** zueinander, wenn sie dieselbe Steigung haben:

$$m_1 = m_2$$

– **senkrecht** zueinander, wenn das Produkt ihrer Steigungen −1 beträgt:

$$m_1 \cdot m_2 = -1$$

Für den **Steigungswinkel** α einer Geraden g mit der Steigung m gilt:

$$m = \tan(\alpha)$$

Kreisgleichung

Der Kreis k_0 mit Mittelpunkt $M_0(0|0)$ und Radius $r = 9$ hat die Gleichung k_0: $x^2 + y^2 = 81$.
Dies ist aus der Zeichnung mithilfe des Satzes des Pythagoras nachprüfbar.
Hierbei ist $P(x|y)$ ein allgemeiner Kreispunkt, der vom Ursprung M_0 stets denselben Abstand $r = 9$ hat.
Die x Werte möglicher Schnittpunkte des Kreises mit der Geraden g berechnet man durch Einsetzen des Funktionsterms der Geraden für y in die Kreisgleichung:

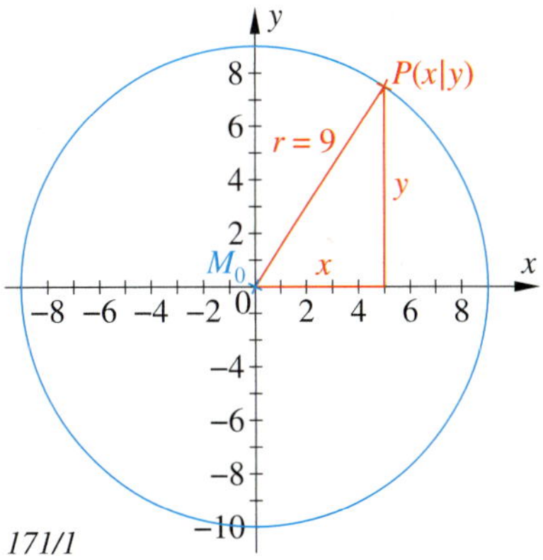

171/1

$x^2 + \left(-\frac{4}{3}x + 12\right)^2 = 81$

$\Leftrightarrow x^2 + \frac{16}{9}x^2 - 32x + 144 - 81 = 0$

$\Leftrightarrow \frac{25}{9}x^2 - 32x + 63 = 0 \Leftrightarrow x^2 - \frac{288}{25}x + \frac{567}{25} = 0$

$\Leftrightarrow x = \frac{144}{25} \pm \sqrt{\frac{20736}{625} - \frac{14175}{625}} \Leftrightarrow x = \frac{144}{25} \pm \frac{81}{25}$

$\Leftrightarrow x = 2{,}52$ oder $x = 9$

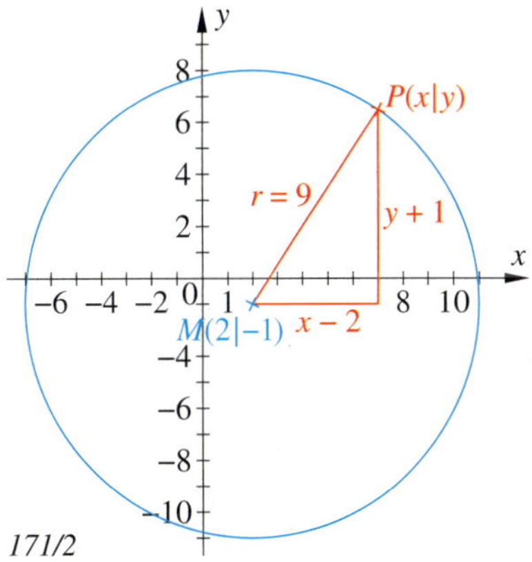

171/2

Einsetzen in g liefert die gesuchten Schnittpunkte $B(9|0)$ und $C(2{,}52|8{,}64)$.
Hier ist der Term unter der Wurzel, auch Diskriminante D genannt, größer als 0.
Es können aber auch die Fälle $D = 0$ oder $D < 0$ auftreten.
Zusammengefasst gilt:
Ist $D < 0$, so existiert kein gemeinsamer Punkt von g und k_0.
Die Gerade g ist Passante des Kreises k_0.
Ist $D = 0$, so existiert genau ein gemeinsamer Punkt von g und k_0.
Die Gerade g ist Tangente des Kreises k_0.
Ist $D > 0$, so existieren zwei gemeinsame Punkte von g und k_0.
Die Gerade g ist Sekante des Kreises k_0.

Nach Verschiebung der Mittelpunktes $M_0(0|0)$ beispielsweise nach $M(2|-1)$ lautet die neue Kreisgleichung k_0: $(x-2)^2 + (y+1)^2 = 81$

Satz 5.3

Der **Kreis mit dem Mittelpunkt $M_0(0|0)$ und dem Radius r** hat die Gleichung k_0: $x^2 + y^2 = r^2$
Der **Kreis mit dem Mittelpunkt $M(x_M|y_M)$ und dem Radius r** hat die Gleichung k: $(x - x_M)^2 + (y - y_M)^2 = r^2$

Schnittpunkt von Kreis und Gerade

Setzt man den Funktionsterm der Geraden g: $y = mx + b$ für y in die Kreisgleichung ein, so erhält man die x-Werte möglicher Schnittpunkte des Kreises mit der Geraden g, falls solche existieren.

Definition 5.2

Die Gerade g heißt
- **Passante** des Kreises, wenn kein solcher x-Wert existiert,
- **Tangente** des Kreises, wenn genau ein solcher x-Wert existiert,
- **Sekante** des Kreises, wenn zwei solcher x-Werte existieren.

Streckenlänge, auf der das Forschungsschiff geortet wird:

$$d_1 = |\overline{BC}| = \sqrt{(9-2{,}52)^2 + (0-8{,}64)^2} = 10{,}8$$

Die gesuchte Streckenlänge beträgt 108 km.

Schnittpunkte des neuen Kreises mit der Geraden g:

$$x^2 + \left(-\tfrac{4}{3}x + 12\right)^2 = 36 \Leftrightarrow x^2 + \tfrac{16}{9}x^2 - 32x + 144 - 36 = 0 \Leftrightarrow \tfrac{25}{9}x^2 - 32x + 108 = 0$$

$$\Leftrightarrow x^2 - \tfrac{288}{25}x + \tfrac{972}{25} = 0 \Leftrightarrow x = \tfrac{144}{25} \pm \sqrt{\tfrac{20735}{625} - \tfrac{24300}{625}}$$

Diese quadratische Gleichung hat keine Lösung, da die Diskriminante kleiner 0 ist. Also würde das Schiff nicht mehr vom Radar erkannt.

Die x-Werte möglicher Schnittpunkte des Kreises mit der Geraden g berechnet man wieder durch Einsetzen des Funktionsterms der Geraden g für y in die Kreisgleichung, diesmal aber mit unbekanntem Radius.

$$x^2 + \left(-\tfrac{4}{3}x + 12\right)^2 = r^2$$

Weiterrechnen wie oben führt auf $x = \tfrac{144}{25} \pm \sqrt{\tfrac{20735}{625} - \tfrac{255(144 - r^2)}{625}}$

Für den Berührpunkt des Kreises mit der Geraden g muss die Diskriminante gleich 0 sein:

$$\tfrac{20736}{625} - \tfrac{255(144 - r^2)}{625} = 0.$$

Nach r aufgelöst ergibt sich $r = 7{,}2$. (Die negative Lösung braucht nicht berücksichtigt zu werden.) Der gesuchte Ortungsradius beträgt somit 72 km.

Aus der Mittelstufe wissen Sie, dass die Kreistangente senkrecht auf dem Berührradius steht.

Satz 5.4

Die **Tangente an den Kreis mit Mittelpunkt *M* im Berührpunkt *B*** ist diejenige Gerade durch B, welche senkrecht zur Geraden durch M und B verläuft. Die Länge der Strecke $\overline{MB}$ heißt **Berührradius**.

Beispiel: Bestimmen Sie die Gleichung der Tangente an den Kreis $(x-1)^2 + (y+2)^2 = 25$ im Berührpunkt $B(4|2)$.

B erfüllt wegen $(4-1)^2 + (2+2)^2 = 25$ offenbar die Kreisgleichung. Die Gerade durch $M(1|-2)$ und $B(4|2)$ hat die Steigung $m = \tfrac{4}{3}$, also hat die Tangente t die Steigung $m_t = -\tfrac{3}{4}$

Bestimmung der Tangentengleichung:

Normalform: t: $y = -0{,}75x + b_t$. Da B auch Punkt der Tangente t ist, gilt $4 \cdot (-0{,}75) + b_t = 2$, also $b_t = 5$. Demnach lautet die gesuchte Tangentengleichung t: $y = -0{,}75x + 5$.

Die in diesem Beispiel behandelte Orthogonale zur Tangente wird als Normale bezeichnet und lässt sich von Kreisen analog auf andere Graphen übertragen.

HINWEIS

Diese Definition und das folgende Beispiel setzen die Behandlung der Ableitung voraus.

Definition 5.3

Im Punkt B eines Funktionsgraphen ist eine Tangente gelegt.
Die **Normale in einem Tangentenberührpunkt *B*** ist diejenige Gerade durch B, welche senkrecht zu der Tangente verläuft.

Beispiel: Bestimmen Sie die Gleichung der Normalen zum Funktionsgraphen von $f(x) = x^4 - 2x^3 - 5$ im Tangentenberührpunkt $B(1|-6)$.

B erfüllt wegen $1^4 - 2 \cdot 1^3 - 5 = -6$ offenbar die Funktionsgleichung. Setzt man den x-Wert 1 des Berührpunktes $B(1|-6)$ in die Ableitung $f'(x) = 4x^3 - 6x^2$ ein, so erhält man $f'(1) = -2$.

Die Tangente t in $B(1|-6)$ hat also die Steigung $m_t = -2$, also hat die Normale n durch B die Steigung $m_b = -\tfrac{1}{-2} = 0{,}5$.

Bestimmung der Normalengleichung: Normalform: n: $y = -0{,}5x + b_n$

Da B auch Punkt der Normale t ist, gilt $1 \cdot (-0{,}5) + b_n = -6$, also $b_n = -5{,}5$.

Demnach lautet die gesuchte Normalengleichung n: $y = -0{,}5x - 5{,}5$.

Aufgaben

Trainieren Anwenden Vernetzen

Bestimmen einer Geradengleichung

1 Geben Sie die Gleichungen der Parallelen und der Senkrechten zu g durch den Punkt P an:
a) $g\colon y = \frac{1}{2}x + 2$; $P(3|6)$ b) $g\colon y = -3x + 1$ $P(2|5)$

LÖ a) Parallele $y = \frac{1}{2}x + 4{,}5$; Senkrechte $y = -2x + 12$; b) Parallele $y = -3x + 11$; Senkrechte $y = \frac{1}{3}x + 4\frac{1}{3}$

2 Bestimmen Sie Gleichung und Steigungswinkel der Geraden g durch die Punkte A und B.
a) $A(-3|4{,}5)$, $B(4{,}5|-3)$ b) $A(-2|-1{,}5)$, $B(0{,}5|1{,}5)$

LÖ a) $y = -x + 1{,}5$; 135° b) $y = 1{,}2x + 0{,}9$; 50,19°

3 Die Seiten und die Höhen im Dreieck $A(6|6)$ $B(-6|2)$ $C(0|-4)$ werden jeweils zu Geraden verlängert. Bestimmen Sie die Gleichungen der …
a) verlängerten Dreiecksseiten,
b) Parallelen zu den Dreiecksseiten durch die jeweils gegenüberliegenden Punkte,
c) verlängerten Höhen.

LÖ a) $AB\colon y = \frac{1}{3}x + 2$; $AC\colon y = \frac{5}{3}x - 4$; $BC\colon y = -x - 4$
b) $AB\colon y = \frac{1}{3}x - 4$; $AC\colon y = \frac{5}{3}x + 12$; $BC\colon y = -x + 12$
c) Höhe auf AB: $y = -3x - 4$; Höhe auf AC: $y = -0{,}6x - 1{,}6$; Höhe auf BC: $y = x$

Bestimmen einer Kreisgleichung

LÖ a) $(x-4)^2 + (y+5)^2 = 9$; b) $(2-(-3))^2 + (-1-4)^2 = (5\sqrt{2})^2 = 50$
c) $x^2 + (y-3{,}75)^2 = 14{,}0625$
d) $(x+1{,}5)^2 + (y-3)^2 = 9$

4 Bestimmen Sie die Gleichung eines Kreises …
a) mit dem Mittelpunkt $M(4|-5)$ und dem Radius 3,
b) mit dem Mittelpunkt $M(-3|4)$, der durch den Punkt $P(2|-1)$ geht,
c) durch den Punkt $P(3|1{,}5)$ geht und die x-Achse im Ursprung berührt,
d) durch die Punkte $P(1{,}5|3)$ und $Q(-4{,}5|3)$ geht und die x-Achse berührt,
e) durch die Punkte $P(4{,}5|6)$ und $Q(9|1{,}5)$ geht und die y-Achse berührt,
f) durch den Punkt $P(1{,}5|3)$ geht und beide Koordinatenachsen berührt.

e) $(x-4{,}5)^2 + (y-1{,}5)^2 = 20{,}25$ und $(x-22{,}5)^2 + (y-19{,}5)^2 = 506{,}25$
f) $(x-1{,}5)^2 + (y-1{,}5)^2 = 2{,}25$ und $(x-7{,}5)^2 + (y-7{,}5)^2 = 56{,}25$

Kreis und Gerade

5 Untersuchen Sie, ob die Gerade g Passante, Tangente oder Sekante des Kreises k ist. Berechnen Sie, falls möglich, die Koordinaten gemeinsamer Punkte. Formen Sie gegebenenfalls zur Vereinfachung des Lösungsweges die Gleichung um.
a) $k\colon x^2 + y^2 - 6x + 4y - 12 = 0$ $g\colon x - y + 2 = 0$
b) $k\colon (x-3)^2 + (y-2)^2 = 25$ $g\colon y = -\frac{4}{3}x - \frac{7}{3}$
c) $k\colon x^2 + y^2 + 4x - 6y - 12 = 0$ $g\colon y = 0{,}5x - 3{,}5$

LÖ a) Sekante durch $A(0|2)$ und $B(-1|1)$. b) Sekante durch $A(-10{,}22|11{,}30)$ und $B(-0{,}10|-2{,}20)$ c) Gerade mit der Gleichung $y = x + 2$ ist Passante des Kreises.

> **Noch fit?**
>
> **I** In einer Lostrommel befinden sich 70 rote und 50 grüne Lose. 80 % der roten Lose und 60 % der grünen Lose sind Nieten.
> a) Zeichnen Sie ein Baumdiagramm, das diese Situation veranschaulicht.
> b) Mit welcher Wahrscheinlichkeit gewinnt ein zufällig gezogenes grünes Los?
> c) Wie groß ist die Wahrscheinlichkeit dafür, dass ein zufällig gezogenes Los (ohne Ansehen der Farbe) gewinnt?
> d) Am Abend eines Tages, an dem Lose verkauft wurden, sind nur noch 4 Lose in der Trommel, davon 2 Gewinnlose. Wie groß ist die Wahrscheinlichkeit, dass jemand, der nun zwei Lose zieht, die beiden Gewinnlose erhält?

LÖ b) 40 % c) 28,3 % d) $\frac{2}{4} \cdot \frac{1}{3} = \frac{1}{6}$

5 Bestimmen Sie die Gleichung der Tangente an den Kreis $(x+6)^2+(y-8)^2=100$ im Berührpunkt $B(2|14)$. $y=-\frac{4}{3}x+\frac{50}{3}$

6 Bestimmen Sie die Gleichung der Normalen im Berührpunkt B.

a) $x^2+y^2-2x+4y=4$ $B(2|\sqrt{8}-2)$ n: $y=\sqrt{8}x-2-\sqrt{8}$.

b) $y=2x^2-12x+19$ $B(4|3)$ n: $y=-0{,}25x+4$

c) $y=2x^3-x+3$ $B(-1|2)$ n: $y=-0{,}2x+1{,}8$

HINWEIS
Bei Aufgabe 6 ist es nötig, die Ableitung zu bestimmen.

7 Bestimmen Sie die Gleichung der Tangente im Berührpunkt B.

a) $x^2+y^2+2x-2y=7$ $B(-2|\sqrt{8}+1)$

b) $x^2+y^2-4x+6y=12$ $B(-1|-7)$

c) $x^2+y^2+4x-8y=16$ $B(0|4(1+\sqrt{2}))$

LÖ
a) $y=(0{,}25\cdot\sqrt{2})\cdot x+2{,}5\sqrt{2}+1$
b) $y=-0{,}75x-7{,}75$
c) $y=-(0{,}25\cdot\sqrt{2})\cdot x+4(1+\sqrt{2})$

Trainieren | Anwenden | Vernetzen

8 Die in Anderland neu gegründete Mobilfunkfirma Smalltalk benutzt zunächst nur einen einzigen Sendemast S, garantiert aber guten Handy-Empfang in einem Radius von 60 km um den Mast. Ein Autofahrer, der auf einer geradlinigen Landstraße fährt, befindet sich zu Fahrtbeginn 80 km vom Sendemast entfernt. Später durchquert er den Empfangsbereich seines Smalltalk-Handys. Nach einer Gesamtstrecke von 100 km verlässt er wieder den Empfangsbereich.

174/1

a) Vervollständigen Sie in einem geeigneten Koordinatensystem die Skizze zu einer Zeichnung, die den Sachverhalt klar verdeutlicht. (Wählen Sie den Sendemast als Ursprung und 1 cm für 10 km.)

b) Bestimmen Sie rechnerisch
- die Entfernung, die der Autofahrer innerhalb des Empfangsbereichs seines Smalltalk-Handys zurückgelegt hat,
- die kürzeste Entfernung des Autofahrers vom Sendemast,
- die Fahrtstrecke, nach der er die kürzeste Entfernung vom Sendemast erreicht hat.

c) Wegen technischer Störungen beträgt der Empfangsradius zeitweise nur noch 40 km. Prüfen Sie, ob der Autofahrer dann immer noch den Empfangsbereich durchqueren würde.

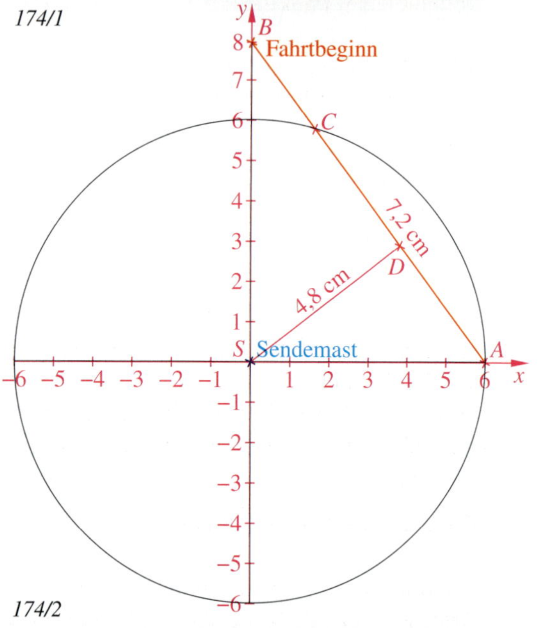

174/2

d) Bestimmen Sie rechnerisch, bei welchem Empfangsradius der Autofahrer nur noch an einem einzigen Punkt seiner Fahrtstrecke mobil telefonieren könnte und welche Strecke er bis zu diesem Punkt insgesamt zurückgelegt hätte. Erstellen Sie hierzu eine neue Zeichnung.

e) Erläutern und begründen Sie die Ergebnisse der Aufgabenteile c) und d) mithilfe der Ergebnisse aus Aufgabenteil b).

LÖ b) I 72 km;
II Verwendung der Lösung von I: $d_2=\sqrt{|SA|^2-(0{,}5\,d_1)^2}=4{,}8$
$\Rightarrow$ 48 km;
III $d_3=\sqrt{|SB|^2-(d_2)^2}=6{,}4$
$\Rightarrow$ 64 km
c) Schnittpunkte des neuen Kreises mit der Geraden g:
$x^2+\left(-\frac{4}{3}x+8\right)^2=16$
$\Leftrightarrow x=3{,}84\pm\sqrt{14{,}7456-17{,}28}$
nicht definiert, da Diskriminante < 0.
$\Rightarrow$ Autofahrer würde Empfangsbereich nicht mehr durchqueren.
d) Die gesuchte Entfernung beträgt 64 km.

9 Eine 10 m lange halbröhrenförmige Halle hat die Form eines Halbzylinders und ist mit einem Spitzdach überbaut (siehe Querschnittszeichnung).
Die 5 m hohe Hallenkuppel und die beiden Dachschrägen sind mit Stützpfeilern verbunden. Der Abstand zwischen je zwei gegenüberliegenden Stützpfeilern beträgt 6 m.
Bestimmen Sie
a) die Höhe der Stützpfeiler,
b) die Höhe der Halle bis zur Dachspitze,
c) die Größe der Dachfläche.

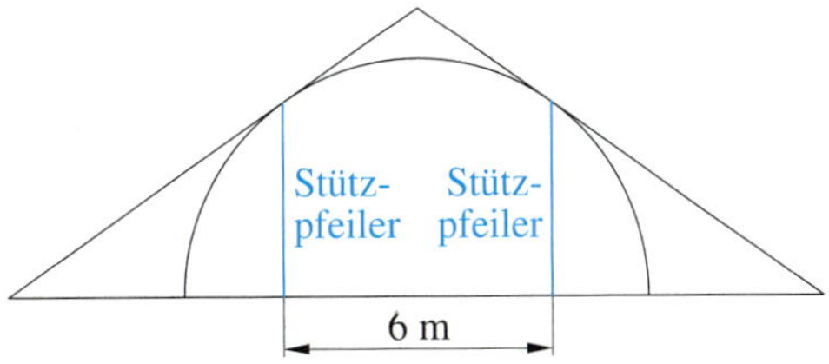

175/1

LÖ
a) k: $x^2 + y^2 = 25 \Rightarrow$ 4 m (Einsetzen von $x = 3$ in k)
b) t: $y = -0{,}75x + 6{,}25 \Rightarrow$ 6,25 m
c) t schneidet x-Achse in $\left(8\frac{1}{3}\middle|0\right)$ $\Rightarrow$ Länge Grundseite des Giebeldreiecks: $16\frac{2}{3}$ m; Schenkellänge s des gleichschenkligen Dreiecks: $s = \sqrt{\left(8\frac{1}{3}\right)^2 + 6{,}25^2} = 10\frac{5}{12}$ (Satz des Pythagoras)
Größe der Dachfläche: $2 \cdot 10\,\text{m} \cdot 10\frac{5}{12}\,\text{m} = 208\frac{1}{3}\,\text{m}^2$

Trainieren Anwenden **Vernetzen**

10 Zeigen Sie:
a) Zwei Geraden g_1: $y = m_1 x + b_1$ und g_2: $y = m_2 x + b_2$ sind senkrecht zueinander, wenn das Produkt ihrer Steigungen -1 beträgt: $m_1 \cdot m_2 = -1$
b) Die Tangente an den Kreis mit dem Mittelpunkt $M_0(0|0)$ und dem Radius r im Berührpunkt $B(x_B|y_B)$ hat die Gleichung $x \cdot x_B + y \cdot y_B = r^2$.
c) Die Tangente an den Kreis mit dem Mittelpunkt $M(x_M|y_M)$ und dem Radius r im Berührpunkt $B(x_B|y_B)$ hat die Gleichung $(x - x_M)(x_B - x_M) + (y - y_M)(y_B - y_M) = r^2$

11 Die Tangenten an den Kreis $(x-2)^2 + (y+1)^2 = 4$ in den Punkten $P(1|\sqrt{3}-1)$, $Q(2|-3)$ und $R(3|\sqrt{3}-1)$ schließen ein Dreieck ein.
a) Zeigen Sie, dass dieses Dreieck gleichschenklig ist. **LÖ** siehe unten
b) Berechnen Sie den prozentualen Anteil der Kreisfläche an der Dreiecksfläche.

12 Der Kreis k_1 mit Radius $r = 3$ cm ist Inkreis eines regelmäßigen Achtecks. Der Kreis k_2 ist Umkreis dieses Achtecks.

Berechnen Sie den Umfang …
a) des Achtecks, $u \approx 19{,}882$ cm
b) des Kreises k_1, $u \approx 18{,}850$ cm
c) des Kreises k_2. $u \approx 20{,}403$ cm

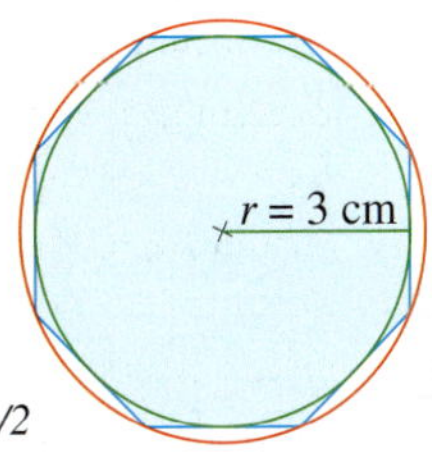

175/2

13 Einem Kreis mit Radius r ist ein Normalparabelbogen so einbeschrieben, dass die Parabel in ihrem Scheitelpunkt C den Kreis von innen berührt und in zwei weiteren Kreispunkten A und B schneidet.
Zeigen Sie, dass in dem gleichschenkligen Dreieck ABC die größere Seite $\sqrt{\frac{r}{2}}$-mal so groß wie die kleinere ist. Für welchen Radius r ist das Dreieck ABC gleichseitig?
für $r = 2$ ist $|\overline{AC}| = |\overline{AB}|$

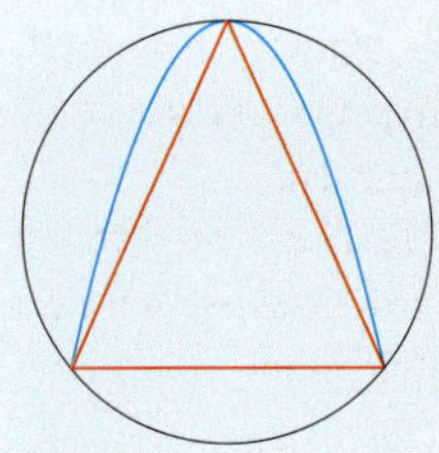
175/3

Kreis und Parabel – ein Exkurs

14 Ein Entwurf für das Logo einer Autofirma sieht vor, dass einem Kreis mit dem Radius 2 cm ein Parabelbogen so umbeschrieben ist, dass der Kreis den Parabelbogen in zwei Punkten wie abgebildet berührt. Bestimmen Sie den Abstand zwischen diesen beiden Berührpunkten. **LÖ** $d \approx 3{,}94$ cm

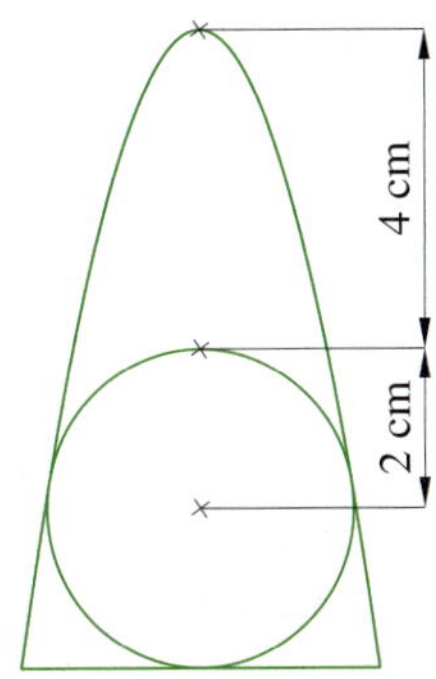

175/4

LÖ zu 11: a) $|\overline{AC}| = \sqrt{\left(2-\left(-2\sqrt{3}-2\right)\right)^2 + \left(\left(\frac{4}{\sqrt{3}}-1\right)-(-3)\right)^2} \approx 8{,}619 =$
$|\overline{BC}| = \sqrt{\left(2-\left(2\sqrt{3}+6\right)\right)^2 + \left(\left(\frac{4}{\sqrt{3}}-1\right)-(-3)\right)^2} \approx 8{,}619$
b) 39,07 %

5.3 Strukturiert lernen – sicher zum Abitur!

Lernen in der Oberstufe erfordert Selbsttätigkeit und Selbststeuerung. Dabei ist wichtig, den eigenen Lernfortschritt wahrzunehmen.
Beim Lernen von Mathematik bauen Sie Netzwerke mathematischen Wissens auf und nutzen bereits fertige Netzwerke zur Lösung von Problemen. Lernen findet statt, wenn die eigenen Netzwerke wachsen und stabiler werden.

Die „eigene Lerninsel" erkunden

Eine schöne bildliche Umschreibung für Lernen ist: „Die eigene Lerninsel wachsen lassen":

Lern*zuwachs* findet folglich nur statt, wenn Sie sich an die Grenzen Ihrer Lerninsel begeben und dort „Baumaterial" einsetzen. Die Lerninsel jeder Schülerin und jedes Schülers sieht natürlich verschieden aus.
Erkunden Sie doch mal Ihre eigene „Lerninsel" …

Maßstab ist die *eigene* Lernentwicklung

Der Zensurenspiegel einer Klausur verführt zum Vergleichen der eigenen Leistung mit der von anderen. Zum Erkunden der eigenen Lerninsel ist das nicht hilfreich.
Wichtig ist, die *eigenen* Fortschritte zu sehen. Die Klausur zeigt sie, egal, ob groß oder klein. Dort setzt erfolgreiches Weiterlernen an. Vergleichen Sie sich nicht mit der Lerngruppe, sondern mit den eigenen Leistungen im vorherigen Lernabschnitt!
Sie müssen also selbst die Stellen bestimmen, an dem sich die Weiterarbeit besonders lohnt. Die Lehrkraft kann beraten. Doch individuelle Ansatzpunkte für erfolgversprechendes *Dazu*lernen finden Sie nur selbst.
Sie benötigen also einen guten Blick auf das eigene Lernen über längere Zeit. Drei methodische Mittel können helfen. Wählen Sie aus, welches am besten zu Ihnen passt!

LERNTIPP 1

Vergleichen Sie sich nicht mit anderen, sondern mit sich selbst!

1 Klausurergebnisse für die eigene Leistungsentwicklung nutzen

a) Grafisches Darstellen und Ziele setzen
Meistens werden Mathematikklausuren mithilfe eines Punkteschlüssels bewertet. Stellen Sie Ihre erreichte Punktzahl in einem Säulendiagramm dar:
– In Prozent von der Gesamtpunktzahl.
– Pro Klausur im Jahr eine Säule.
Nun entscheiden Sie, wie hoch Ihre Säule bei der nächsten Arbeit werden soll. Bleiben Sie dabei realistisch: Zehn Prozentpunkte sind schon ein ambitioniertes Ziel!

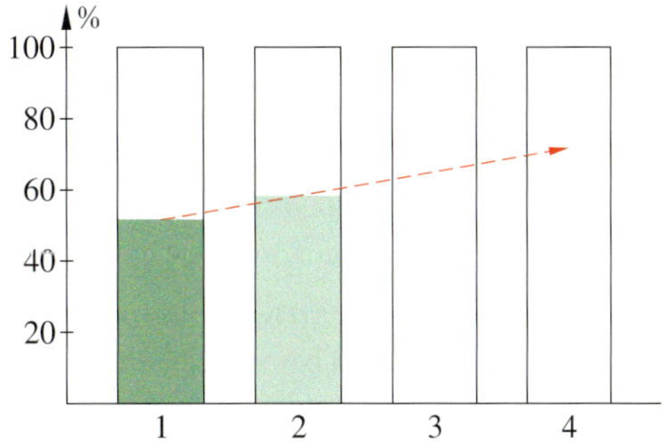

177/1

b) Detaillierte Auswertung und Ermittlung des Handlungsbedarfs

Werten Sie nun die Klausur gründlich aus. Eine Möglichkeit dazu bieten sog. „Ich-kann-Sätze“, siehe Beispiel nebenan. Markieren Sie (nur) die Sätze farbig, die sich auf die in der Klausur abgefragten Kenntnisse beziehen. Die Farben drücken den Grad Ihres Könnens aus:

Grün:	Das kann ich schon gut. Das muss ich nicht mehr üben.
Gelb:	Das habe ich verstanden, will es aber noch selbstständig üben.
Rot:	Das habe ich noch nicht verstanden. Um das zu können, brauche ich noch einmal Hilfe.

- Ich kann die Begriffe ‚notwendige Bedingung‘ und ‚hinreichende Bedingung‘ in deren Verhältnis zueinander erläutern.
- Ich kann eine gegebene Funktion auf ihr Monotonieverhalten hin untersuchen.
- Ich kann eine gegebene Funktion auf ihr Krümmungsverhalten hin untersuchen.
- Ich kann mein Wissen über Wendepunkte zur Lösung von Sachproblemfragen anwenden.
- Ich kann am Grad einer ganzrationalen Funktion die Zahl der möglichen Nullstellen benennen.
- Ich kann dem Grad einer ganzrationalen Funktion die Zahl der möglichen Extrem- und Wendestellen zuordnen.
- Ich kann eine komplette Kurvenuntersuchung durchführen.

177/2

Fragen Sie Ihre Lehrkraft, welche der gelb und rot markierten Bereiche in der nächsten Klausur eventuell erneut angesprochen werden. Daran sollten Sie verstärkt weiterlernen:
- Legen Sie zu diesen gelben und roten Bereichen eine Reihenfolge für die Bearbeitung fest. Beginnen Sie mit den Bereichen, die an den Grenzen Ihrer Lerninsel liegen. So können Sie rasche Erfolge beim Lernen erwarten.
- Besorgen Sie sich Übungsaufgaben mit Lösungen zu den gelben Bereichen. Arbeiten Sie mit dem Material alleine oder in Kleingruppen.
- Überlegen Sie, wer Ihnen zu den roten Bereichen Hilfen geben kann. Vielleicht bitten Sie die Lehrkraft, dazu noch einmal Unterricht anzubieten? Oder fragen Sie lieber Mitschüler/innen?

Erkennen Sie Lernfortschritte?
Wenn ja, dokumentieren Sie die Entwicklung in Ihrer „Ich-kann-Liste“. Die farbigen Markierungen lassen sich jederzeit verändern. Der Erfolg der Arbeit sollte sich beim Soll-Ist-Vergleich zeigen, wenn Sie nach der nächsten Klausur Ihre tatsächliche Prozentsäule einzeichnen.

TIPP
Eine Tabellenkalkulation hilft bei der Sammlung, Darstellung und Auswertung der Daten.

LERNTIPP 2
Nutzen Sie „Ich-kann-Sätze“!
Eine umfangreiche Liste sinnvoller „Ich-kann-Sätze“ für die Einführungsphase finden Sie unter 177-1.

LERNTIPP 3
Übungsaufgaben mit Lösungen finden Sie am Ende jedes Fokus-Kapitels.
Die Lösungen dazu stehen im Anhang ab S. 205.

LERNTIPP 4

Eine geographische Karte hilft bei der Orientierung im Gelände. Die Lernlandkarte bietet Orientierung im Lernprozess.

2 Anlegen einer Lernlandkarte

Eine „Lernlandkarte“ stellt aus Ihrer ganz persönlichen Sicht die Zusammenhänge zwischen den mathematischen Wissensfeldern dar. Sie hilft bei der Orientierung im Lernprozess. Dabei ist die Liste der „Ich-kann-Sätze“ auch noch auf andere Art äußerst produktiv nutzbar.

a) Das Grundgerüst
- Schneiden Sie alle „Ich-kann-Sätze“ aus, die Themen enthalten, die bereits behandelt worden sind.
- Auf einem DIN-A3-Blatt gruppieren Sie nun alle ausgeschnittenen Sätze so, wie sie aus ihrer individuellen Sicht sachbezogen zusammen gehören.
- Verwandte Wissensbereiche fassen Sie zu „Ländern“ zusammen; mehrere „Länder“ können „Kontinente“ bilden.
- Lassen Sie ggf. Platz für spätere Erweiterungen der Karte.
- Wenn Sie mit der Struktur zufrieden sind, fixieren Sie die Anordnung mit Kleber. Zeichnen Sie mit Bleistift die Grenzen der Länder und die Küstenlinien ein.

b) Gestaltung nach festen Regeln
- Die Teilbereiche, die Sie gut beherrschen, werden grün eingefärbt.
- Die Teilbereiche, die Sie noch üben wollen oder sollten, werden gelb schraffiert.
- Die Teilbereiche, zu denen Sie noch Hilfe oder Unterricht benötigen, kreisen Sie rot ein.
- Das Wasser zwischen Inseln und Kontinenten wird blau.
- Mit grafischen Elementen, wie Berge, Türme usw. können Sie anzeigen, was besonders wichtig ist oder wie „hoch“ für Sie eine Teilkompetenz liegt.

TIPP

Die Abbildung 178/1 stellt nur einen Ausschnitt einer Lernlandkarte dar.
Unter 178-1 finden Sie die vollständige Lernlandkarte als Download.

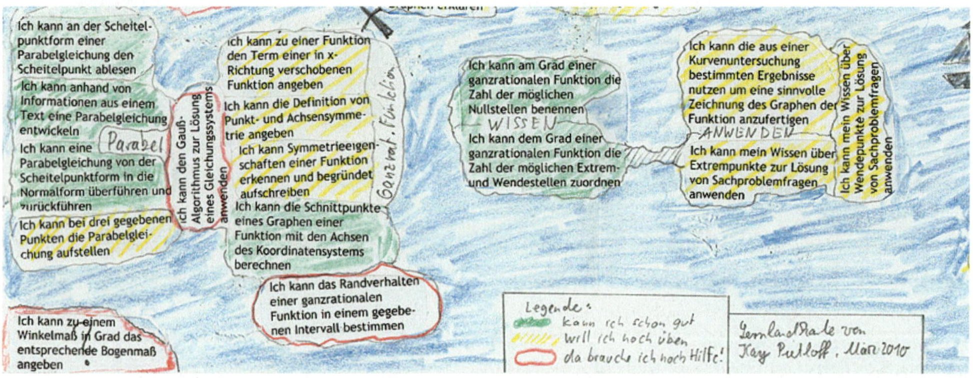

178/1

Wenn Sie entscheiden wollen, an welcher Stelle Sie weiter lernen, schlagen Sie Ihre Lernlandkarte auf und lassen sich inspirieren:
Wo sind die Grenzen ihrer Lerninseln? Dort sollte Ihr Lernen ansetzen.

Nach einiger Zeit verändert sich die Landkarte:
Rote Bereiche werden gelb schraffiert, wenn Sie das grundsätzliche Verständnisproblem ausgeräumt haben und nun alleine üben können. Ist die Stufe der „Geläufigkeit“ erreicht, färben Sie den Bereich grün.
So zeigt die Karte Ihren persönlichen Lernfortschritt.

Im Fortgang des Unterrichts geraten neue Kompetenzen in Ihr Blickfeld. Vielleicht schneiden Sie nun weitere „Ich-kann-Sätze“ aus dem Vorrat aus, und kleben sie passend in noch freie Bereiche („Wasser“) Ihrer Lernlandkarte.
Wenn die „Grenzen des Wachstums“ erreicht sind, könnte der Zeitpunkt passend sein, eine neue Lernlandkarte anzulegen …

3 Anlegen eines Mathematik-Portfolios

„Ganzheitlicher" können Sie Ihren Lernfortschritt mithilfe eines „Portfolios" dokumentieren.

Ein Portfolio ist eine kommentierte Sammlung ausgewählter Mathematikaufgaben, die Sie selbst gelöst haben:

- Nehmen Sie Aufgaben, bei denen Sie an der Grenze ihrer Lerninsel gearbeitet haben, denn die zeigen Ihre besonders produktiven Lernerfolge.
- Vielleicht finden Sie Ihre Lösung der Aufgaben besonders interessant?
- Vielleicht dokumentiert eine bestimmte Aufgabe die Anwendungsbezüge von Mathematik besonders gut?
- Vielleicht verknüpft sich die Lösung der Aufgabe mit einem besonderen persönlichen Erfolgserlebnis?
- …

LERNTIPP 5

Jedes Auseinandersetzen mit dem Lernstoff hilft dem Verständnis!

Lassen Sie sich nicht verunsichern, wenn die ersten Versuche, etwas zu Verschriftlichen, in Ihren Augen banal klingen.

Fertigen Sie zu jeder Aufgabe eine überzeugende schriftliche Dokumentation. Dazu gehört nicht nur die Aufgabe und deren Lösung, sondern auch ein Text, in dem Sie darstellen, wieso Sie diese Aufgabe für Ihr Portfolio auswählen. Nennen Sie die Aspekte, die Ihnen an der Aufgabe – aus Sicht des eigenen Lernprozesses – wichtig sind.

Der erste Adressat eines derartigen Portfolios sind Sie selbst! Lesen Sie Ihre Kommentare zu Aufgaben von früher. Viele Schülerinnen und Schüler fühlen sich durch den Blick in Ihr Portfolio gestärkt zum Weiterlernen. Vielleicht ergeht es Ihnen auch so.

Ein Portfolio muss im Laufe der Zeit nicht immer „dicker" werden. Wenn das Gefühl der Stärkung des eigenen Lernens beim Blick auf ein altes Portfolioelement verblasst, nehmen sie es aus der Mappe heraus. Die Entscheidung, was im Portfolio bleibt und was „herausfliegt", ist subjektiv. Wichtig ist die Wahrnehmbarkeit: Wenn zu viel in der Mappe ist, wird das Selbstbild unscharf, das durch das Portfolio vermittelt wird. Mehr als 10 Aufgaben sind vielleicht schon zu viel.

Übrigens: Die Portfolio-Technik können Sie auch in anderen Zusammenhängen gut nutzen. Beispielsweise ist sie ein gutes Mittel, um sich berufsbezogen beraten zu lassen oder sich um einen Ausbildungsplatz bzw. einen Job zu bewerben. Ein Portfolio, das entlang des jeweiligen Anforderungsprofils zusammengestellt wurde, signalisiert ein konstruktives Interesse, dass sicher nur wenige Personalchefs unbeeindruckt lässt.

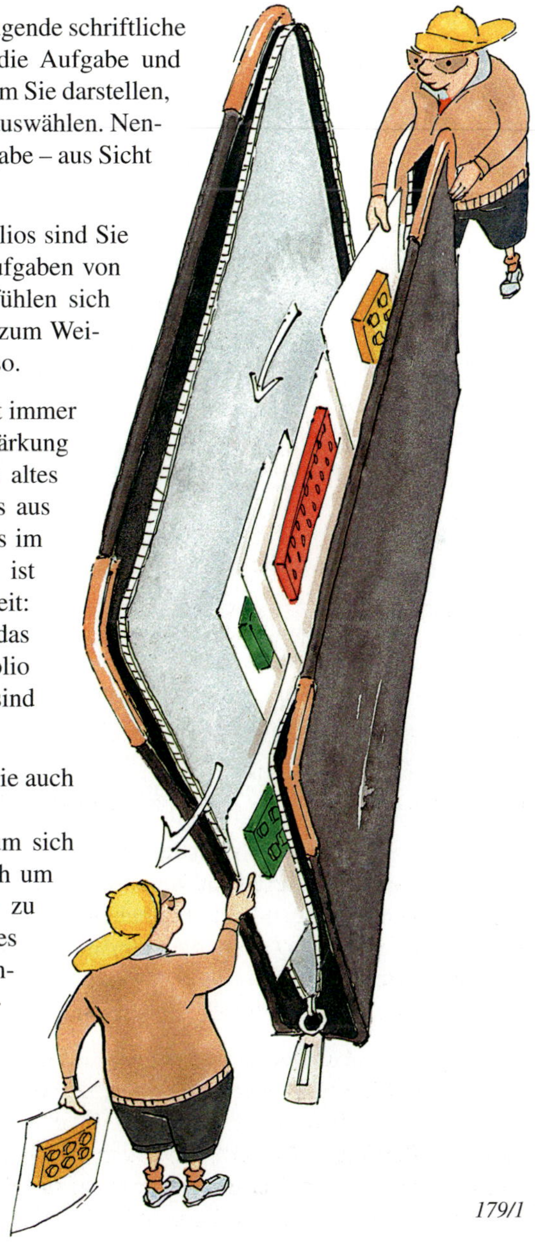

179/1

Entleeren eines Gefäßes

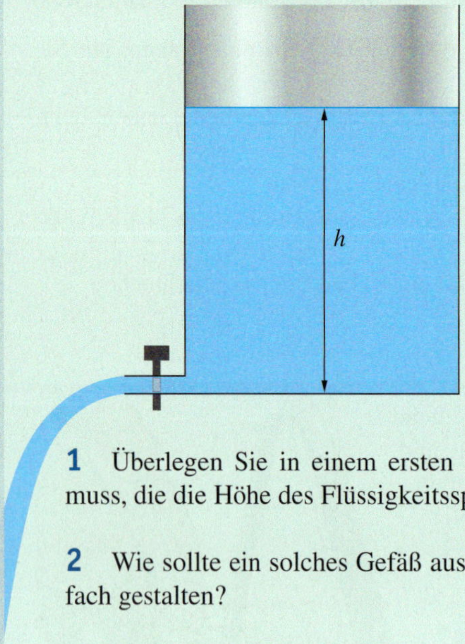

180/1

Um ein oben offenes Gefäß zu reinigen, z. B. ein Fass, ein Aquarium oder einen Flüssigkeitstank, kann man häufig die Flüssigkeit über einen Hahn ablassen, der unmittelbar am Boden des Gefäßes angebracht ist. Im Rahmen dieses Projektes soll der Flüssigkeitsstand h in einem solchen Behälter in Abhängigkeit von der Zeit t untersucht werden, wenn der Hahn am Boden geöffnet wird.

1 Überlegen Sie in einem ersten Schritt, welche Eigenschaften die Funktion h haben muss, die die Höhe des Flüssigkeitsspiegels über dem Niveau des Hahns beschreibt.

2 Wie sollte ein solches Gefäß aussehen, damit sich die Untersuchungen möglichst einfach gestalten?

3 Untersuchen Sie die Abhängigkeit des Flüssigkeitsstands von der Zeit experimentell mithilfe geeigneter Gefäße.

Evangelista Torricelli (1608–1647) fand folgendes Gesetz:
Strömt eine Flüssigkeit aus einer Öffnung aus, die von der Oberfläche der Flüssigkeit den (senkrechten) Abstand h hat, so ist die momentane Ausströmgeschwindigkeit v genauso groß, wie wenn die Flüssigkeit die Höhe h frei durchfallen hätte.
Finden Sie einen Zusammenhang, der die momentane Ausströmgeschwindigkeit v in Abhängigkeit von der Höhe des Flüssigkeitsspiegels beschreibt.
Die Ausströmgeschwindigkeit nimmt demnach mit der Zeit ab, weil die Höhe des Flüssigkeitsspiegels mit der Zeit abnimmt. Wie lässt sich die Ausströmgeschwindigkeit $v(t)$ bei konstantem Gefäßquerschnitt Q durch die momentane Änderungsrate des Flüssigkeitsspiegels $h(t)$ beschreiben?

180/2 Evangelista Torricelli

4 Geben Sie die Gleichung an, die demnach $h(t)$ mit $h'(t)$ verknüpft. Versuchen Sie, aus dieser Gleichung (man nennt eine solche Gleichung Differentialgleichung) den Graphen von h grafisch oder durch ein geeignetes Approximationsverfahren mithilfe eines Computers zu gewinnen.

6. Kapitel

Vertiefung: Stochastik

Sie müssen beim nächsten Wurf eine 6 werfen, um ins Spiel zu kommen. Bei einem Wurf eher unwahrscheinlich. Wie wahrscheinlich ist es aber, eine Sechs zu würfeln, wenn Sie nicht einmal, sondern fünfmal würfeln dürfen?
Wie wahrscheinlich ist es, beim fünfmaligen Werfen einer Münze genau dreimal „Zahl“ zu erhalten?

6.1 Baumdiagramm und Vierfeldertafel

LÖ
23: Anzahl der Mädchen, die Schalke-Fans sind.
$\frac{23}{58}$: Ein befragtes Mädchen ist Schalke-Fan
$\frac{31}{50}$: Ein befragter Junge ist Schalke-Fan
$\frac{54}{108}$: Eine befragte Person ist Schalke-Fan oder auch: sie ist kein Schalke-Fan
Schalke-Fan ist Junge: $\frac{31}{54}$
Junge ist Schalke-Fan: $\frac{31}{50}$

1 Fußballfans

In der 9. Jahrgangstufe des Marie-Curie-Gymnasiums wird eine Befragung nach dem Lieblings-Fußballverein durchgeführt. Heiko hat dazu seine Ergebnisse in einer Tabelle festgehalten.

	Mädchen	Jungen	zusammen
Schalke-Fans	23	31	54
keine Schalke-Fans	35	19	54
zusammen	58	50	108

Übertragen Sie diese „Vierfeldertafel“ in Ihr Heft und vervollständigen Sie sie. Erklären Sie in Worten, was die Zahl 23 aus der Tabelle angibt. Zu welchen Ereignissen gehören die Wahrscheinlichkeiten $\frac{23}{58}$, $\frac{31}{50}$ und $\frac{54}{108}$? Erklären Sie den Unterschied dieser Ereignisse.

182/1

Wie groß ist die Wahrscheinlichkeit, dass ein Schalke-Fan ein Junge ist, und wie groß ist umgekehrt die Wahrscheinlichkeit dafür, dass ein Junge ein Schalke-Fan ist?
Stelle die Situation in unterschiedlichen Baumdiagrammen dar. Wieso gibt es hier verschiedene Möglichkeiten?

HINWEIS
Ob und gegen was man impfen soll, wird zum Teil sehr kontrovers diskutiert. Was meinst du zum Thema Impfen? 182-1

2 Ein neuer Impfstoff

Wenn Merkmale dargestellt werden sollen, die miteinander verknüpft sind, wird oft eine sogenannte Vierfeldertafel, wie du sie unten siehst, verwendet.
An einer medizinischen Studie zur Untersuchung der Wirksamkeit eines neuen Impfstoffs nahmen insgesamt 960 Personen teil. Eine Zusammenstellung der Untersuchungsergebnisse findest du in der abgebildeten Vierfeldertafel. Von den 554 nicht erkrankten Personen waren 398 geimpft.

182/2 Impfpass

Würdest du diesen Impfstoff einführen?

	erkrankt	nicht erkrankt
geimpft	117	389
nicht geimpft	289	165

506 454 406 554

LÖ G: geimpft: 506; $\overline{G}$: nicht geimpft: 45
K: erkrankt; $\overline{K}$: nicht erkrankt
$P_G(K) = \frac{117}{506} = 0{,}23$
$P_{\overline{G}}(K) = \frac{289}{454} = 0{,}64$
⇒ Der Impfstoff sollte eingeführt werden.

	R	B	
H	7	10	17
K	3	5	8
	10	15	25

	R	B	
H	0,28	0,4	0,68
K	0,12	0,2	0,32
	0,4	0,6	1

3 Holz oder Plastik?

In einer Urne mit roten und blauen Kugeln sind 17 Kugeln aus Holz und 8 Kugeln aus Kunststoff. Von den Holzkugeln sind 7 rot, insgesamt 15 Kugeln sind blau.

Nun wird aus der Urne zufällig eine Kugel gezogen. Mit welcher Wahrscheinlichkeit ist die Kugel rot?

Mit welcher Wahrscheinlichkeit handelt es sich um eine rote Kunststoffkugel?
Stellen Sie die Situation in zwei geeigneten Vierfeldertafeln dar.

183/1

Verwenden Sie in der einen Tafel absolute Zahlenwerte und in der anderen die entsprechenden Wahrscheinlichkeiten.
Welche Einträge in den Vierfeldertafeln entsprechen den Lösungen der beiden Aufgabenstellungen?

Nun zieht jemand eine Kugel und spürt dabei, dass es sich um eine Kunststoffkugel handelt. Mit welcher Wahrscheinlichkeit ist die Kugel dann rot?
Und andersherum: Es zieht jemand eine Kugel und achtet nur auf die Farbe. Die Kugel ist rot. Mit welcher Wahrscheinlichkeit handelt es sich um eine Kunststoffkugel?

Stellen Sie die Situation auch in einem Baumdiagramm dar.
Vergleichen Sie dann, ob Ihre Banknachbarn und Banknachbarinnen den gleichen Baum gezeichnet haben wie Sie.

LÖ
R: rot; B:blau
H: Holz;
K: Kunststoff
$P(R) = \frac{10}{25} = 0{,}4$
$P(R \cap K) = \frac{3}{25} = 0{,}12$
$P_K(R) = 3/8 = 0{,}375$
$P_K(R) = \frac{3}{10} = 0{,}3$

4 Haare und Augen

Bei 128 Menschen wurde untersucht, ob sie braune **Augen** beziehungsweise schwarze **Haare** haben. Die Ergebnisse sind in einer Vierfeldertafel zusammengefasst. 183-1

Berechnen Sie die Wahrscheinlichkeit, dass ein zufällig aus dieser Gruppe ausgewählter Mensch braune Augen und schwarze Haare hat.

Sie sehen einen dieser Gruppe von hinten; er hat schwarze Haare. Wie groß ist die Wahrscheinlichkeit, dass er braune Augen hat?

183/2

Augenfarbe / Haarfarbe	braun	nicht braun	gesamt
schwarz	26	2	28
nicht schwarz	10	90	100
gesamt	36	92	128

LÖ
B: braun
$\overline{B}$: nicht braun
S: schwarz
$\overline{S}$: nicht schwarz
$P(B \cap S) = \frac{26}{128} = 0{,}20$
$P_S(B) = \frac{26}{28} = 0{,}93$

In den Aufgaben der vorangehenden beiden Seiten geht es um zwei Merkmale, die jeweils in zwei Ausprägungen vorliegen. Beispiel: Haarfarbe (schwarz oder nicht schwarz) und Augenfarbe (braun oder nicht braun). Dies kann gleichermaßen in einer Vierfeldertafel oder in Baumdiagrammen dargestellt werden. Bei der Darstellung im Baumdiagramm ist es gleichgültig, welches Merkmal an die erste Stufe gestellt wird.
Alle diese Darstellungsformen können ineinander umgewandelt werden.

Beispiel (zu Seite 183 Aufgabe 4)
Vierfeldertafel
Bei der Vierfeldertafel können die Einträge in absoluten oder in relativen Häufigkeiten (bzw. Wahrscheinlichkeiten) erfolgen.

Augenfarbe / Haarfarbe	braun	nicht braun	gesamt
schwarz	26	2	28
nicht schwarz	10	90	100
gesamt	36	92	128

Augenfarbe / Haarfarbe	braun	nicht braun	gesamt
schwarz	0,203	0,016	0,219
nicht schwarz	0,078	0,703	0,781
gesamt	0,281	0,719	1

Baumdiagramm
Im Baumdiagramm sind nur relative Häufigkeiten (bzw. Wahrscheinlichkeiten) als Einträge üblich.

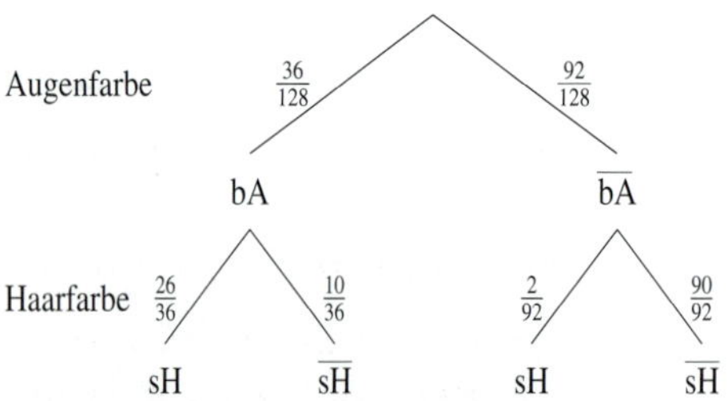

184/1 Baumdiagramm mit Merkmal „Augenfarbe" als erster Stufe

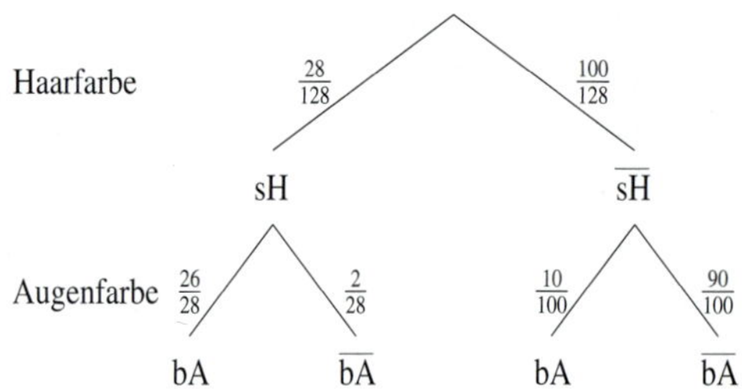

184/2 Baumdiagramm mit Merkmal „Haarfarbe" als erster Stufe

Definition 6.1 **Bedingte Wahrscheinlichkeit**
Die Wahrscheinlichkeit, dass das Ereignis A eintritt, wenn das Ereignis B bereits eingetreten ist, wird bedingte Wahrscheinlichkeit von A unter der Bedingung B genannt. Sie wird mit $P_B(A)$ bezeichnet.
Sie wird berechnet durch $P_B(A) = \frac{P(A \cap B)}{P(B)}$ (sofern $P(B) \neq 0$ ist).

Beispiel:
Gesucht sei die Wahrscheinlichkeit $P_B(A)$ beim Werfen eines Spielwürfels, wenn die Ereignisse A und B als A = „Zahl ≤ 4" und B = „gerade Zahl" definiert sind.

Lösung:
Mit $P_B(A)$ ist die Wahrscheinlichkeit gesucht ist, dass A eintritt, wenn B schon eingetreten ist. Anders formuliert: Wie groß ist der Anteil der Zahlen ≤ 4 an der Menge „2", „4" und „6" (den geraden Augenzahlen des Spielwürfels)?

$$P_B(A) = \frac{P(A \cap B)}{P(B)} = \frac{\frac{2}{6}}{\frac{3}{6}} = \frac{2}{3}$$

TIPP
Das Ereignis $A \cap B$ besteht aus den geraden Augenzahlen, die kleiner als 4 sind: „2 oder 4".
Seine Wahrscheinlichkeit ist $P_B(A) = \frac{2}{6}$.

Aufgaben

1 Übertragen Sie die Vierfeldertafel in Ihr Heft, ergänzen Sie und schreiben Sie in relative Häufigkeiten um.

Schüler	weiblich	männlich	
sprachlicher Zweig	359 (33,7 %)	258 (24,2 %)	617 (57,9 %)
naturwissenschaftlicher Zweig	211 (19,8 %)	238 (22,3 %)	449 (42,1 %)
	570 (53,5 %)	496 (46,5 %)	1066 (100 %)

2 Nach einer Umfrage an einem Strand wurde folgende Vierfeldertafel erstellt.

	Tourist (T)	Ortsansässiger (O)	
weiblich (W)	0,35	0,12	0,47
männlich (M)	0,32	0,21	0,53
	0,67	0,33	1

Übertragen Sie die Vierfeldertafel in Ihr Heft und ergänzen Sie. Schreiben Sie in eine Vierfeldertafel mit absoluten Häufigkeiten um, wobei gilt:

a) Es wurden 100 Personen befragt.
b) Es wurden 367 Personen befragt.
c) Zum Ereignis $W \cap T$ gehören in dieser Umfrage 70 Personen. Σ: 200

3 An einem großangelegten Test eines Impfstoffes nahmen 1680 Personen teil, von denen 920 geimpft worden waren (I). Von diesen erkrankten 37. Insgesamt erkrankten 688 Teilnehmer (K) des Tests.

a) Wie viele Personen gehören zum Ereignis $K \cap I$ und welche Bedeutung hat dieses Ereignis? 37; gering
b) Ein Arzt zieht aus dem Stapel der Unterlagen aller Testpersonen ein Blatt heraus. Mit welcher Wahrscheinlichkeit gehört es zu einer Testperson, welche nicht erkrankte, obwohl sie nicht geimpft war? 6,48 %
c) Berechne $P(K \cap \overline{I})$ und gib die Bedeutung dieser Wahrscheinlichkeit in Worten wieder. 38,75 %

	I	$\overline{I}$	
K	37	651	688
$\overline{K}$	883	109	992
	920	760	1680

4 Es ist das folgende Baumdiagramm gegeben.

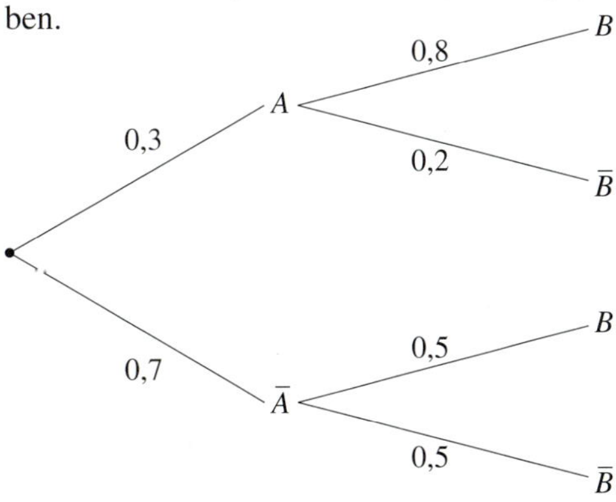

a) Stellen Sie diese Situation in einer Vierfeldertafel dar.
b) Stellen Sie mithilfe der Vierfeldertafel das umgekehrte Baumdiagramm dar.

5 Gegeben ist folgendes Baumdiagramm.

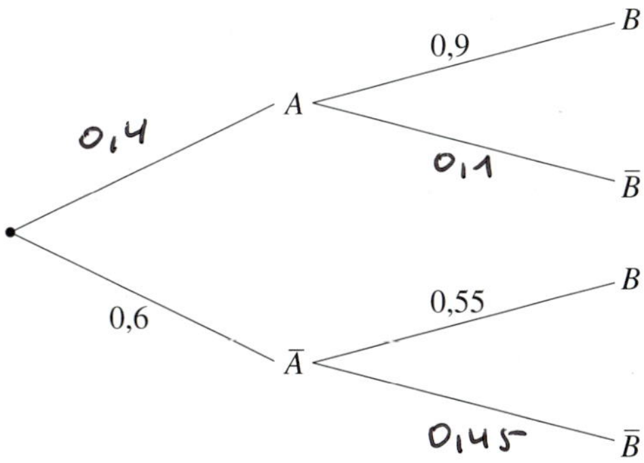

a) Übertragen Sie das Baumdiagramm ins Heft und vervollständigen Sie es.
b) Erstellen Sie eine passende Vierfeldertafel.
c) Erstellen Sie das umgekehrte Baumdiagramm und berechnen Sie die Wahrscheinlichkeiten an den Pfaden.
d) Geben Sie folgende Wahrscheinlichkeiten an: $P(A)$, $P(B)$, $P(A \cap B)$, $P_A(B)$, $P_B(A)$, $P_{\overline{A}}(B)$, $P_B(\overline{A})$

6 In einer Klasse sind $\frac{2}{3}$ Mädchen. Von den Mädchen ist die Hälfte fußballbegeistert. Insgesamt sind in der Klasse 60 % fußballbegeistert.

a) Stellen Sie die Situation im Baumdiagramm dar und berechnen Sie die Wahrscheinlichkeit dafür, dass ein zufällig ausgewählter Junge fußballbegeistert ist.
b) Wie viele Schülerinnen und Schüler könnte die Klasse haben?

	M	J	
F	$\frac{1}{3}$	$\frac{4}{15}$	0,6
$\overline{F}$	$\frac{1}{3}$	$\frac{1}{15}$	0,4
	$\frac{2}{3}$	$\frac{1}{3}$	1

LÖ
a)

	B	$\overline{B}$	
A	0,24	0,06	0,3
$\overline{A}$	0,35	0,35	0,7
	0,59	0,41	1

LÖ
a)

	A	$\overline{A}$	
B	0,36	0,33	0,69
$\overline{B}$	0,04	0,27	0,31
	0,4	0,6	1

$P_A(B) = 0{,}9$
$P_B(A) = \frac{0{,}36}{0{,}69} \approx 0{,}52$
$P_{\overline{A}}(B) = \frac{0{,}33}{0{,}6} = 0{,}55$
$P_B(\overline{A}) = \frac{0{,}33}{0{,}69} \approx 0{,}48$

HINWEIS ZU AUFGABE 3
Mit $\overline{I}$ wird häufig das Gegenereignis zu I bezeichnet. $\overline{I}$ ist hier das Ereignis „Person ist nicht geimpft".

LÖ J: Junge
F: fußballbegeistert
a) $P_J(F) = \frac{\frac{4}{15}}{\frac{1}{3}} = 0{,}8$
b) $\frac{1}{15}$ kommt vor ⇒ 15, 30, 45, … Schülerinnen und Schüler

6.2 Bernoulli-Ketten

Auftrag 1 Marslandung

Wir schreiben den 9. Februar des Jahres 2047. Zum ersten Mal landet ein terranisches Raumschiff auf dem Planeten Mars. Zur großen Überraschung ist dieser nicht unbewohnt, sondern es existiert dort eine überlegene Zivilisation. Leider sind die Marsianer feindlich gesinnt. Gemäß ihrer Tradition geben Sie den Terraniern aber eine Chance ihr Leben zu retten:

In einer kunstvoll verzierten Urne befinden sich Kugeln, die sich nur in der Farbe unterscheiden. Ein Anteil p der Kugeln ist golden. Zieht der terranische Kommandant nun bei n Zügen genau k goldene Kugeln, wobei eine gezogene Kugel für den nächsten Zug stets zurückgelegt wird, so werden Raumschiff und Besatzung verschont.

186/1

LÖ $\frac{1}{3}\cdot\frac{1}{3}\cdot\frac{1}{3}\cdot\frac{2}{3}\cdot\frac{2}{3}\cdot\binom{5}{2} = \frac{4}{3^5}\cdot 10 = 16{,}46\,\%$

Bestimmen Sie für $n = 5$, $p = \frac{1}{3}$ und $k = 3$ die Wahrscheinlichkeit einer Rettung.

$P = \binom{n}{k} p^k (1-p)^{n-k}$

Erarbeiten Sie eine Formel, die die Wahrscheinlichkeit einer Rettung allgemein beschreibt.

Es spielt eine Rolle.

Überprüfen Sie, ob es eine Rolle spielt, dass der Kommandant die Kugeln einzeln zieht und zurücklegt. Was ändert sich ggf., wenn er die n Kugeln mit einem Griff zieht?

Auftrag 2 Binäres Gewinnspiel

LÖ $\frac{8!}{5!3!}$

Ein Losautomat gibt für 5 Euro Einsatz Lose in Form von 8-stelligen binären Gewinnstreifen aus. Bild 186/2 zeigt einige Beispiele solcher Lose.

186/2 8-stellige binäre Gewinnstreifen

Ein Spieler gewinnt 50 Euro, wenn sein Los genau 3 Einsen zeigt. Bestimmen Sie die Anzahl der verschiedenen Gewinnlose und beschreiben Sie Ihr Vorgehen detailliert in Worten. Geben Sie die Gewinnwahrscheinlichkeit an und erläutern Sie Ihre Vorgehensweise.

Betrachten Sie anschließend Lose der Länge n, wobei k Einsen gewinnen.

Begründen Sie, dass die Anzahl Z der verschiedenen Gewinnlose durch den sogenannten **Binomialkoeffizienten** gegeben ist:

$$Z = \binom{n}{k} \quad \text{mit} \quad \binom{n}{k} = \frac{n!}{k!(n-k)!}$$

Bestimmen Sie damit die Gewinnwahrscheinlichkeit in Abhängigkeit von n, k und dem Anteil p der Einsen auf dem Los.

INFO

Als Fakultät der natürlichen Zahl n definiert man:
$n! = 1 \cdot 2 \cdot \ldots \cdot n$.

Auftrag 3 Qualitätskontrolle
Bei der Herstellung von Kerzen ist es nicht zu vermeiden, dass einige der Endprodukte kleine Mängel aufweisen, also Ware zweiter Wahl sind. Aufgrund langjähriger Produktionserfahrung weiß der Hersteller, dass etwa 10% aller Kerzen zur zweiten Wahl gehören.

Zur Qualitätssicherung führt der Kerzenhersteller eine Qualitätskontrolle ein, bei welcher der laufenden Produktion täglich acht Kerzen entnommen und geprüft werden.

187/1

Eines Tages befinden sich unter den geprüften Kerzen zwei Kerzen zweiter Wahl. Untersuchen Sie, ob dieser einmalige Vorfall es bereits rechtfertigt, eine teuere Wartung der Produktionsanlagen zu veranlassen.

Entwickeln Sie ein Prüfverfahren, das bei weniger als 1% der Kontrollen anschlägt, wenn sich der Anteil der zu beanstandenen Kerzen nicht ändert.
Hinweis: Betrachten Sie z. B. die Wahrscheinlichkeit, mindestens eine vorgegebene Anzahl an Kerzen zweiter Wahl zu finden, oder ändern Sie den Umfang der Stichprobe.

DE Dieser Auftrag wird bei der Erarbeitung verwendet. (Seite 188 ff.)

Auftrag 4 Medikamentenwirkung
Die Behandlung einer nicht ansteckenden Krankheit mit einem bestimmten Medikament führt in 80% aller Fälle zur Heilung. Berechnen Sie, mit welcher Wahrscheinlichkeit von 4 (6; 100) behandelten Patienten kein einziger geheilt wird.

Ermitteln Sie, mit welcher Wahrscheinlichkeit von 4 (6) behandelten Patienten wenigstens die Hälfte gesund wird. Entwickeln Sie dazu ein geeignetes Baumdiagramm.

Bestimmen Sie, wie viele Patienten mindestens behandelt werden müssen, um mit mindestens 99%iger Wahrscheinlichkeit mindestens einen Patienten zu heilen.

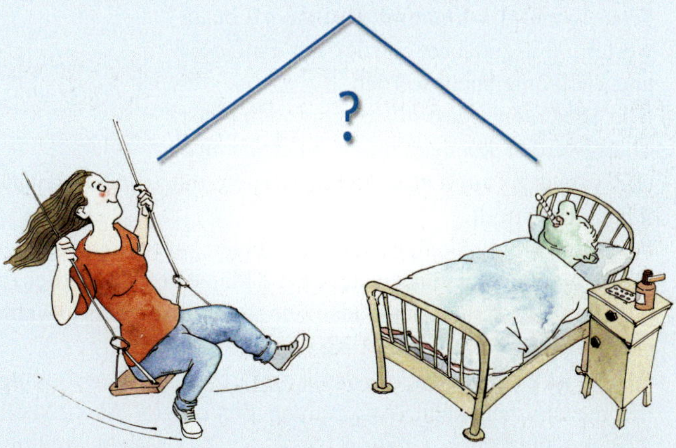

LÖ
$0{,}2^4 = 0{,}0016$
$0{,}2^6 = 0{,}64 \cdot 10^{-4}$
$0{,}2^{100} = 0{,}13 \cdot 10^{-69}$
wenigstens die Hälfte gesund bei 4 Patienten: 97%, bei 6 Patienten: 98%
Mindestens ein Patient wird geheilt, wenn mindestens 3 Patienten behandelt werden.

▶ **Auftrag 3** wird bei der Erarbeitung verwendet.

▶ Bernoulli-Experimente

Bei der täglichen Qualitätskontrolle werden der Produktion zufällig $n = 8$ Kerzen entnommen. Prüft man eine Kerze, so ist interessant, ob ein Mangel vorliegt:

Ereignis A: „Die geprüfte Kerze hat Mängel."

Gegenereignis $\overline{A}$: „Die geprüfte Kerze hat keine Mängel."

INFO

Benannt nach JAKOB BERNOULLI (1654–1705), einem Schweizer Mathematiker.

Ein solches Zufallsexperiment, bei dem **genau zwei** mögliche Ereignisse interessieren, nennt man ein **Bernoulli-Experiment**; die Ereignisse heißen **Treffer** und **Niete**.
Bei der täglichen Qualitätskontrolle wird dasselbe Bernoulli-Experiment 8-mal wiederholt; man spricht deswegen von einer **Bernoulli-Kette** der Länge 8.

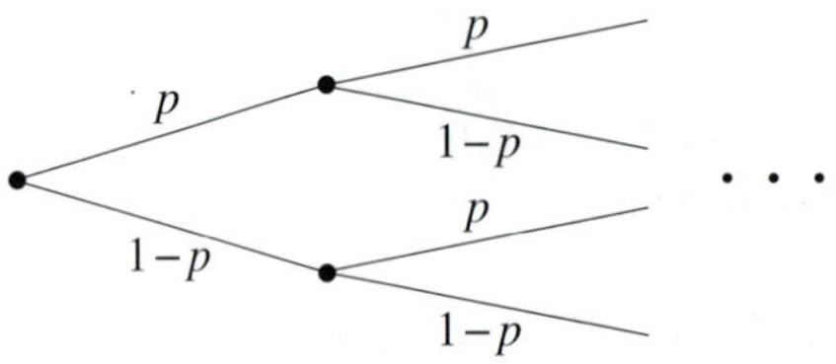

188/1 Baumdiagramm zu einer Bernoulli-Kette mit der Trefferwahrscheinlichkeit p

Das Baumdiagramm in Bild 188/1 zeigt die einfache Struktur einer Bernoulli-Kette. Von jedem Knoten gehen genau zwei Zweige aus.
Da 10 % aller Kerzen kleine Mängel haben, gehört eine zufällig der Produktion entnommene Kerze mit der **Trefferwahrscheinlichkeit** $p = 0{,}1$ zur zweiten Wahl. Die Ereignisse A und $\overline{A}$ haben daher die Wahrscheinlichkeiten $P(A) = p = 0{,}1$ und $P(\overline{A}) = 1 - p = 0{,}9$.

HINWEIS

Das Symbol $P(X = k)$ steht für die Wahrscheinlichkeit, dass in einer Bernoulli-Kette genau k Treffer vorkommen.

Eines Tages werden 2 Kerzen mit Mängeln gefunden. Zur Bewertung dieses Ereignisses soll die Wahrscheinlichkeit $P(X = 2)$ betrachtet werden.
Das Ereignis tritt ein, wenn in der Stichprobe 2-mal A und 6-mal $\overline{A}$ vorkommt, wenn sie also z. B. die Gestalt $A, A, \overline{A}, \overline{A}, \overline{A}, \overline{A}, \overline{A}, \overline{A}$, hat.
Die Wahrscheinlichkeit dieser speziellen Stichprobe ist $p^2 \cdot (1 - p)^6$.

Für jede andere Stichprobe mit 2-mal A und 6-mal $\overline{A}$ ergibt sich ebenfalls dieser Wert, da sich außer der Reihenfolge der Faktoren im Produkt nichts ändert.

Allgemein erhält man für eine – und deshalb für jede – Stichprobe vom Umfang n mit k defekten Erzeugnissen die Wahrscheinlichkeit $p^k \cdot (1 - p)^{n-k}$.

Da die Reihenfolge, in der die guten und die mangelhaften Kerzen gezogen werden, keine Rolle spielt, stellt sich die Frage, wie viele Stichproben vom Umfang n es eigentlich gibt, in denen k-mal A vorkommt. Um das zu beantworten, soll zunächst wieder der Fall $n = 8$ und $k = 2$ untersucht werden.
Bild 188/2 zeigt, dass alle Stichproben konstruiert werden können, indem man 2-mal A und 6-mal $\overline{A}$ auf einen leeren Steifen mit 8 Feldern verteilt.

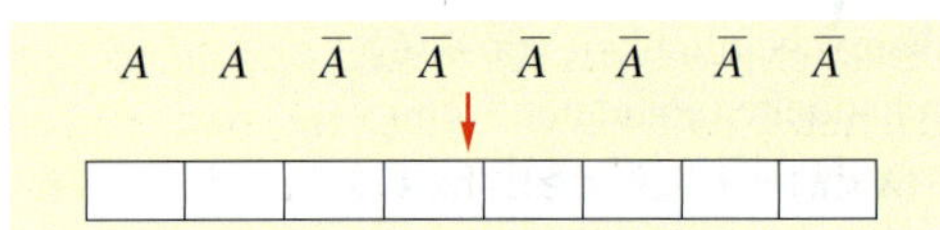

188/2 Abzählhilfe

Wie viele Möglichkeiten gibt es hierbei?
Das erste A kann natürlich auf 8 leere Plätze gesetzt werden, das zweite A auf die verbliebenen 7 Plätze. Das erste $\overline{A}$ hat sodann noch 6 Plätze zur Auswahl, und so fort. Insgesamt ergeben sich $8 \cdot 7 \cdot 6 \cdot 5 \cdot 4 \cdot 3 \cdot 2 \cdot 1$ Kombinationen.
Jedoch ist zu beachten, dass man die A bzw. die $\overline{A}$ nicht unterscheiden und daher untereinander austauschen kann. Anwendung der obigen Abzählmethode auf die 2 A-Plätze bzw. 6 $\overline{A}$-Plätze führt zu $2 \cdot 1$ bzw. $6 \cdot 5 \cdot 4 \cdot 3 \cdot 2 \cdot 1$ Möglichkeiten.

Erarbeitung

$\binom{8}{2} = \frac{8!}{2! \cdot 6!}$

8 nCr 2

Die Gesamtzahl an Stichprobenkombinationen ergibt sich deswegen zu

$$Z = \frac{8 \cdot 7 \cdot 6 \cdot 5 \cdot 4 \cdot 3 \cdot 2 \cdot 1}{(2 \cdot 1) \cdot (6 \cdot 5 \cdot 4 \cdot 3 \cdot 2 \cdot 1)} = \frac{8 \cdot 7}{2 \cdot 1} = 28.$$

Zur Vereinfachung der Schreibweise verwendet man das Symbol $n!$ für die **Fakultät** einer natürlichen Zahl n, nämlich $n! = 1 \cdot 2 \cdot \ldots \cdot n$, und definiert:

INFO
Es gilt: $0! = 1$.

Definition 6.2 Für alle natürliche Zahlen n und k mit $k \leq n$ nennt man

$$\binom{n}{k} = \frac{n!}{k!(n-k)!} = \frac{n \cdot (n-1) \cdot \ldots \cdot (n-k+1)}{k!}$$

den **Binomialkoeffizienten** „k aus n“.

Obigen Term kann man nun kompakt $Z = \binom{8}{2}$ schreiben.

Das beschriebene Abzählverfahren kann man analog für beliebige Werte von n und k anwenden. Der Binomialkoeffizient gibt die Anzahl verschiedener Stichproben an, in denen genau k-mal das Ereignis A und entsprechend genau $(n-k)$-mal das Ereignis $\overline{A}$ auftritt.
Da jede dieser Stichproben mit der Wahrscheinlichkeit $p^k \cdot (1-p)^{n-k}$ gezogen wird, lässt sich die Wahrscheinlichkeit $\boldsymbol{P(X=k)}$ bestimmen, dass eine Bernoulli-Kette der Länge n **genau** k Treffer enthält:

$$P(X=k) = \binom{n}{k} \cdot p^k \cdot (1-p)^{n-k}$$ **Formel von Bernoulli**

Für die Wahrscheinlichkeit, dass bei der Kontrolle von 8 Kerzen **genau** 2 Kerzen zweiter Wahl gefunden werden, bedeutet dies $P(X=2) = \binom{8}{2} \cdot 0{,}1^2 \cdot 0{,}9^6 \approx 0{,}1488$.
Das Ereignis tritt bei einer mittleren Ausschussquote von 10% somit in 15% der Fälle auf; es ist also kein besonders seltenes Ereignis. Der Hersteller kann daher auf Grundlage des Befundes noch keine Rückschlüsse ziehen, sondern es sind weitere Tests nötig.

Zur Verbesserung des Prüfverfahrens können folgende Wahrscheinlichkeiten hilfreich sein:

$\boldsymbol{P(X<k)}$	Wahrscheinlichkeit, dass eine Bernoulli-Kette der Länge n **weniger als** k Treffer enthält: $P(X<k) = P(X=0) + P(X=1) + \ldots + P(X=k-1)$
$\boldsymbol{P(X\leq k)}$	Wahrscheinlichkeit, dass eine Bernoulli-Kette der Länge n **höchstens** k Treffer enthält: $P(X\leq k) = P(X=0) + P(X=1) + \ldots + P(X=k)$
$\boldsymbol{P(X>k)}$	Wahrscheinlichkeit, dass eine Bernoulli-Kette der Länge n **mehr als** k Treffer enthält: $P(X>k) = P(X=k+1) + P(X=k+2) + \ldots + P(X=n)$.
$\boldsymbol{P(X\geq k)}$	Wahrscheinlichkeit, dass eine Bernoulli-Kette der Länge n **mindestens** k Treffer enthält: $P(X\geq k) = P(X=k) + P(X=k+1) + \ldots + P(X=n)$.

HINWEIS
Bei größeren Zahlen n und k sind der Rechenaufwand als auch die Gefahr, sich zu verrechnen, so groß, dass zur Berechnung der Wahrscheinlichkeiten Hilfsmittel notwendig sind. 189-1

Der Rechenaufwand lässt sich manchmal verringern, wenn man eine der folgenden Beziehungen nutzt: $P(X>k) = 1 - P(X\leq k)$ bzw. $P(X\leq k) = 1 - P(X>k)$ und $P(X<k) = 1 - P(X\geq k)$ bzw. $P(X\geq k) = 1 - P(X<k)$

Als verbessertes Prüfkriterium wird nun z. B. verwendet: „Es sind **mindestens** 4 Kerzen zweiter Wahl in einer Stichprobe vom Umfang 8.“ Bei unveränderter Fehlerquote von 10% wäre dieses Kriterium im Mittel nur noch bei weniger als 1% der Kontrollen erfüllt:

$$P(X\geq 4) = P(X=4) + P(X=5) + P(X=6) + P(X=7) + P(X=8)$$
$$= \binom{8}{4} \cdot 0{,}1^4 \cdot 0{,}9^4 + \binom{8}{5} \cdot 0{,}1^5 \cdot 0{,}9^3 + \binom{8}{6} \cdot 0{,}1^6 \cdot 0{,}9^2 + \binom{8}{7} \cdot 0{,}1^7 \cdot 0{,}9^1 + \binom{8}{8} \cdot 0{,}1^8 \cdot 0{,}9^0$$
$$= 70 \cdot 0{,}1^4 \cdot 0{,}9^4 + 56 \cdot 0{,}1^5 \cdot 0{,}9^3 + 28 \cdot 0{,}1^6 \cdot 0{,}9^2 + 8 \cdot 0{,}1^7 \cdot 0{,}9^1 + 1 \cdot 0{,}1^8 \cdot 0{,}9^0$$
$$\approx 0{,}5\,\%$$

Man hätte hier auch $P(X\geq 4) = 1 - P(X\leq 3)$ rechnen können.

Ein anderes Prüfkriterium, das im Mittel ebenfalls nur noch bei weniger als 1 % der Kontrollen erfüllt ist, kann man finden, wenn man den Umfang der Stichrobe verändert und fragt:
Bei welchem Stichprobenumfang n ist die Wahrscheinlichkeit $P(X = n)$, dass alle Kerzen zweite Wahl sind, also $P(X = n)$, kleiner als 1 %?
Damit erhält man die Ungleichung

$$\binom{n}{n} \cdot 0{,}1^n \cdot 0{,}9^0 < 0{,}01 \quad \Leftrightarrow \quad 0{,}1^n < 0{,}01,$$

HINWEIS
Beachten Sie, dass $\ln 0{,}1 < 0$.

die man durch Logarithmieren, z. B. mit dem natürlichen Logarithmus, lösen kann:

$$n \cdot \ln 0{,}1 < \ln 0{,}01 \quad \Leftrightarrow \quad n > \frac{\ln 0{,}01}{\ln 0{,}1} = 2$$

Daraus ergibt sich als Prüfkriterium: „Es sind 3 Kerzen zweiter Wahl in einer Stichprobe vom Umfang 3".

▶ Urnenmodelle

Bei einer Bernoulli-Kette wird davon ausgegangen, dass die Wahrscheinlichkeit bei allen Einzelversuchen gleich bleibt. Entnimmt man jedoch eine Probe, so ändert sich entweder die Anzahl der Treffer oder die der Nieten, und die Grundgesamtheit verringert sich um 1.
Um gleiche Bedingungen beim nächsten Experiment der Kette zu haben, muss man deshalb nach jedem Bernoulli-Experiment die gezogene Probe zurücklegen. Eine Bernoulli-Kette liegt also nur bei einem **Ziehen mit Zurücklegen** vor.

Dieses Ziehen mit Zurücklegen lässt sich als Urnenmodell modellieren, siehe Bild 190/1: Aus einer Urne wird n-mal eine Kugel gezogen, deren Farbe notiert – wobei z. B. Rot einem Treffer T und jede andere Farbe einer Niete N entspricht – und die Kugel wieder zurückgelegt.

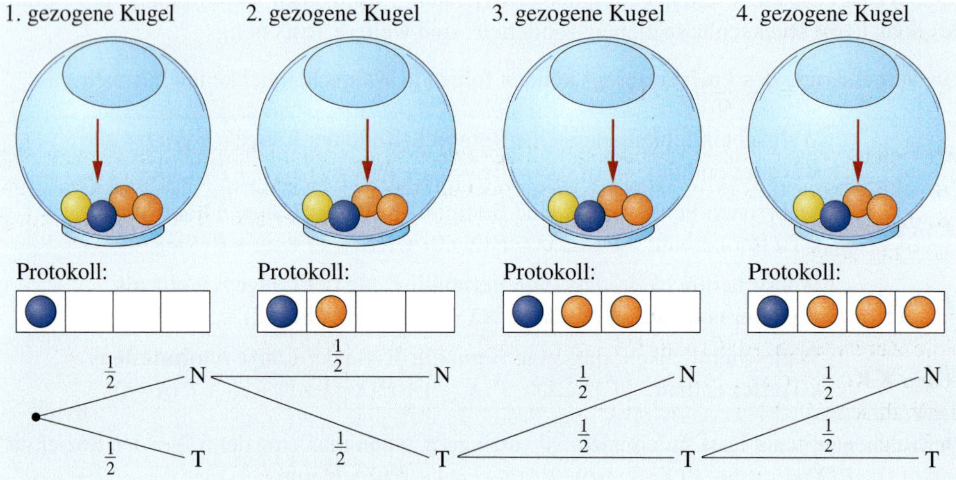

Bild 12/1 Urnenmodell bei Ziehen mit Zurücklegen

Genau genommen liegt bei der behandelten Qualitätskontrolle ein **Ziehen ohne Zurücklegen** vor. Da jedoch die Grundgesamtheit der produzierten Kerzen sehr groß ist, ändern sich die Voraussetzungen durch die Entnahme einer Probe nur geringfügig.
Aus diesem Grund ist die Behandlung als Ziehen mit Zurücklegen eine sehr gute Näherung (siehe auch Seite 191).

Ist die Grundgesamtheit allerdings kleiner, so ergeben sich gravierende Unterschiede, wie der Vergleich des Urnenmodells ohne Zurücklegen in Bild 191/1 mit dem Urnenmodell mit Zurücklegen in Bild 190/1 deutlich macht.

Beim Ziehen ohne Zurücklegen stehen immer weniger Kugeln zur Auswahl; bei der letzten Kugel ist das Ergebnis sogar von vornherein klar.

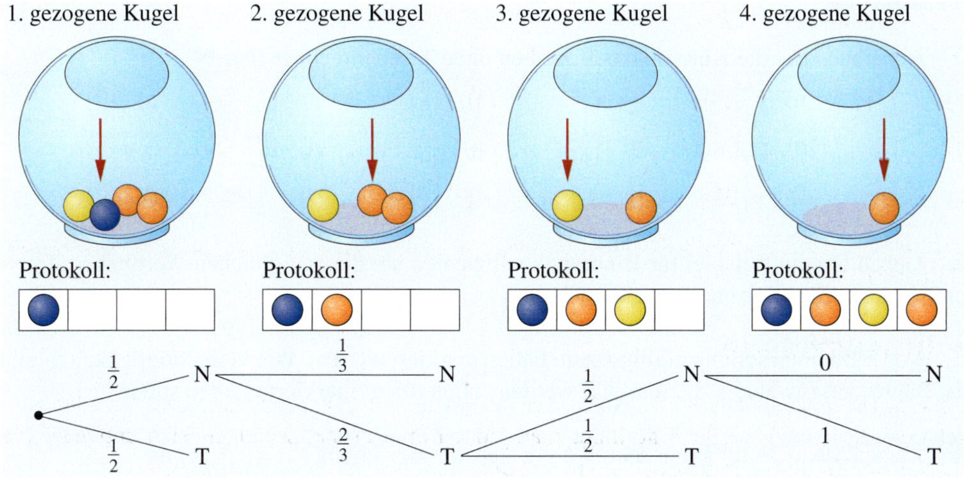

Bild 191/1 Urnenmodell bei Ziehen ohne Zurücklegen

Modellieren der Stichprobenentnahme als Ziehen ohne Zurücklegen:
Geht man von einem Produktionsvolumen von $N = 100$ Kerzen (also $K = 10$ Kerzen zweiter Wahl) aus und entnimmt wieder zufällig $n = 8$ Kerzen, so ergibt sich die Wahrscheinlichkeit dafür, $k = 2$ Kerzen zweiter Wahl zu ziehen als Laplace-Wahrscheinlichkeit: Die Anzahl der möglichen Stichproben beträgt $\binom{100}{10}$ und für die Anzahl der günstigen Stichproben mit genau $k = 2$ Kerzen zweiter Wahl, also $n - k = 6$ Kerzen erster Wahl, ergibt sich $\binom{10}{2} \cdot \binom{90}{6}$.
Folglich erhält man

$$P(X = 2) = \frac{\binom{10}{2}\binom{90}{6}}{\binom{100}{10}} \approx 0{,}1506.$$

Wie bereits erwähnt, unterscheidet sich dieses Ergebnis nur wenig vom Fall des Ziehens mit Zurücklegen (dort 0,1488), denn der Stichprobenumfang ($n = 8$) ist im Vergleich zur Grundgesamtheit ($N = 100$) klein. Deren Zusammensetzung ändert sich bei der Versuchsdurchführung daher nur unwesentlich.

Entsprechend folgt allgemein: Beim Ziehen ohne Zurücklegen von n aus N Kerzen, von denen K Kerzen einen Mangel aufweisen, ist die Wahrscheinlichkeit genau k Kerzen zweiter Wahl zu ziehen gemäß Bild 191/2:

$$P(X = k) = \frac{\binom{K}{k}\binom{N-K}{n-k}}{\binom{N}{n}}$$

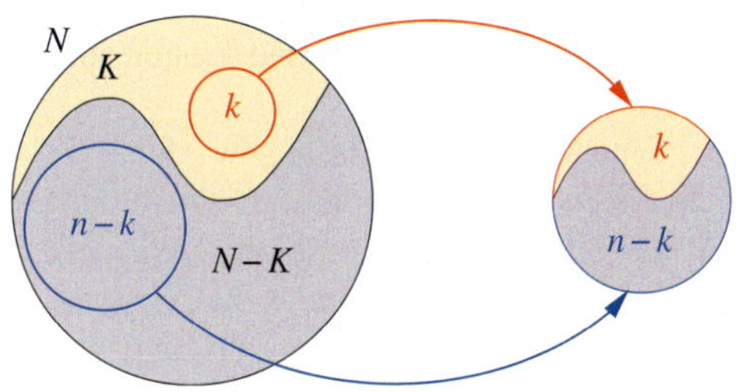

191/2 Ziehen ohne Zurücklegen

HINWEIS
Die hier verwendete Formel für das Ziehen ohne Zurücklegen finden Sie in der Merkhilfe Mathematik.

Resümee:
Im Alltag sind vielmals Zufallsexperimente von Bedeutung, für deren Ausgang es genau zwei Alternativen gibt. Ist die Trefferwahrscheinlichkeit bei allen Versuchen immer gleich, dann lassen sich diese sogenannten Bernoulli-Experimente mit einem Urnenmodell in Form des Ziehens mit Zurücklegen veranschaulichen. Auch Experimente, bei denen die Trefferwahrscheinlichkeit nur in guter Näherung konstant bleibt, können so modelliert werden.
Bei der Berechnung von Wahrscheinlichkeiten für Bernoulli-Ketten der Länge n ist zu unterscheiden, ob sie genau k Treffer, mindestens k Treffer oder höchstens k Treffer enthalten.

Aufgaben

Trainieren Anwenden Vernetzen

1 Berechnen Sie die Binomialkoeffizienten ohne Taschenrechner ($n \in \mathbb{N}$).

a) $\binom{5}{2}$ 10	d) $\binom{6}{4}$ 15	g) $\binom{7}{1}$ 7	j) $\binom{3}{3}$ 1	m) $\binom{7}{0}$ 1	p) $\binom{n}{0}$ 1
b) $\binom{6}{3}$ 20	e) $\binom{5}{3}$ 10	h) $\binom{5}{1}$ 5	k) $\binom{6}{0}$ 1	n) $\binom{6}{2}$ 15	q) $\binom{n}{1}$ n
c) $\binom{8}{2}$ 28	f) $\binom{7}{3}$ 35	i) $\binom{7}{5}$ 21	l) $\binom{4}{1}$ 4	o) $\binom{4}{3}$ 4	r) $\binom{n}{n}$ 1

LÖ $\binom{5}{2} = \binom{5}{3}$

2 Geben Sie ein Beispiel für Binomialkoeffizienten an, die den gleichen Wert haben. Interpretieren Sie die Gleichheit anschaulich.

LÖ markiert: $\binom{n}{k}$
nicht markiert: $\binom{n}{n-k}$

3 Von n Bäumen sollen zufällig k zum Fällen markiert werden. Wie viele Möglichkeiten gibt es, Bäume auszuwählen, die markiert werden sollen (nicht markiert werden sollen)?

4 Zeigen Sie, dass für $k, n \in \mathbb{N}$ mit $k < n$ stets die Beziehung $\binom{n}{k} = \binom{n}{n-k}$ gilt.
Erläutern Sie, warum man dies „Symmetrie" des Binomialkoeffizienten nennt.

LÖ
a) $\binom{n}{k}$
b) n^k
c) zu a) gehören: 1, 3, 4, 7, die anderen zu b)

5 Viele Zufallsexperimente kann man mittels eines Urnenmodells „Ziehen von k Kugeln aus einer Urne mit n Kugeln" systematisch beschreiben.
Geben Sie die Anzahl der möglichen Versuchsausgänge und ein typisches Beispiel an, wenn
a) ohne Zurücklegen gezogen wird,
b) mit Zurücklegen gezogen wird.
c) Ordnen Sie die folgenden Beispiele den Fällen a) und b) zu, und begründen Sie Ihre Entscheidung.
① 20 Freikarten für den Zirkus werden unter 100 Schülern verteilt.
② Ein Würfel wird fünfmal geworfen.
③ Ein Pokerspieler erhält 5 Karten aus einem 32-Blatt Kartenspiel auf die Hand.
④ Die acht weißen Bauern werden beliebig auf dem Schachbrett aufgestellt.
⑤ 500 Delegierte wählen zufällig einen von 6 Kandidaten.
⑥ Ein Zuschauer beobachtet beim Roulette zwanzigmal, ob rot oder schwarz kommt.
⑦ 100 Personen ziehen bei einer Tombola alle 100 Lose.
⑧ Ein Autofahrer biegt nacheinander an sieben Kreuzungen zufällig ab.
⑨ Wer war bei 4 Prüfungen in einer Klasse mit 21 Schülern jeweils die/der Beste?
⑩ Wie viele Mädchen und Jungen sind unter fünf Kindern einer Familie?

6 Eine Münze wird 6-mal geworfen.
Berechnen Sie die Wahrscheinlichkeit der Ereignisse a) bis d).
a) Es fällt 4-mal Zahl und 2-mal Wappen. 23,44 %
b) Es fällt 2-mal Zahl und 4-mal Wappen. wie a)
c) Bei den ersten 4 Würfen fällt Zahl, dann fällt 2-mal Wappen. 1,56 %
d) Bei den ersten 2 Würfen fällt Zahl, dann fällt 4-mal Wappen. wie c)
e) Vergleichen Sie die Ergebnisse aus a) bis d), erklären Sie Ihre Beobachtungen und verallgemeinern Sie diese.

7 Ein Fragebogen enthält 10 Fragen. Zu jeder sind eine richtige und drei falsche Antworten vorgegeben.
Mit welcher Wahrscheinlichkeit kreuzt eine völlig ahnungslose Person mindestens 6 Antworten richtig an? mit etwa 1,97 %

Aufgaben

8 Bei einem Spiel kommt ein Laplace-Würfel zum Einsatz.

a) Wie oft muss man werfen, dass mit einer Wahrscheinlichkeit von 90% zumindest 1 Sechs fällt? mindestens 13-mal

b) Wie oft darf man werfen, dass mit einer Wahrscheinlichkeit von 50% keine Sechs fällt? 3-mal

9 Ermitteln und vergleichen Sie die Wahrscheinlichkeit dafür, dass zweimal hintereinander aus einer Urne eine rote Kugel mit bzw. ohne Zurücklegen gezogen wird.

a) In der Urne befinden sich 2 schwarze und 2 rote Kugeln.

b) In der Urne befinden sich 20 schwarze und 20 rote Kugeln.

LÖ
a) mit Z.: 25%
ohne Z.: 17%
b) mit Z.: 25%
ohne Z.: 24%

10 Ein Würfel wird 10-mal geworfen. Bestimmen Sie die Wahrscheinlichkeit der Ereignisse.

a) Es erscheint 2-mal die Sechs. 29%

b) Es erscheint mehr als 3-mal die Sechs. 6,97%

c) Es erscheint mehr als 1-mal und weniger als 5-mal die Sechs. 50%

d) Es erscheint 5-mal eine Augenzahl größer als drei. 25%

11 Bei einem Glücksrad hat der rote Sektor einen Mittelpunktswinkel von 90°.

a) Gesucht ist die Wahrscheinlichkeit, dass das Rad bei dreimaligem Drehen mindestens einmal auf rot stehen bleibt. Entscheiden Sie für jeden der folgenden Terme, ob er die gesuchte Wahrscheinlichkeit angibt.

b) Begründen Sie Ihre Entscheidung.

① $\binom{3}{1} \cdot 0{,}25 \cdot 0{,}75^2$ ② $1 - \binom{3}{0} \cdot 0{,}75^3$ ③ $1 - 0{,}25^3$

④ $\binom{3}{2} \cdot 0{,}25^2 \cdot 0{,}75 + \binom{3}{3} \cdot 0{,}25^3$ ⑤ $\binom{3}{1} \cdot 0{,}25 \cdot 0{,}75^2 + \binom{3}{2} \cdot 0{,}25^2 \cdot 0{,}75 + \binom{3}{3} \cdot 0{,}25^3$

c) Wie oft muss man das Glücksrad drehen, damit es mit 99%iger Wahrscheinlichkeit mindestens einmal auf rot stehen bleibt.

LÖ
a) richtig sind nur (2) und (5)
b) 17-mal

12 Beschreiben Sie ein Zufallsexperiment, bei dem die drei aufgeführten Terme jeweils Wahrscheinlichkeiten bestimmter Ereignisse angeben. Die Wahrscheinlichkeiten welcher Ereignisse werden durch die Terme angegeben?

a) ① $\binom{5}{2} \cdot 0{,}5^5$ ② $\binom{5}{0} \cdot 0{,}5^5 + \binom{5}{1} \cdot 0{,}5^5$ ③ $1 - \left[\binom{5}{0} \cdot 0{,}5^5 + \binom{5}{1} \cdot 0{,}5^5\right]$

b) ① $\binom{5}{2} \cdot \left(\frac{1}{3}\right)^2 \cdot \left(\frac{2}{3}\right)^3$ ② $\binom{5}{2} \cdot \left(\frac{1}{3}\right)^2 \cdot \left(\frac{2}{3}\right)^3 + \binom{5}{3} \cdot \left(\frac{1}{3}\right)^3 \cdot \left(\frac{2}{3}\right)^2$ ③ $1 - \binom{5}{5} \cdot \left(\frac{1}{3}\right)^5 \cdot \left(\frac{2}{3}\right)^0$

LÖ zu 12:
a) Fünfmaliger Münzwurf
(1) P(„2-mal Z“)
(2) P(„Z höchstens einmal“)
(3) P(„Z mindestens zweimal“)
b) 5-malige Ziehung aus einer Urne mit einer roten und zwei schwarzen Kugeln mit Zurücklegen
(1) P(„2-mal rot“)
(2) P(„2 oder 3-mal rot“)
(3) P(„höchstens 4-mal rot“)

13 Bei Aufgabe 12b) war für den Term $\binom{5}{2} \cdot \left(\frac{1}{3}\right)^2 \cdot \left(\frac{2}{3}\right)^3$ eine sinnvolle Interpretation zu finden. Lässt man in diesem Term den Binomialkoeffizienten weg, erhält man $\left(\frac{1}{3}\right)^2 \cdot \left(\frac{2}{3}\right)^3$. Überlegen Sie, ob es auch für diesen Term eine sinnvolle Interpretation gibt.

LÖ Wahrscheinlichkeit, zuerst zweimal rot und dann dreimal schwarz zu ziehen.

Noch fit?

I Erläutern Sie (unter Verwendung geeigneter Fachbegriffe) den Zusammenhang zwischen den Graphen einer Funktion f und ihrer Ableitungsfunktion f'.

II Geben Sie zu den folgenden Funktionen jeweils die Ableitung an.

a) $f_1(x) = x$ c) $f_3(x) = 0$ e) $f_5(x) = \sqrt{x}$ g) $f_7(x) = -\sin(x)$

b) $f_2(x) = x^2$ d) $f_4(x) = x^{-3}$ f) $f_6(x) = x^3 + \sqrt[3]{x}$ h) $f_8(x) = 1 + \cos(x)$

III Zeichnen Sie den Graphen der Funktion $f(x) = 1 - \frac{1}{8}x^3 + 0{,}2x^2$.
Berechnen Sie die Nullstellen, Extrempunkte und Wendepunkte der Funktion.

LÖ zu III:
Nullstelle: $x = 2{,}70$
Tiefpunkt $T(0|1)$
Hochpunkt $H(1{,}07|1{,}08)$
Wendepunkt $W(0{,}53|1{,}04)$

Trainieren **Anwenden** **Vernetzen**

14 Bei der Auslosung der Paarungen zum DFB-Pokal Viertelfinale befinden sich die Namen der acht noch im Wettbewerb verbliebenen Mannschaften in verschlossenen undurchsichtigen Kugeln in einem großen Glasgefäß. Die Kugeln werden nacheinander gezogen, wobei sich die Paarungen wie folgt ergeben: Die erste gezogene Mannschaft spielt gegen die zweite, die dritte gegen die vierte und so fort.
Drei Zweitligisten haben das Viertelfinale erreicht.
Berechnen Sie die Wahrscheinlichkeit, dass
a) in der ersten Begegnung zwei Zweitligisten aufeinandertreffen; 11 %
b) in der zweiten Begegnung zwei Zweitligisten aufeinandertreffen; wie a)
c) in den ersten beiden Begegnungen kein Zweitligist spielt; 7,1 %
d) in den ersten beiden Begegnungen alle Zweitligisten spielen. 7,1 %

15 Ein Betrieb rechnet bei seinen Produkten mit einem Ausschuss von 5 % (10 %; 15 %). Mit welcher Wahrscheinlichkeit enthält eine Stichprobe von 50 Stücken weniger als 7 fehlerhafte Stücke? 99 % (77 %; 36 %)

16 Wie viele Deutsche muss man mindestens zufällig auswählen, um mit mindestens 99,99 % Wahrscheinlichkeit mindestens einen Mann gewählt zu haben. Das Verhältnis der männlichen zur weiblichen Bevölkerung beträgt zur Zeit 0,96. 14

17 In einer Zeitschrift wird ein Schlankheitsmittel angeboten, welches erfahrungsgemäß mit einer Wahrscheinlichkeit von 80 % tatsächlich zu einer Gewichtsreduktion führt. 10 Personen testen das Mittel. Mit welcher Wahrscheinlichkeit nimmt mindestens die Hälfte ab? 99 %

18 Bei einer Lotterie entfällt auf ein Los mit der Wahrscheinlichkeit p ein Gewinn. Wie groß muss p sein, dass sich unter 10 gekauften Losen mit 95 %iger Wahrscheinlichkeit mindestens ein Gewinn befindet? 26 %

19 Toni möchte seiner Freundin am Schießstand mit einem Luftgewehr einen Strauß von 5 Blumen schießen. Wie groß muss seine Trefferwahrscheinlichkeit sein, damit ihm dies mit einer Serie von 6 Schuss sicher gelingt? 100 % (es soll sicher gelingen)

20 Ein Bogenschütze trifft mit der Wahrscheinlichkeit $p = 10\%$ das Zentrum (den innersten Ring) der Zielscheibe. Es wird dabei stets in Serien von n Pfeilen geschossen. Ermitteln Sie n für folgende Beobachtungen des Trainers.
a) Bei 0,1 % der Serien treffen alle Pfeile das Zentrum. 3
b) Bei 34,9 % der Serien trifft kein einziger Pfeil das Zentrum. 10

21 Fünf Frauen und drei Männer setzen sich auf eine lange Bank, auf der genau 8 Personen Platz haben. Berechnen Sie die Wahrscheinlichkeit, dass
a) auf dem dritten Platz eine Frau sitzt, $\frac{5}{8}$
b) auf dem ersten und dem letzten Platz ein Mann sitzt, $\frac{3}{28}$
c) in der Mitte der Bank zwei Frauen nebeneinander sitzen. $\frac{5}{14}$

22 Hühnereier werden in Schachteln zu 6 Stück (10 Stück) geliefert. Die Wahrscheinlichkeit, dass ein Ei beschädigt ist, beträgt 3 %.
a) Mit welcher Wahrscheinlichkeit enthält eine Schachtel nur unbeschädigte Eier? 83 % (74 %)
b) Mit welcher Wahrscheinlichkeit enthält eine Schachtel mehr als ein beschädigtes Ei? 1 % (3 %)
c) 10 Schachteln werden in einen Karton verpackt. Mit welcher Wahrscheinlichkeit enthält der Karton mindestens 2 Schachteln mit unbeschädigten Eiern? 99,9999 % (99,99 %)

23 Zum Geburtstag schenkt Ihnen ein entfernter Verwandter zwei Felder beim Lotto 6 aus 49. Ist es besser bei einer Ausspielung zwei Felder oder bei zwei Ausspielungen jeweils ein Feld zu spielen, wenn Sie mindestens einen Sechser haben möchten?

LÖ Es ist etwas besser, bei einer Ausspielung zwei Felder zu spielen.

24 Von 40 Beschäftigten einer Firma kommen im Mittel 60 % mit dem eigenen Pkw.

a) Mit welcher Wahrscheinlichkeit reichen die 30 Plätze des Parkplatzes aus?

b) Wie groß muss der Parkplatz sein, damit alle Beschäftigten mit einer Wahrscheinlichkeit von 95 % ihren Pkw dort abstellen können?

LÖ zu 24:
a) 98 %
b) analog zu a) berechnet man: mit etwa 96 % reichen 29 Plätze, mit etwa 93 % reichen 28 Plätze. Also müssen es 39 Plätze sein.

25 Zur Selbstmontage eines Schranks werden 45 Schrauben benötigt. Eine Schraube ist mit einer Wahrscheinlichkeit von 5 % defekt. Mit welcher Wahrscheinlichkeit reichen die mitgelieferten 50 Schrauben aus? 95 %

26 Etwa 6 % der Deutschen sind Linkshänder. Eine Firma hat aus diesem Grund einen speziellen Kartoffelschäler entwickelt und wählt nun zufällig Testpersonen aus.

a) Mit welcher Wahrscheinlichkeit ist spätestens der fünfte Angesprochene Linkshänder? 27 %

b) Wie viele Versuche sind nötig, um mit 50 %iger Wahrscheinlichkeit einen Linkshänder zu identifizieren? 12

27 Ein Autofahrer muss auf seinem Weg zur Arbeit zweimal täglich drei Ampelkreuzungen überqueren. Die Wahrscheinlichkeiten, dass diese für seine Fahrtrichtung grün zeigen, betragen 45 %, 60 % und 45 % (Hinweg) bzw. 45 %, 20 % und 45 % (Rückweg).

a) Interpretieren Sie die gegebenen Wahrscheinlichkeiten.

b) Mit welcher Wahrscheinlichkeit muss der Autofahrer an einem Tag (in einer Woche) an allen Ampeln anhalten? Tag: 3 %; Woche: 0,000002 %

c) Wie oft muss der Autofahrer zur Arbeit fahren, dass mit 80 %iger (95 %iger) Wahrscheinlichkeit zumindest einmal alle Ampeln grün zeigen? 327-mal (608-mal)

d) Welche Annahme liegt Ihren Lösungen b) und c) zugrunde? Wie realistisch ist diese?
unabhängige Ampelschaltung

Trainieren Anwenden **Vernetzen**

28 Eine Klasse gestaltet eine Tombola mit 25 % Gewinnlosen. Statt der üblichen Überschrift „Jedes 4. Los gewinnt", wollen sie mitteilen, mit welcher Wahrscheinlichkeit unter vier Losen ein Gewinnlos sei. Dabei stoßen folgende Meinungen aufeinander: „Mit 42 %", „falsch, mit 68 %", „ach was, mit deutlich mehr als 68 %".
Welche Rechnungen und Überlegungen führen auf diese Resultate? Entscheiden Sie, ob Sie sich einer dieser Meinungen anschließen können (evtl. auch mithilfe von Zahlenbeispielen).

LÖ Unterscheidung nach „genau ein Los" oder „mindestens ein Los" und nach Ziehen mit und ohne Zurücklegen

29 Vor einem Auslandseinsatz wird bei allen teilnehmenden Soldaten der Bundeswehr ein Bluttest durchgeführt, um auszuschließen, dass diese mit einer bestimmten Krankheit infiziert sind. Aufgrund statistisch gesicherter Daten weiß man, dass 9,5 % der Gesamtbevölkerung an der Krankheit leiden. Es stehen zwei Untersuchungsmethoden zur Auswahl:
1. Einzeltest: Das Blut jedes einzelnen Soldaten wird getestet.
2. Gruppentest: Das Blut von jeweils n Soldaten wird vermischt und dann untersucht.
Wenn alle gesund sind, genügt ein Test für die ganze Gruppe und man spart Kosten ein. Zeigt der Gruppentest jedoch die Krankheit an, muss jeder Einzelne nochmals untersucht werden.
Ermitteln Sie, bei welcher Gruppengröße die Einsparung maximal ist. bei $n = 10$

30 Zwei Schüler werfen abwechselnd eine Münze. Gewinnen soll, wer zuerst Wappen wirft. Bestimmen Sie eine möglichst genaue obere/untere Schranke für die Wahrscheinlichkeit, dass derjenige Schüler gewinnt, der mit dem Spiel anfängt.
Untere Schranke etwa 0,664. Obere Schranke 1.

6.3 Streuung von Messdaten

Zucker wird in einer Zuckerfabrik vollautomatisch in Tüten zu einem Nenninhalt von 1000 g verpackt. Dazu stehen zwei unterschiedliche Abfüllmaschinen A und B zur Auswahl. Im Probebetrieb werden jeweils 1000 Packungen gefüllt.
Die gemessenen Füllmengen werden in Klassen mit je 2 g Breite eingeteilt (z. B. umfasst die Klasse „1000 g" alle Messwerte x_i im Intervall 999 g < x_i ≤ 1001 g).
Die Einteilung von Daten in „Klassen" ist zur Vereinfachung bei Messungen sinnvoll, die viele Zahlen als Messergebnisse haben. Es wird gezählt, wie viele Messwerte in die jeweilige Klasse fallen. Die so entstehenden Messwerte heißen **„klassierte Messwerte"**.
Der Test der Abfüllmaschinen liefert die folgenden Ergebnisse:

Füllmenge in g	990	992	994	996	998	1000	1002	1004	1006	1008	1010
Maschine A	4	14	37	133	197	234	186	141	39	10	5
Maschine B	16	34	69	93	174	241	149	102	72	36	14

Gesetzlich sind Toleranzen bei der Füllmenge zulässig – so lange diese im Mittel den Nennwert ergeben.

a) Formulieren Sie Kriterien, die zur Entscheidung für die Auswahl einer der Abfüllmaschinen heranzuziehen sind.

Eine Abfüllmaschine arbeitet umso genauer, je weniger die tatsächlichen Füllmengen vom Nennwert abweichen. Sie kennen die Möglichkeit der Darstellung durch Boxplots, bei denen die Abweichungen vom Mittelwert grafisch erkennbar werden.
Um Boxplots für die beiden Maschinen zu erstellen, benötigen Sie den Median und die oberen und unteren Quartile der Datenreihen.

ZUR ERINNERUNG

Zur **Berechnung des Medians** werden die Messwerte einzeln der Größe nach angeordnet; der Messwert in der Mitte dieser Reihe (bzw. bei einer geraden Anzahl das arithmetische Mittel der beiden mittleren Werte) ist der Median.

Das untere und das obere **Quartil** ergeben sich als Median der unteren bzw. oberen Hälfte der Messwertreihe.

Der **Modalwert** ist der Wert, der am häufigsten auftritt.

Beispiel: Boxplot für Maschine A

Auflistung aller Messwerte der Größe nach:
990, 990, 990, 990, 992, 992, … , 1008, 1010,1010,1010,1010,1010
Median (arithmetisches Mittel von 500. und 501. Messwert): 1000
Unteres Quartil (arithmetisches Mittel von 250. und 251. Messwert): 998
Oberes Quartil (arithmetisches Mittel von 750. und 751. Messwert): 1002

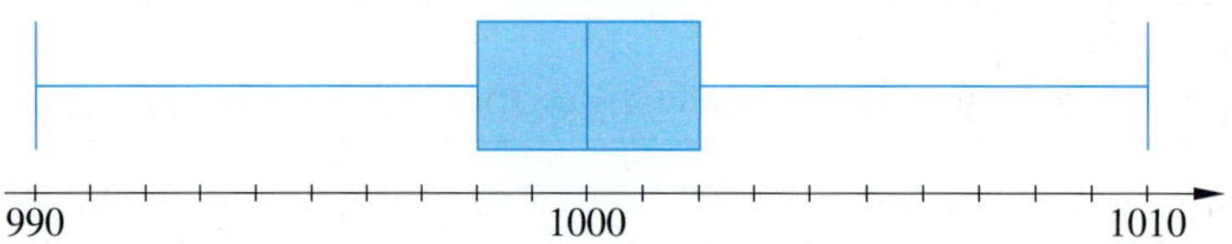

196/1

b) Wenden Sie das Verfahren zur Berechnung des oberen und unteren Quartils auch auf die Maschine B an und erstellen Sie den zugehörigen Boxplot.

c) Für welche der drei Kenngrößen arithmetischen Mittelwert, Median und Modalwert steht in den folgenden drei Beispielen die Zahl x?
Vergleichen Sie die Kenngrößen für beide Maschinen.

(1) Die Wahrscheinlichkeit, eine Tüte zu kaufen, die leichter ist als x g, ist genau so groß wie die für eine Tüte schwerer als x g.	(2) Man kann am ehesten erwarten, dass eine Tüte x g wiegt.	(3) Wenn 10 000 Tüten verladen werden, kann man davon ausgehen, dass die Fracht x kg schwer ist.

d) Diskutieren Sie, welche Maschine zum Füllen der Tüten beschafft werden sollte. Begründen Sie ihre Entscheidung.

LÖ c) (1) Median (2) Modalwert (3) arithm. Mittelwert

Streuung

In vielen Fällen ist bei Messdaten nicht nur wichtig, dass ein Sollwert im Mittel eingehalten wird, sondern auch, dass die Werte möglichst gering vom Sollwert abweichen („streuen"). Auch wenn die Spannweite und die Markierungen der Quartile in den Boxplots bereits einen ersten Eindruck von der Streuung der Werte vermittelt, so liefern Varianz und Standardabweichung eine präzisere Aussage zur Streubreite der Messwerte:

Definition 6.3 **Varianz**

Man nennt $V(x) = \frac{(x_1-\overline{x})^2 + (x_2-\overline{x})^2 + \ldots + (x_n-\overline{x})^2}{n}$ die Varianz der Messwerte.

Dabei sind x_i die einzelnen Messwerte, $\overline{x}$ ist das arithmetische Mittel der Messdaten und n die Anzahl der Messwerte.

HINWEIS
Mit x_i sind die Werte von x_1 bis x_n gemeint. Entsprechend steht H_i für H_1 bis H_n und p_i für p_1 bis p_n.

Es hat sich eingebürgert, das Quadrat der Abweichung vom Mittelwert zu verwenden. Dies hat den Vorteil, dass negative Werte der Differenzen $(x_i - \overline{x})$ ohne aufwändige Berücksichtigung von Beträgen zu verhindern. Zudem erhalten dadurch größere Abweichungen ein stärkeres Gewicht.

Treten einzelne Messwerte mehrfach auf, so werden sie in der Formel mit der absoluten Häufigkeit ihres Auftretens multipliziert.

$$V(x) = \frac{H_1(x_1-\overline{x})^2 + H_2(x_2-\overline{x})^2 + \ldots + H_n(x_n-\overline{x})^2}{n}$$

H_i sind dabei die absoluten Häufigkeiten der Messwerte x_i.
Werden die Summanden des Zählers einzeln durch n dividiert und die $\frac{H_i}{n}$ durch p_i ersetzt, so ergibt sich folgende Formel:

$$V(x) = p_1\,(x_1 - \overline{x})^2 + p_2(x_2 - \overline{x})^2 + \ldots + p_n(x_n - \overline{x})^2$$

Dabei bezeichnen die p_i die relativen Häufigkeiten der einzelnen Messwerte.

Beispiel

Für die Produktion von Präzisions-Drehteilen stehen zwei Maschinen zur Auswahl. Die Teile sollen einen Durchmesser von 2,00 mm aufweisen. Bei einem Probelauf werden die Durchmesser auf 0,01 mm genau bestimmt:

Durchmesser in mm	1,95	1,96	1,97	1,98	1,99	2,00	2,01	2,02	2,03	2,04	2,05
Maschine A	2	9	37	88	142	451	138	80	39	10	4
Maschine B	27	32	39	61	95	485	104	58	44	30	25

Auf beiden Maschinen wurden 1000 Probeteile gefertigt; in beiden Fällen ist der mittlere Durchmesser gleich dem Sollwert. Maschine B fertigt einen größeren Anteil mit dem exakten Soll-Durchmesser. Untersucht man die Streumaße, so erhält man

– für Maschine A:

$$\begin{aligned} V(x) = &\tfrac{2}{1000}\cdot(1{,}95-2{,}00)^2 + \tfrac{9}{1000}\cdot(1{,}96-2{,}00)^2 + \tfrac{37}{1000}\cdot(1{,}97-2{,}00)^2 + \tfrac{88}{1000}\cdot(1{,}98-2{,}00)^2 \\ &+ \tfrac{142}{1000}\cdot(1{,}99-2{,}00)^2 + \tfrac{451}{1000}\cdot(2{,}00-2{,}00)^2 + \tfrac{138}{1000}\cdot(2{,}01-2{,}00)^2 + \tfrac{80}{1000}\cdot(2{,}02-2{,}00)^2 \\ &+ \tfrac{39}{1000}\cdot(2{,}03-2{,}00)^2 + \tfrac{10}{1000}\cdot(2{,}04-2{,}00)^2 + \tfrac{4}{1000}\cdot(2{,}05-2{,}00)^2 = 0{,}000209 \end{aligned}$$

– für Maschine B:

$$\begin{aligned} V(x) = &\tfrac{27}{1000}\cdot(1{,}95-2{,}00)^2 + \tfrac{32}{1000}\cdot(1{,}96-2{,}00)^2 + \tfrac{39}{1000}\cdot(1{,}97-2{,}00)^2 + \tfrac{61}{1000}\cdot(1{,}98-2{,}00)^2 \\ &+ \tfrac{95}{1000}\cdot(1{,}99-2{,}00)^2 + \tfrac{485}{1000}\cdot(2{,}00-2{,}00)^2 + \tfrac{104}{1000}\cdot(2{,}01-2{,}00)^2 + \tfrac{58}{1000}\cdot(2{,}02-2{,}00)^2 \\ &+ \tfrac{44}{1000}\cdot(2{,}03-2{,}00)^2 + \tfrac{30}{1000}\cdot(2{,}04-2{,}00)^2 + \tfrac{25}{1000}\cdot(2{,}05-2{,}00)^2 = 0{,}0003714 \end{aligned}$$

Die Varianz bei beiden Maschinen hätte als Maßeinheit mm^2. Die Abweichung sollte aber auch eine Längeneinheit sein. Deshalb zieht man üblicherweise die Wurzel aus der Varianz:

Definition 6.4 **Standardabweichung**
Die Standardabweichung $\sigma(x)$ ist die Wurzel der Varianz. $\sigma(x) = \sqrt{V(x)}$

Als Standardabweichungen ergeben sich somit für Maschine A $\sigma(x) = \sqrt{0{,}000209} \approx 0{,}0145$ und für Maschine B $\sigma(x) = \sqrt{0{,}0003714} \approx 0{,}0193$.
Die mittleren Abweichungen vom Sollwert betragen etwa 0,015 mm bzw. etwa 0,019 mm.

Obwohl Maschine B mehr Teile fertigt, die exakt den Solldurchmesser aufweisen, streuen ihre Ergebnisse stärker. Beide Merkmale sind bei einer Kaufentscheidung zu berücksichtigen.

Aufgaben

LÖ Mittelwert: 3
$\sigma(x) = 1{,}13$

1 Zu einer Mathematik-Klausur wurde der nebenstehende Klassenspiegel ermittelt. Bestimmen Sie Mittelwert und Standardabweichung.

Note	1	2	3	4	5	6
Anzahl	3	8	12	6	4	0

2 Würfeln Sie mit einem Würfel jeweils so lange, bis zum ersten Mal die Sechs fällt. Notieren Sie jeweils die Anzahl der benötigten Würfe. Führen Sie dieses Experiment 60-mal durch. Bestimmen Sie Mittelwert und Standardabweichung.

LÖ mittlere Geschwindigkeit: $61{,}47\ \frac{km}{h}$
$\sigma(x) = 10{,}37\ \frac{km}{h}$

3 An einem Ortseingang, bei dem eine Gefällestrecke der Landstraße in eine scharfe Kurve mündet, wurden über eine Stunde hinweg von der Polizei per Radar die Geschwindigkeiten der einfahrenden Kfz gemessen (in $\frac{km}{h}$):

74, 68, 64, 58, 45, 77, 79, 64, 69, 58, 63, 53, 61, 80, 67, 62, 59, 58, 61, 58, 76, 73, 59, 53, 46, 53, 66, 78, 53, 63, 91, 70, 57, 68, 76, 69, 64, 64, 72, 56, 51, 52, 48, 51, 55, 46, 72, 77, 59, 59, 50, 62, 47, 49, 61, 58, 53, 45, 81, 45, 61, 58, 51, 56, 72, 53

Bestimmen Sie die mittlere Geschwindigkeit und die Streuung der Werte. Warum werden in der zweiten Hälfte der untersuchten Stunde deutlich weniger gravierende Geschwindigkeitsüberschreitungen gemessen?

LÖ 8 a:
Mittelwert: 45,89
$\sigma(x) = 25{,}18$
8 b:
Mittelwert: 42,85
$\sigma(x) = 8{,}39$
8 c:
Mittelwert: 46,31
$\sigma(x) = 19{,}20$

4 Zur Qualitätssicherung des schulischen Unterrichts werden Vergleichsarbeiten herangezogen, die in mehreren Klassen einer Jahrgangsstufe parallel geschrieben werden. An einer dreizügigen Schule wurden dabei die folgenden Punktwerte erzielt:

Klasse 8 a	79, 2, 23, 66, 56, 75, 30, 5, 51, 9, 65, 40, 73, 49, 12, 37, 6, 74, 54, 56, 28, 43, 77, 62, 18, 72, 77
Klasse 8 b	28, 30, 31, 54, 53, 58, 46, 31, 51, 46, 36, 50, 39, 46, 45, 49, 35, 44, 50, 42, 48, 52, 38, 34, 32, 46
Klasse 8 c	45, 79, 27, 46, 57, 72, 24, 46, 37, 41, 53, 58, 60, 7, 23, 72, 55, 75, 65, 43, 37, 22, 38, 32, 67, 42, 46, 32, 12

Werten Sie die Ergebnisse in den drei Parallelklassen aus und vergleichen Sie diese.

6.4 Regressionsgerade – der mathematische Ausgleich

Das auf den Seiten 58/59 vorgestellte Verfahren der Regression soll auf einen allgemeineren Ansatz erweitert werden:

Beispiel

„Große Menschen leben auf großem Fuße“ – die Vermutung liegt nahe, dass die Schuhgröße mit der Körpergröße zunimmt. Um einen Zusammenhang zwischen Körpergröße und Schuhgröße zu untersuchen, werden zunächst beide Werte für eine Stichprobe erfasst:

Person	A	B	C	D	E	F	G	H	I	J	K
Körpergröße (cm)	176	159	186	152	153	182	160	157	173	178	153
Schuhgröße	36	32	46	32	31	40	35	34	37	38	33
Person	L	M	N	O	P	Q	R	S	T	U	V
Körpergröße (cm)	179	161	160	180	153	174	194	162	183	162	187
Schuhgröße	38	36	35	43	32	36	42	36	42	35	45

Die erfassten Datenpaare werden in einem Koordinatensystem (Schuhgröße gegen Körpergröße) aufgetragen:

Typisches Ergebnis der statistischen Erhebung ist eine solche „Punktwolke“ – die Messdaten liegen nicht exakt auf einer Geraden, dennoch ist ein Trend zu erkennen, der die obige Vermutung „im Wesentlichen“ zu bestätigen scheint.

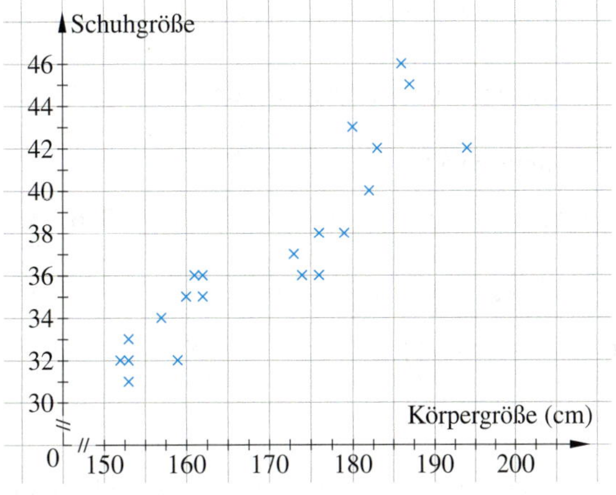

199/1

199-1

Wenn man die durch Messung gefundene Punktwolke näherungsweise durch eine Gerade ersetzt, die möglichst wenig von den Messdaten abweicht, lassen sich daraus z. B. Prognosen ableiten („Wie entwickeln sich die Schuhgrößen, wenn die durchschnittliche Körpergröße in den nächsten 10 Jahren um 5,5 cm zunimmt?“).

Die Gerade muss so gezeichnet werden, dass sich die Datenpunkte möglichst gleichmäßig beidseitig verteilen – das ist nicht notwendigerweise eine Ursprungsgerade.

Um die Lage der Geraden durch Berechnung bestimmen zu können, wurde auf S. 58/59 das Minimum der Summe der Fehlerquadrate als Kriterium benannt, das mithilfe einer Tabellenkalkulation bestimmt wurde.

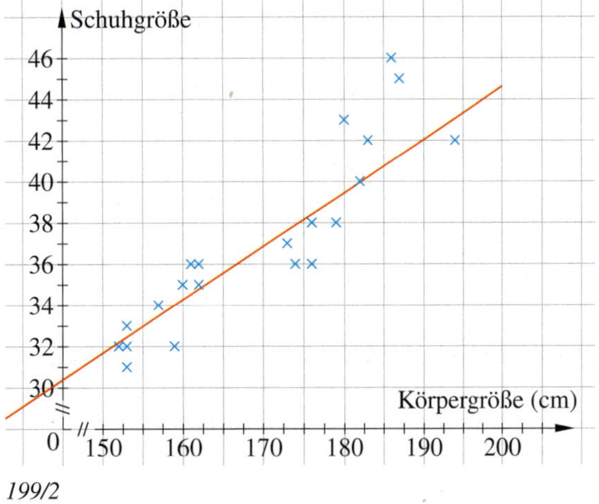

199/2

INFO
Das Wort „Regression" hat im lateinischen „regressi" (dt. „ausgeglichen") seinen Ursprung.

An einer auf vier Wertepaare verkürzten Messreihe wird gezeigt, welche Schritte im Einzelnen von der Tabellenkalkulation ausgeführt werden:

Person	A	D	O	R
Körpergröße (cm)	176	152	180	194
Schuhgröße	36	32	43	42

200-1

Für die gesuchte Ausgleichsgerade (Regressionsgerade) mit der Gleichung $y = mx + b$ (Abb. 200/1, rot) gelten folgende Vorgaben:

INFO
y_i sind die Messwerte, y_i^* sind die zu x_i gehörigen Näherungswerte auf der Regressionsgeraden.

- das Quadrat der Differenzen zwischen den gemessenen y_i-Werten und den zugehörigen Werten der Punkte auf der Geraden $y_i^* = mx_i + b$ (gelbe Strecken in Abb. 200/1) soll möglichst klein werden,
- die Gerade soll durch den „Schwerpunkt" der Daten-Punktwolke verlaufen, dessen Koordinate $\overline{x}$ das arithmetische Mittel aller x-Werte (Körpergrößen), $\overline{y}$ der Mittelwert alle y-Werte (Schuhgrößen) darstellt.

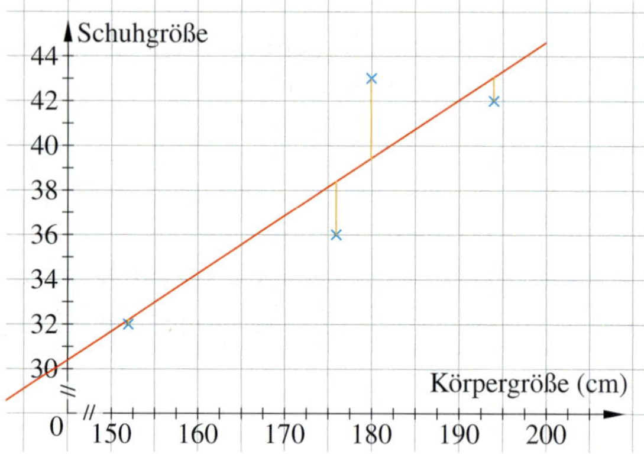

200/1

$$\overline{x} = \frac{176 + 152 + 180 + 194}{4} = 175{,}5; \quad \overline{y} = \frac{36 + 32 + 43 + 42}{4} = 38{,}25.$$

Durch Einsetzen der „Schwerpunktkoordinaten" in die Geradengleichung kann man b aus m berechnen:

$y = mx + b \Leftrightarrow 38{,}25 = 175{,}5m + b \Leftrightarrow b = 38{,}25 - 175{,}5m = \overline{y} - \overline{x} \cdot m$

INFO
Die „Fehler" v_i sind die Abweichungen der gemessenen y-Werte von den zu x_i gehörigen Näherungswerten y_i^* auf der Regressionsgeraden.

Die Steigung m der Ausgleichgeraden muss nun so gewählt werden, dass die Abweichungen möglichst klein werden:

Für die Fehler v_i gilt:

$v_1 = y_1 - y_i^* = y_1 - (mx_1 + b) = 36 - (176m + b) = 36 - (176m + 38{,}25 - 175{,}5m) =$
$36 - 38{,}25 + (175{,}5 - 176)m = y_1 - \overline{y} + (\overline{x} - x_1)m$
$v_2 = 32 - (152m + b) \ldots = 32 - 38{,}25 + (175{,}5 - 152)m$
$v_3 = 43 - (180m + b) \ldots = 43 - 38{,}25 + (175{,}5 - 180)m$
$v_4 = 42 - (194m + b) \ldots = 42 - 38{,}25 + (175{,}5 - 194)m$

Aufgabe
Vollziehen Sie die folgenden Schritte nach, indem Sie diese vollständig ausformulieren.

Um den Einfluss des Vorzeichens zu eliminieren, bildet man die Summe der Fehlerquadrate:

$s = v_1^2 + v_2^2 + v_2^3 + v_2^4$
$= (36 - 38{,}25 + (175{,}5 - 176)m)^2 + (32 - 38{,}25 + (175{,}5 - 152)m)^2 + \ldots$

Um den Wert m zu bestimmen, für den diese Summe minimal wird, bildet man die Ableitung. Diesen Schritt geben wir hier vor.

$s' = (175{,}5 - 176) \cdot 2[36 - 38{,}25 + (175{,}5 - 176)m]$
$+ (175{,}5 - 152) \cdot 2[32 - 38{,}25 + (175{,}5 - 152)m]$
$+ (175{,}5 - 180) \cdot 2[43 - 38{,}25 + (175{,}5 - 180)m]$
$+ (175{,}5 - 194) \cdot 2[42 - 38{,}25 + (175{,}5 - 194)m]$

Die erste Ableitung wird gleich 0 gesetzt (notwendige Bedingung für ein Minimum):

$0 = (175{,}5 - 176) \cdot 2[36 - 38{,}25 + (175{,}5 - 176)m]$
$\quad + (175{,}5 - 152) \cdot 2[32 - 38{,}25 + (175{,}5 - 152)m]$
$\quad + \dots$

Der Faktor 2 kann ausgeklammert und durch Division eliminiert werden:

$0 = (175{,}5 - 176) \cdot [36 - 38{,}25 + (175{,}5 - 176)m]$
$\quad + (175{,}5 - 152) \cdot [32 - 38{,}25 + (175{,}5 - 152)m]$
$\quad + \dots$
$\quad = (175{,}5 - 176) \cdot (36 - 38{,}25) + (175{,}5 - 176) \cdot (175{,}5 - 176)m$
$\quad + (175{,}5 - 152) \cdot (32 - 38{,}25) + (175{,}5 - 152) \cdot (175{,}5 - 152)m$
$\quad + \dots$

Alle Terme ohne Faktor m werden auf die linke Seite gebracht:

$$(176 - 175{,}5) \cdot (36 - 38{,}25) + (152 - 175{,}5) \cdot (32 - 38{,}25) + \dots = (175{,}5 - 176)^2 m + (175{,}5 - 152)^2 m + \dots$$

Schließlich wird m ausgeklammert und auf der rechten Seite freigestellt:

$$\frac{(176 - 175{,}5) \cdot (36 - 38{,}25) + (152 - 175{,}5) \cdot (32 - 38{,}25) + \dots}{(175{,}5 - 176)^2 + (175{,}5 - 152)^2 + \dots} = m$$

Allgemein:

$$\frac{(x_1 - \bar{x}) \cdot (y_1 - \bar{y}) + (x_2 - \bar{x}) \cdot (y_2 - \bar{y}) + \dots}{(x_1 - \bar{x})^2 + (x_2 - \bar{x})^2 + \dots} = m$$

Bei s handelt es sich um eine quadratische Funktion mit der Variablen m; dabei ist der Koeffizient von m wegen des Quadrierens positiv, d. h. die zugehörige Parabel ist nach oben geöffnet. Das gefundene m stellt somit den Wert für das Minimum dar.

Berechnung des Zahlenwertes:

$$m = \frac{(176 - 175{,}5)(36 - 38{,}25) + (152 - 175{,}5)(32 - 38{,}25) + (180 - 175{,}5)(43 - 38{,}25) + (194 - 175{,}5)(42 - 38{,}25)}{(176 - 175{,}5)^2 + (152 - 175{,}5)^2 + (180 - 175{,}5)^2 + (194 - 175{,}5)^2}$$

$$= \frac{236{,}5}{915} = 0{,}2585$$

$b = 38{,}25 - 0{,}2585 \cdot 175{,}5 = -7{,}1115$

Die gesuchte Regressionsgerade hat also die Gleichung $y = 0{,}2585x - 7{,}1115$

Das hergeleitete Verfahren lässt sich für beliebig viele Datenpaare verallgemeinern:

Satz 6.5

Bestimmung der Koeffizienten der Regressionsgerade $y = mx + b$ zu den Datenpaaren $(x_1; y_1), (x_2; y_2), \dots, (x_n; y_n)$:

$$m = \frac{\sum_{i=1}^{n}(x_i - \bar{x})(y_i - \bar{y})}{\sum_{i=1}^{n}(x_i - \bar{x})^2} \qquad b = \bar{y} - m\bar{x}$$

$\bar{x}$ ist das arithmetisches Mittel der x_i, $\bar{y}$ das arithmetisches Mittel der y_i.

An dem Beispiel wird deutlich, dass die schrittweise Berechnung der Regressionsgerade aufwändig und fehleranfällig ist – vor allem dann, wenn viele Datenpaare ausgewertet werden sollen. Daher bietet sich der Einsatz von Computern an:

In MS Excel liefert die Funktion `=RGP(Bereich der y-Werte;Bereich der x-Werte;;FALSCH)` als Matrixfunktion die Werte von m und n.

Auch verschiedene Taschenrechner bieten im Statistik-Menü unter `REG` oder `LinReg` die Möglichkeit, die Parameter m und n nach Eingabe der Datenlisten zu berechnen.

Aufgaben

1 Erfassen Sie, getrennt für Schülerinnen und Schüler, die Körpergröße und die Schuhgröße der Teilnehmer Ihres Mathematik-Kurses und stellen Sie diese in einem gemeinsamen Diagramm als Datenpunkte dar. Ermitteln Sie für beide Datenmengen die Regressionsgeraden. Leiten Sie aus Ihren Ergebnissen eine Stellungnahme zu der Vermutung ab, dass Frauen tendenziell kleinere Füße haben als Männer.

LÖ
Regressionsgerade: $y = 0{,}157x + 19{,}37$
bei $x = 0$: $y = 19{,}37$
also bei Beginn der Messung etwa 19,37 °C
Geschätze Temperatur bei 350 s: $y = 0{,}157 \cdot 350 + 19{,}37 = 74{,}46$
ΔT: 74,46 °C − 19,37 °C = 55,09 °C
Δt: 350 s
Mit $c = \frac{P \cdot \Delta t}{m \cdot \Delta T}$ ergibt sich
$c = 4{,}24 \frac{\text{J}}{\text{g} \cdot °\text{C}}$
Tafelwerk $4{,}187 \frac{\text{J}}{\text{g} \cdot °\text{C}}$

2 Eine Wasser-Portion mit der Masse 750 g wird mit einem Tauchsieder erwärmt, der kontinuierlich eine Leistung von 500 W aufnimmt. In einem Experiment wird die Temperatur des Wassers in Abhängigkeit von der Zeit des Erwärmens gemessen:

Zeit/s	30	60	120	150	170	200	230	260	300	350
Temperatur/°C	26	28	37	44	45	51	55	59	68	75

Stellen Sie die Wertepaare in einem Diagramm dar.
Ermitteln Sie die Regressionsgerade. Welche Temperatur hatte das Wasser vermutlich zu Beginn der Messung?
Berechnen Sie aus der Regressionsgerade einen empirischen Wert für die spezifische Wärmekapazität von Wasser.

3 In Formelsammlungen wird zur Bestimmung der Regressionsgeraden häufig die Covarianz und die Varianz verwendet:

Regressionsgerade: $y = a(x - \overline{x}) + \overline{y}$
mit $a = \frac{s_{xy}}{s_x^2}$, wobei
Covarianz $s_{xy} = \frac{1}{n} \cdot [(x_1 - \overline{x})(y_1 - \overline{y}) + (x_2 - \overline{x})(y_2 - \overline{y}) + \ldots + (x_n - \overline{x})(y_n - \overline{y})]$
Varianz $s_x^2 = \frac{1}{n} \cdot \left[(x_1 - \overline{x})^2 + (x_2 - \overline{x})^2 + \ldots + (x_n - \overline{x})^2\right]$
($\overline{x}$ arithmetisches Mittel der x_i, $\overline{y}$ arithmetisches Mittel der y_i)

Zeigen Sie, dass diese Formel identisch ist mit der oben angegebenen Formel.

LÖ
Regressionsgerade: $y = 3{,}48x + 12{,}12$
y-Wert ist Null bei $x = -3{,}47$
Also war der Durchbruch etwa 4 Tage vor Beginn der Messung.
y-Wert 200 liegt bei 53,9.
Also 2 m Höhe etwa am Tag 54.

4 Bei der Untersuchung des Wachstums einer Bambuspflanze wurden die folgenden Messdaten ermittelt:

Tag	1	5	7	11	16	20	25	30
Höhe/cm	15,3	29,6	36,4	50,8	67,9	82,1	99,3	116,3

Bestimmen Sie die Gleichung der Regressionsgerade.
Tragen Sie Messwerte und Regressionsgerade in ein geeignetes Diagramm ein.
Ermitteln Sie, wie viele Tage vor Beginn der Beobachtung der Bambuskeimling vermutlich die Erdoberfläche durchbrochen hat.
Am wievielten Tag nach Beobachtungsbeginn hat die Bambuspflanze eine Höhe von 2 m erreicht?

Korrelationsanalyse

Stellt man Wertepaare aus Messreihen in Diagrammen dar, so lassen sich drei prinzipiell unterschiedliche Möglichkeiten unterscheiden, die in den nebenstehenden Abbildungen dargestellt sind:

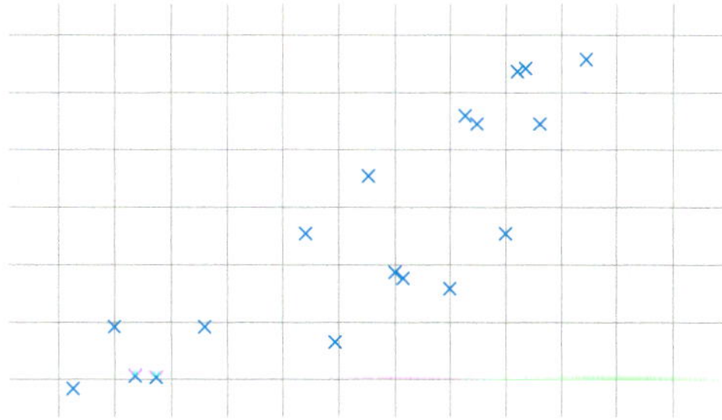
203/1

Das erste Diagramm stellt eine Punktwolke dar, aus der sich näherungsweise eine lineare Abhängigkeit zwischen den beiden Messgrößen entnehmen lässt (z. B. Körpergröße und Schuhgröße).

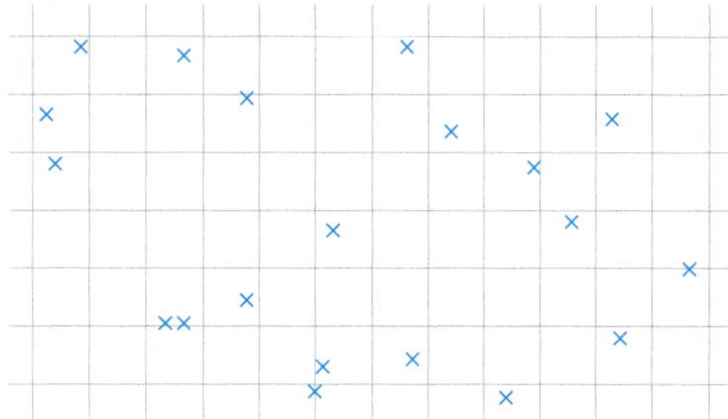
203/2

Im Fall des zweiten Diagramms ergibt sich eine statistisch gleichmäßig über die gesamte Diagrammfläche verteilte Punktwolke – offensichtlich stehen die beiden Messwerte in keiner Beziehung zueinander (z. B. Quersumme der Telefonnummer und durchschnittliche monatliche Handykosten).

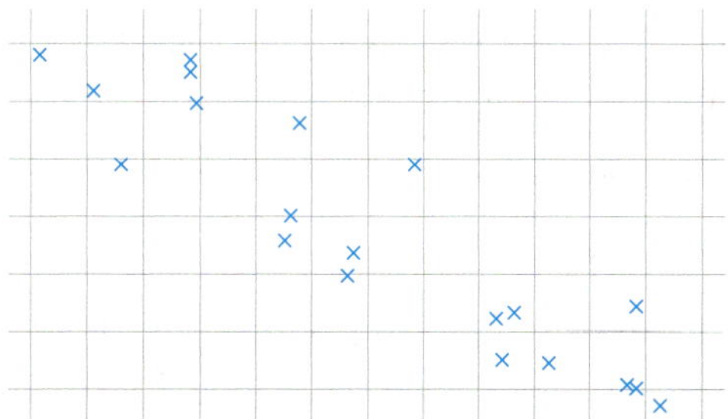
203/3

Das dritte Diagramm lässt eine Abhängigkeit vermuten, die sich umgekehrt verhält wie im ersten Fall (z. B. Leistung eines Autos und Reichweite mit 50 l Kraftstoff).

In der Praxis treten diese drei Fälle in unterschiedlicher Ausprägung auf. Daher ist es sinnvoll, eine quantitatives Maß für die Präzision des linearen Zusammenhangs von Merkmalspaaren bestimmen zu können – dieses Maß ist der Korrelationskoeffizient r.
Der Korrelationskoeffizient setzt die Regressionsgerade in Beziehung zur Streuung der tatsächlich gemessenen Wertepaare:

203-1

Satz 6.6 Berechnung des Korrelationskoeffizienten:

$$r = \frac{s_{xy}}{s_x \cdot s_y} \text{ mit}$$

$$s_{xy} = \frac{1}{n} \cdot [(x_1 - \overline{x})(y_1 - \overline{y}) + (x_2 - \overline{x})(y_2 - \overline{y}) + \ldots + (x_n - \overline{x})(y_n - \overline{y})] \quad \text{(Covarianz)}$$

$$s_x = \sqrt{\frac{1}{n} \cdot [(x_1 - \overline{x})^2 + (x_2 - \overline{x})^2 + \ldots + (x_n - \overline{x})^2]} \quad \text{(Standardabweichung der } x_i\text{)}$$

$$s_y = \sqrt{\frac{1}{n} \cdot [(y_1 - \overline{y})^2 + (y_2 - \overline{y})^2 + \ldots + (y_n - \overline{y})^2]} \quad \text{(Standardabweichung der } y_i\text{)}$$

Zur Berechnung des Korrelationskoeffizienten empfiehlt sich der Einsatz von elektronischen Rechnern, z. B. die Funktion `= KORREL(x-Werte; y-Werte)` unter MS Excel bzw. statistische Funktionen von Taschenrechnern.

Der Korrelationskoeffizient r weist die folgenden Eigenschaften auf:
- Der Wert von r liegt zwischen –1 und 1;
- das Vorzeichen von r gibt an, ob der lineare Zusammenhang zwischen den beiden Werten der Paare gleichorientiert ($r > 0$) oder entgegengesetzt orientiert ($r < 0$) ist;
- der lineare Zusammenhang ist um so ausgeprägter, je näher r bei 1 bzw. –1 liegt;
- je näher r bei 0 liegt, um so mehr streuen die Messwerte um die Regressionsgerade.

Beispiel:
Vergleicht man Leistung und Kraftstoffverbrauch unterschiedlicher Pkw, so ergeben sich die folgenden Messwerte:

Pkw Typ	A	B	C	D	E	F	G	H	I	J
Leistung/kW	40	250	51	59	147	103	90	90	75	155
$\frac{\text{Verbrauch pro l}}{\text{100 km}}$	5,9	9,1	5,5	6,4	7,9	7,2	6,4	6,2	7,1	7,4

Die Werte liefern das folgende Diagramm:

204-1

Als Korrelationskoeffizient berechnet man $r = 0{,}9284$ – d. h. die Werte liegen relativ nahe an der Regressionsgeraden.

Anmerkung:
Ein Korrelationskoeffizient nahe 1 beschreibt lediglich einen mathematischen Zusammenhang zwischen zwei Datenreihen – er beweist **keinen** kausalen Zusammenhang! Berühmtestes Beispiel: Die Abnahme der Störche in Deutschland korreliert recht gut mit der Abnahme der Geburtenrate …

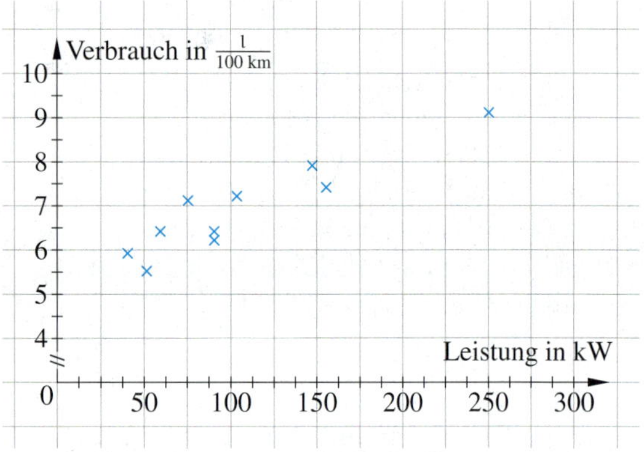

204/1

Aufgaben

5 Das Statistische Bundesamt liefert für die Landkreise und kreisfreien Städte die Einwohnerdichte und die Arbeitslosenquote – die folgende Tabelle ist eine Auswahl der Daten (Stand 2008):

Kreis	AC	AC City	BI	DN	HSK	NE	LIP	BN	SU	RS
Ew/m^2	566,1	1612,1	1254,8	286,4	138,8	769,5	285,0	2251,4	518,7	1510,4
Arbeitsl.	9,5	12,1	10,7	8,5	6,3	7,2	8,9	8,4	6,9	9,2

Stellen Sie die Werte grafisch dar, bestimmen Sie den Korrelationskoeffizienten und diskutieren Sie mögliche Zusammenhänge. $r = 0{,}49$

6 Zehn Frauen im Alter zwischen 20 und 30 wurden nach ihren monatlichen Ausgaben für Kleidung und Kosmetika befragt – das Ergebnis ist in der folgenden Tabelle erfasst:

Kleidung/€	21,00	24,00	75,00	15,00	36,00	90,00	30,00	45,00	60,00	54,00
Kosmetika/€	9,00	15,00	36,00	6,00	21,00	45,00	15,00	18,00	24,00	30,00

Untersuchen Sie die Korrelation zwischen beiden Ausgabenarten. $r = 0{,}97$

7 Die Internetseite *www.regionalstatistik.de* führt zur „Regionaldatenbank Deutschland“ der Statistischen Ämter der Länder und des Bundes – suchen Sie zwei statistische Merkmale, deren Korrelation Sie untersuchen.

Anhang

Lösungen der Testaufgaben

Kapitel 1 Seite 50

1 a) $g(x) = x^2$; $D_g = \mathbb{R}^{\geq 0}$

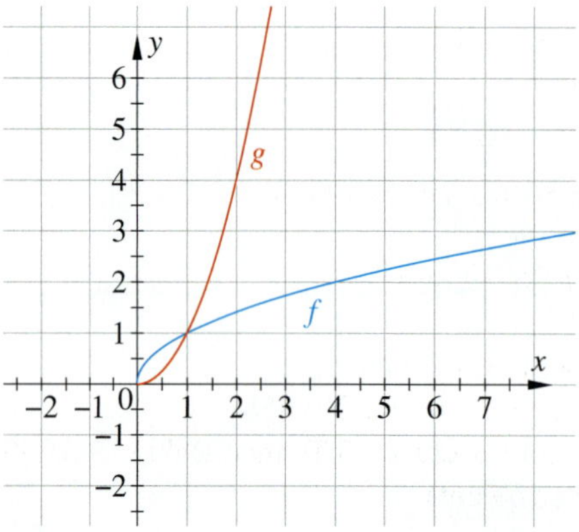

206/1

c) $g(x) = \sqrt{x-2}$; $D_g = [2; \infty[$

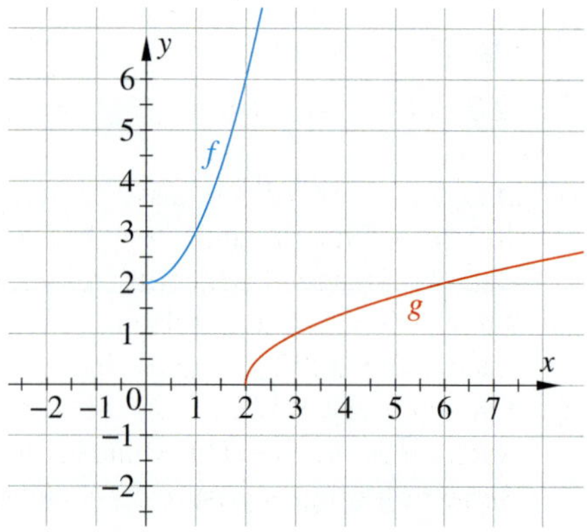

206/3

b) $g(x) = -\sqrt{x}$; $D_g = \mathbb{R}_+^0$

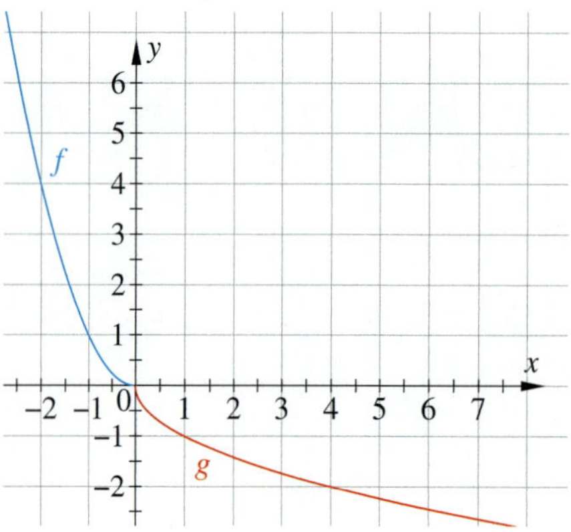

206/2

2 $12 = a \cdot (-3)^n$

Drei ausgewählte Lösungen:

$n = 0$ und $a = 12$ $f_1(x) = 12x^0$

$n = 1$ und $a = -4$ $f_2(x) = -4x$

$n = 2$ und $a = \frac{4}{3}$ $f_3(x) = \frac{4}{3}x^2$

3 Linkes Schaubild: Der Exponent n ist eine ungerade natürliche Zahl größer als 1. Der Faktor c hat den Wert -2. Rechtes Schaubild: Der Exponent n ist eine negative gerade ganze Zahl ($n = -2$). Der Faktor c hat den Wert 3.

4 a) Funktionen vom Typ $x \mapsto c \cdot x^n$ mit ungerader ganzer Zahl n kommen in Frage.
Beispiele:
$n = 1$: $-5 = c \cdot \frac{1}{2}$, also $c = -10$
$n = 3$: $-5 = c \cdot \left(\frac{1}{2}\right)^3$ also $c = -40$
$n = -1$: $-5 = c \cdot 2$, also $c = -2{,}5$

b) Funktionen vom Typ $x \mapsto c \cdot x^n - 3$ mit gerader natürlicher Zahl n und beliebiger reeller Zahl c ($c \neq 0$) kommen in Frage.
Beispiel: $n = 2$ und $c = -\frac{7}{3}$

5 a) $\log_5 125 = x \quad \Leftrightarrow \quad 5^x = 125 \quad \Leftrightarrow \quad x = 3$

b) $\log_3 \frac{1}{9} = x \quad \Leftrightarrow \quad 3^x = \frac{1}{9} \quad \Leftrightarrow \quad x = -2$

c) $\log_7 (49^{-3}) = x \quad \Leftrightarrow \quad 7^x = 49^{-3} = 7^{-6} \quad \Leftrightarrow \quad x = -6$

d) $\lg 0{,}01 = x \quad \Leftrightarrow \quad 10^x = 0{,}01 \quad \Leftrightarrow \quad x = -2$

6 m ist die die Bakterienmasse in g nach der vergangenen Zeit t in h.

a) 40 h = 5 · 8 h und damit: $m = 3 \cdot 2^5 = 3 \cdot 32 = 96$
Nach 40 Stunden beträgt die Bakterienmasse 96 Gramm.

b) 3 d = 72 h = 9 · 8 h und damit: $m = 3 \cdot 2^9 = 1536$
Nach 3 Tagen (72 Stunden) sind es 1536 Gramm Bakterien.

c) 1 Woche = 7 d = 168 h = 21 · 8 h und damit: $m = 3 \cdot 2^{21} = 6\,291\,456$
Nach einer Woche (168 Stunden) wären es bereits etwa 6,3 Tonnen Bakterien (falls der Behälter groß genug ist und die Nährlösung ausreicht).

7

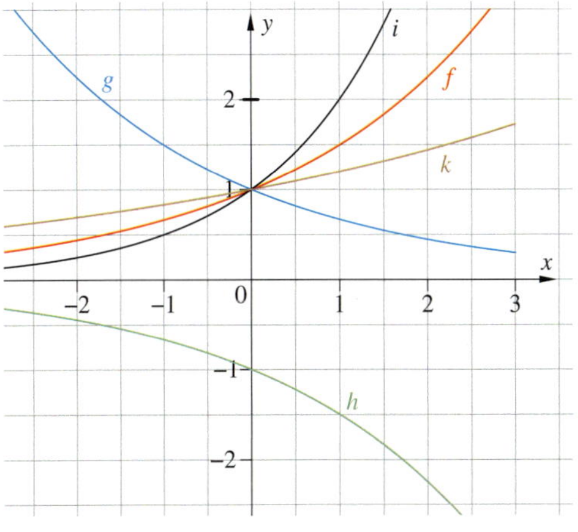

8 a) Die Intensität L des Lichts in x Meter Wassertiefe beträgt $L = L_0 \cdot 0{,}92^x$, wobei L_0 die Intensität des Lichts an der Wasseroberfläche ist.
Prozentuale Intensität in 4 Meter Tiefe:
$\frac{L_0 \cdot 0{,}92^4}{L_0} = 0{,}92^4 \approx 0{,}72 = 72\,\%$
In x Meter Tiefe ist der noch vorhandene Anteil an der ursprünglichen Intensität $0{,}92^x$.

b) $0{,}92^x = 0{,}5 \quad \Leftrightarrow \quad x = \frac{\lg 0{,}5}{\lg 0{,}92} \approx 8{,}3$
In etwa 8,3 Meter Tiefe ist die Lichtintensität auf die Hälfte abgesunken.

9 a) $2 \cdot \lg(x) - \lg(2x) = \lg(x^2) - \lg(2x) = \lg\left(\frac{x^2}{2x}\right) = \lg\left(\frac{x}{2}\right)$

b) $2 \cdot (\lg(2) + 1) - \lg(40) = 2\lg(2) + 2 - \lg(4) - \lg(10) = 2\lg(2) + 2 - 2\lg(2) - 1 = 1$

Kapitel 2 Seite 80

1 a) $f(x) = x^4 - 8x = 0$
$x(x^3 - 8) = 0$
Nach dem Satz vom Nullprodukt gilt:
$x = 0$ oder $x^3 - 8 = 0$.
$x^3 - 8 = 0 \Rightarrow x^3 = 8 \Rightarrow x = 2$
Die Nullstellen liegen also bei 0 und 2.

b) $f(x) = 2x^5 - 6x^4 + 2x^3 = 0$
$x^3(2x^2 - 6x + 2) = 0$
Nach dem Satz vom Nullprodukt gilt:
$x = 0$ oder $2x^2 - 6x + 2 = 0$
$2x^2 - 6x + 2 = 0 \Rightarrow x^2 - 3x + 1 = 0$
$x_{2/3} = \frac{3}{2} \pm \sqrt{\frac{9}{4} - 1} = \frac{3}{2} \pm \sqrt{\frac{5}{4}}$
$x_2 = 1{,}5 + \sqrt{\frac{5}{4}} \approx 2{,}62$
$x_3 = 1{,}5 - \sqrt{\frac{5}{4}} \approx 0{,}38$
Die Nullstellen liegen also bei 0 und etwa bei 2,62 sowie bei 0,38.

c) $f(x) = -x^4 - 4x^2 - 4 = 0$
x^2 wird durch z ersetzt.
Dann ergibt sich:
$-z^2 - 4z - 4 = 0 \Rightarrow z^2 + 4z + 4 = 0$
$z_{1/2} = -2 \pm \sqrt{4-4} = -2 \pm \sqrt{0} = -2$
Wegen $z = x^2$ müsste nun zur Bestimmung der Nullstellen die Wurzel aus -2 gezogen werden.
Da dies nicht möglich ist, hat f keine Nullstellen.

d) $f(x) = x^3 - 6x^2 + 3x + 10$
Die Funktion kann mithilfe eines GTR auf Nullstellen untersucht werden.
Die Nullstellen liegen bei $x = -1$, $x = 2$ und $x = 5$.

2 Exponenten

a) $f(x) = 4x^3 - x$; alle Exponenten ungerade $\Rightarrow$ punktsymmetrisch zum Ursprung

b) $f(x) = -x^4 + 3$; alle Exponenten gerade $\Rightarrow$ achsensymmetrisch zur y-Achse

c) $f(x) = x^4 - x^3 + x^2 - x$; Exponenten sind gerade und ungerade $\Rightarrow$ keine Symmetrie

d) $f(x) = (x-2)^3 - 1 = x^3 - 6x^2 + 12x - 9$; Exponenten sind gerade und ungerade $\Rightarrow$ keine Symmetrie

Nach der Verschiebung um 2 Einheiten nach links und 1 Einheit nach oben:
a) $g(x) = 4(x+2)^3 - (x+2) + 1 = 4x^3 + 24x^2 + 47x + 31 \Rightarrow$ keine Symmetrie
b) $g(x) = -(x+2)^4 + 3 + 1 = -x^4 - 8x^3 - 24x^2 - 32x - 12 \Rightarrow$ keine Symmetrie
c) $g(x) = (x+2)^4 - (x+2)^3 + (x+2)^2 - (x+2) + 1 = x^4 + 7x^3 + 19x^2 + 23x + 11$
$\Rightarrow$ keine Symmetrie
d) $g(x) = (x + 2 - 2)^3 - 1 + 1 = x^3 \Rightarrow$ punktsymmetrisch zum Ursprung

3 a) $\sin(x) = 0$ gilt im Intervall $[-\pi; 2\pi]$ an folgenden Stellen:
$x_1 = -\pi,\ x_2 = 0,\ x_3 = \pi,\ x_4 = 2\pi$
$\cos(x) = 0$ gilt im Intervall $[-\pi; 2\pi]$ an folgenden Stellen:
$x_1 = -\frac{\pi}{2},\ x_2 = \frac{\pi}{2},\ x_3 = \frac{3}{2}\pi$

b) Werden Sinus und Kosinus am Einheitskreis betrachtet, so ist ihr Wert die Länge der Gegen- bzw. der Ankathete.
Das Intervall $[-180°; 360°]$ im Gradmaß entspricht dem Intervall $[-\pi; 2\pi]$ im Bogenmaß. In diesem Intervall haben beide Katheten für $\alpha = -135°$, $\alpha = 45°$ und $\alpha = 225°$ denselben Wert.
Im Bogenmaß sind dies die Werte $x_1 = -\frac{3}{4}\pi$, $x_2 = \frac{1}{4}\pi$ und $x_3 = \frac{5}{4}\pi$.

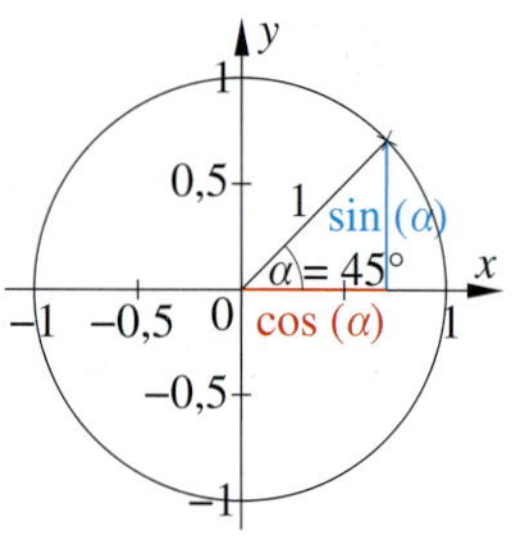

4 Mögliches Schaubild:
Der Graph dieser Funktion hat eine Nullstelle bei $x = -1{,}5$ sowie jeweils doppelte Nullstellen bei $x = 0{,}5$ und $x = 1{,}5$.

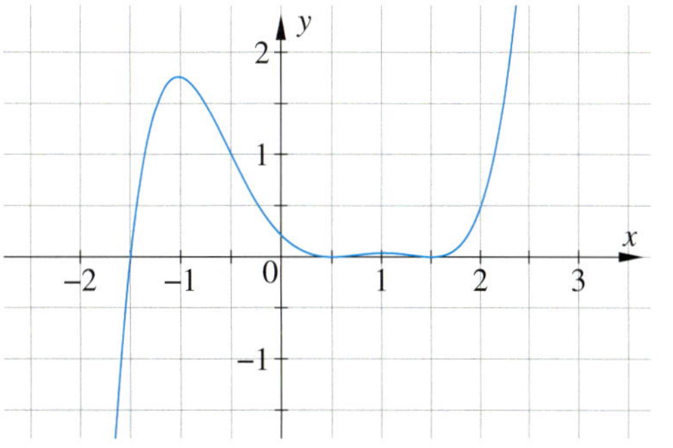

5 a) Schnittpunkt mit der-Achse: $S_y(0;\ 2)$
Schnittpunkte mit der x-Achse:
$N_1\left(\frac{\pi}{4}\,|\,0\right)$, $N_2\left(\frac{3}{4}\pi\,|\,0\right)$, $N_3\left(\frac{5}{4}\pi\,|\,0\right)$, $N_4\left(\frac{7}{4}\pi\,|\,0\right)$

b) Ein Blick auf den Graphen zeigt:
$H_1(0|2)$, $H_2(\pi|2)$, $T_1\left(\frac{\pi}{2}\,|-2\right)$, $T_2\left(\frac{3}{2}\pi\,|-2\right)$.

c) Das Krümmungsverhalten wechselt an den Nullstellen des Graphen.

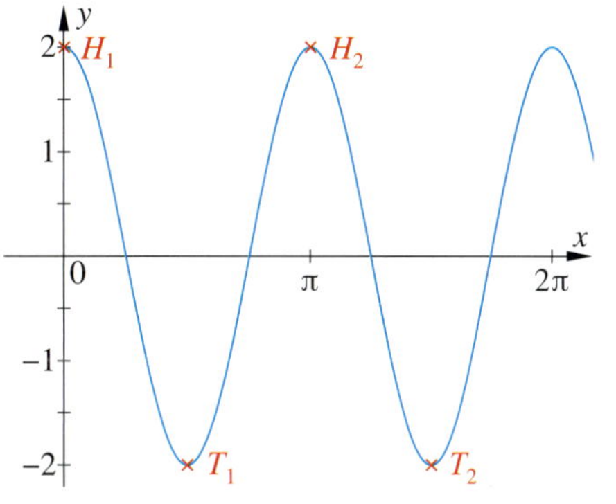

6 a) $f(x) = 2\sin(x) + 2$

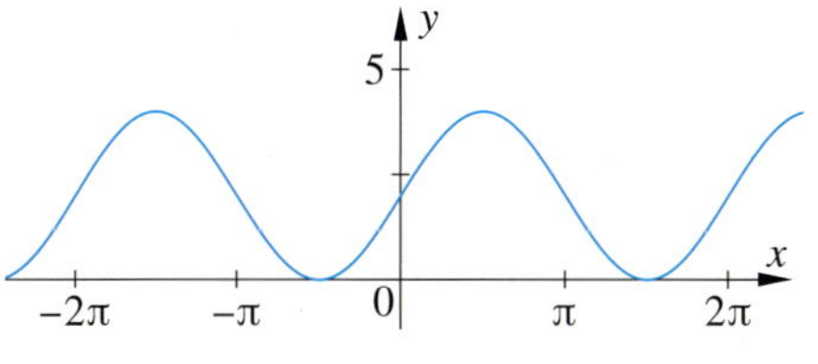

Nullstellen: $\frac{3}{2}\pi + k \cdot 2\pi$

Schnittpunkt mit der y-Achse: $(0|2)$

Hochpunkte: $\frac{1}{2}\pi + k \cdot 2\pi$

Tiefpunkte: $-\frac{1}{2}\pi + k \cdot 2\pi$

b) $f(x) = -\cos\left(x^2\right)$

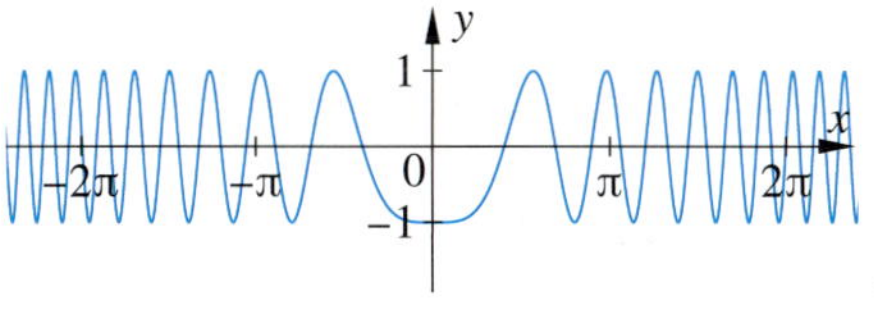

Schnittpunkt mit der y-Achse: $(0|-1)$

c) $f(x) = 0{,}8 \cdot \sin(x) \cdot \cos(x)$

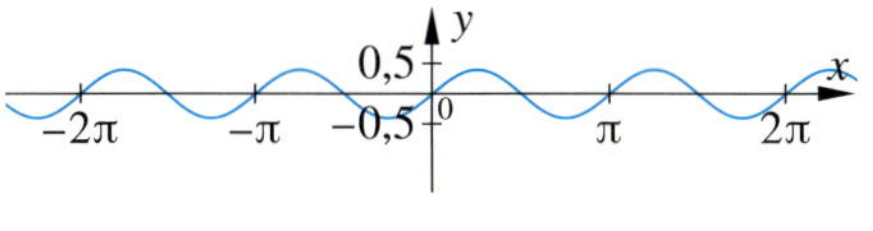

Nullstellen: $k \cdot \frac{\pi}{2}$

Schnittpunkt mit der y-Achse: $(0|0)$

Hochpunkte: $\frac{\pi}{4} + k \cdot \pi$

Tiefpunkte: $-\frac{\pi}{4} + k \cdot \pi$

d) $f(x) = \sin(2x) + \cos(x)$

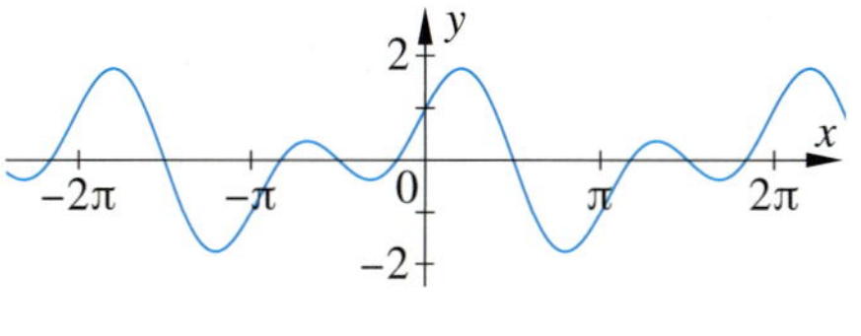

Schnittpunkt mit der y-Achse: $(1|0)$

7 Der Funktionsterm von g berechnet sich wie folgt:
$g(x) = -(f(x+2)+2)$
$= -\left(2(x+2)^2+2\right) = -2x^2-4x-10$

Nullstellenbestimmung:
$-2x^2-4x-10=0$
$x^2+2x+5=0$
$x_{1/2} = -1 \pm \sqrt{1-5} = -1 \pm \sqrt{-4}$

Der Graph besitzt keine Nullstellen. Ein Blick auf den Graphen bestätigt dies.

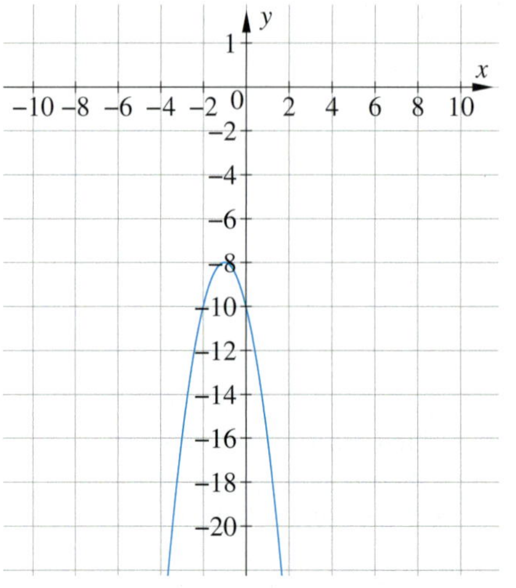

8 a) $2000 \cdot 1{,}03^t = K \cdot 1{,}03^{t+5}$

$\Leftrightarrow 2000 \cdot 1{,}03^t = K \cdot 1{,}03^t \cdot 1{,}03^5$

$\Leftrightarrow 2000 = K \cdot 1{,}03^t$

$\Leftrightarrow K = \frac{2000}{1{,}03^t}$

$\Leftrightarrow K \approx 1725{,}22$

b) Konto 1: 2000 € werden mit dem Zinssatz 3% verzinst.
Konto 2: 1725,22 € werden ebenso mit 3% verzinst, jedoch 5 Jahre länger.
Werden 1725,22 € 5 Jahre mit 3% verzinst, so ergeben sich 1725,22 € $\cdot\ 1{,}03^5 \approx$ 2000 €, es ist also gleich, ob 2000 € oder 1725,22 € fünf Jahre länger mit 3% verzinst werden. Eine Multiplikation des Funktionsterms von f_1 mit $1{,}03^5$ bewirkt dasselbe wie eine Addition von 5 im Exponenten von $1{,}03^t$.

9 Roter Graph: $f(x) = \frac{3}{2} \cdot \sin\left(-\frac{3}{2}x\right)$

Blauer Graph: $f(x) = \frac{1}{2} \cdot \sin\left(-\frac{3}{8}x\right) + \frac{1}{2}$

Grüner Graph: $f(x) = \sin\left(-\frac{1}{2}x\right) - 1$

Kapitel 3 Seite 122

1 Innerhalb der ersten beiden Stunden:
Mittlere Änderungsrate bei einem Gesunden: $\frac{93-90}{2-0} = 1{,}5\,\frac{\text{mg}}{\text{dl}\cdot\text{h}}$

Mittlere Änderungsrate bei einem Zuckerkranken: $\frac{205-132}{2-0} = 36{,}5\,\frac{\text{mg}}{\text{dl}\cdot\text{h}}$

Zwischen einer und drei Stunden:
Mittlere Änderungsrate bei einem Gesunden: $\frac{85-123}{3-1} = -19\,\frac{\text{mg}}{\text{dl}\cdot\text{h}}$

Mittlere Änderungsrate bei einem Zuckerkranken: $\frac{195-195}{3-1} = 0\,\frac{\text{mg}}{\text{dl}\cdot\text{h}}$

2 Berechnung der Ableitung der Funktion f an der Stelle x_0:
a) $f(x) = 1 - 0{,}5x^2,\ x_0 = -1$

$$\lim_{h\to 0} \frac{1-0{,}5\cdot(-1+h)^2-0{,}5}{h}$$

$$= \lim_{h\to 0} \frac{1-0{,}5\cdot\left(1-2h+h^2\right)-0{,}5}{h}$$

$$= \lim_{h\to 0} \frac{-0{,}5h^2+h}{h} = \lim_{h\to 0} -0{,}5h+1 = 1$$

b) $f(x) = \frac{1}{x},\ x_0 = 2$

$$\lim_{h \to 0} \frac{\frac{1}{2+h} - \frac{1}{2}}{h} = \lim_{h \to 0} \frac{\frac{2-(2+h)}{(2+h)\cdot 2}}{h}$$

$$= \lim_{h \to 0} \frac{\frac{-h}{4+2h}}{h}$$

$$= \lim_{h \to 0} \frac{-1}{4+2h} = -\frac{1}{4}$$

c) $f(x) = x^2 + 2,\ x_0 = a$

$$\lim_{h \to 0} \frac{(a+h)^2 + 2 - a^2 - 2}{h}$$

$$= \lim_{h \to 0} \frac{a^2 + 2ah + h^2 + 2 - a^2 - 2}{h}$$

$$= \lim_{h \to 0} \frac{2ah + h^2}{h} = \lim_{h \to 0} 2a + h = 2a$$

3 a) $f(x) = 2 - \frac{1}{2}x^2,\ a = 1{,}5$

Ableitungsfunktion von f:
$f'(x) = -x$
Steigung m der Tangente:
$m = f'(1{,}5) = -1{,}5$
Berührpunkt der Tangente:
$f(1{,}5) = 0{,}875 \Rightarrow P(1{,}5|0{,}875)$.
Berechnung der Tangentengleichung:
$y = mx + b$
$0{,}875 = -1{,}5 \cdot 1{,}5 + b$
$b = 0{,}875 + 2{,}25 = 3{,}125$
$\Rightarrow y = -1{,}5\,x + 3{,}125$

b) $f(x) = (2x-1)^2 - 3,\ a = 0{,}5$

Ableitungsfunktion von f:
$f(x) = 4x^2 - 4x - 2 \Rightarrow f'(x) = 8x - 4$
Steigung m der Tangente:
$m = f'(0{,}5) = 0$
Berührpunkt der Tangente:
$f(0{,}5) = -3 \Rightarrow P(0{,}5|-3)$.
Berechnung der Tangentengleichung:
$y = mx + b$
$-3 = 0 \cdot 0{,}5 + b$
$b = -3 \Rightarrow y = -3$
Es entsteht die Parallele zur x-Achse, welche für alle Werte von x stets -3 annimmt.

4 Der blaue Graph kann nicht der Graph der Ableitungsfunktion des roten Graphen sein. Für $x > 1$ wird der y-Wert des blauen Graphen immer größer, während der rote Graph abflacht. Da sich die Steigung von f Null nähert, müsste der blaue Graph dies ebenfalls tun.
Rechts ist eine Skizze des Ableitungsgraphen.

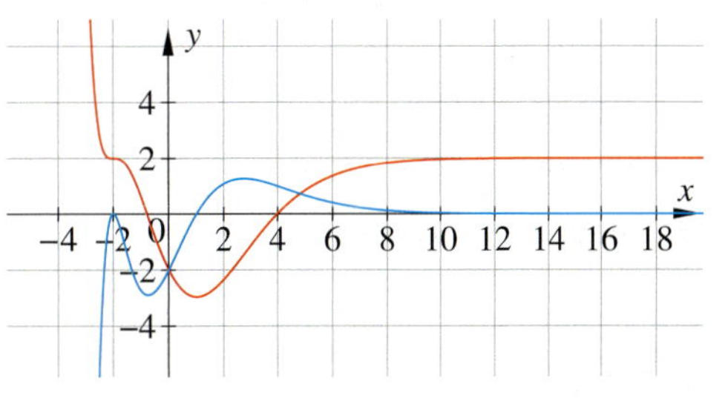

5 a) $f'(x) = \frac{2}{3}x + \cos(x)$

b) $f'(x) = -\frac{2}{x^2} - 6x + 5x^4$

6 Es gilt:
$y = s(t) = \frac{1}{2} \cdot g \cdot t^2$ und $v(t) = s'(t) = g \cdot t$

a) $28\,\frac{m}{s} = 9{,}81\,\frac{m}{s^2} \cdot t \Rightarrow t \approx 2{,}9$ s
Es dauert ungefähr 2,9 Sekunden, um bei einem freien Fall eine Geschwindigkeit von 28 Meter pro Sekunde zu erreichen.

$y = s(2{,}9) = \frac{1}{2} \cdot g \cdot t^2 = \frac{1}{2} \cdot 9{,}81\,\frac{m}{s^2} \cdot (2{,}9\text{ s})^2 \approx 40$ m

Innerhalb dieser 2,9 Sekunden fällt ein Gegenstand ungefähr 40 m.

b) $1000\text{ m} = \frac{1}{2} \cdot g \cdot t^2 \Rightarrow t \approx 14{,}3$ s
$v(14{,}3) = g \cdot t = 9{,}81\,\frac{m}{s^2} \cdot 14{,}3\text{ s} \approx 140\,\frac{m}{s} \approx 500\,\frac{km}{h}$

Die Geschwindigkeit von etwa 500 Kilometer pro Stunde ist unrealistisch. Der Fehler kommt zustande, da der Luftwiderstand nicht berücksichtigt wurde. Bei einem Fall aus solchen Höhen bremst der Luftwiderstand stark ab.

Kapitel 4 Seite 162

1

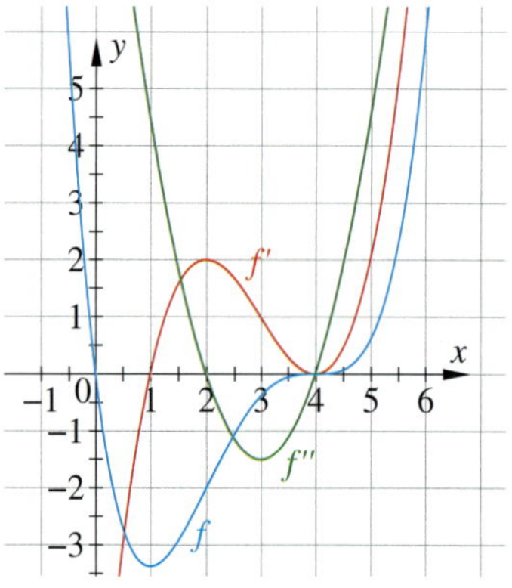

212/1

2 a) $f(x) = \frac{3}{16} \cdot x^3 - \frac{9}{4} \cdot x^2 + \frac{27}{4} \cdot x$

$f'(x) = \frac{9}{16} \cdot x^2 - 4{,}5x + 6{,}75$

$f''(x) = 1{,}125x - 4{,}5$

Nullstellen bei $x = 0$ und $x = 6$;
Extrempunkte $H(2|6)$; $T(6|0)$;
Wendepunkt $W(4|3)$

b) $f(x) = \frac{1}{16} \cdot x^3 - \frac{3}{16} \cdot x^2 - \frac{3}{2} \cdot x$

$f'(x) = \frac{3}{16}x^2 - \frac{3}{8}x - 1{,}5$

$f''(x) = \frac{3}{8}x - \frac{3}{8}$

Nullstellen bei $x = 0$; $x = 1{,}5 + \sqrt{26{,}25}$
und $x = 1{,}5 - \sqrt{26{,}25}$
Extrempunkte $H(-2|1{,}75)$; $T(4|-5)$
Wendepunkt $W(1|-1{,}625)$

c) $f(x) = \frac{1}{4} \cdot x^4 - 2 \cdot x^2$

$f'(x) = x^3 - 4x$

$f''(x) = 3x^2 - 4$

Nullstellen bei $x = 0$; $x = -\sqrt{8}$ und $x = \sqrt{8}$
Extrempunkte $H(0|0)$; $T_1(-2|-4)$; $T_2(2|-4)$
Wendepunkte: $W_1\left(-\sqrt{\frac{4}{3}}\,\middle|\,-\frac{20}{9}\right)$; $W_2\left(\sqrt{\frac{4}{3}}\,\middle|\,-\frac{20}{9}\right)$

d) $f(x) = 3 \cdot x^4 - 8 \cdot x^3 + 6 \cdot x^2$

$f'(x) = 12x^3 - 24x^2 + 12x$

$f''(x) = 36x^2 - 48x + 12$

Nullstelle bei $x = 0$;
Extrempunkt $T(0|0)$;
Sattelpunkt $S(1|1)$;
Wendepunkt $W\left(\frac{1}{3}\,\middle|\,\frac{11}{27}\right)$

3

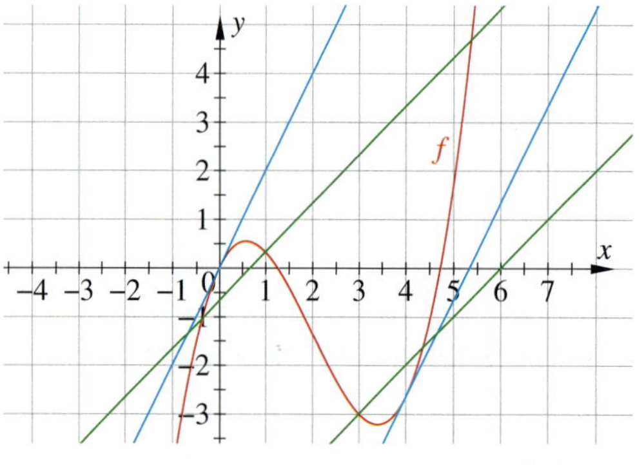

212/2 Die Tangenten von f mit Steigung 2 sind blau, die Normalen von f sind grün eingezeichnet.

$f(x) = \frac{1}{3} \cdot x^3 - 2 \cdot x^2 + 2 \cdot x$
$f'(x) = x^2 - 4x + 2$
$f''(x) = 2x - 4$

a) $f'(x) = 2$ an den Stellen $x = 0$ und $x = 4$; Tangenten: $y = 2x$ und $y = 2x - \frac{32}{3}$

b) Eine Normale an dem Graphen hat eine Steigung 1, wenn die Tangente die Steigung -1 hat. Daher werden die Stellen gesucht, an denen $f'(x) = -1$ gilt.
Dies ist bei $x = 1$ und $x = 3$ der Fall.
Die Normalengleichungen lauten:
$y = x - \frac{2}{3}$ und $y = x - 6$

c) Gesucht ist ein Minimum von f'.
$f''(x) = 2x - 4 = 0$.
Dies ist bei $x = 2$ der Fall.
f'' hat bei $x = 0$ einen Vorzeichenwechsel von Minus nach Plus.
Daher liegt bei $x = 2$ ein Minimum von f' vor.
Dort ist auch der Wendepunkt $\left(2 \mid -\frac{4}{3}\right)$

d) linksgekrümmt für $x > 2$; rechtsgekrümmt für $x < 2$

4 a) $V(5) = 1875$.
Nach fünf Minuten sind 1875 Liter durch das Rohr geflossen.

b) $V'(t) = -9t^2 + 180\,t$
$V'(8) = 864$
Nach acht Minuten fließen 864 Liter pro Minute durch das Rohr.

c) $V'(\mathrm{t}) = 324$
$-9t^2 + 180t = 324$
Die Lösungen der quadratischen Gleichung sind $t = 2$ und $t = 18$.
Nach 2 Minuten und nach 18 Minuten beträgt die Durchflussgeschwindigkeit $324\,\frac{\mathrm{l}}{\mathrm{min}}$.

d) $V''(x) = -18t + 180 = 0 \Leftrightarrow t = 10$
Nach 10 Minuten ist die Durchflussgeschwindigkeit am größten.
Sie beträgt dort $V'(10) = 900$ Liter pro Minute.

e) $V(10) = 6000$
In 10 Minuten sollen 6000 Liter zufließen. Bei konstanter Durchflussgeschwindigkeit wären dies 600 Liter pro Minute.

f) $\frac{900}{600} = 1{,}5$
Die größte Durchflussgeschwindigkeit $900\,\frac{\mathrm{l}}{\mathrm{min}}$ ist um 50% größer als die angenommene konstante Durchflussgeschwindigkeit von $600\,\frac{\mathrm{l}}{\mathrm{min}}$.

5 Die Ableitung f' zu f mit $f(x) = ax^2 + bx + c$ lautet $f'(x) = 2ax + b$.
Die angegebenen Eigenschaften lassen sich wie folgt ausdrücken:
$f(4) = 0$
$f'(1) = -2$
$f(6) = 4$.

In die Funktionen f und f' eingesetzt ergeben sich folgende Gleichungen:

I	$a \cdot 4^2$	$+$	$b \cdot 4$	$+$	c	$= 0$
II	$2a$	$+$	b			$= -2$
III	$a \cdot 6^2$	$+$	$b \cdot 6$	$+$	c	$= 4$

in üblicher Schreibweise:

I	$16a$	$+$	$4b$	$+\ c$	$= 0$
II	$2a$	$+$	b		$= -2$
III	$36a$	$+$	$6b$	$+\ c$	$= 4$

Die Lösung dieses lineare Gleichungssystems lautet: $a = \frac{1}{2}$; $b = -3$; $c = 4$.

Liste der Operatoren

Operator	Erläuterung
angeben, nennen	Objekte, Sachverhalte, Begriffe, Daten ohne nähere Erläuterungen, Begründungen und ohne Darstellung von Lösungsansätzen oder Lösungswegen aufzählen
begründen	Sachverhalte auf Gesetzmäßigkeiten bzw. kausale Zusammenhänge zurückführen (hierbei sind Regeln und mathematische Beziehungen zu nutzen)
berechnen	Ergebnisse von einem Ansatz ausgehend durch Rechenoperationen gewinnen
beschreiben	Strukturen, Sachverhalte oder Verfahren in eigenen Worten unter Berücksichtigung der Fachsprache sprachlich angemessen wiedergeben (hier sind auch Einschränkungen möglich z. B.: Beschreiben Sie in Stichworten ...)
bestimmen, ermitteln	Zusammenhänge bzw. Lösungswege finden und die Ergebnisse formulieren (die Wahl der Mittel kann eingeschränkt sein)
beurteilen	zu Sachverhalten ein selbständiges Urteil unter Verwendung von Fachwissen und Fachmethoden formulieren und begründen
beweisen, widerlegen	Beweise im mathematischen Sinne unter Verwendung von bekannten mathematischen Sätzen, logischen Schlüssen und Äquivalenzumformungen, ggf. unter Verwendung von Gegenbeispielen, führen
entscheiden	sich bei Alternativen eindeutig und begründet auf eine Möglichkeit festlegen
erklären	Sachverhalte mithilfe eigener Kenntnisse verständlich und nachvollziehbar machen und in Zusammenhänge einordnen
erstellen, darstellen	Sachverhalte, Zusammenhänge, Methoden in übersichtlicher, fachlich sachgerechter oder vorgegebener Form darstellen
herleiten	die Entstehung oder Ableitung von gegebenen oder beschriebenen Sachverhalten oder Gleichungen aus anderen Sachverhalten darstellen
interpretieren	Zusammenhänge bzw. Ergebnisse begründet auf gegebene Fragestellungen beziehen
skizzieren	wesentliche Eigenschaften von Sachverhalten oder Objekten grafisch darstellen (auch Freihandskizzen möglich)
untersuchen, prüfen	Sachverhalte, Probleme, Fragestellungen nach bestimmten, fachlich üblichen bzw. sinnvollen Kriterien bearbeiten
vergleichen	Gemeinsamkeiten, Ähnlichkeiten und Unterschiede ermitteln
zeichnen, grafisch darstellen	hinreichend exakte graphische Darstellungen von komplexen Objekten oder Daten anfertigen
zeigen, nachweisen	Aussagen oder Sachverhalte unter Nutzung von gültigen Schlussregeln, Berechnungen, Herleitungen oder logischen Begründungen bestätigen

Stichwortverzeichnis

Bildnachweis

Cover: artur, Essen | 7 allOver, Kleve | 8 pixelio.de/Heike Hering | 9 Fotolia.com/jokerpro | 16 akg-images | 17/1 Wikipedia/GNU/DieterTD, 2005 | 17/2 Anton Koler, Sölden (A) | 25 Cornelsen Verlagsarchiv, Berlin | 30/1 Textilmuseum Neumünster | 30/2 Fotolia.com/puck | 31 Wikipedia/GNU/Anton | 32/1 Cornelsen Verlagsarchiv | 32/2 Cornelsen Verlagsarchiv | 34 University of Yale | 35/1 Gerd Rulst/Lufthansa Pressebild | 35/2 Cornelsen Verlag/Peter Hartmann | 38 Fotocommunity/OMIT/(c) Braunschweig | 39 Juniors Bildarchiv | 51 pictureNEWS/Mario Vedder | 52 Christof Höger, Leimen | 58 alle Christof Höger, Leimen | 60/1 Wikipedia/CC/aarchiba | 61 Wikipedia/GNU/Markus Dellarose | 63 Wikipedia/Martinroell | 66 Christof Höger, Leimen | 67 Cornelsen Verlagsarchiv | 74 ESA | 81 Fotoarchiv, Essen | 87 Wikipedia/GNU/Sebastian Terfloth | 89 Wikipedia/GNU/Peter Gerstbach | 90/1 www.modis-gmbh.eu | 90/2–5 BildArt Volker Döring | 90/91 www.cervelo.com | 92/1 NASA/JPL/Gov. | 92/2 PWE Bildarchiv/Peter W. Engelmeier | 93/1 Wikipedia/CC/André Zehetbauer, Schwerin | 93/2 Agentur LPM, Henrik Pohl | 94 Fotolia/Kenneth Browning | 98 picture-alliance/dpa/Manuel Blondeau | 106 picture-alliance/dpa/afp/Greg Wood | 110 picture-alliance/Landov/George Frey | 115 Colourbox | 116 picture-alliance/ZUMAPress/g90 | 117/1 Porsche AG/Werksfoto Niederlassung München | 118 Cornelsen Verlagsarchiv | 123 Stephane Reix/For Picture/Corbis | 124/1 picture-alliance/ZB/Klaus Franke | 124/2 picture-alliance/Osports | 131/1 Wikipedia/© Thomas Wydra | 131/2 Wikipedia/GNU/Königs Architekten | 133 Cornelsen Verlag/Peter Hartmann | 134 picture-alliance/infografik | 142 Nintendo Deutschland GmbH/Pressebild | 144 Landwirtschaftskammer NRW/Pressebild/Günter Kortmann | 145 Fotolia.com/Bastos | 146/1 Fotolia.com/Makuba; /2 Bayerisches Landesamt für Umwelt | 147 ddp | 148 Cornelsen Verlagsarchiv | 157, 158 Wolfgang Göbels/Bergisch Gladbach | 159 Fotolia.com/Saskia Nagel | 160/1 Wolfgang Göbels/Bergisch Gladbach | 160/2 St. Louis Tourist Board | 163 Corbis | 169 Fotolia.com/frenta | 174 Aus: AUTOBILD 1/2002 | 180 akg-images, Berlin | 181 Fotolia.com/Estrado | 182/1 picture-alliance/Defodi | 182/2 www.travelmed.de | 183 Cornelsen Verlagsarchiv, Berlin